太赫兹超表面编码

李九生　著

科学出版社

北京

内 容 简 介

　　超表面编码结构是一种能对电磁波按照研究人员预先要求进行操控的新型人工介质，它为调控电磁波提供了一种新机制。本书主要研究将超表面编码结构引入太赫兹波段，通过设计不同几何形状、不同编码排布的超表面阵列结构实现对太赫兹波单波束、多波束、异常折射、随机漫反射、波束控制、降低雷达散射截面等功能。在此基础上，将可调谐材料(石墨烯、二氧化钒、液晶等)复合到超表面编码结构中，通过改变外部激励条件，实现对太赫兹波主动调控功能。本书共 6 章，内容主要包括：太赫兹波技术及超表面编码；太赫兹频率超表面编码；Pancharatnam-Berry 相位太赫兹超表面编码；结构可变形太赫兹超表面编码；可调谐太赫兹超表面编码；全介质超表面编码。

　　本书可作为相关专业高年级本科生、研究生、科研人员和工程技术人员深入了解太赫兹调控及应用的参考书。

图书在版编目（CIP）数据

太赫兹超表面编码 / 李九生著. — 北京：科学出版社，2022.4
ISBN 978-7-03-071318-6

Ⅰ. ①太…　Ⅱ. ①李…　Ⅲ. ①电磁波−表面波−编码技术
Ⅳ. ①TN011

中国版本图书馆 CIP 数据核字(2022)第 006544 号

责任编辑：陈　静　霍明亮 / 责任校对：崔向琳
责任印制：师艳茹 / 封面设计：迷底书装

科 学 出 版 社 出版
北京东黄城根北街 16 号
邮政编码：100717
http://www.sciencep.com

河北鹏润印刷有限公司印刷

科学出版社发行　各地新华书店经销
*

2022 年 4 月第 一 版　开本：720×1000　1/16
2022 年 4 月第一次印刷　印张：22 3/4　插页：16
字数：458 000

定价：198.00 元
（如有印装质量问题，我社负责调换）

前　　言

太赫兹波(terahertz，THz)通常是指频率为 0.1~10THz 的电磁波，处于电子学向光子学过渡频段。相对于为人们广泛研究和应用的红外与微波，太赫兹波研究还处于相对空白阶段。太赫兹波具有低能量、强相干、高透过性、大宽带和指纹谱等特点，在生物医药、天文观测、军用雷达、遥感探测、无线通信、安检成像、材料分析、缺陷检测、环境监测等领域具有广阔的应用前景。迄今为止，高性能的太赫兹波辐射源和高灵敏的探测器已经实现商品化，但是对太赫兹波有效调控技术及器件的研究依然匮乏。虽然微波和光学的一些理论也适用于太赫兹波段，但现有的微波和光学调控技术及其器件并不能直接用于对太赫兹波的调控，因此需要采用全新的手段和材料来实现对太赫兹波的调控。利用各种新机理、新技术、新材料实现对太赫兹波高效调控一直是各国研究人员的研究热点。

编码超表面概念首先在微波频段提出并进行实验测试，证实了编码超表面可以实现对微波的调控功能。编码超表面概念的提出，打破了传统的分析方法，实现了对电磁波的有效控制。鉴于太赫兹波调控技术匮乏的现状，基于上述超表面调控电磁波原理，作者把超表面成功地应用于太赫兹波编码调控。当太赫兹波通过超表面编码结构时，不同几何形状、不同编码排布的超表面阵列与太赫兹波发生相互作用，实现单波束、多波束、异常折射、随机漫反射、波束控制、降低雷达散射截面等功能。研究中进一步将可调谐材料(石墨烯、二氧化钒、液晶等)集成到超表面编码结构中，在改变外部条件激励作用下，可调谐材料的电导率、折射率等参数发生改变，进而影响到超表面编码单元及其超级单元的几何形态，使超表面编码结构的电磁响应特性发生改变，实现对太赫兹波的动态调控。

虽然作者在有关太赫兹超表面编码结构研究方面取得了一些进展，但是包括超表面编码结构的几何形态与性能优化、功能拓展、加工与测试、应用场景开拓等多个方面仍面临挑战，需要相关科研人员进一步深入探索。作者衷心感谢国家自然科学基金项目(61871355，61831012)、浙江省科技厅项目(2018R52043)和之江实验室项目(2019LC0AB03)的支持。

由于作者水平有限，书中疏漏与不妥之处在所难免，恳请读者批评指正。

李九生

2021 年 5 月 18 日

中国计量大学

目　　录

彩图

第 1 章　太赫兹波技术及超表面编码

1.1　太赫兹技术

太赫兹波是指频率为 0.1～10THz 的电磁辐射，波长为 30μm～3mm[1]。太赫兹波在电磁波谱范围内位于微波与红外辐射中间(图 1-1)，这使得太赫兹波既具有微波的特性又具有光波的特性。研究初期太赫兹源与灵敏探测器等技术的缺乏导致太赫兹频段被称为电磁频谱上的太赫兹空隙。

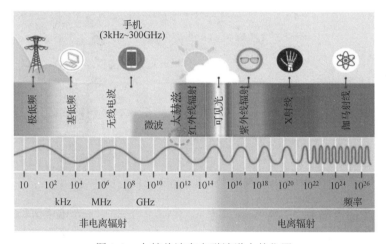

图 1-1　太赫兹波在电磁波谱中的位置

由于太赫兹波在电磁谱中所处的特殊位置，它具有不同于其他频段电磁波的独特性质。①瞬态性：太赫兹波脉冲宽度一般集中在皮秒量级，可以对各种材料进行时间分辨光谱研究，利用取样测量技术，可以有效地抑制辐射噪声对结果的影响。②宽带性：太赫兹脉冲通常只包含几个周期的电磁谐振，单个脉冲的频带可以从吉赫兹覆盖到几十个太赫兹。③相干性：太赫兹波脉冲具有极高的时间和空间相干性，太赫兹相干性源于其产生机制，由相干电流驱动的偶极子振荡产生或由相干激光脉冲通过非线性光学效应产生。④低能性：太赫兹光子的能量只有毫电子伏特，与 X 射线相比，不会因为电离而破坏被检测的物质。⑤高穿透性：对于很多非线性物质，如介电材料及塑料、纸箱、布料等材料，太赫兹辐射可以用于对包装好的物品进行质检及安全检查。⑥指纹光谱特性：太赫兹波段涵盖了很多物理和化学信息，大多数极性分子与生物大分子的振动频率和转动能级恰好处在太赫兹频段内，所以指纹谱特性能够分辨出被检测物质的成分。⑦高光谱分辨能力：太赫兹波长比较短，理论上会具有更高的分辨率。太赫兹技术可广泛地应用于各个领域，如在高速无线通信领域，满足高带宽、高容量和高速度的需要，太赫兹应用场景如图1-2所示[2]。

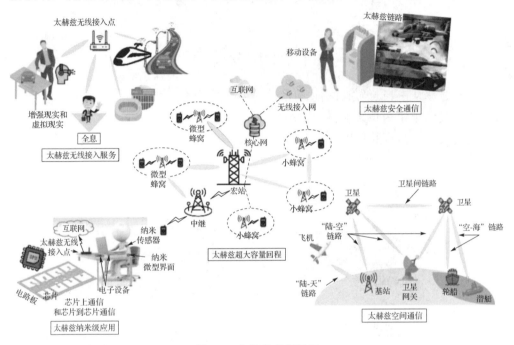

图1-2　太赫兹应用场景

在违禁药品检测方面：Kawase等[3]于2003年提出基于光谱指纹的非法药物太赫兹无损成像方法，在不拆信封的情况下，通过提取信封内可疑物指纹谱的方法来识别信封内的违禁药品。采取被动式及主动式太赫兹成像和太赫兹时域光谱技术，区别、分辨药品的种类，如图1-3所示。

在安全检测方面：太赫兹波穿透力比较强，可以利用太赫兹成像技术检测出人体携带的危险物品。由于违禁品对人体辐射的太赫兹波有吸收或反射作用，通过对人体太赫兹图像中的信号强度进行对比，可以识别违禁品。图1-4为博微太赫兹信息科技有限公司研发的TeraSnap太赫兹人体安检成像系统。

另外由于水、盐、蛋白质和脱氧核糖核酸(deoxyribo nucleic acid，DNA)对太赫兹波具有强吸收作用，蛋白质结构配体结合或变形可以引起太赫兹波吸收强度的变化，因此太赫兹技术可以检测出病变组织和正常组织的含水量，图1-5为癌变组织与正常组织的太赫兹反射信号[4]。利用太赫兹技术可以实现活体检测，推动了太赫兹技术在医疗领域的发展。

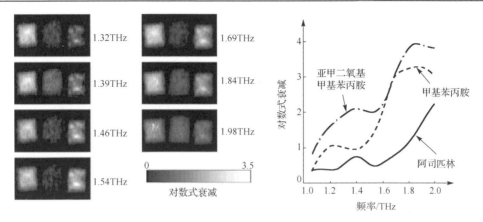

(a) 3种药品在不同频率的成像　　　　　　(b) 3种药品的吸收曲线

图 1-3　太赫兹药品检测

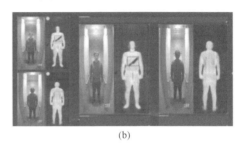

(a)　　　　　　　　　　　　　　　　(b)

图 1-4　TeraSnap 太赫兹人体安检成像系统

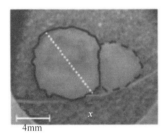
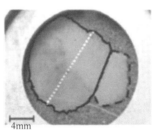
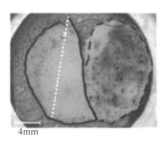

(a) 癌变细胞样品光学示意图

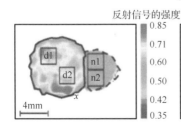
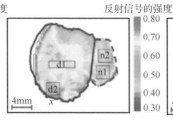
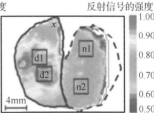

(b) 太赫兹光谱成像结果

图 1-5　太赫兹对癌变细胞的检测

最近,上海理工大学庄松林院士团队利用太赫兹光谱技术对人参皂苷进行检测,能够快速、精准地检测三七中的有效成分和有效成分含量,如图 1-6 所示。太赫兹技术引起国内外研究者的广泛关注,除了在上述无线通信、无损检测、安检成像、生物医学等领域的应用[5-12],在其他领域也将会有很好的应用前景,如雷达、气象、军事等。

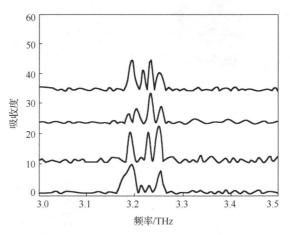

图 1-6　三七皂苷成分太赫兹吸收谱曲线

1.2　太赫兹调控

随着太赫兹技术的飞快发展,太赫兹技术的应用需求与日俱增,如何调控太赫兹波成为研究重点,开发相关太赫兹功能器件变得越来越重要。当前,各种各样的太赫兹器件相继被提出,如太赫兹开关[13-15]、太赫兹滤波器[16,17]、太赫兹调制器[18-21]和完美吸收器[22-26]等。南京大学 Chen 等[27]研制出一种基于双层石墨烯的薄片,实现了对太赫兹波的开关功能,如图 1-7 所示。Li[28]设计了一种采用 Kretschmann 棱镜结构的太赫兹开关,该开关由高折射率棱镜液晶周期性开槽金属光栅构成,通过改变液晶的折射率,利用激发表面等离子体激元来控制太赫兹波的开和关,如图 1-8 所示。Li 等[29]设计出基

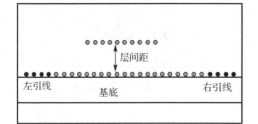

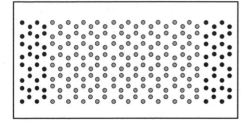

图 1-7　基于双层石墨烯薄片的太赫兹开关

于两个级联光子晶体波导定向耦合器的可调谐多通道太赫兹滤波器，通过调节外加磁场的激励，实现不同频率太赫兹波在不同通道中的传输，如图1-9所示。

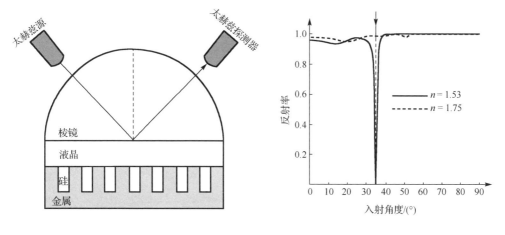

(a) 太赫兹波开关结构示意图　　　　　　　　　　　(b) 太赫兹波开关性能分析

图 1-8　基于 Kretschmann 棱镜结构的太赫兹波开关

n 为液晶折射率

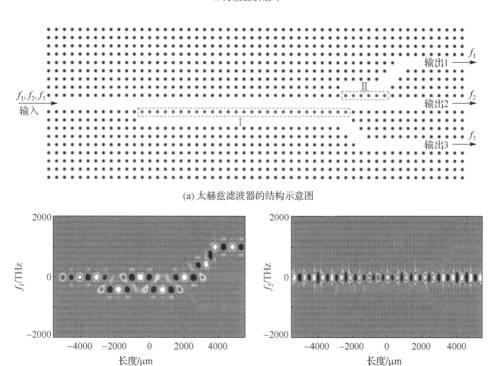

(a) 太赫兹滤波器的结构示意图

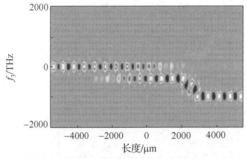

(b) 无外加磁场时三个频率的稳态电场传输分布(f_1=0.528THz, f_2=0.612THz, f_3=0.663THz)

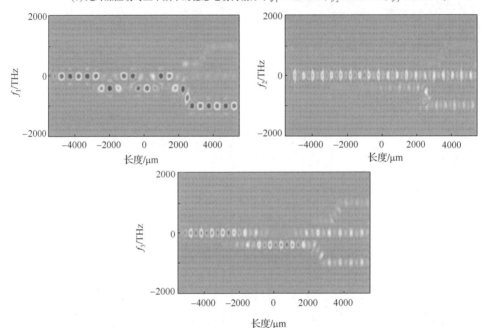

(c) 有外加磁场(19.16T)时三个频率的稳态电场传输分布(f_1=0.528THz, f_2=0.612THz, f_3=0.663THz)

图 1-9　可调谐多通道太赫兹滤波器

　　浙江大学 Rao 等[30]设计了一种基于双层金属孔阵列的太赫兹宽带滤波器,实现了中心频率为 0.8THz 半高宽达到 0.4THz 的滤波器,如图 1-10 所示。2016 年,Liu 和 Yang[31]又利用表面等离子体效应,设计了一种具有三个输出端口宽带太赫兹波分束器,如图 1-11 所示。Niu 等[32]设计了一种太赫兹反射阵列偏振相关分束器,如图 1-12 所示,改变偶极子的长度和宽度,可以有效地将垂直入射的太赫兹波向不同方向分离。Liu 等[33]设计了周期性亚波长孔阵列 InSb 平板的温度可调谐太赫兹滤波器,如图 1-13 所示。Liu 等[34]基于具有阻带抑制效果好、谐振腔少的 TE301/TE102 双模矩形波导谐振腔设计一种中心频率大于 1THz 的波导带通滤波器,如图 1-14 所示。

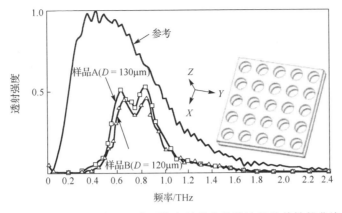

图 1-10　基于双层金属孔阵列的太赫兹宽带滤波器及其性能曲线

D 表示样品的圆孔直径

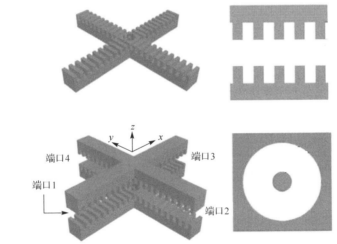

图 1-11　三个输出端口宽带太赫兹波分束器

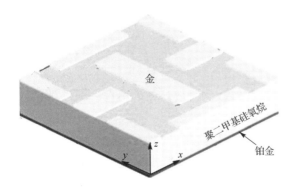

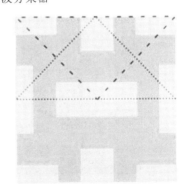

(a) 分束器的单元结构

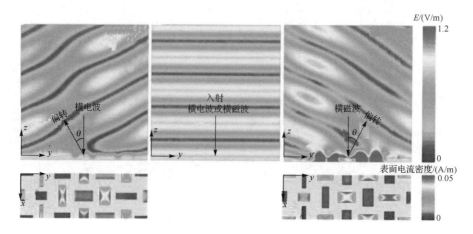

(b) 频率为1THz时横电波和横磁波偏振太赫兹分束效果

图 1-12 太赫兹反射阵列偏振相关分束器

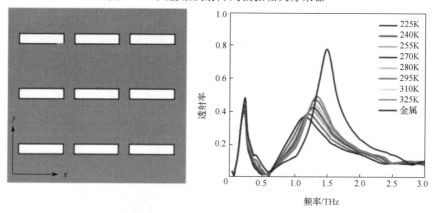

(a) 矩形孔阵列InSb板不同温度下的太赫兹传输频谱

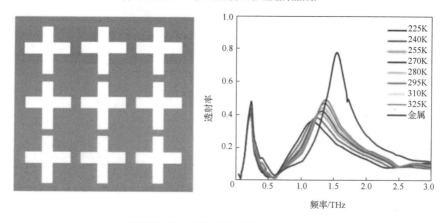

(b) 十字形孔阵列InSb板在不同温度范围下的太赫兹传输频谱

图 1-13 温度可调谐太赫兹滤波器（见彩图）

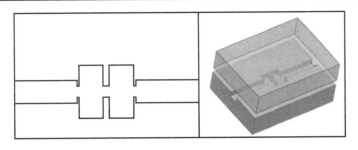

(a) 波导滤波器结构

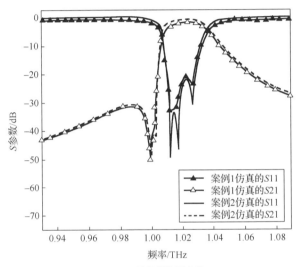

(b) 滤波器性能曲线

图 1-14　波导型太赫兹带通滤波器

2013 年，南开大学 Liu 等[35]利用二氧化钒（VO_2）设计了一种温控太赫兹调制器，如图 1-15 所示，实现调制深度达到 60%以上。Shi 等[36]将石墨烯层夹在两个介质层之间设计了一种宽带太赫兹电吸收调制器，如图 1-16 所示，实现 76%的调制深度。

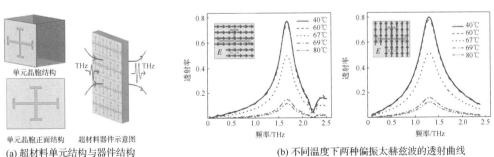

(a) 超材料单元结构与器件结构　　　　(b) 不同温度下两种偏振太赫兹波的透射曲线

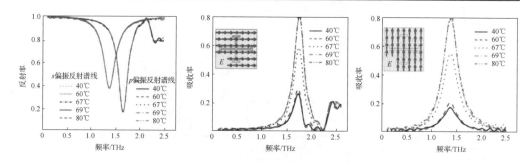

(c) 不同温度下两种偏振入射太赫兹波的反射谱与吸收谱

图 1-15　二氧化钒温控太赫兹调制器

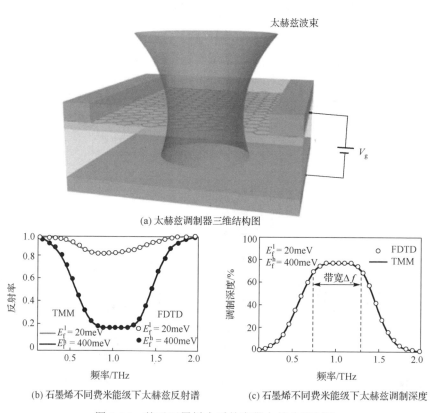

(a) 太赫兹调制器三维结构图

(b) 石墨烯不同费米能级下太赫兹反射谱　　　(c) 石墨烯不同费米能级下太赫兹调制深度

图 1-16　基于石墨烯介质的宽带太赫兹调制器

时域有限差分法(finite difference time domain method，FDTD)；

传递矩阵法(transfer matrix method，TMM)

　　Kong 等[37]设计了大入射角和偏振无关的太赫兹超材料吸收器，结构如图 1-17 所示，在 0.59THz 和 0.82THz 处的吸收量接近 55%。Zhao 等[38]利用单层 H 形硅阵列实现可调谐的超宽带太赫兹波吸收器，如图 1-18 所示，在 1THz 处，吸收率大于 0.9。

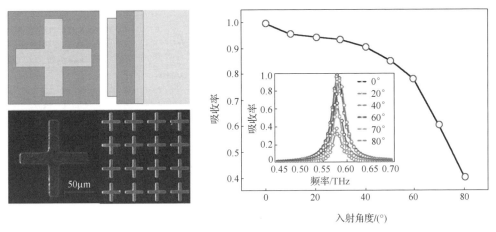

(a) 太赫兹吸收器结构   (b) 太赫兹吸收器在不同入射角下的吸收特性

图 1-17 偏振无关太赫兹超材料吸收器(见彩图)

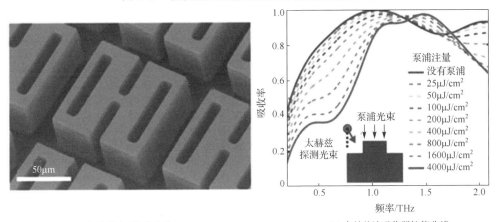

(a) 太赫兹波吸收器结构   (b) 太赫兹波吸收器性能曲线

图 1-18 H 形硅阵列太赫兹吸收器(见彩图)

Shui 等[39]提出了一种结构稳定、大宽带、强吸收的太赫兹波宽带超强吸收泡沫,在 0.3～1.65THz 内实现 99.99%的吸收,如图 1-19 所示。越来越多的太赫兹波调控

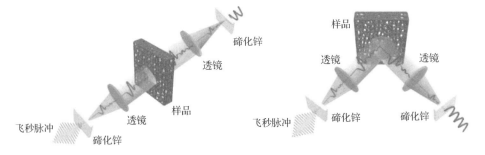

(a)样品对太赫兹波的透射与反射传输路径

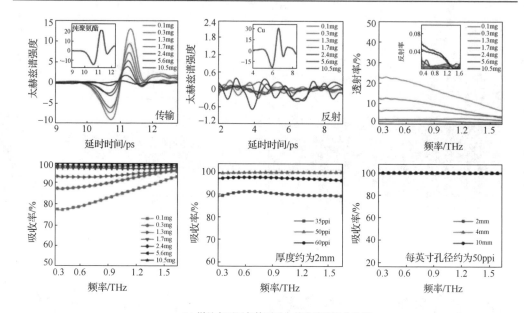

(b) 样品在不同条件下对太赫兹波的吸收性能

图 1-19　　太赫兹波宽带超强吸收泡沫（见彩图）

1 英寸=2.54 厘米

器件被提出，可见对太赫兹的调控受到国内外学者极大的关注。然而传统太赫兹波器件存在着体积大、不易设计加工等问题，超表面的出现为解决这一问题提供了契机。

1.3　超表面简介

电磁超表面(metasurface)是一种亚波长结构的功能薄层器件，也是超材料的二维形式，由精心设计的具有特定电磁响应的亚波长结构遵循特定的分布方式组成的二维平面结构构成。超表面相较于超材料具有两个优点，一是超表面的体积和重量比超材料要小得多，在光波段的应用中，便于加工合成；二是相较于超材料中较厚的基底材料固有的损耗，显著地影响了在应用中的效果，而超表面因基底较薄使得吸收性低，能够较完美地实现功能，有利于实际应用，因此超表面也被广泛地应用于调控电磁波[40-43]。它可以灵活地操纵电磁波的振幅、相位、偏振方式等特性，从而促进各种新奇功能器件的发展，目前已经有很多研究者利用超表面设计隐形斗篷[44-46]、全息成像[47-49]、偏振转换器[50,51]和涡旋相位板[52]等。2011 年，美国哈佛大学 Capasso 教授团队提出广义折射定律[53]，引入相位突变的概念，将传统的折射定律扩展到广义折射定律。Yu 等首次提出相位梯度超表面，设计了一种 V 字形单元结构，通过控制 V 形金属贴片的夹角及长度实现单元的相位覆盖达到 360°，超表面由八个相位差为 45° 的单元组成，将具有不同相位突变的 V 字形单元按照特定相位分布排列，可以实现对电磁波的调控，并以此为基础设计了一系列调控器件[54-56]。在不同泵浦激光功率下 Xiong 等[57]设计了一种基于无机钙钛矿量子点嵌入超表面实现太赫兹波的高速开关(图 1-20)[57]。Zhang 等[58]使用二氧化钒(VO₂)嵌入混合超表面来主动控制太赫兹波,如图 1-21 所

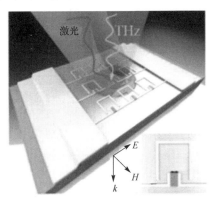

(a) 太赫兹开关三维结构

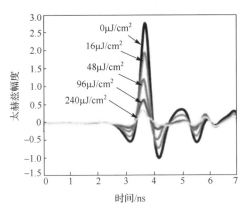

(b) 太赫兹开关在不同泵浦激光功率下太赫兹传输谱

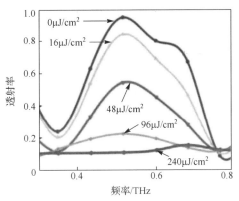

(c) 太赫兹开关在不同泵浦激光功率下的透射率

图 1-20　钙钛矿嵌入超表面的太赫兹开关
E 表示电场,H 表示磁场,k 表示矢量方向

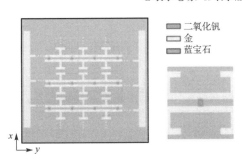

(a) 混合超表面结构

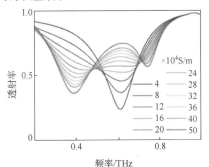

(b) 二氧化钒电导率变化对太赫兹透射率影响

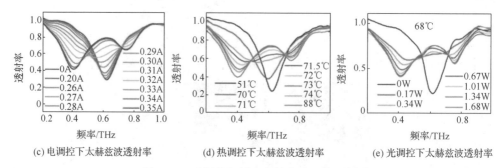

(c) 电调控下太赫兹波透射率　(d) 热调控下太赫兹波透射率　(e) 光调控下太赫兹波透射率

图 1-21　二氧化钒嵌入混合超表面(见彩图)

示。天津大学 Wei 等[59]设计并测试了一种基于全介质超表面的具有可变分光比的宽带偏振无关太赫兹分束器,如图 1-22 所示。

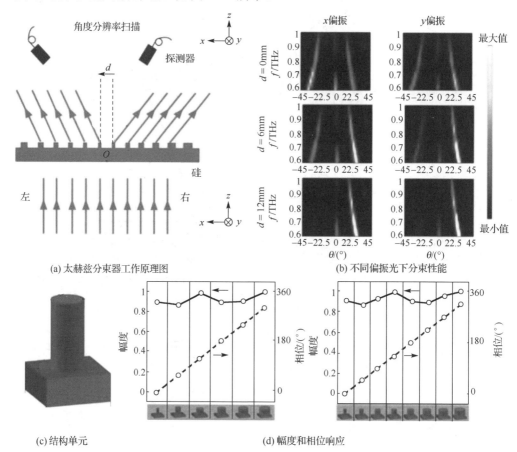

(a) 太赫兹分束器工作原理图　　　　　　(b) 不同偏振光下分束性能

(c) 结构单元　　　　　　　　　　(d) 幅度和相位响应

图 1-22　全介质超表面的具有可变分光比的宽带偏振无关太赫兹分束器

1.4　超表面编码

以二进制数字逻辑为基础的数字系统受噪声干扰小、器件的参数容差允许范围较大,并且具有逻辑运算和处理功能,通过逻辑上的组合便可形成不同的功能器件。图 1-23 为一种 1bit 编码超表面,数字 0 和 1 代表的是反射相位差为 $180°$ 的两种编码单元,利用 0 和 1 编码单元的不同排列方式来控制电磁波。当电磁波垂直入射时,0 和 1 单元交替排列时的编码超表面可产生双波束异常反射,如图 1-23 (c) 所示;而 0 和 1 单元按棋盘排列时产生四个反射波束的异常反射,如图 1-23 (d) 所示。在编码超表面的基础上,Cui 等[60]提出如图 1-24 所示的现场可编程超表面,通过在数字超单元上加载一个开关二极管工作状态来控制数字 0 和 1 的编码状态,利用好现场可编程门阵列(field programmable gate array,FPGA)硬件系统将编码实时输入到数字超表面,实现对电磁波的动态实时调控,通过预加载的切换编码序列,可完成不同的功能。

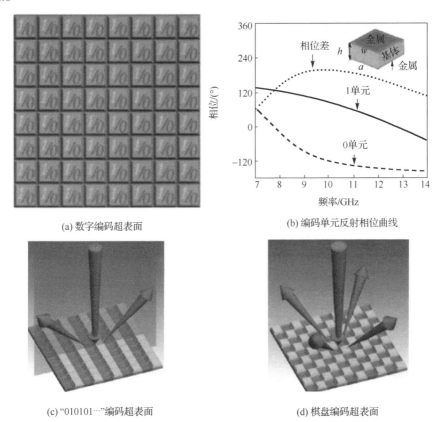

(a) 数字编码超表面

(b) 编码单元反射相位曲线

(c) "010101…"编码超表面

(d) 棋盘编码超表面

图 1-23　反射型编码超表面及散射方向图

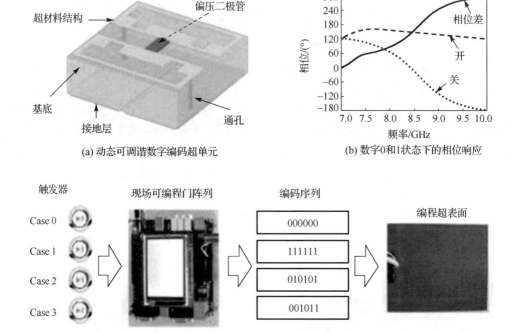

(a) 动态可调谐数字编码超单元　　　　　　(b) 数字0和1状态下的相位响应

图 1-24　现场可编程超表面

2015 年，Chen 等[61]提出一种可以偏振转换的透射型超表面如图 1-25 所示。单元结构由两个垂直的纳米棒组成，利用两个纳米棒失谐共振产生的相位差，使得入射的圆偏振波转换为线偏振波。此外这个设计具有很高的带宽，且具有高偏振转换效率。

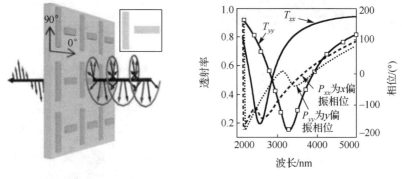

(a) 透射型圆偏振波转换成线偏振波的超表面　　　　(b) 透射率和相位响应

图 1-25　偏振控制超表面

2016 年，Chen 等 [62]基于几何相位原理，通过旋转波纹弯曲线结构获取不同取向的单元，在 12～21.5GHz 内实现了 1bit 或多 bit 位编码超表面。如图 1-26 所示，结合预先设计的规则编码,编码超表面实现了相应的散射,同时由随机编码序列形成的编码超表面可有效地缩减雷达散射截面(radar cross section,RCS),且在宽频带上具有偏振不敏感特性。

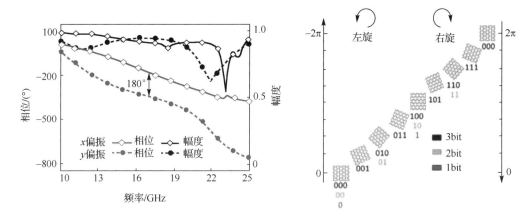

(a) 基本单元结构的性能和几何相位旋转单元示意图

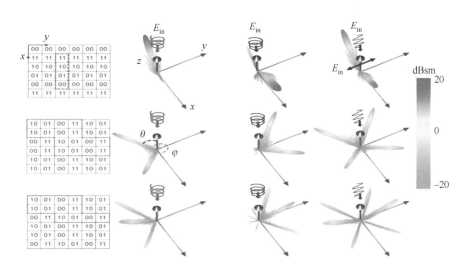

(b) 频率为17GHz时,具有规则编码超表面的三维远场辐射模式

图 1-26　基于 Pancharatnam-Berry 相位微波编码超表面

E_{in} 为输入电场,θ为俯仰角,φ为方位角

2017 年,Zheng 等[63]利用 Pancharatnam-Berry(PB)相位在 8~20GHz 微波频段上实现了对电磁波的灵活操控。如图 1-27 所示,通过旋转 N 形结构得到满足反射相位条件的单元,利用编码单元之间的梯度相位和编码序列,以灵活的方式操纵反射波,在宽带范围上可有效地缩减雷达散射截面。

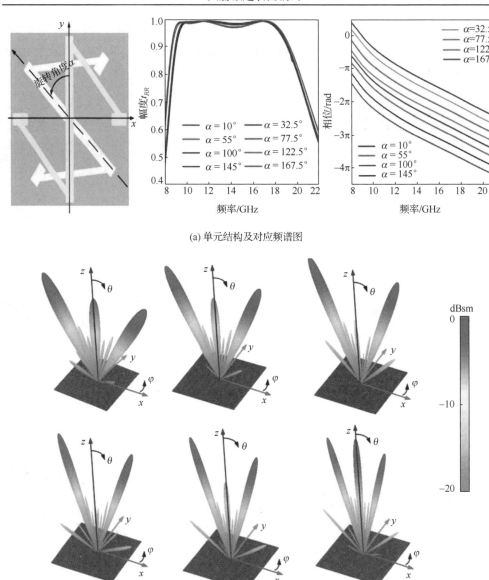

(a) 单元结构及对应频谱图

(b) 在不同频率下，编码超表面的三维远场散射模式

图 1-27　微波梯度编码超表面（见彩图）

　　Liu 等[64]在 2016 年设计了一种用于 RCS 缩减的漫反射编码超表面，采用遍历算法优化线性阵列因子，将序列从一维码扩展到二维码，将超表面单元排列构成编码超表面，经过仿真对比，从图 1-28 中可以看出与棋盘排列相比，RCS 缩减的带宽得到了扩展，遍历算法在低散射飞行器上具有潜在应用前景。2017 年，Chen 等[65]

提出一种利用氧化铟锡为基底的编码超表面实现高透射率的宽带抑制后向散射的方法，类扩散散射是由散射的远场电磁波的相消干扰引起的，而远场电磁波的相消干扰又是由预先设计好的随机编码序列的超表面的随机相位引起的(图 1-29)，并且实验证明此方法具有良好的斜向性和偏振不敏感的宽带 10dB 散射抑制。Zhang 等[66]基于 Pancharatnam-Berry 相位设计了一种可以控制入射波的圆偏振分量的编码超表面，通过将编码单元旋转产生几何相位，从而对编码超表面的散射远场进行数字卷积运算，实现了对圆偏振波的灵活控制，形成自由空间不同偏振自旋控制多波束(图 1-30)，产生波束偏转和带有轨道角动量(orbital angular momentum，OAM)的涡旋波束，实验结果验证了 Pancharatnam-Berry 编码超表面的良好性能，为新型多波束的产生开辟了一条新路径。

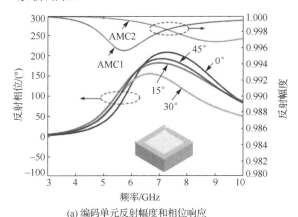

(a) 编码单元反射幅度和相位响应

(b) 棋盘排列和漫反射编码超表面三维远场散射图

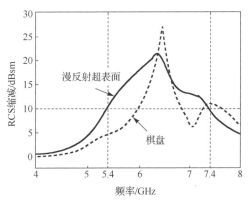

(c) 棋盘排列和漫反射编码超表面RCS缩减

图 1-28　RCS 缩减漫反射编码超表面

AMC1 为具有 0 相位响应的"0"元件；AMC2 为具有π相位响应的"1"元件

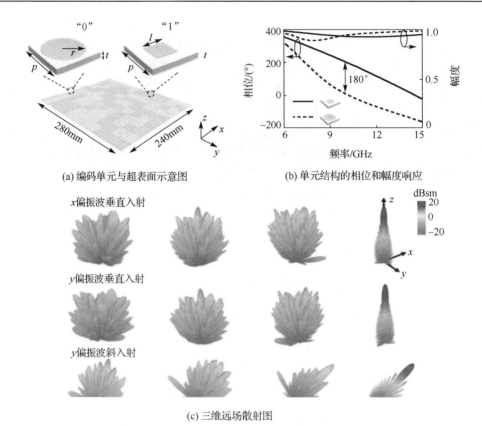

(a) 编码单元与超表面示意图

(b) 单元结构的相位和幅度响应

(c) 三维远场散射图

图 1-29　高透射效率的宽带抑制后向散射编码超表面

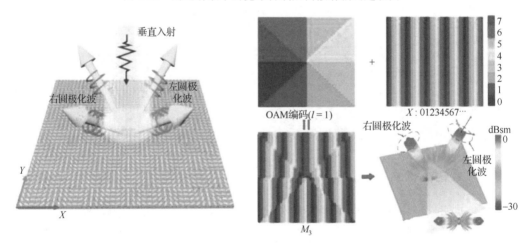

(a) 编码超表面原理图

(b) 在OAM模式下控制涡旋波的编码模式和三维散射远场图

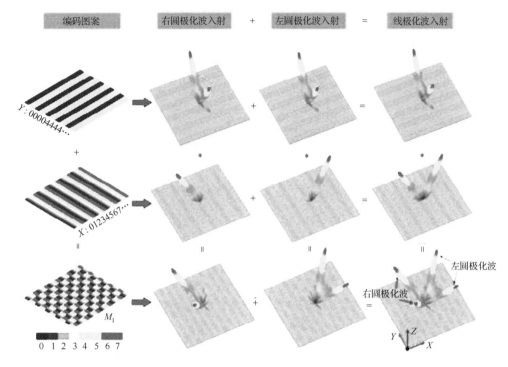

(c) 卷积运算对多重散射光束和偏振的控制

图 1-30　基于 Pancharatnam-Berry 相位的控制圆偏振波分量编码超表面

2018 年，Ji-Di 等[67]设计了两种新型人工磁导体结构(图 1-31)，在 7.1～20GHz 微波频段内两个单元实现了 180°相位差，分别定义为编码单元"0"和编码单元"1"，将这两种编码单元按编码序列设计编码超表面，用于实现 RCS 的缩减。与金属表面相比，编码超表面在 7～20GHz 内可显著地缩减 RCS，带宽为 96.3%，斜入射波下也可大大缩减 RCS。

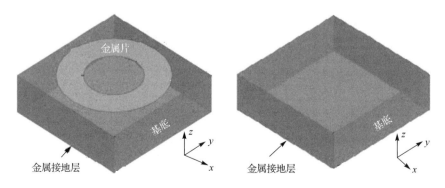

(a) 两种人工磁导体结构单元

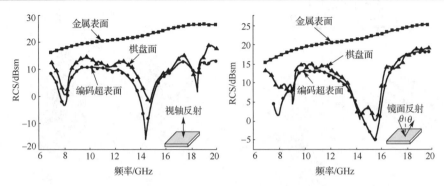

(b) 正常入射波和斜入射波下, 金属表面、编码超表面和棋盘表面的RCS

图 1-31　新型人工磁导体结构微波编码超表面

2018 年, Bao 等[68]提出了一个独立控制相位和振幅剖面的 2bit 微波编码超表面, 其振幅响应范围为 0.3～0.7, 相位响应分别为 0°、90°、180°和 270°四个单元, 分别定义为"00"、"01"、"10"和"11"(图 1-32), 通过不同编码序列排布, 在 8GHz 下实现了对反射波束方向的操纵, 同时可通过改变相同方向的不同幅度响应来实现调制反射光束的强度。

2019 年, Shao 等[69]提出了一种具有多功能反射式介电微波编码超表面。利用金属板上不同边长的方形介电块, 在 4GHz 处获得相位响应分别为 0、π、$2/\pi$、$3\pi/2$ 的四个高效 2bit 编码单元, 如图 1-33 所示, 通过对具有不同编码序列的超表面单元进行编码, 实现了对不同的模式反射电磁波的调控, 如异常反射、多波束产生、漫散射、波束聚焦和涡旋产生。

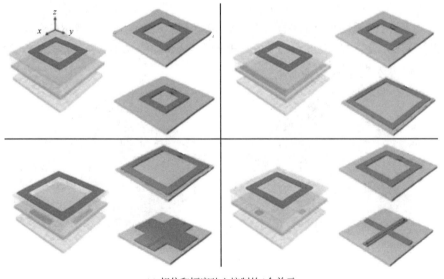

(a) 相位和幅度独立控制的4个单元

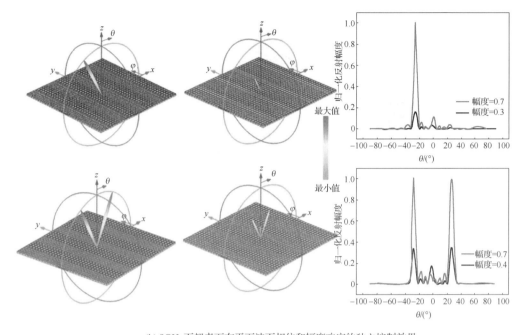

(b) 8GHz下超表面在平面波下相位和幅度响应的独立控制效果

图 1-32　可独立控制相位和幅度的 2bit 微波编码超表面

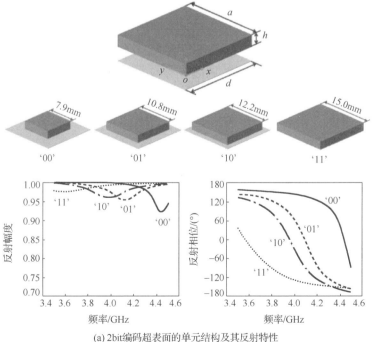

(a) 2bit编码超表面的单元结构及其反射特性

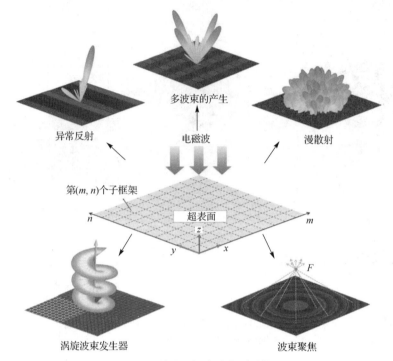

(b) 2bit编码超表面提出的5种功能

图 1-33　多功能反射式介电微波编码超表面

　　Zhang 等[70]提出一种结合石墨烯与相位编码超表面的方法来实现电磁散射波束动态赋形设计(图 1-34)，设计的 1bit 编码超表面，在两层石墨烯之间施加偏置电压，石墨烯表面阻抗的变化对相位没有明显的影响，可以调控幅度，该方法为实现电磁波的多功能调控引入新的自由度，在微波频段实现散射波束的连续调控，并通过实验测试结果验证。

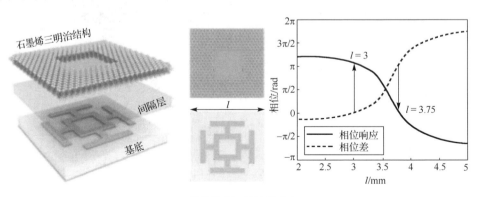

(a) 结构单元和反射相位响应

(b) 不同电压(U)下石墨烯编码超表面的散射示意图

图 1-34　结合石墨烯与相位编码超表面

Jing 等[71]提出了一种 3bit 编码超表面，实现了异常完美反射。如图 1-35 所示，利用铜棒和 F4B 设计出在 10GHz 处具有 0°、45°、90°、133°、176°、221°、269°和 302°反射相位响应的单元，并通过设计特殊的编码序列，成功地实现了四个编码

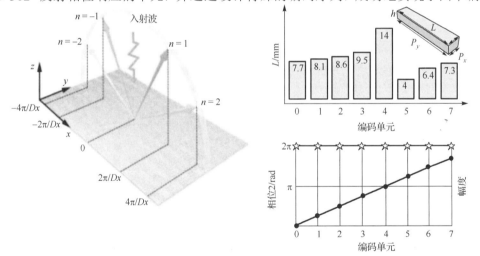

(a) 异常反射原理示意图和编码单元结构及幅度和相位响应

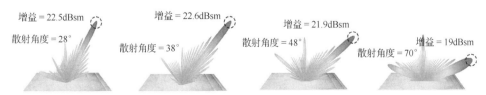

(b) 在10GHz处编码超表面异常反射方向的三维远场模式图

图 1-35　完美异常反射微波编码超表面

Dx 表示超级单元宽度

超表面将正常入射波反射到 28°、38°、48° 和 70° 所需的方向。Wang 等[72]提出了一种被动可重构编码超表面,采用"拼图"策略独立地操纵幅度、相位和偏振态。如图 1-36 所示,通过改变"0"单元在所需编码单元总数的比率值 α,手动重新配置编码超表面布局,实现对电磁波的灵活控制。

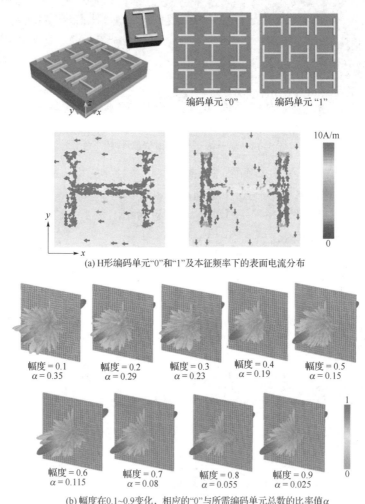

编码单元"0"   编码单元"1"

(a) H形编码单元"0"和"1"及本征频率下的表面电流分布

幅度 = 0.1   幅度 = 0.2   幅度 = 0.3   幅度 = 0.4   幅度 = 0.5
α = 0.35 α = 0.29 α = 0.23 α = 0.19 α = 0.15

幅度 = 0.6   幅度 = 0.7   幅度 = 0.8   幅度 = 0.9
α = 0.115 α = 0.08 α = 0.055 α = 0.025

(b) 幅度在0.1~0.9变化,相应的"0"与所需编码单元总数的比率值 α

图 1-36　可重构微波编码超表面

上述超表面都是在微波频段中的应用,而其在太赫兹频段也是适用的,已经有很多相关研究被提出[60-72]。例如,2015 年,Liang 等[73]利用两种具有不同相位的金属圆环结构实现了在太赫兹频段的 1bit 编码超表面。单元结构是在聚酰亚胺介质层上是否堆放金属圆环设计的,通过优化确定金属圆环尺寸,使两种单元结构的相位差为 180°。分别用二进制符号"0"代表无金属环的单元结构,"1"代表有金属环的单元结构。通过精心设计的排列，实现波束分裂和 RCS 缩减，如图 1-37 所示。传统超表面功能较为单一，若设定好单元结构参数，调控电磁波的能力也是固定的。近年来，利用编码及可编程超表面对电磁波进行动态调控在偏振调控、传感、聚焦、波束赋性等方面显示出广泛的应用前景。动态可调超表面的研究是一个重要话题，如石墨烯具有电光热等可调特性，适合用于设计动态可调超表面。

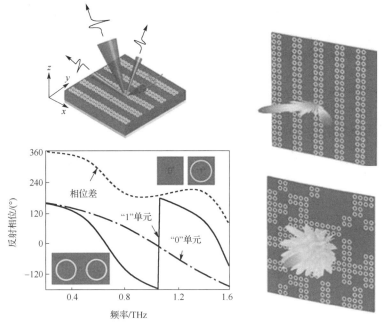

图 1-37　太赫兹波段实现波束分裂和 RCS 缩减的超表面

　　2015 年，Gao 等[74]提出一种基于闵可夫斯基闭环结构的反射式 2bit 太赫兹编码超表面(图 1-38)。结构具有对称性，能够使不同极化方向上的入射波向空间各位置反射，使得能量有效分散在各位置上，可以有效地控制太赫兹波漫反射。2016 年，Liang 等[75]利用米形结构设计了 2bit 太赫兹编码超表面(图 1-39)，在 0.7～1.3THz 内实现了宽频带、宽角度 RCS 缩减，区间内缩减值接近 10dB。

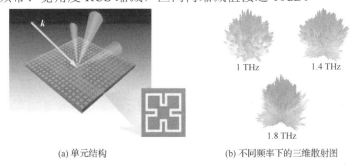

(a) 单元结构　　　　　　　　　　(b) 不同频率下的三维散射图

图 1-38　基于闵可夫斯基闭环结构的反射式 2bit 太赫兹编码超表面

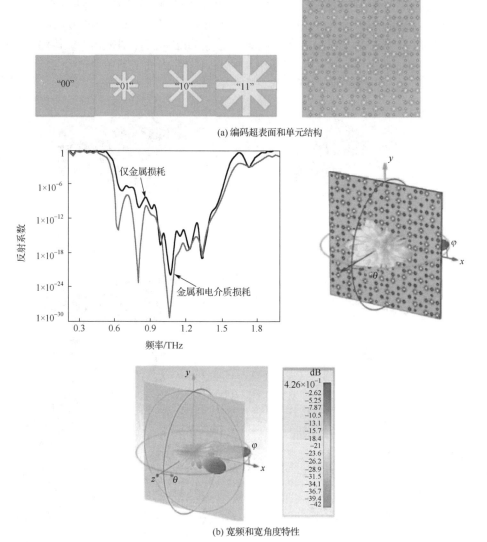

(a) 编码超表面和单元结构

(b) 宽频和宽角度特性

图 1-39　米形太赫兹编码超表面

2017 年，Li 等[76]设计了一种基于开槽轮形太赫兹编码超表面。如图 1-40 所示，通过改变开槽轮形结构半径获得 8 个基本单元，结合编码序列进行不同编码超表面设计，实现了对入射太赫兹波定向反射，有效地降低了 RCS。2018 年，Li 等[77]设计了一种四箭头形太赫兹编码超表面。如图 1-41 所示，通过改变箭头大小获得 8 个相位分别为 0°、45°、90°、135°、180°、225°、270°、315° 的编码单元，结合不同编码序列设计了 1bit、2bit、3bit 和随机编码超表面。在 0.8～1.4THz 宽频带内可实现对太赫兹波的控制，有效地降低了 RCS，具有偏振不敏感特性。

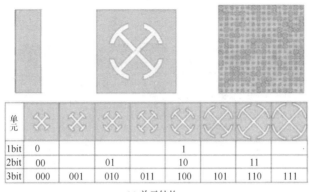

单元								
1bit	0				1			
2bit	00		01		10		11	
3bit	000	001	010	011	100	101	110	111

(a) 单元结构

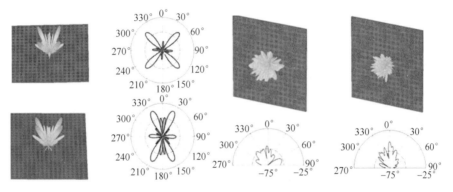

(b) 编码超表面波束控制及RCS缩减三维远场散射图

图 1-40　开槽轮形太赫兹编码超表面

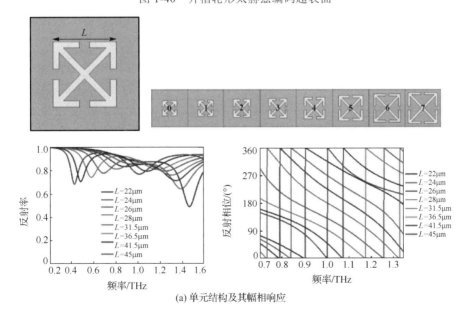

(a) 单元结构及其幅相响应

(b) 不同编码序列下编码超表面三维远场散射图

图 1-41　四箭头形太赫兹编码超表面(见彩图)

　　2018 年，闫昕等[78]提出一种基于石墨烯带的太赫兹波段的 1bit 编码超表面（图 1-42）。单元结构由聚酰亚胺、硅、二氧化硅（SiO_2）、石墨烯带和金属板组成，通过对石墨烯施加不同的电压，能够形成相位差约为 180° 的 "0" 和 "1" 两种状态的单元，从而构成 1bit 动态可调的编码超表面。如图 1-43 所示，实现太赫兹波束的

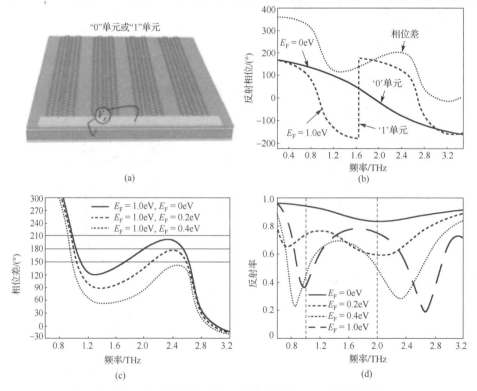

图 1-42　基于石墨烯带的太赫兹波段的 1bit 编码超表面

数目、频率、幅度等参数多功能调控，不同的编码序列下的超表面实现波束分裂从一束变为两束再到多束，相同编码序列的编码超表面在不同电压下实现幅度的调控。

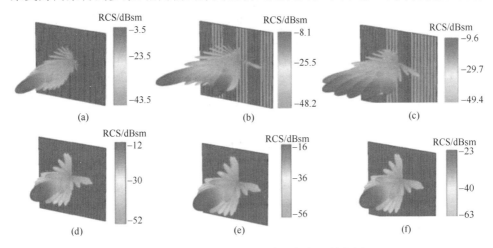

图 1-43　基于石墨烯带的编码超表面性能图

(a)～(c)为超表面处于不同编码序列的三维远场图；(d)～(f)为不同化学势下的三维远场散射图

　　多功能编码超表面由于能够实现功能器件的多功能集成而受到广泛关注，Han 等[79]提出双圆偏振编码超表面，实现两个圆偏振波入射具有独立调控的能力。图 1-44 为

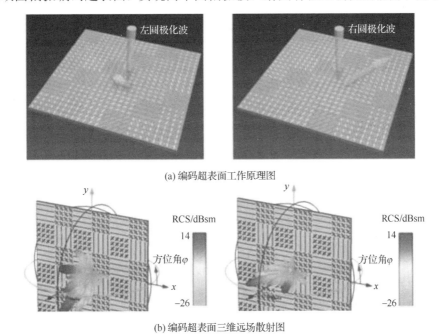

图 1-44　双圆偏振编码超表面示意图

双圆偏振编码超表面示意图，它包含了四种单元结构，在两种圆偏振波下独立反映"0"或"1"的编码状态，利用这些单元构成 1bit 编码超表面，可以独立实现两个圆偏振波的异常反射，仿真和测试结果证明了编码超表面具有独立操纵功能。

  Zhuang 等[80]设计了一个可以同时实现漫反射和聚焦透射的双功能编码超表面（图 1-45）。通过遍历算法随机排列基本编码单元，并且双曲线的相位分布满足聚焦功能要求，在 x 偏振波入射下实现漫反射，在 y 偏振波入射下实现聚焦透射，验证了超表面的双功能。Zhang 等[81]在 2018 年设计了一种多层各向异性编码超表面（图 1-46），通过改变入射波的偏振和方向来实现光束偏转、漫反射和涡旋光束。Shao 等[82]提出一种基于全介质谐振器的双功能各向异性编码超表面（图 1-47），在同一编码超表面上，入射 x 偏振光或 y 偏振光实现线聚焦、点聚焦、多波束的产生及漫反射，通过全波模拟的远场散射和近场分布验证超表面的多重功能。

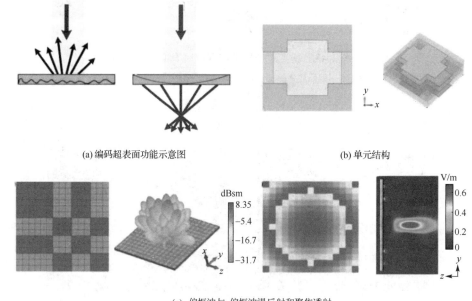

(a) 编码超表面功能示意图　　　　　　　　　　　　(b) 单元结构

(c) x 偏振波与 y 偏振波漫反射和聚焦透射

图 1-45　双功能编码超表面

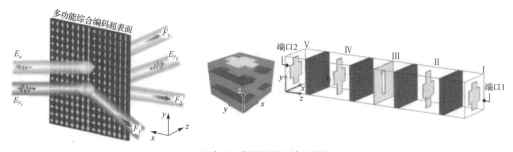

(a) 超表面工作原理图及单元结构图

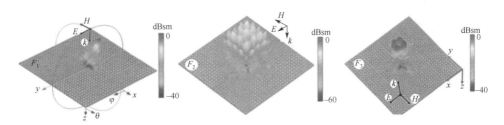

(b) 三种不同功能的三维远场散射图

图 1-46　多层各向异性编码超表面

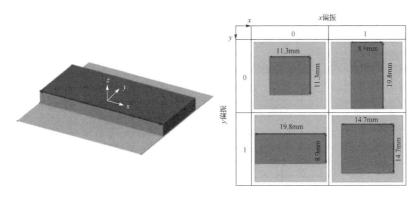

(a) 单元结构示意图

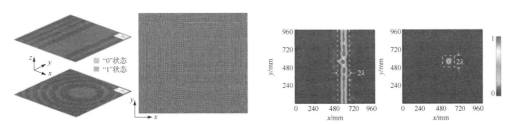

(b) 不同偏振波照射下实现线聚焦和点聚焦

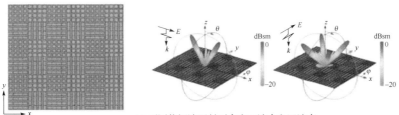

(c) 不同偏振波照射下产生双波束和四波束

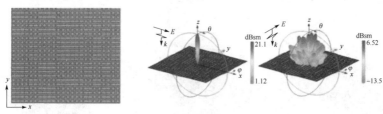

(d) 不同偏振波照射下实现全反射与漫反射

图 1-47　全介质双功能各向异性编码超表面

E 为电场；θ 为俯仰角；φ 为方位角；k 为波矢

　　上海航天电子有限公司 Bai 等[83]提出一种基于高效率透射式数字超表面实现动态多模涡旋电磁波调控的方法(图 1-48)。Jing 等[84]设计了一种基于法布里-珀罗腔的新型多功能编码超表面，通过改变入射光的偏振态和传播方向，可以同时实现分束、共偏振反射的漫反射和交叉偏振传输的光束聚焦三种不同功能，如图 1-49 所示。

　　2019 年，Li 等[85]基于 Pancharatnam-Berry 相位设计的编码超表面对异常反射的太赫兹波束振幅进行动态调控，如图 1-50 所示，单元结构是将半导体锗与双开口谐振器相结合，通过调制锗的电导率(σ)分别实现右圆极化波和左圆极化波的不对称与对称调节。2019 年 Rouhi 等[86]提出了基于多层石墨烯的可编程编码超表面，用于对反射太赫兹波的实时操纵(图 1-51)。Li 等[87]设计了一种可调谐编码超表面，在单元结构嵌入二氧化钒，通过改变外界温度使二氧化钒在绝缘态与金属态之间切换，实现了编码超表面可调谐(图 1-52)。

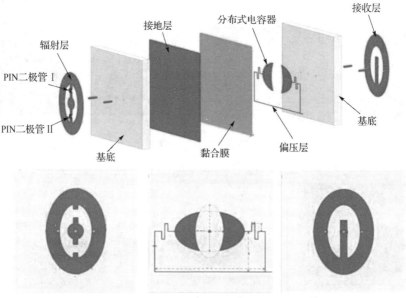

(a) 数字超表面单元结构

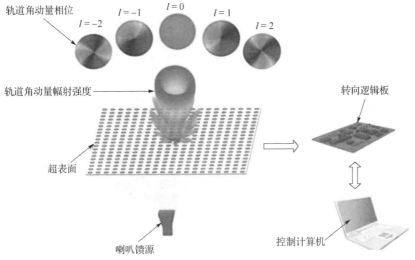

(b) 多模OAM波束生成

图 1-48　高效率透射式数字超表面实现动态多模涡旋电磁波调控

l 为拓扑电荷数

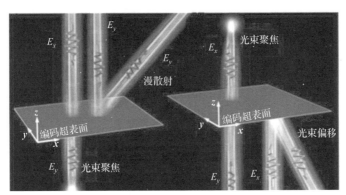

图 1-49　基于法布里-珀罗腔的新型多功能编码超表面

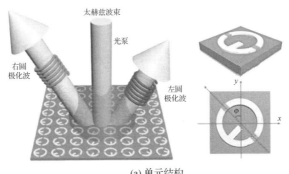

(a) 单元结构

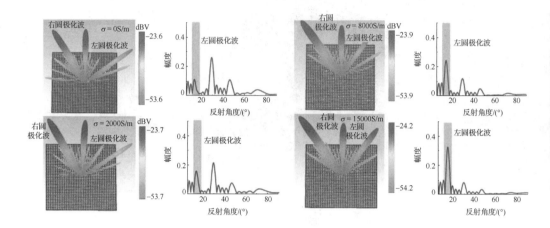

(b) 不同电导率下反射波的三维远场散射图和归一化电场强度

图 1-50　半导体锗与双开口谐振器结合可调编码超表面

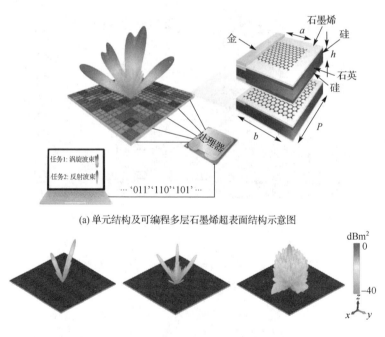

(a) 单元结构及可编程多层石墨烯超表面结构示意图

(b) 不同编码序列下的1bit石墨烯编码超表面在2THz处的三维远场散射图

图 1-51　可编程多层石墨烯编码超表面

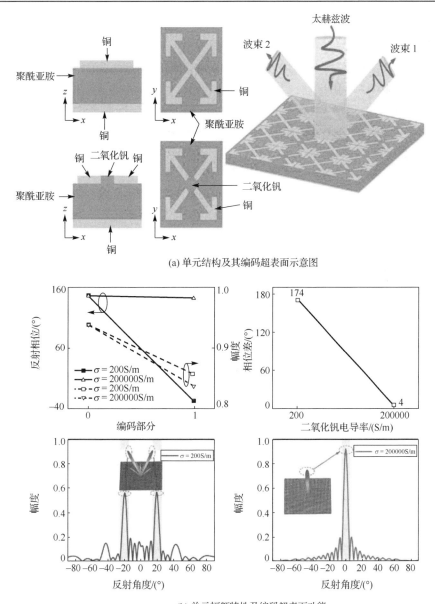

(a) 单元结构及其编码超表面示意图

(b) 单元幅频特性及编码超表面功能

图 1-52　可调谐编码超表面

参 考 文 献

[1]　Ferguson B, Zhang X. Materials for terahertz science and technology. Nature Materials, 2002, 1(1): 26-33.

[2]　谢莎, 李浩然, 李玲香, 等. 面向 6G 网络的太赫兹通信技术研究综述. 移动通信, 2020, 44(6): 36-43.

[3]　Kawase K, Ogawa Y, Watanabe Y, et al. Non-destructive terahertz imaging of illicit drugs using spectral fingerprints. Optics Express, 2003, 11(20): 2549-2554.

[4]　Chattopadhyay G, Schlecht E, Ward J S, et al. An all-solid-state broad-band frequency multiplier chain at 1500GHz. IEEE Transactions on Microwave Theory and Techniques, 2004, 52(5): 1538-1547.

[5]　Hu B, Nuss M. Imaging with terahertz waves. Optics Letters, 1995, 20(16): 1716-1718.

[6]　Jepsen P, Cooke D, Koch M. Terahertz spectroscopy and imaging: Modern techniques and applications. Laser and Photonics Reviews, 2011, 5(1): 124-166.

[7]　Wang M, Vajtai R, Ajayan P, et al. Electrically tunable hot-silicon terahertz attenuator. Applied Physics Letters, 2014, 105(14): 141110.

[8]　Weightman P. Prospects for the study of biological systems with high power sources of terahertz radiation. Physical Biology, 2012, 9(5): 053001.

[9]　Yin M, Tang S, Tong M. The application of terahertz spectroscopy to liquid petrochemicals detection: A review. Applied Spectroscopy Reviews, 2016, 51(5): 379-396.

[10]　Fan M, Cao B, Tian G. Enhanced measurement of paper basis weight using phase shift in terahertz time-domain spectroscopy. Journal of Sensors, 2017(1): 1-14.

[11]　Ahmed O, Swillam M, Bakr M, et al. Efficient optimization approach for accurate parameter extraction with terahertz time-domain spectroscopy. Journal of Lightwave Technology, 2010, 28(11): 1685-1692.

[12]　Kim J, Boenawan R, Ueno Y, et al. Quantitative mapping of pharmaceutical cocrystals within cellulose by terahertz spectroscopy. Journal of Lightwave Technology, 2014, 32(20): 3768-3773.

[13]　Gómez-Díaz J, Perruisseau-Carrier J. Graphene-based plasmonic switches at near infrared frequencies. Optics Express, 2013, 21(13): 15490-15504.

[14]　Li J. Absorption-type terahertz wave switch based on Kerr media. Optics Communications, 2014, 313: 388-391.

[15]　Liu X, Liu H, Sun Q, et al. Metamaterial terahertz switch based on split-ring resonator embedded with photoconductive silicon. Applied Optics, 2015, 54(11): 3478-3483.

[16]　Liang L, Jin B, Wu J, et al. A flexible wideband bandpass terahertz filter using multi-layer metamaterials. Applied Physics B, 2013, 113(2): 285-290.

[17]　He J, Liu P, He Y, et al. Narrow bandpass tunable terahertz filter based on photonic crystal cavity. Applied Optics, 2012, 51(6): 776-779.

[18]　Zhou Q, Shui Y, Wang A, et al. Transient optical modulation properties in the terahertz metamaterial of split ring resonators. Chinese Physics B, 2012, 21(5): 692-696.

[19] Shi Y, Li J, Zhang L. Graphene-integrated split-ring resonator terahertz modulator. Optical and Quantum Electronics, 2017, 49(11): 1-9.

[20] Chen H, Padilla W, Zide J, et al. Active terahertz metamaterial devices. Nature, 2006, 444(7119): 597-600.

[21] Chen H, Padilla J, Cich J, et al. A metamaterial solid-state terahertz phase modulator. Nature Photonics, 2009, 3(3): 148-151.

[22] Tao H, Landy N I, Bingham C M, et al. A metamaterial absorber for the terahertz regime: Design, fabrication and characterization. Optics Express, 2008, 16(10): 7181-7188.

[23] Landy N I, Sajuyigbe S, Mock J J, et al. Perfect metamaterial absorber. Physical Review Letters, 2008, 100(20): 207402.

[24] Grant J, Ma Y, Saha S, et al. Polarization insensitive, broadband terahertz metamaterial absorber. Optics Letters, 2011, 36(17): 3476-3478.

[25] Wang B, Xie Q, Dong G, et al. Broadband terahertz metamaterial absorber based on coplanar multi-strip resonators. Journal of Materials Science: Materials in Electronics, 2017, 28(22): 17215-17220.

[26] Chen X, Fan W. Ultra-flexible polarization-insensitive multiband terahertz metamaterial absorber. Applied Optics, 2015, 54(9): 2376-2382.

[27] Chen J, Wang W, Tao Z, et al. A bilayer-graphene-flake-based terahertz switch. Physica Status Solidi Basic Research, 2014, 250(9): 1878-1882.

[28] Li J. Switching terahertz wave with grating-coupled Kretschmann configuration. Optics Express, 2017, 25(16): 19422-19428.

[29] Li J, Liu H, Zhang L. Compact and tunable-multichannel terahertz wave filter. IEEE Transactions on Terahertz Science and Technology, 2015, 5(4): 551-555.

[30] Rao L, Yang D, Zhang L, et al. Design and experimental verification of terahertz wideband filter based on double-layered metal hole arrays. Applied Optics, 2012, 51(7): 912-916.

[31] Liu X, Yang D. Design of terahertz beam splitter based on surface plasmon resonance transition. Chinese Physics B, 2016, 25(4): 047301.

[32] Niu T, Withayachumnankul W, Upadhyay A, et al. Terahertz reflectarray as a polarizing beam splitter. Optics Express, 2014, 22(13): 16148-16160.

[33] Liu C, Ye J, Zhang Y. Thermally tunable THz filter made of semiconductors. Optics Communications, 2010, 283(6): 865-868.

[34] Liu S, Hu J, Zhang Y, et al. 1THz micromachined waveguide band-pass filter. Journal of Infrared Millimeter and Terahertz Waves, 2016, 37(5): 435-447.

[35] Liu Z, Chang S, Wang X, et al. Thermally controlled terahertz metamaterial modulator based on phase transition of VO$_2$ thin film. Acta Physica Sinica, 2013, 62(13): 537-544.

[36] Shi F, Chen Y, Han P, et al. Broadband, spectrally flat, graphene-based terahertz modulators. Small, 2015, 11(45): 6044-6050.

[37] Kong H, Li G, Jin Z, et al. Polarization-independent metamaterial absorber for terahertz frequency. Journal of Infrared, Millimeter, and Terahertz Waves, 2012, 33(6): 649-656.

[38] Zhao X G, Wang Y, Schalch J, et al. Optically modulated ultra-broadband all-silicon metamaterial terahertz absorbers. ACS Photonics, 2019, 6(4): 830-837.

[39] Shui W, Li J, Wang H, et al. Ti3C2Tx MXene sponge composite as broadband terahertz absorber. Advanced Optical Materials, 2020, 8(21): 2001120.

[40] Ni X, Emani N, Kildishev A, et al. Broadband light bending with plasmonic nanoantennas. Science, 2012, 335(6067): 427.

[41] Sun S, He Q, Xiao S, et al. Gradient-index meta-surfaces as a bridge linking propagating waves and surface waves. Nature Materials, 2012, 11(5): 426-431.

[42] Yin X, Ye Z, Rho J, et al. Photonic spin hall effect at metasurfaces. Science, 2013, 339(6126): 1405-1407.

[43] Miroshnichenko A, Kivshar Y. Polarization traffic control for surface plasmons. Science, 2013, 340(6130): 283-284.

[44] Federici J, Schulkin B, Huang F, et al. THz imaging and sensing for security applications: Explosives, weapons and drugs. Semiconductor Science and Technology, 2005, 20(7): S266-S280.

[45] Chen P, Soric J, Padooru Y, et al. Nanostructured graphene metasurface for tunable terahertz cloaking. New Journal of Physics, 2013, 15(12): 123029.

[46] Orazbayev B, Estakhri N, Beruete M, et al. Terahertz carpet cloak based on a ring resonator metasurface. Physical Review B, 2015, 91(19): 195444.

[47] Su X, Ouyang C, Xu N, et al. Active metasurface terahertz deflector with phase discontinuities. Optics Express, 2015, 23(21): 27152-27158.

[48] Yang Q, Gu J, Wang D, et al. Efficient flat metasurface lens for terahertz imaging. Optics Express, 2014, 22(21): 25931-25939.

[49] Wen D, Yue F, Li G, et al. Helicity multiplexed broadband metasurface holograms. Nature Communications, 2015, 6(1): 1-7.

[50] Zhou L, Zhao G, Li Y. Broadband terahertz polarization converter based on L-shaped metamaterial. Laser and Optoelectronics Progress, 2018, 55(4): 298-302.

[51] Cao J, Zhou Y. Polarization modulation of terahertz wave by graphene metamaterial with grating structure. Laser and Optoelectronics Progress, 2018, 55(9): 092501.

[52] Karimi E, Schulz S, De L, et al. Generating optical orbital angular momentum at visible wavelengths using a plasmonic metasurface. Light: Science and Applications, 2014, 3(5): e167.

[53] Yu N, Genevet P, Kats M, et al. Light propagation with phase discontinuities: Generalized laws

of reflection and refraction. Science, 2011, 334(6054): 333-337.

[54] Aieta F, Genevet P, Kats M, et al. Aberration-free ultrathin flat lenses and axicons at telecom wavelengths based on plasmonic metasurfaces. Nano Letters, 2012, 12(9): 4932-4936.

[55] Luo W, Xiao S, He Q, et al. Photonic spin hall effect with nearly 100% efficiency. Advanced Optical Materials, 2015, 3(8): 1102-1108.

[56] Zhang K, Ding X, Zhang L, et al. Anomalous three-dimensional refraction in the microwave region by ultra-thin high efficiency metalens with phase discontinuities in orthogonal directions. New Journal of Physics, 2014, 16(10): 103020.

[57] Xiong R, Peng X, Li J. Terahertz switch utilizing inorganic perovskite-embedded metasurface. Frontiers in Physics, 2020, 8: 141.

[58] Zhang C, Zhou G, Wu J, et al. Active control of terahertz waves using vanadium-dioxide-embedded metamaterials. Physical Review Applied, 2019, 11(5): 054016.

[59] Wei M, Xu Q, Wang Q, et al. Broadband non-polarizing terahertz beam splitters with variable split ratio. Applied Physics Letters, 2017, 111(7): 071101.

[60] Cui T, Qi M, Xiang W, et al. Coding metamaterials, digital metamaterials and programmable metamaterials. Light: Science and Applications, 2014, 3(10): e218.

[61] Chen W, Tymchenko M, Gopalan P, et al. Large-area nanoimprinted colloidal Au nanocrystal-based nanoantennas for ultrathin polarizing plasmonic metasurfaces. Nano Letters, 2015, 15(8): 5254-5260.

[62] Chen K, Feng Y, Yang Z, et al. Geometric phase coded metasurface: From polarization dependent directive electromagnetic wave scattering to diffusion-like scattering. Scientific Reports, 2016, 6(1): 1-10.

[63] Zheng Q, Li Y, Zhang J, et al. Wideband, wide-angle coding phase gradient metasurfaces based on Pancharatnam-Berry phase. Scientific Reports, 2017, 7: 43543.

[64] Liu X, Gao J, Xu L, et al. A coding diffuse metasurface for RCS reduction. IEEE Antennas and Wireless Propagation Letters, 2016, 16: 724-727.

[65] Chen K, Cui L, Feng Y, et al. Coding metasurface for broadband microwave scattering reduction with optical transparency. Optics Express, 2017, 25(5): 5571-5579.

[66] Zhang L, Liu S, Li L, et al. Spin-controlled multiple pencil beams and vortex beams with different polarizations generated by Pancharatnam-Berry coding metasurfaces. ACS Applied Materials and Interfaces, 2017, 9(41): 36447-36455.

[67] Ji-Di L R, Cao X Y, Tang Y, et al. A new coding metasurface for wideband RCS reduction. Radioengineering, 2018, 27(2): 394-401.

[68] Bao L, Ma Q, Bai G, et al. Design of digital coding metasurfaces with independent controls of phase and amplitude responses. Applied Physics Letters, 2018, 113(6): 063502.

[69] Shao L, Zhu W, Leonov M, et al. Dielectric 2-bit coding metasurface for electromagnetic wave manipulation. Journal of Applied Physics, 2019, 125(20): 203101.

[70] Zhang J, Zhang H, Yang W, et al. Dynamic scattering steering with graphene-based coding metamirror. Advanced Optical Materials, 2020, 8(19): 2000683.

[71] Jing H, Ma Q, Bai G, et al. Anomalously perfect reflections based on 3-bit coding metasurfaces. Advanced Optical Materials, 2019, 7(9): 1801742.

[72] Wang H, Sui S, Li Y, et al. Passive reconfigurable coding metasurface for broadband manipulation of reflective amplitude, phase and polarization states. Smart Materials and Structures, 2019, 29(1): 015029.

[73] Liang L, Qi M, Yang J, et al. Anomalous terahertz reflection and scattering by flexible and conformal coding metamaterials. Advanced Optical Materials, 2015, 3(10): 1374-1380.

[74] Gao L, Cheng Q, Yang J, et al. Broadband diffusion of terahertz waves by multi-bit coding metasurfaces. Light: Science and Applications, 2015, 4(9): e324.

[75] Liang L, Wei M, Yan X, et al. Broadband and wide-angle RCS reduction using a 2-bit coding ultrathin metasurface at terahertz frequencies. Scientific Reports, 2016, 6(1): 1-11.

[76] Li J, Zhao Z, Yao J. Flexible manipulation of terahertz wave reflection using polarization insensitive coding metasurfaces. Optics Express, 2017, 25(24): 29983-29992.

[77] Li J, Zhao Z, Yao J. Terahertz wave manipulation based on multi-bit coding artificial electromagnetic surfaces. Journal of Physics D: Applied Physics, 2018, 51: 185105.

[78] 闫昕, 梁兰菊, 张璋, 等. 基于石墨烯编码超构材料的太赫兹波束多功能动态调控. 物理学报, 2018, 67(11): 118102.

[79] Han J, Cao X, Gao J, et al. Broadband dual-circular polarized coding metasurfaces and their powerful manipulation of differently circular polarizations. Optics Express, 2019, 27(23): 34141-34153.

[80] Zhuang Y, Wang G, Cai T, et al. Design of bifunctional metasurface based on independent control of transmission and reflection. Optics Express, 2018, 26(3): 3594-3603.

[81] Zhang L, Wu R, Bai G, et al. Transmission-reflection-integrated multifunctional coding metasurface for full-space controls of electromagnetic waves. Advanced Functional Materials, 2018, 28(33): 1802205.

[82] Shao L, Premaratne M, Zhu W. Dual-functional coding metasurfaces made of anisotropic all-dielectric resonators. IEEE Access, 2019, 7: 45716-45722.

[83] Bai X, Kong F, Sun Y, et al. High-efficiency transmissive programmable metasurface for multimode OAM generation. Advanced Optical Materials, 2020, 8(17): 2000570.

[84] Jing Y, Li Y, Zhang J, et al. Full-space-manipulated multifunctional coding metasurface based on "Fabry-Pérot-like" cavity. Optics Express, 2019, 27(15): 21520-21531.

[85] Li J, Zhang Y, Li J, et al. Amplitude modulation of anomalously reflected terahertz beams using all-optical active Pancharatnam-Berry coding metasurfaces. Nanoscale, 2019, 11 (12): 5746-5753.

[86] Rouhi K, Rajabalipanah H, Abdolali A. Multi-bit graphene-based bias-encoded metasurfaces for real-time terahertz wavefront shaping: From controllable orbital angular momentum generation toward arbitrary beam tailoring. Carbon, 2019, 149: 125-138.

[87] Li J, Li S, Yao J. Actively tunable terahertz coding metasurfaces. Optics Communications, 2019, 461: 125186.

第2章 太赫兹频率超表面编码

太赫兹波在不同的领域有着独特的作用[1-3]，同时因为超表面具有强大的调控电磁波的能力[4-7]，许多不同功能的基于超表面的太赫兹器件已经被设计出来[8-13]。最近编码超表面利用不同的编码序列灵活地控制反射电磁波，不但在空间上可以进行编码[14-17]，而且在频域上也有着不同的设计[18-21]。

传统超表面编码通常由具有固定功能的相似形状超表面编码单元构成，通过改变超表面编码单元几何参数获得不同相位响应，一旦编码模式固定，在工作频带上具有独特的编码功能。然而，传统的超表面编码单元的相位灵敏度与初始频率的相位响应相关，因此这两个值不能自由选择。为了克服这一限制，使用不同形状超表面来设计频率编码单元，具有相同相位响应的不同形状的超表面粒子可以在频率上经历不同的相位灵敏度，这为结构超表面增加了另一个自由度。由于频率超表面编码单元的相位灵敏度不同，两个或多个频率超表面编码单元之间的相位差将随着频率的变化而发生显著变化。因此，频率结构超表面除了在初始频率下具有与空间超表面编码相同的编码方式，还引入了另一个参数来表征其频域特性。频率结构超表面充分探索和利用了编码单元在频率上不同的相位响应灵敏度，对具有低相位灵敏度和高相位灵敏度的编码单元分别使用数字"0"和"1"表示并进行编码。在不改变空间编码模式的情况下，用单个频率超表面编码结构即可实现对电磁波能量辐射的各种控制。这使得在操纵太赫兹波能量辐射中拥有空间编码和频率编码两个自由度。

2.1 太赫兹频率超表面编码机理

与传统太赫兹超表面编码相比，太赫兹频率超表面编码结构具有两个关键因素：一个是初始相位响应，另一个是相位灵敏度。也就是说，构成太赫兹频率超表面编码的不同基本结构单元在初始频率处可以具有相同的反射相位值，但是在工作频率带宽内将经历不同的相位灵敏度，这将导致频率超表面编码结构随着工作频率的增加，不同超表面结构单元反射相位值将不同，可以用泰勒级数解释：

$$\varphi(f) = \alpha_0 + \alpha_1(f-f_0) + \alpha_2(f-f_0)^2 + \cdots + \alpha_n(f-f_0)^n + \alpha_{n+1}(f-f_0)^{n+1}, \quad 0 \leqslant f \leqslant f_0 \tag{2-1}$$

式中，$\varphi(f)$ 是频率 f 处的相位响应；α_0 是空间域参数即初始频率处的相位值；α_1 是频域参数即工作频率上的相位灵敏度；f_0 是具有相同相位的初始频率；α_n 是相位响应的第 n 阶。如果将式(2-1)简化为 $\varphi(f) \approx \alpha_0$，则在工作频带内基本超表面结构单元

间的相位差是固定值，它代表所设计的太赫兹超表面编码基本单元的相位信息。此时，式(2-1)可以表示为

$$\varphi(f) \approx \alpha_0 + \alpha_1(f - f_0) \qquad (2\text{-}2)$$

　　从式(2-2)可以清楚地看出，每个基本频率超表面编码结构单元的相位响应与初始频率点相位值和整个频段相位灵敏度有关，这也意味着相位相邻频率超表面编码结构单元间的相位差不仅与初始相位值 α_0 有关，而且与相位灵敏度 α_1 有关。在这种情况下，可以利用初始频率和截止频率上的相位响应来近似确定数字单元的线性相位灵敏度参数 α_1，可用式(2-3)表示：

$$\alpha_1 = [\varphi(f_1) - \varphi(f_0)]/(f_1 - f_0) \qquad (2\text{-}3)$$

　　式(2-3)为设计新型的太赫兹超表面编码结构提供了一种全新的方法，并将这种新的太赫兹超表面编码结构取名为太赫兹频率超表面编码结构。对于太赫兹频率超表面编码结构，需要同时对 α_0 和 α_1 进行编码。

2.2　T 形结构太赫兹频率超表面编码

2.2.1　T 形结构太赫兹频率超表面编码单元

　　T 形结构太赫兹频率超表面编码单元结构和幅相响应如图 2-1 所示。其中图 2-1(a)和(b)为 T 形太赫兹频率超表面编码单元结构的三维图和俯视图。整个基本单元结构共分为三层，底层是厚度为 0.2μm 的金属铜片，在它上方涂有一层聚酰亚胺薄膜，其厚度 $h=30\mu m$，介电常数 $\varepsilon=3.0$，损耗角(δ)正切值 $\tan\delta=0.03$。T 形金属结构位于聚酰亚胺薄膜上方，厚度为 0.2μm，底层的金属铜片主要用于确保入射太赫兹波可以实现全反射。图 2-1(b)中单元结构的晶格常数 $P=90\mu m$，顶层 T 形金属结构由两个一样的长方形组合而成，每一个长方形的宽度 $W=25\mu m$，长度为 L。总共需要 4 个基本单元作为太赫兹频率超表面的基本编码单元,用于实现 1bit 和 2bit 太赫兹频率超表面编码。通过改变 T 形金属结构的长度值 L，获得了在初始频率具有相等相位值但在工作频率范围内具有不同相位灵敏度的 4 个超表面结构基本单元，利用 CST 仿真软件优化设计单元结构参数，最终得到优化后 4 个超表面结构基本单元所对应的几何参数值 L。图 2-1(c)和(d)为 $S1$、$S2$、$S3$ 和 $S4$ 四个超表面结构的基本单元在 $f=0.2 \sim 0.8$THz 这一工作频率范围内相对应的反射率和反射相位。从图 2-1(c)中可以清楚看出，在工作频率范围内，太赫兹波垂直照射到基本单元上时，4 个超表面结构基本单元对入射太赫兹波的反射效率都在 0.8 以上，几乎接近于全反射。同时 4 个超表面结构基本单元在初始频率 $f_0=0.2$THz 处具有相同的初始相位值 $\alpha_0 \approx 8\pi/9$，但是在频率 0.2~0.8THz 内，四个超表面结构基本单元的相位灵敏度却不同，这为太赫兹频率超表面编码提供了先决条件。图 2-1(d)显示了 4 个超表面结

构基本单元的相位曲线大致呈线性递减关系，因此可以通过式(2-3)分别计算出 4 个超表面结构基本单元的相位灵敏度：

$$\begin{cases} \alpha_1^{S1} = \dfrac{\varphi^{S1}(f_1) - \varphi^{S1}(f_0)}{f_1 - f_0} = \dfrac{100° - 164°}{0.8 - 0.2} \approx -\dfrac{0}{0.6}(\text{rad/THz}) \\[3mm] \alpha_1^{S2} = \dfrac{\varphi^{S2}(f_1) - \varphi^{S2}(f_0)}{f_1 - f_0} = \dfrac{22° - 163°}{0.8 - 0.2} \approx -\dfrac{\pi}{0.6}(\text{rad/THz}) \\[3mm] \alpha_1^{S3} = \dfrac{\varphi^{S3}(f_1) - \varphi^{S3}(f_0)}{f_1 - f_0} = \dfrac{-100° - 163°}{0.8 - 0.2} \approx -\dfrac{2\pi}{0.6}(\text{rad/THz}) \\[3mm] \alpha_1^{S4} = \dfrac{\varphi^{S4}(f_1) - \varphi^{S4}(f_0)}{f_1 - f_0} = \dfrac{-166° - 161°}{0.8 - 0.2} \approx -\dfrac{3\pi}{0.6}(\text{rad/THz}) \end{cases} \tag{2-4}$$

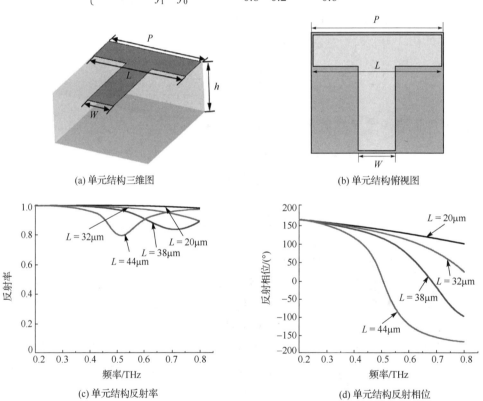

(a) 单元结构三维图　　　　　　　　　　　(b) 单元结构俯视图

(c) 单元结构反射率　　　　　　　　　　　(d) 单元结构反射相位

图 2-1　T 形结构太赫兹频率超表面编码单元结构和幅相响应

从上述分析及式(2-4)可得，$S1$、$S2$、$S3$ 和 $S4$ 四个超表面结构基本单元在初始频率处具有相等的相位值，但在工作频段内具有不同相位灵敏度，这些完全符合太赫兹频率超表面编码的要求。同时也表明了相邻基本超表面结构单元之间的相位差是随着频率变化而变化的。当 L 分别为 40μm、64μm、76μm 和

88μm 时，依次表示 S1、S2、S3 和 S4 四个超表面结构的基本单元，如图 2-2 所示。另外，当太赫兹波垂直入射到太赫兹频率超表面时，由太赫兹频率超表面编码产生的远场能量与 $|1+e^{j\varphi}|^2$ 成正比，φ 是基本单元间的相位差。因此，只用同一个太赫兹频率超表面编码改变不同的工作频率就可以实现对太赫兹波反射能量的不同控制。

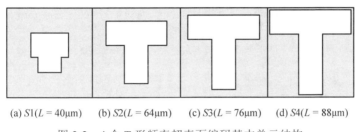

(a) S1(L = 40μm)　　(b) S2(L = 64μm)　　(c) S3(L = 76μm)　　(d) S4(L = 88μm)

图 2-2　4 个 T 形频率超表面编码基本单元结构

2.2.2　1bit 太赫兹 T 形结构频率超表面编码

对于 1bit 太赫兹 T 形结构频率超表面编码，需要用 2 个超表面结构基本单元进行排列组合，这里选取 S1 和 S3 单元。S1 和 S3 在 0.2THz 处初始相位值相等且 $\alpha_0 \approx 8\pi/9$，此时将两个单元初始状态都编码为 "0"。但是，注意到 S1 和 S3 单元在整个工作频率范围内相位灵敏度不一样，分别为 $-0/0.6$rad/THz 和 $-2\pi/0.6$rad/THz，并将 S1 和 S3 单元此时状态编码为 "0" 和 "1"，最后得到 S1 和 S3 单元整体编码状态分别为 "0-0" 和 "0-1"。图 2-3 (a) 和 (b) 展示了利用 S1 和 S3 两个超表面结构基本单元以不同的编码序列排序(一个用 "0-0,0-1,…" 编码序列沿 x 轴正方向进行周期性排列，另一个则用 "0-0,0-1,…" 编码序列进行标准棋盘式周期性排布)，构建了两个不同的 1bit 太赫兹频率超表面编码结构。考虑到超表面结构单元之间的耦合效应，采用超级单元措施使单元耦合效应最小化，即每个超级单元由 4×4 个相同基本单元组成。

(a) 序列"0-0,0-1"沿x轴正方向周期　　　(b) 棋盘排列太赫兹
　　排列太赫兹超表面编码结构　　　　　　超表面编码结构

  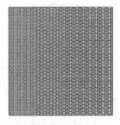

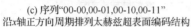

(c) 序列"00-00,00-01,00-10,00-11"
沿x轴正方向周期排列太赫兹超表面编码结构　　(d) 随机太赫兹超表面
编码结构　　(e) 非周期太赫兹超表面
编码结构

图 2-3　5 种不同 T 形频率太赫兹超表面编码结构（见彩图）

采用 CST 仿真软件对两种 1bit 太赫兹频率超表面编码结构进行建模计算，以平面波为激励，垂直入射到太赫兹频率超表面编码。图 2-4 为"0-0, 0-1"周期排列的 1bit 太赫兹频率超表面编码结构场图。图 2-5 为"0-0, 0-1"标准棋盘排列的 1bit 太赫兹频率超表面编码结构场图。图 2-4 和图 2-5 中左侧为反射太赫兹波的三维远场散射图，右侧为反射太赫兹波三维远场散射分布相应的二维电场图。如图 2-4(a) 和 (b)、图 2-5(a) 和 (b) 所示，在初始频率 f_0=0.2THz 处，垂直入射的太赫兹波被反向反射，这是由于在 f_0=0.2THz 处，$S1$ 和 $S3$ 单元两者的相位差为 0°，此时两种 1bit 太赫兹频率超表面编码结构起着与完美导体相同的作用，从而导致反射太赫兹波原路返回。当入射太赫兹波频率 f 增加到截止频率 f_1=0.8THz 时，太赫兹频率超表面编码结构在初始频率 f_0=0.2THz 处所产生的主瓣几乎消失，形成两束相等的反射太赫兹波束，如图 2-4(i) 和 (j)、图 2-5(i) 和 (j) 所示。对于第一个 1bit 太赫兹频率超表面编码结构而言，垂直入射的太赫兹波经超表面后被反射形成两束关于 z 轴对称且俯仰角 θ=31.4° 的太赫兹反射波束。其中，俯仰角可由 θ=arcsin(λ/Γ) 计算获得，其中 λ 为 f_1=0.8THz 时对应太赫兹波的波长，Γ(=2×90×4=720μm) 为太赫兹频率超表面编码结构一个梯度周期。而对于标准棋盘分布的太赫兹频率超表面编码结构来说，垂直入射太赫兹频率超表面编码结构后，产生了 4 束太赫兹反射波束，其对应俯仰角 θ=arcsin(λ/Γ)=47.5°(Γ=509μm)，方位角 φ 分别为 45°、135°、225° 和 315°，出现这种现象是因为 $S1$ 和 $S3$ 单元两者的相位差由在初始频率 f_0=0.2THz 处的 0° 改变为截止频率 f_1=0.8THz 处的 180°，使原本出现在初始频率 f_0=0.2THz 处的主瓣几乎消失。此外，图 2-4(c) 和 (d)、图 2-4(e) 和 (f) 及图 2-4(g) 和 (h) 分别对应频率 f=0.5THz、f=0.6THz、f=0.7THz 时，太赫兹波入射到太赫兹频率超表面编码结构后所产生反射太赫兹波的三维远场图和二维电场图。当频率 f 为 0.2～0.8THz 时，太赫兹波垂直入射到第一个 1bit 太赫兹频率超表面编码结构后，随着频率 f 逐渐增加，产生的反射太赫兹波束由原本沿 z 轴反射回来的一束，逐渐产生两个对称的旁瓣，并且两束旁瓣的能量变得越来越强，而原先形成的 1 束主瓣能量变得越来越弱，接近于消失，如图 2-4(i) 和 (j) 所示。同样地，对于标准棋盘分布的 1bit 太赫兹频率超表面编码结构，图 2-5(c)和(d)、图 2-5(e)和(f)及图 2-5(g)和(h)分别对应频率 f = 0.5THz、f = 0.6THz、f = 0.7THz 时，对应的太赫兹波入射到太赫兹频率超表面编码结构上所产生的三维远场散射图和二维电场图。随着频率增加，垂直照射的太赫兹波同样由原来只有 1 束反射波束，逐渐形成 4 个对称的旁瓣，并且它们的能量变得越来越强，而主瓣能量变得越来越弱，这是由于在频率从 0.2THz 上升到 0.8THz 的过程中，$S1$ 和 $S3$ 之间的相位差由初始频率 f = 0.2THz 处的 0° 增加到 f = 0.8THz 处的 180°，从而使得原始主瓣的能量越来越弱，直到消失，如图 2-5(i)和(j)所示。

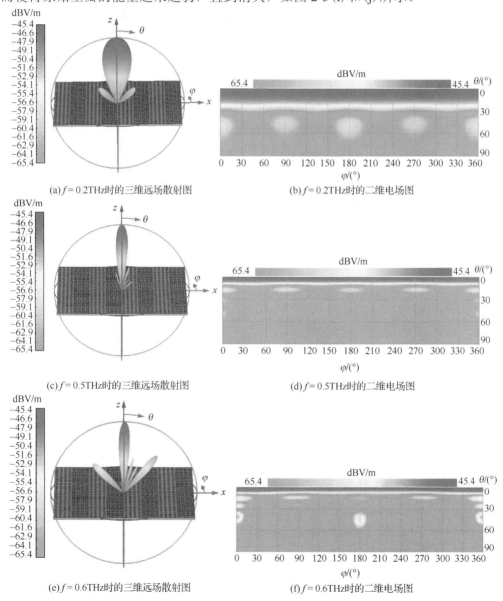

(a)f = 0.2THz时的三维远场散射图　　　　　(b)f = 0.2THz时的二维电场图

(c)f = 0.5THz时的三维远场散射图　　　　　(d)f = 0.5THz时的二维电场图

(e)f = 0.6THz时的三维远场散射图　　　　　(f)f = 0.6THz时的二维电场图

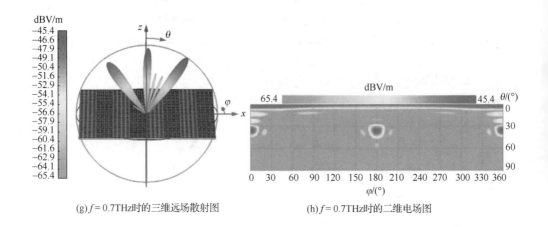

(g) $f=0.7$THz时的三维远场散射图　　　(h) $f=0.7$THz时的二维电场图

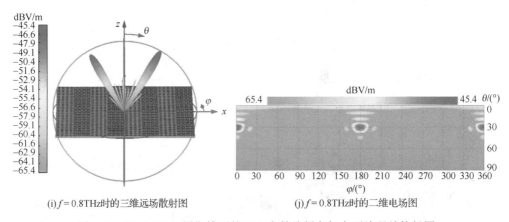

(i) $f=0.8$THz时的三维远场散射图　　　(j) $f=0.8$THz时的二维电场图

图 2-4　"0-0, 0-1"周期排列的 1bit 太赫兹频率超表面编码结构场图

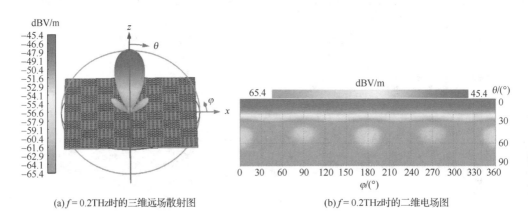

(a) $f=0.2$THz时的三维远场散射图　　　(b) $f=0.2$THz时的二维电场图

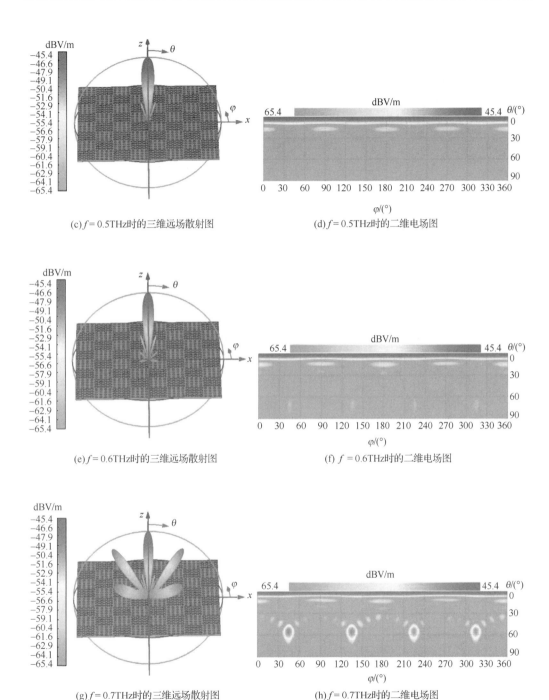

(c) $f=0.5$THz时的三维远场散射图　　　　　　(d) $f=0.5$THz时的二维电场图

(e) $f=0.6$THz时的三维远场散射图　　　　　　(f) $f=0.6$THz时的二维电场图

(g) $f=0.7$THz时的三维远场散射图　　　　　　(h) $f=0.7$THz时的二维电场图

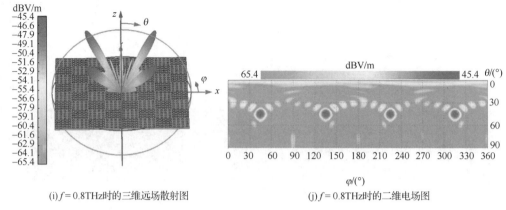

(i) $f = 0.8$THz时的三维远场散射图　　　　　(j) $f = 0.8$THz时的二维电场图

图 2-5　"0-0, 0-1"标准棋盘排列的 1bit 太赫兹频率超表面编码结构场图

2.2.3　2bit 太赫兹 T 形结构频率超表面编码

为更加灵活地实现对太赫兹波辐射能量的操控,有必要进一步研究 2bit 太赫兹 T 形结构频率超表面编码结构。选择 $S1$、$S2$、$S3$ 和 $S4$ 四个超表面结构基本单元作为 2bit 太赫兹频率超表面编码结构的基本编码单元,4 个超表面结构基本单元反射相位曲线如图 2-1(d)所示。从图 2-1(d)中可以清楚地看出,四个超表面结构基本单元在初始频率 $f_0 = 0.2$THz 时,反射相位相同且具有几乎相同的初始相位值 $\alpha_0 \approx 8\pi/9$,此时 4 个超表面结构基本单元的该状态均编码为"00"。仔细观察可以发现在整个工作频率内 4 个超表面结构基本单元具有不同的相位灵敏度。根据式(2-4)可知,$S1$、$S2$、$S3$ 和 $S4$ 四个超表面结构单元的相位灵敏度分别为 $\alpha_1^{S1} \approx -0/0.6$rad/THz,$\alpha_1^{S2} \approx -\pi/0.6$rad/THz,$\alpha_1^{S3} \approx -2\pi/0.6$rad/THz 和 $\alpha_1^{S4} \approx -3\pi/0.6$rad/THz。由于相邻超表面结构基本单元间的相位灵敏度之差恒为$-\pi/0.6$rad/THz,因此分别将 $S1$、$S2$、$S3$ 和 $S4$ 四个超表面结构基本单元的 α_1 值依次编码为"00"、"01"、"10"和"11",这样 $S1$、$S2$、$S3$ 和 $S4$ 四个超表面结构基本单元的最终编码状态依次为"00-00"、"00-01"、"00-10"和"00-11"。如图 2-3(c)和(d)所示,将这四个超表面结构单元按不同的排列方式进行排布,设计了两个不同的 2bit 太赫兹频率超表面编码,其中图 2-3(c)为一个 2bit 太赫兹频率超表面编码排布结构俯视图,它是由编码序列"00-00, 00-01, 00-10, 00-11"沿着 x 轴正方向周期排列而成的;图 2-3(d)为另一个 2bit 太赫兹频率超表面编码结构俯视图,它由 4 个单元随机排列形成,用于实现随机散射,其中随机编码的码元序列由 MATLAB 产生。为了减小单元间的耦合作用,同样采用与 1bit 太赫兹频率超表面编码相同的超级单元进行排列,每个超级单元仍然由 4×4 个相同的基本单元组成。

为了更加直观地对所设计的 2bit 太赫兹频率超表面编码的性能进行分析,本书采用 CST 仿真软件对所设计的两种不同的 2bit 太赫兹频率超表面编码进行建模计算，激励为平面波，依旧采用垂直入射的方式。所得的仿真结果如图 2-6 和图 2-7 所示。图 2-6 为 "00-00, 00-01, 00-10, 00-11" 周期排布的 2bit 太赫兹频率超表面编码结构场图，图 2-7 为 "00-00, 00-01, 00-10, 00-11" 随机排布的 2bit 太赫兹随机频率太赫兹超表面编码结构场图，其中图左侧为反射太赫兹波的三维远场散射图，图右侧为反射太赫兹波的二维电场图。图 2-6(a) 和 (b)、图 2-7(a) 和 (b) 显示了在初始频率 f_0=0.2THz 时，垂直入射到两种不同 2bit 太赫兹频率超表面编码上的太赫兹波都沿着 z 轴原路反射回去，其原因是 4 个超表面结构基本单元在初始频率 f_0=0.2THz 处的相位差为

$$\varphi^{\text{"00-01"}}(f_0) - \varphi^{\text{"00-00"}}(f_0) \approx \varphi^{\text{"00-10"}}(f_0) - \varphi^{\text{"00-01"}}(f_0) \approx \varphi^{\text{"00-11"}}(f_0) - \varphi^{\text{"00-10"}}(f_0)$$
$$\approx \varphi^{\text{"00-00"}}(f_0) - \varphi^{\text{"00-11"}}(f_0) \approx 0 \tag{2-5}$$

又因为当太赫兹波垂直入射到太赫兹频率超表面编码上时，其远场能量分别与 $|1+e^{j\varphi}|^2$ 成正比，因此当太赫兹波垂直入射到太赫兹频率超表面编码上时，太赫兹波将沿着 z 轴原路反射回去。然而，当入射太赫兹波频率增加至截止频率 f_1=0.8THz 时，相邻单元间的相位差变为

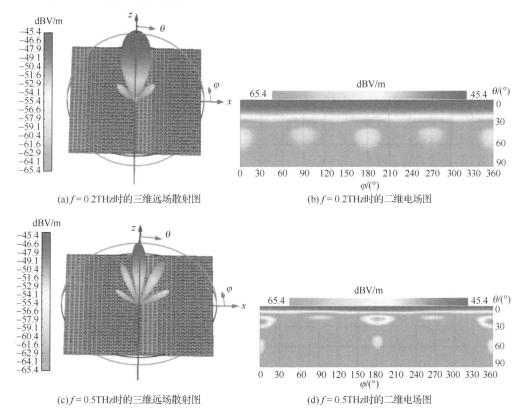

(a) f = 0.2THz时的三维远场散射图　　　　　　　(b) f = 0.2THz时的二维电场图

(c) f = 0.5THz时的三维远场散射图　　　　　　　(d) f = 0.5THz时的二维电场图

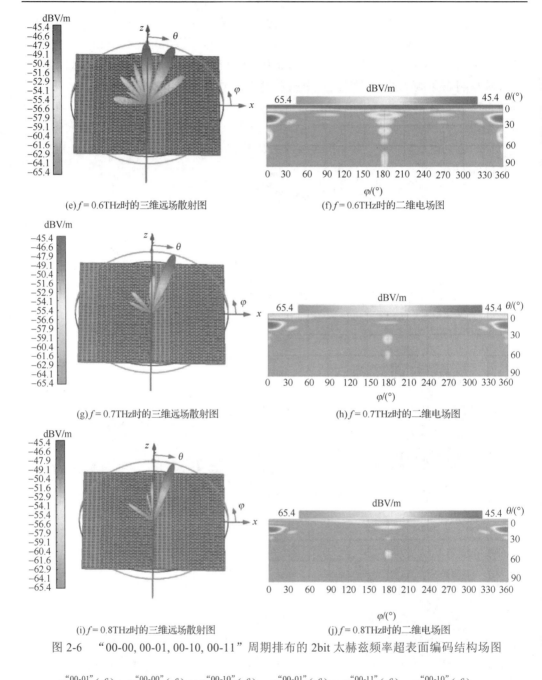

(e) $f = 0.6$THz时的三维远场散射图　　　　(f) $f = 0.6$THz时的二维电场图

(g) $f = 0.7$THz时的三维远场散射图　　　　(h) $f = 0.7$THz时的二维电场图

(i) $f = 0.8$THz时的三维远场散射图　　　　(j) $f = 0.8$THz时的二维电场图

图 2-6　"00-00, 00-01, 00-10, 00-11"周期排布的 2bit 太赫兹频率超表面编码结构场图

$$\varphi^{"00\text{-}01"}(f_1) - \varphi^{"00\text{-}00"}(f_1) \approx \varphi^{"00\text{-}10"}(f_1) - \varphi^{"00\text{-}01"}(f_1) \approx \varphi^{"00\text{-}11"}(f_1) - \varphi^{"00\text{-}10"}(f_1)$$
$$\approx \varphi^{"00\text{-}00"}(f_1) - \varphi^{"00\text{-}11"}(f_1) \approx -\pi / 2 \tag{2-6}$$

此时,如图 2-6(i)和(j)所示,对于由周期编码序列"00-00, 00-01, 00-10, 00-11"

沿着 x 轴正方向排列而成的 2bit 太赫兹频率超表面编码，垂直入射的太赫兹波将偏转到与 z 轴成角度 $\theta=\arcsin(\lambda/\Gamma)=15.1°$ $(\Gamma=4\times4\times90\mu m=1440\mu m)$ 的方向上。然而，由随机编码序列组成的 2bit 太赫兹频率超表面编码结构，如图 2-7(i) 和 (j) 所示，垂直入射的太赫兹波被散射到多个方向，极大地减小了 RCS，有利于太赫兹雷达隐身技术。当频率 f 介于初始频率 $f_0=0.2THz$ 与截止频率 $f_1=0.8THz$ 之间时，如图 2-6(c) 和 (d)、图 2-6(e) 和 (f) 及图 2-6(g) 和 (h) 所示，由于相邻单元间的相位差为 $0°\sim90°$，此时对于 2bit 太赫兹频率超表面编码结构，随着频率的不断增加，相邻单元之间的相位差也在不断增加，在初始频率 $f_0=0.2THz$ 处出现的原始主瓣辐射能量变得越来越弱，而位于 z 轴右边新生旁瓣的能量越来越强。同样地，相比于周期性排列的 2bit 太赫兹频率超表面编码结构，随机排列的 2bit 太赫兹频率超表面编码计算结果则不同，如图 2-7(c) 和 (d)、图 2-7(e) 和 (f) 及图 2-7(g) 和 (h) 所示，随着频率不断增加，一束原本占据绝大多数能量的主瓣逐渐在 z 轴以外的其他方向上产生越来越多的旁瓣，能量被分散到各个新生旁瓣中。根据能量守恒定理可知，其原始主瓣能量会随着旁瓣数量的增加而变得越来越弱。

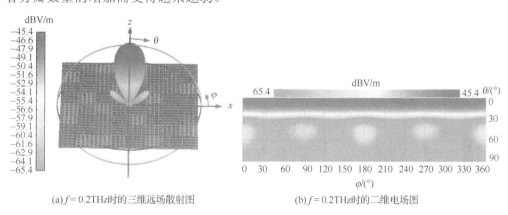

(a) $f=0.2THz$ 时的三维远场散射图   (b) $f=0.2THz$ 时的二维电场图

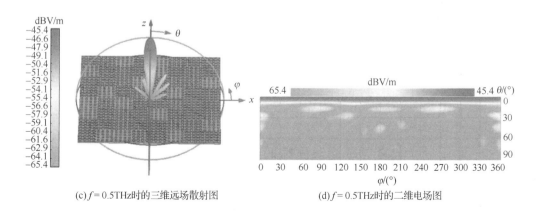

(c) $f=0.5THz$ 时的三维远场散射图   (d) $f=0.5THz$ 时的二维电场图

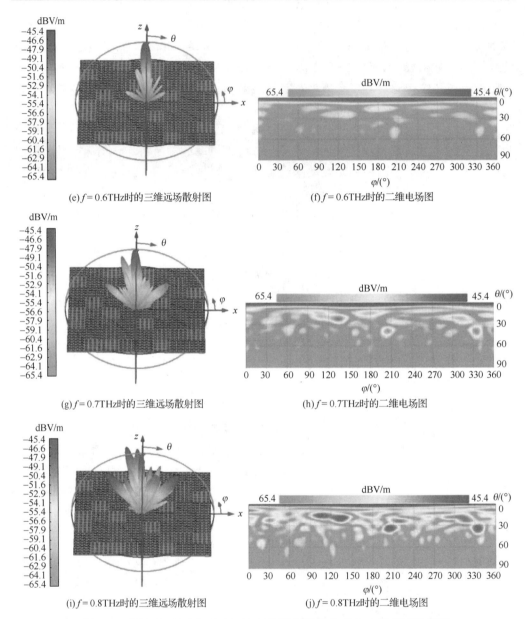

(e) $f = 0.6$THz时的三维远场散射图　　　　(f) $f = 0.6$THz时的二维电场图

(g) $f = 0.7$THz时的三维远场散射图　　　　(h) $f = 0.7$THz时的二维电场图

(i) $f = 0.8$THz时的三维远场散射图　　　　(j) $f = 0.8$THz时的二维电场图

图 2-7　"00-00, 00-01, 00-10, 00-11"随机排布的 2bit 太赫兹随机频率
太赫兹超表面编码结构场图

2.2.4　非周期太赫兹频率超表面编码

周期性排列太赫兹频率超表面编码结构的性能，可以通过改变工作频率来实现对太赫兹波辐射能量的控制。接下来研究非周期性排列的编码序列，因为非周期性

太赫兹频率超表面编码结构在工作频率上具有均匀分布的相位响应。根据广义折射定律，只需改变工作频率即可使主波束的方向发生变化，即主瓣方向随频率的变化而变化。为了证明这一性质，如图 2-3(e) 所示，采取 4×4 超级单元形式，以编码序列 "00-00, 00-01, 00-10, 00-11" 沿 x 正方向排列组成非周期太赫兹频率超表面编码结构，四个基本单元在整个工作频率范围内的相位响应为

$$\varphi^{"00-00"}(f) \approx \alpha_0^{"00-00"} + \alpha_1^{"00-00"}(f-f_0) = 8\pi/9 \tag{2-7}$$

$$\varphi^{"00-01"}(f) \approx \alpha_0^{"00-01"} + \alpha_1^{"00-01"}(f-f_0) = 8\pi/9 - \pi/0.6(f-f_0) \tag{2-8}$$

$$\varphi^{"00-10"}(f) \approx \alpha_0^{"00-10"} + \alpha_1^{"00-10"}(f-f_0) = 8\pi/9 - 2\pi/0.6(f-f_0) \tag{2-9}$$

$$\varphi^{"00-11"}(f) \approx \alpha_0^{"00-11"} + \alpha_1^{"00-11"}(f-f_0) = 8\pi/9 - 3\pi/0.6(f-f_0) \tag{2-10}$$

因此，联合上述四个方程可以得到奇异偏转角的公式：

$$\theta = \arcsin[0.52 \times (1 - f_0/f)] \tag{2-11}$$

式 (2-11) 清楚地表明了非周期性太赫兹超表面编码结构在整个工作频率中的调控性能，即反射太赫兹波主瓣方向只与工作频率大小有关，由式 (2-11) 可计算出来，当频率从 0.2THz 增加到 0.8THz 时，太赫兹反射波主瓣方向相应地从 0° 增加到 15.1°。为了验证上面的理论分析，通过建模计算得到结果如图 2-8 所示。图 2-8 为 "00-00, 00-01, 00-10, 00-11" 非周期排布的太赫兹频率超表面编码结构场图，图中左侧为三维远场散射图，图中右侧为其相应的二维电场图。图 2-8(a) 和 (b) 中初始频率 $f_0 = 0.2$THz 时，主瓣方向与 z 轴方向相同(即 $\theta=0°$)。当频率增加到 0.5THz、0.6THz 和 0.7THz 时，计算结果如图 2-8(c) 和 (d)、图 2-8(e) 和 (f) 及图 2-8(g) 和 (h) 所示，此时反射波束的主瓣方位为 $\theta=6°$、$\theta=9.9°$ 和 $\theta=12.9°$。如图 2-8(i) 和 (j) 所示，当频率增加到 $f_1=0.8$THz 时，主波束的方向位于俯仰角 $\theta=15.1°$ 处。本节讨论的 θ 为 0° ~ 15.1°。如果需要进一步增加 θ 值，则只需要改变超级单元的大小即可实现。

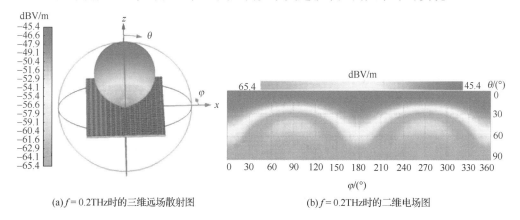

(a) $f=0.2$THz时的三维远场散射图   (b) $f=0.2$THz时的二维电场图

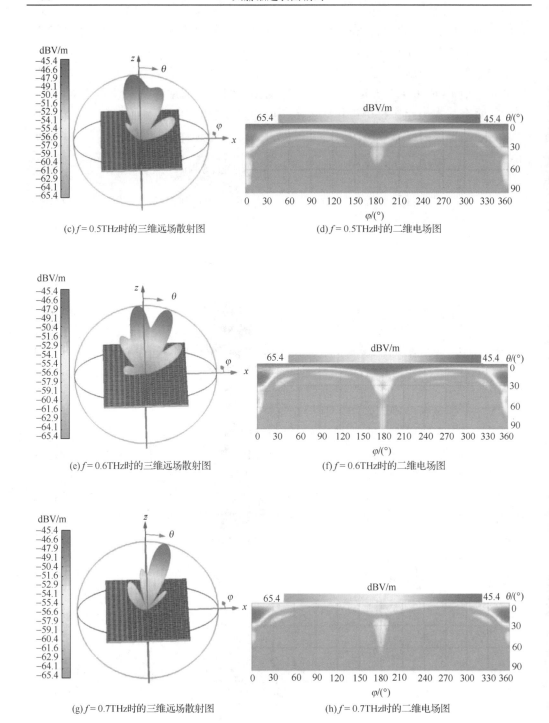

(c) $f = 0.5$ THz时的三维远场散射图

(d) $f = 0.5$ THz时的二维电场图

(e) $f = 0.6$ THz时的三维远场散射图

(f) $f = 0.6$ THz时的二维电场图

(g) $f = 0.7$ THz时的三维远场散射图

(h) $f = 0.7$ THz时的二维电场图

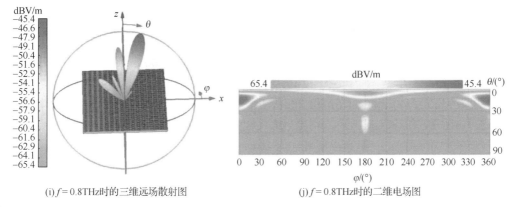

(i) f = 0.8THz时的三维远场散射图 　　　　　(j) f = 0.8THz时的二维电场图

图 2-8　"00-00, 00-01, 00-10, 00-11"非周期排布的太赫兹频率超表面编码结构场图

上述研究结果表明，本节设计的 T 形结构太赫兹频率超表面编码结构基本单元的反射相位不仅与初始相位有关，还与相位灵敏度有关。换言之，相邻超表面结构基本单元之间的相位差不是恒定的，而是随频率而变化的。只需要改变工作频率，而不需要重新设计太赫兹频率超表面编码结构就可以对太赫兹波能量进行有效控制。这种方法提供了一种更加灵活的方式来操纵太赫兹波，在太赫兹扫频、太赫兹通信、太赫兹成像和太赫兹雷达等设备上具有很大的潜在应用价值。

2.3　人字形结构太赫兹频率超表面编码

2.3.1　人字形结构太赫兹频率超表面编码单元

通过 2.2 节分析的 T 形结构太赫兹频率超表面编码可知，在设计太赫兹频率超表面编码时，需要满足两个基本条件：一个是具有相同初始相位响应；另一个是相位灵敏度，而相位灵敏度在整个工作频率范围内必须不同。为了满足上述基本条件要求，如图 2-9 所示，本节设计了一种人字形结构超表面基本单元结构[21]，该结构能够很好地满足太赫兹频率超表面编码两个基本要求，因此可用来设计太赫兹频率超表面编码并实现其相应的功能。本节设计的人字形超表面基本单元结构的三维图和俯视图，分别如图 2-9(a) 和 (b) 所示。从图中可以看出，该结构分为上、中、下三层，其中，中间那一层是由介电常数为 3.0，损耗角正切值为 0.03，厚度为 h 的聚酰亚胺薄膜构成的；结构上、下两层均为金属铜片，最下面的一层为 0.2μm 厚的金属铜片，用于确保入射太赫兹波能够实现绝对的全反射；最上面的一层为 200nm 厚的人字形金属结构，该结构是由三个相同尺寸的长方形组成的，详细说来，其由一个长方形围绕中心位置按照顺时针和逆时针依次旋转 135° 所得。通过改变最上层人字形金属结构的长度 L 的大小，可获得在整个工作频率范围内具有不同相位灵敏度的超表面基本单元结构。利用仿真软件 CST 对其进行建模仿真分析，经过反复优化设计，最终计算得到太赫兹频率超表面编码的 4 个基本单元结构尺寸(图 2-10)。其中，聚酰亚胺薄膜和底部金属薄片的长度为固定值(P=100μm)；聚酰亚胺薄膜的厚度 h=20μm；4 个基本单元结构的顶层金属结构具有相同的宽度(W=40μm)，长度 L 分别为 48μm、40μm、34μm 和 20μm，将其依次表示为 A、B、C 和 D 四个基本单元。如图 2-9(c)和(d)所示，利用软件 CST 进行建模计算分析，得到 A、B、C 和 D 四个基本单元的反射率和反射相位曲线。由图 2-9 可看出，在 0.4~1.0THz 上，太赫兹波垂直入射到 4 个超表面编码结构的基本单元，在底部金属薄片作用下，太赫兹波反射率都在 0.8 左右，接近全反射。并且 4 个超表面编码结构基本单元在初始频率 f_0=0.4THz 处具有几乎相同的初始相位响应 $\alpha_0 \approx 8\pi/9$，同时在 0.4~1.0THz 上，4 个超表面编码结构基本单元的相位灵敏度却不同，完全满足设计太赫兹频率超表面编码的先决条件。由式(2-3)计算可得 4 个超表面编码结构基本单元的相位灵敏度分别为

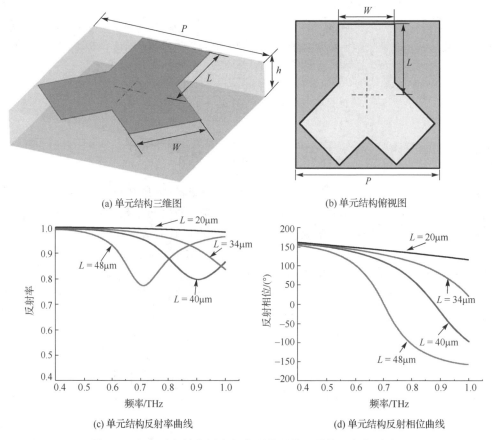

(a) 单元结构三维图　　　　　　　　　　(b) 单元结构俯视图

(c) 单元结构反射率曲线　　　　　　　　(d) 单元结构反射相位曲线

图 2-9　人字形太赫兹频率超表面编码单元结构及幅相响应

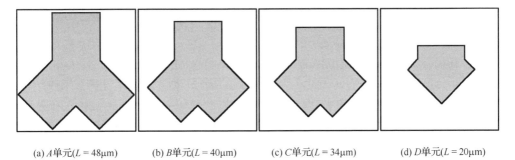

(a) A单元($L = 48\mu m$)　　(b) B单元($L = 40\mu m$)　　(c) C单元($L = 34\mu m$)　　(d) D单元($L = 20\mu m$)

图 2-10　人字形太赫兹频率超表面编码的 4 个基本结构单元结构尺寸

$$\alpha_1^A = \frac{\varphi^A(f_1) - \varphi^A(f_0)}{f_1 - f_0} = \frac{-158° - 154°}{1.0 - 0.4} \approx 0 / 0.6(\text{rad/THz}) \tag{2-12}$$

$$\alpha_1^B = \frac{\varphi^B(f_1) - \varphi^B(f_0)}{f_1 - f_0} = \frac{-97° - 157°}{1.0 - 0.4} \approx \pi / 0.6(\text{rad/THz}) \tag{2-13}$$

$$\alpha_1^C = \frac{\varphi^C(f_1) - \varphi^C(f_0)}{f_1 - f_0} = \frac{20° - 158°}{1.0 - 0.4} \approx 2\pi / 0.6(\text{rad/THz}) \tag{2-14}$$

$$\alpha_1^D = \frac{\varphi^D(f_1) - \varphi^D(f_0)}{f_1 - f_0} = \frac{114° - 160°}{1.0 - 0.4} \approx 3\pi / 0.6(\text{rad/THz}) \tag{2-15}$$

从上述分析及式(2-12)～式(2-15)可知，A、B、C 和 D 四个超表面编码结构基本单元在初始频率处具有相等的相位值，且在整个工作频率范围内具有不同的相位灵敏度，相邻超表面编码结构单元之间的相位灵敏度之差恒为 $\pi/0.6$rad/THz，本节设计的 4 个超表面编码结构基本单元完全符合太赫兹频率超表面编码的要求。因此，根据上述分析可知，相邻超表面结构基本单元间的相位差将会随着工作频率的增加而增加。事实上，在工作频率从初始频率 f_0=0.4THz 逐渐增加到截止频率 f_1=1.0THz 的过程中，相邻超表面编码结构基本单元之间的相位差会随着工作频率的增加而逐渐从 0° 增加到 90°，所以将 A、B、C 和 D 四个超表面结构基本单元的最终编码状态依次定义为"00-00"、"00-01"、"00-10"和"00-11"。此外，当太赫兹波垂直入射到太赫兹频率超表面编码结构时，反射太赫兹波在太赫兹超表面编码产生的远场能量与 $|1+e^{j\varphi}|^2$ 成正比，其中 φ 表示超表面结构基本单元之间存在的相位差。由上述分析可知，相邻超表面结构单元之间存在的相位差会随着工作频率的改变而改变。因此，利用同一个太赫兹频率超表面编码结构对太赫兹波辐射能量进行动态调控，可以通过改变其工作频率来实现 RCS 的有效控制。

为了验证太赫兹频率超表面编码结构的工作原理，图 2-11 显示了本节设计的 5 种不同太赫兹频率超表面编码结构的俯视图。其中图 2-11(a)为以编码序列"00-00,

00-10,…"沿 x 轴正方向进行周期排列的 1bit 太赫兹频率超表面编码结构；图 2-11(b)为以编码序列"00-00, 00-10,…/00-10, 00-00,…"沿 x 轴正方向进行周期排列的 1bit 太赫兹频率超表面编码结构；图 2-11(c)是以编码序列"00-00, 00-01, 00-10, 00-11,…"沿 x 轴正方向进行周期排列的 2bit 太赫兹频率超表面编码结构；图 2-11(d)是利用 A、B、C 和 D 四个基本单元进行随机排列形成的 2bit 太赫兹频率超表面编码结构，其中，随机序列是由 MATLAB 随机生成的；而图 2-11(e)则是以编码序列"00-00, 00-01, 00-10, 00-11"沿 x 轴正方向排列形成的非周期太赫兹频率超表面编码结构。

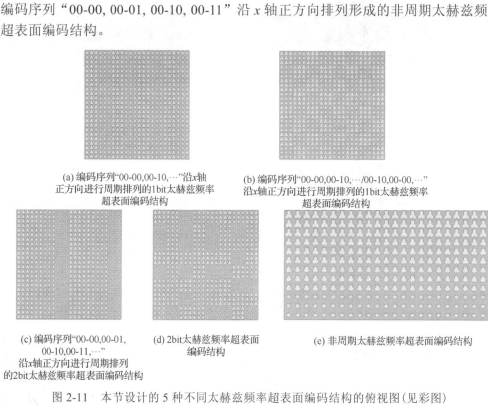

(a) 编码序列"00-00,00-10,…"沿x轴正方向进行周期排列的1bit太赫兹频率超表面编码结构

(b) 编码序列"00-00,00-10,…/00-10,00-00,…"沿x轴正方向进行周期排列的1bit太赫兹频率超表面编码结构

(c) 编码序列"00-00,00-01,00-10,00-11,…"沿x轴正方向进行周期排列的2bit太赫兹频率超表面编码结构

(d) 2bit太赫兹频率超表面编码结构

(e) 非周期太赫兹频率超表面编码结构

图 2-11 本节设计的 5 种不同太赫兹频率超表面编码结构的俯视图(见彩图)

2.3.2 1bit 太赫兹人字形结构频率超表面编码

对于 1bit 太赫兹人字形结构频率超表面编码，需要用两个相位灵敏度之差为 $2\pi/0.6$rad/THz 的基本单元进行排列组合。由式(2-12)和式(2-14)可知，A 和 C 这两个基本单元满足条件，所以选取 A 和 C 这两个基本单元作为 1bit 太赫兹频率超表面编码结构的编码单元，同时利用这两个单元来设计 1bit 太赫兹频率超表面编码结构。图 2-11(a)和(b)就是利用 A 和 C 两个基本单元进行不同的排序构建而成的两个不同 1bit 太赫兹频率超表面编码。其中，图 2-11(a)为以编码序列"00-00, 00-10,…"沿 x 轴正方向进行周期性排列形成的 1bit 太赫兹频率超表面编码结构；同样地，

图 2-11（b）则是以"00-00, 00-10,···/00-10, 00-00,···"为编码序列进行周期性排列分布形成的棋盘 1bit 太赫兹频率超表面编码结构。考虑到相邻单元之间存在的相互耦合作用，为了使单元间的耦合效应最小化，这里采用超级单元措施，即每个超级单元由 3×3 个相同单元组成。

利用仿真软件 CST 对本节设计的两种 1bit 太赫兹频率超表面编码结构进行建模计算，所得的计算结果如图 2-12 和图 2-13 所示。图 2-12 为两种 1bit 太赫兹频率超表面编码结构在不同频率下的三维远场散射图，图 2-13 为两种 1bit 太赫兹频率超表

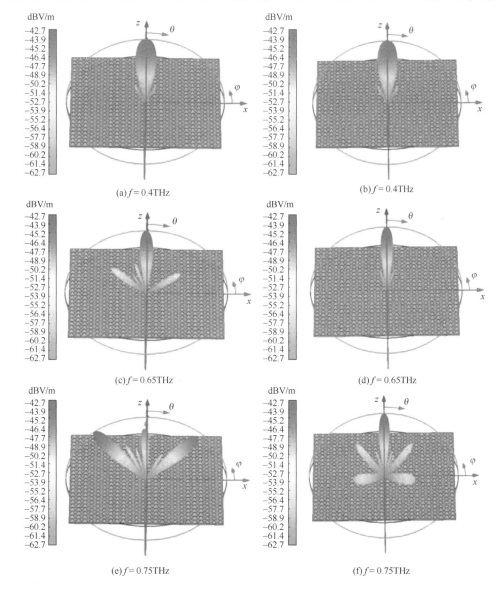

(a) $f = 0.4$ THz

(b) $f = 0.4$ THz

(c) $f = 0.65$ THz

(d) $f = 0.65$ THz

(e) $f = 0.75$ THz

(f) $f = 0.75$ THz

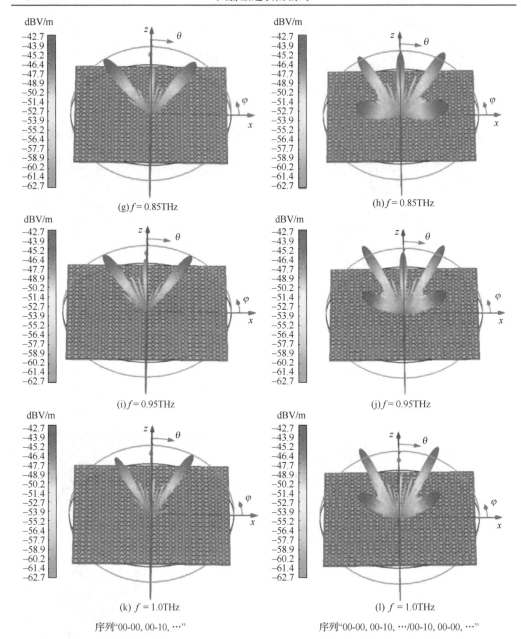

(g) $f = 0.85\text{THz}$

(h) $f = 0.85\text{THz}$

(i) $f = 0.95\text{THz}$

(j) $f = 0.95\text{THz}$

(k) $f = 1.0\text{THz}$

(l) $f = 1.0\text{THz}$

序列"00-00, 00-10, …"　　　　序列"00-00, 00-10, …/00-10, 00-00, …"

图 2-12　两种 1bit 太赫兹频率超表面编码在不同频率下的三维远场散射图

面编码结构在不同频率下的二维电场图。其中，图 2-12 的左侧为以"00-00, 00-10,…"序列周期排列的 1bit 太赫兹频率超表面编码结构的三维远场散射图，右侧为以"00-00, 00-10,…/00-10, 00-00,…"序列周期排列的棋盘式 1bit 太赫兹频率超表面编码结构的三维远场散射图。图 2-13 的左侧为以"00-00, 00-10,…"序列周期排列的 1bit 太赫兹频率超表面编码结构的二维电场图，右侧为以 "00-00, 00-10,…/00-10, 00-00,…" 序列周期排列的棋盘式 1bit 太赫兹频率超表面编码结构的二维电场图。如图 2-12(a) 和 (b) 所示，对于两种 1bit 太赫兹频率超表面编码结构，在初始频率 f_0=0.4THz 处，垂直入射的太赫兹波沿 z 轴垂直反射回来，造成这种物理现象的原因是在 0.4THz 处，A 和 C 两单元之间的相位差为 0°，此时，太赫兹频率超表面编码结构等同于一块完美导体，与完美导体有着一样的功能，所以垂直入射的太赫兹波被原路垂直反射回去。如图 2-12(k) 和 (l) 所示，当频率 f 增加到工作频率 f_1=1.0THz 时，A、C 两个单元之间的相位差由原来的 0° 增加到 180°，此时，沿 z 轴的主瓣被抵消，两种 1bit 太赫兹频率超表面编码在 0.4THz 处所产生的原始主瓣几乎消失，伴随着主瓣的消失的同时，旁瓣出现了。如图 2-12(k) 所示，对于 1bit 太赫兹频率超表面编码，垂直入射的太赫兹波在主瓣消失的同时，两侧出现了两束新的对称的太赫兹波束，且两束旁瓣的俯仰角 θ=arcsin(λ/Γ)=30°（Γ=2×100×3=600μm），方位角 φ 分别为 0° 和 180°，其相对应的二维电场图如图 2-13(k) 所示；而对于 "00-00, 00-10,…/00-10, 00-00,…" 序列周期排列的太赫兹频率超表面编码，如图 2-12(l) 所示，原有的主瓣消失，同时旁边产生了四束太赫兹波束，且这四束旁瓣的俯仰角 θ=arcsin(λ/Γ)=45°（Γ=$\sqrt{2}$×100×3≈424μm），方位角 φ 分别为 45°、135°、225° 和 315°，其相对应的二维电场图如图 2-13(l) 所示。此外，当频率 f 介于 0.4～1.0THz 之间时，以 "00-00, 00-10,…" 序列周期排布的 1bit 太赫兹频率超表面编码结构的三维远场散射图如图 2-12(c)、(e)、(g) 与 (i) 所示，可以看出，随着频率 f 逐渐增加，由一束原始主瓣逐渐向两侧产生两束能量越来越强且对称的旁瓣，而此时相应的原始主瓣能量变得越来越弱，其对应的二维电场图如图 2-13(c)、(e)、(g) 与 (i) 所示；对于以 "00-00, 00-10,…/00-10, 00-00,…" 序列周期分布的 1bit 太赫兹频率超表面编码结构，如图 2-12(d)、(f)、(h) 与 (j) 所示，随着频率 f 逐渐增加，由一束原始主瓣逐渐向旁边产生了四束能量越来越强且对称的旁瓣，并且随着原始主瓣能量变得越来越弱，其四束对称旁瓣的辐射能量越来越强，其对应的二维电场图如图 2-13(d)、(f)、(h) 与 (j) 所示。这是由于在频率 f 从 0.4THz 上升到 1.0THz 的过程中，A 和 C 两个单元之间的相位差由原来的 0° 增加到 180°，从而使得原始主瓣的能量越来越弱直到消失，而这完全符合能量守恒定律。

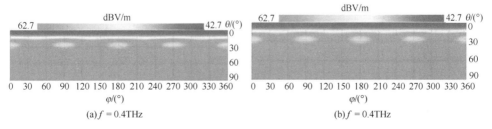

(a) f = 0.4THz　　　　　　　　　　　　　　　　(b) f = 0.4THz

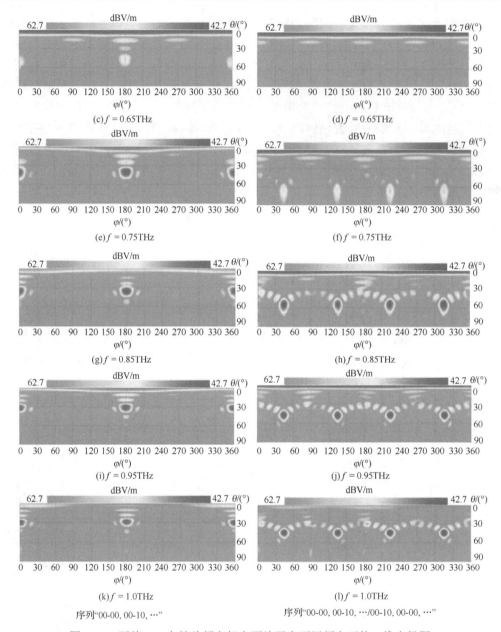

图 2-13　两种 1bit 太赫兹频率超表面编码在不同频率下的二维电场图

2.3.3　2bit 太赫兹人字形结构频率超表面编码

对于 2bit 太赫兹人字形结构频率超表面编码而言，需要 4 个超表面编码结构相邻单元，且它们之间的相位灵敏度之差为 $\pi/0.6\mathrm{rad/THz}$，因此选择 A、B、C 和 D

4 个基本单元作为 2bit 太赫兹人字形结构频率超表面编码结构的基本元素，4 个超表面编码结构基本单元的反射相位如图 2-9(d)所示。从图 2-9(d)中可以清楚地看出，4 个超表面编码结构单元在初始频率处具有几乎相同的初始相位响应 $\alpha_0 \approx 8\pi/9$，而且由式(2-12)~式(2-15)可知，A、B、C 和 D 4 个超表面编码结构基本单元的相位灵敏度分别为 $\alpha_1^A \approx 0/0.6\text{rad/THz}$、$\alpha_1^B \approx \pi/0.6\text{rad/THz}$、$\alpha_1^C \approx 2\pi/0.6\text{rad/THz}$ 和 $\alpha_1^D \approx 3\pi/0.6\text{rad/THz}$，且 A、B、C 和 D 4 个超表面编码结构基本单元的最终编码状态依次为"00-00"、"00-01"、"00-10"和"00-11"，所以这 4 个基本单元完全可以用来设计 2bit 太赫兹频率超表面编码。如图 2-11(c)和(d)所示，利用这 4 个超表面结构单元设计了两种不同排列方式的 2bit 太赫兹频率超表面编码。其中，图 2-11(c)为第一种 2bit 太赫兹频率超表面编码结构，它是以序列"00-00, 00-01, 00-10, 00-11,…"沿着 x 轴正方向周期排列而成的；图 2-11(d)则是第二种 2bit 太赫兹频率超表面编码结构，它是以 MATLAB 随机产生的编码序列排列而成的 2bit 随机太赫兹频率超表面编码结构，用于实现随机散射，可以极大地缩减雷达散射截面，可以用在太赫兹雷达隐身技术上。为了减小单元间的耦合作用，同样，在设计 2bit 太赫兹频率超表面编码结构的过程中采用超级单元措施，即每个超级单元由 3×3 个相同超表面编码结构基本单元组成。

为了观察其物理现象，利用仿真软件 CST 对本节设计的两种 2bit 太赫兹频率超表面编码结构进行建模仿真计算，其仿真计算结果如图 2-14 和图 2-15 所示。其中，图 2-14 的左侧是以序列"00-00, 00-01, 00-10, 00-11,…"沿着 x 轴正方向周期排列而成的 2bit 太赫兹频率超表面编码结构的三维远场散射图，右侧为 2bit 随机太赫兹频率超表面编码的三维远场散射图；图 2-15 的左侧是以序列"00-00, 00-01, 00-10, 00-11,…"沿着 x 正方向周期排列而成的 2bit 太赫兹频率超表面编码结构的二维电场图，右侧为 2bit 随机太赫兹频率超表面编码的二维电场图。图 2-14(a)和(b)是频率为 0.4THz 时，太赫兹波分别垂直照射到两种 2bit 太赫兹频率超表面编码结构所产生的物理现象。由图 2-14 可知，对于两种 2bit 太赫兹频率超表面编码，垂直照射的太赫兹波都沿着俯仰角 $\theta=0°$ 原路反射回去，造成该现象的原因是 4 个超表面编码结构基本单元在 $f_0=0.4\text{THz}$ 处的相位差为

$$\varphi^B(f_0) - \varphi^A(f_0) \approx \varphi^C(f_0) - \varphi^B(f_0) \approx \varphi^D(f_0) - \varphi^C(f_0) \approx \varphi^A(f_0) - \varphi^C(f_0) \approx 0 \quad (2\text{-}16)$$

频率为 0.4THz 的太赫兹波垂直照射到 2bit 太赫兹频率超表面编码结构上，太赫兹波将沿着 $\theta=0°$ 原路反射回去，此时 2bit 太赫兹频率超表面编码的功能相当于一块金属片。然而，当入射太赫兹波频率增加到 $f_1=1.0\text{THz}$ 时，此时相邻超表面编码结构单元间的相位差变为

$$\varphi^B(f_1) - \varphi^A(f_1) \approx \varphi^C(f_1) - \varphi^B(f_1) \approx \varphi^D(f_1) - \varphi^C(f_1) \approx \varphi^A(f_1) - \varphi^C(f_1) \approx \frac{\pi}{2} \quad (2\text{-}17)$$

此时 2bit 太赫兹频率超表面编码结构产生的物理现象如图 2-14(k)和(l)所示。由图 2-14(k)可以看出，对于以序列"00-00, 00-01, 00-10, 00-11, …"沿着 x 轴正方

向周期排列而成的 2bit 太赫兹频率超表面编码结构，垂直入射的太赫兹波由沿着 θ=0° 原路反射回去，变为与 z 轴成俯仰角 θ= arcsin(λ/Γ)=14.5°（Γ=4×3×100μm=1200μm）的方向反射回去，其相对应的二维电场图如图 2-15(k)所示。2bit 随机太赫兹频率超表面编码所得到的物理现象如图 2-14(l)所示。此时，工作频率为 1.0THz 的太赫兹波垂直入射后，由原始一束主瓣变为逐渐被散射到多个方向，形成了无数的太赫兹波束，其相对应的二维电场图如图 2-15(l)所示。根据能量守恒定律可知，这将极大地缩减每个波束的能量，可以用于太赫兹雷达隐身技术上。与此同时，当垂直入射太赫兹波频率 f 介于 f_0 与 f_1（即 0.4～1.0THz）之间时，相邻单元间的相位差为 0°～90°，两种 2bit 太赫兹频率超表面编码产生的物理现象如图 2-14(c)～(j)所示。其中，如图 2-14(c)、(e)、(g)与(i)所示，对于 2bit 太赫兹频率超表面编码在初始频率处出现的原始主瓣辐射能量将变得越来越弱，而位于 z 轴左边新生旁瓣的能量则越来越强，其相对应的二维电场图如图 2-15(c)、(e)、(g)与(i)所示。随机太赫兹频率超表面编码如图 2-14(d)、(f)、(h)与(j)所示。其将发生轻度漫反射现象，形成越来越多的散射波，使原本集中的太赫兹波能量分散到多个方向，其相对应的二维电场图如图 2-15(d)、(f)、(h)与(j)所示。

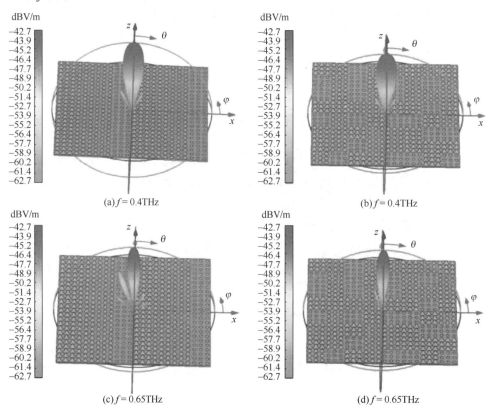

(a) f = 0.4THz

(b) f = 0.4THz

(c) f = 0.65THz

(d) f = 0.65THz

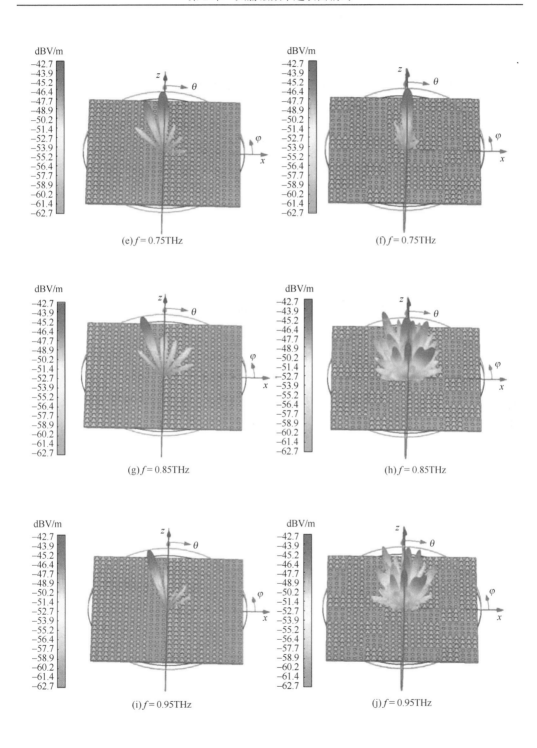

(e) $f = 0.75$THz

(f) $f = 0.75$THz

(g) $f = 0.85$THz

(h) $f = 0.85$THz

(i) $f = 0.95$THz

(j) $f = 0.95$THz

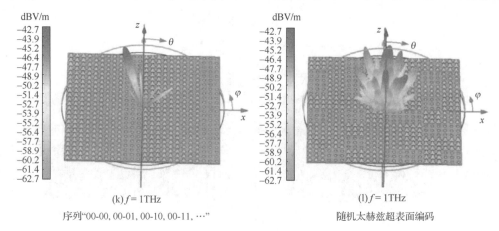

(k) $f = 1\text{THz}$

序列"00-00, 00-01, 00-10, 00-11, …"

(l) $f = 1\text{THz}$

随机太赫兹超表面编码

图 2-14　两种 2bit 太赫兹频率超表面编码结构在不同频率下的三维远场散射图

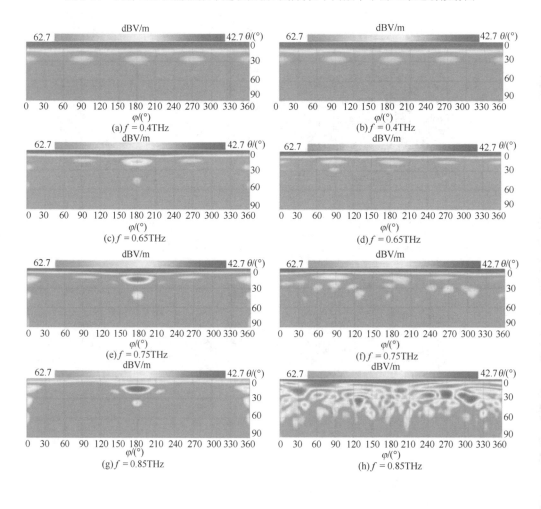

(a) $f = 0.4\text{THz}$

(b) $f = 0.4\text{THz}$

(c) $f = 0.65\text{THz}$

(d) $f = 0.65\text{THz}$

(e) $f = 0.75\text{THz}$

(f) $f = 0.75\text{THz}$

(g) $f = 0.85\text{THz}$

(h) $f = 0.85\text{THz}$

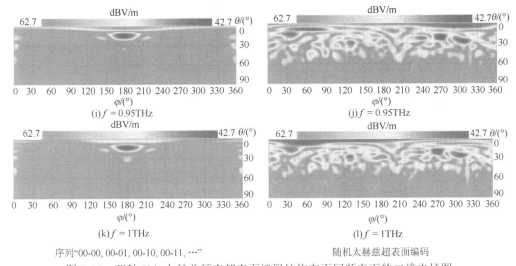

(i) $f = 0.95\text{THz}$ 　　　　　　　　(j) $f = 0.95\text{THz}$

(k) $f = 1\text{THz}$ 　　　　　　　　(l) $f = 1\text{THz}$

序列"00-00, 00-01, 00-10, 00-11, …" 　　　　随机太赫兹超表面编码

图 2-15　两种 2bit 太赫兹频率超表面编码结构在不同频率下的二维电场图

2.3.4　非周期太赫兹频率超表面编码

根据广义折射定律，当太赫兹波垂直照射到超表面时，其俯仰角可表示为

$$\theta = \arcsin\left(\frac{\lambda_0}{2\pi}\frac{\mathrm{d}\varphi}{\mathrm{d}x}\right) \tag{2-18}$$

式中，λ_0 为对应频率 f 的波长；$\mathrm{d}\varphi/\mathrm{d}x$ 是分界面上沿 x 轴正方向的相位梯度。由于非周期性太赫兹频率超表面编码在工作频率上具有均匀分布的相位响应，因此可以利用广义折射定律，只需改变工作频率即可使主波束的方向发生变化，即主瓣方向随频率的变化而变化。图 2-11 (e) 中采取 3×3 超级单元形式，以 A、B、C、D 4 个基本单元依次沿 x 轴正方向排列组成非周期太赫兹频率超表面编码结构，4 个超表面编码结构基本单元在整个工作频率范围内的相位响应为

$$\varphi^A(f) \approx \alpha_0^A + \alpha_1^A(f - f_0) = 8\pi / 9 \tag{2-19}$$

$$\varphi^B(f) \approx \alpha_0^B + \alpha_1^B(f - f_0) = 8\pi / 9 + \pi / 0.6(f - f_0) \tag{2-20}$$

$$\varphi^C(f) \approx \alpha_0^C + \alpha_1^C(f - f_0) = 8\pi / 9 + 2\pi / 0.6(f - f_0) \tag{2-21}$$

$$\varphi^D(f) \approx \alpha_0^D + \alpha_1^D(f - f_0) = 8\pi / 9 + 3\pi / 0.6(f - f_0) \tag{2-22}$$

联合式 (2-19)～式 (2-22) 可以得到奇异偏转角的公式：

$$\theta = \arcsin[0.42 \times (1 - f_0 / f)] \tag{2-23}$$

式 (2-23) 清楚地表明了非周期性太赫兹超表面编码在整个工作频率中的调控性能，即反射太赫兹波主瓣方向只与工作频率大小有关，由式 (2-23) 可计算出，当频率 f 从初始频率 $f_0=0.4\text{THz}$ 增加到截止频率 $f_1=1.0\text{THz}$ 时，$0.42 \times (1-f_0 / f)$ 相应地从 0 增加到 0.25，此时垂直入射的太赫兹波的反射主瓣相应地从 0°变化为 14.5°，其物

理现象如图 2-16 所示。图 2-16 为非周期太赫兹频率超表面编码在不同频率下的三维远场图和二维电场图。左侧为三维远场散射图，右侧为相应的二维电场图。上述分析表明，人字形结构太赫兹频率超表面编码具有调控太赫兹波能量的能力。本节设计的 1bit 太赫兹频率超表面编码与 2bit 太赫兹频率超表面编码随着频率的改变可以控制太赫兹波原始主瓣的能量大小，具有产生新主瓣的能力。本节设计的非周期太赫兹频率超表面编码，在工作频率 0.4～1.0THz 的范围内，可以使太赫兹波的主瓣位于 0°～14.5°。

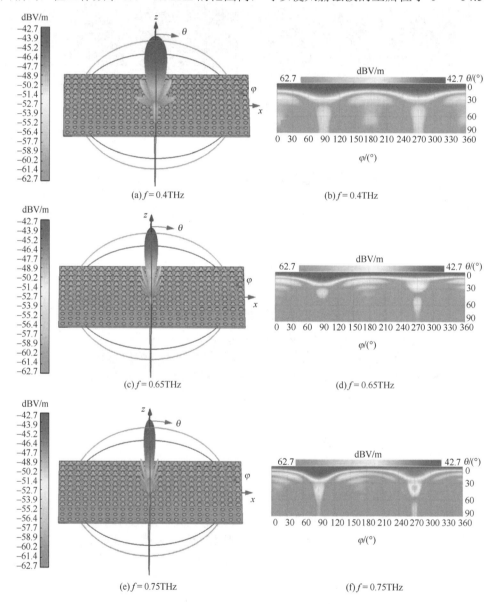

(a) f = 0.4THz　　　　　　　　　　　　(b) f = 0.4THz

(c) f = 0.65THz　　　　　　　　　　　　(d) f = 0.65THz

(e) f = 0.75THz　　　　　　　　　　　　(f) f = 0.75THz

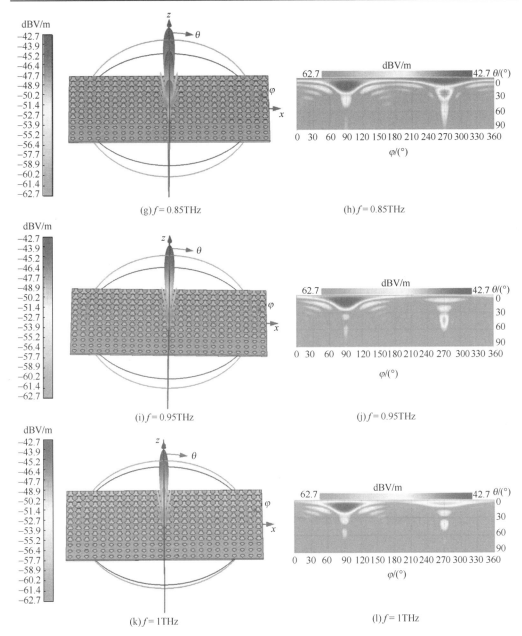

图 2-16　非周期太赫兹频率超表面编码在不同频率下的三维远场散射图和二维电场图

　　2bit 非周期太赫兹超表面编码，随着入射太赫兹波频率的改变，可以实现对太赫兹波的灵活控制。通过 CST 仿真软件反复优化发现，对于 1bit 和 2bit 的周期太赫兹超表面编码，其散射波的波束数量是有限的(分别为 2 束和 4 束)，且旁瓣的数量和编码序列与 bit 位数相关。对于非周期太赫兹超表面编码，由 4 个单元结构按顺序排列而成，随着频率的增加，能量转移到了旁瓣上。本节设计的太赫兹频率超表面编码不仅实现了对入射太赫兹波的灵活控制，而且两种结构形成的随机太赫兹频率超表面编码对主瓣能量有很好的分散作用，有效地减少了雷达散射截面，在太赫兹波隐身研究方面具有巨大应用价值。

2.4　米形太赫兹频率超表面编码

2.4.1　米形太赫兹频率超表面编码单元

本节设计了一种米形太赫兹频率超表面编码结构单元(图2-17)。其中图2-17(a)和(b)是设计的米形太赫兹频率超表面编码单元结构的三维图和俯视图。整个单元结构共分为三层，顶层是厚度为 $0.3\mu m$ 的米形金属结构；在它下方涂有一层聚酰亚胺薄膜，其厚度 $h=25\mu m$，介电常数为3.0，损耗角正切值为0.03；底层的金属铜片位于聚酰亚胺薄膜的下方，厚度为 $0.3\mu m$，主要用于确保入射太赫兹波可实现全反射。本节设计的米形太赫兹频率超表面单元结构俯视图如图2-17(b)所示，单元结构的

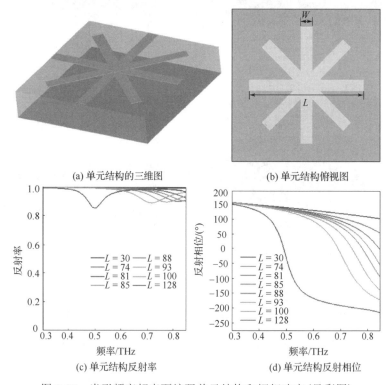

(a) 单元结构的三维图　　　　　　　(b) 单元结构俯视图

(c) 单元结构反射率　　　　　　　(d) 单元结构反射相位

图2-17　米形频率超表面编码单元结构和幅相响应(见彩图)

晶格常数 $P=130\mu m$，顶层米形金属结构由一个长方形条旋转 3 次而成，旋转角度为 $45°$，长方形的宽度 $W=10\mu m$，长度为 L。本节需要 8 个米形结构单元作为太赫兹频率超表面的编码单元，用于实现 1bit、2bit 和 3bit 太赫兹频率超表面编码功能。通过改变长方形条的长度值 L 获得了 8 个具有相同初始相位响应且相位灵敏度不同的超表面结构基本单元，利用 CST 仿真软件优化设计单元结构参数，最终得到优化后 8 个超表面结构基本单元($S1$、$S2$、$S3$、$S4$、$S5$、$S6$、$S7$ 和 $S8$)所对应的几何参数值 L 分别为 $30\mu m$、$74\mu m$、$81\mu m$、$85\mu m$、$88\mu m$、$93\mu m$、$100\mu m$ 和 $128\mu m$(图 2-18)。图 2-17(c)和(d)为 $S1 \sim S8$ 8 个超表面结构基本单元在 $0.3 \sim 0.8$THz 这一工作频率范围内相对应的反射率和反射相位。从图 2-17(c)中可以清楚看出，在工作频率范围内，当太赫兹波垂直照射到基本单元上时，8 个超表面结构基本单元对入射太赫兹波的反射率都在 0.8 以上，几乎接近于全反射。图 2-1(d)显示了 8 个超表面结构基本单元在初始频率 $f_0=0.3$THz 处具有相同的初始相位值 $\alpha_0 \approx 8\pi/9$，在频率为 $0.3 \sim 0.8$THz 内，8 个超表面结构基本单元的相位灵敏度不同，大致呈线性递减关系，通过式(2-3)分别计算出 8 个超表面结构基本单元的相位灵敏度：

$$
\begin{cases}
\alpha_1^{S1} = \dfrac{\varphi^{S1}(f_1) - \varphi^{S1}(f_0)}{f_1 - f_0} = \dfrac{104° - 150°}{0.8 - 0.3} \approx -\dfrac{0}{2}(\text{rad/THz}) \\[4mm]
\alpha_1^{S2} = \dfrac{\varphi^{S2}(f_1) - \varphi^{S2}(f_0)}{f_1 - f_0} = \dfrac{59° - 154°}{0.8 - 0.3} \approx -\dfrac{\pi}{2}(\text{rad/THz}) \\[4mm]
\alpha_1^{S3} = \dfrac{\varphi^{S3}(f_1) - \varphi^{S3}(f_0)}{f_1 - f_0} = \dfrac{9° - 154°}{0.8 - 0.3} \approx -\dfrac{2\pi}{2}(\text{rad/THz}) \\[4mm]
\alpha_1^{S4} = \dfrac{\varphi^{S4}(f_1) - \varphi^{S4}(f_0)}{f_1 - f_0} = \dfrac{-39° - 155°}{0.8 - 0.3} \approx -\dfrac{3\pi}{2}(\text{rad/THz}) \\[4mm]
\alpha_1^{S5} = \dfrac{\varphi^{S5}(f_1) - \varphi^{S5}(f_0)}{f_1 - f_0} = \dfrac{-80° - 155°}{0.8 - 0.3} \approx -\dfrac{4\pi}{2}(\text{rad/THz}) \\[4mm]
\alpha_1^{S6} = \dfrac{\varphi^{S6}(f_1) - \varphi^{S6}(f_0)}{f_1 - f_0} = \dfrac{-129° - 155°}{0.8 - 0.3} \approx -\dfrac{5\pi}{2}(\text{rad/THz}) \\[4mm]
\alpha_1^{S7} = \dfrac{\varphi^{S7}(f_1) - \varphi^{S7}(f_0)}{f_1 - f_0} = \dfrac{-166° - 155°}{0.8 - 0.3} \approx -\dfrac{6\pi}{2}(\text{rad/THz}) \\[4mm]
\alpha_1^{S8} = \dfrac{\varphi^{S8}(f_1) - \varphi^{S8}(f_0)}{f_1 - f_0} = \dfrac{-212° - 156°}{0.8 - 0.3} \approx -\dfrac{7\pi}{2}(\text{rad/THz})
\end{cases}
\tag{2-24}
$$

从上述分析及式(2-24)可知，$S1 \sim S8$ 8 个超表面编码结构基本单元在初始频率处具有相等的相位值，且在工作频段内具有不同的相位灵敏度，表明了相邻基本超表面编码结构单元之间的相位差是随着频率变化而变化的。因此，本节设计了 6

种不同太赫兹频率超表面编码结构(图 2-19),用于验证只用同一个太赫兹频率超表面编码改变不同的工作频率,就可以实现对太赫兹波反射能量进行不同控制的编码功能。

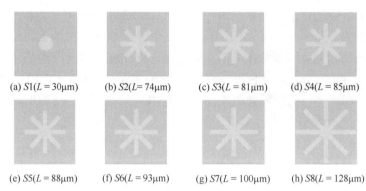

(a) S1(L = 30μm) (b) S2(L = 74μm) (c) S3(L = 81μm) (d) S4(L = 85μm)

(e) S5(L = 88μm) (f) S6(L = 93μm) (g) S7(L = 100μm) (h) S8(L = 128μm)

图 2-18 8 个米形频率超表面编码基本单元结构

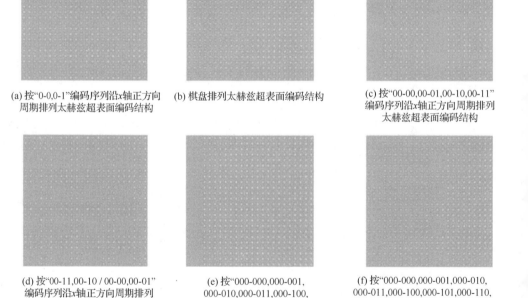

(a) 按"0-0,0-1"编码序列沿x轴正方向周期排列太赫兹超表面编码结构

(b) 棋盘排列太赫兹超表面编码结构

(c) 按"00-00,00-01,00-10,00-11"编码序列沿x轴正方向周期排列太赫兹超表面编码结构

(d) 按"00-11,00-10 / 00-00,00-01"编码序列沿x轴正方向周期排列太赫兹超表面编码结构

(e) 按"000-000,000-001,000-010-011,000-100,000-101,000-110,000-111"编码序列沿x轴正方向周期排列太赫兹超表面编码结构

(f) 按"000-000,000-001,000-010,000-011,000-100,000-101,000-110,000-111 / 000-100,000-101,000-110,000-111,000-000,000-001,000-010,000-011"编码序列沿x轴正方向周期排列太赫兹超表面编码结构

图 2-19 6 种不同米形频率太赫兹超表面编码结构(见彩图)

2.4.2　1bit 太赫兹米形结构频率超表面编码

　　1bit 太赫兹频率超表面编码，需要用两个超表面编码结构单元进行排列组合，这里选取 $S4$ 和 $S8$ 单元表示编码中的"0-0""0-1"码。通过 $S4$ 和 $S8$ 两个超表面编码结构单元排序不同的编码序列，构建了两个不同的 1bit 太赫兹频率超表面编码结构，第一种按"0-0, 0-1 / 0-0, 0-1"编码序列沿 x 轴正方向进行周期性排列，如图 2-19(a)所示。第二种按"0-0, 0-1 / 0-1, 0-0"编码序列沿 x 轴正方向进行标准棋盘排列，如图 2-19(b)所示。考虑到超表面编码结构单元之间的耦合效应，采用超级单元措施使单元耦合效应最小化，即每个超级单元由 3×3 个相同的单元组成，共计 24×24 个编码单元。

　　采用 CST 仿真软件对两种 1bit 太赫兹频率超表面编码结构进行建模计算，以平面波为激励，垂直入射到太赫兹频率超表面编码结构。图 2-20 为"0-0, 0-1 / 0-0, 0-1"周期排列的 1bit 太赫兹频率超表面编码结构场图。图 2-21 为"0-0, 0-1 / 0-1, 0-0"棋盘排列的 1bit 太赫兹频率超表面编码结构场图。图 2-20 和图 2-21 中左侧为反射太赫兹波的三维远场散射图，图中右侧为反射太赫兹波三维远场散射图相对应的二维电场图。如图 2-20(a)和(b)、图 2-21(a)和(d)所示，在初始频率 f_0 =0.3THz处，垂直入射的太赫兹波以与入射方向相反方向垂直反射，这是由于在 f_0 =0.3THz处，$S4$ 和 $S8$ 单元两者的相位差为 0°，此时两种 1bit 太赫兹频率超表面编码结构起着与完美导体相同的作用，从而导致反射太赫兹波原路返回。当入射太赫兹波频率 f 增加到截止频率 f_1 =0.8THz 时，$S4$ 和 $S8$ 单元两者的相位差为 180°，图 2-20(g)和(h)显示太赫兹频率超表面编码结构在初始频率 f_0 =0.3THz 处所产生的主瓣几乎消失，形成两束关于 z 轴对称的反射太赫兹波束，俯仰角 θ 和方位角 φ 为 (θ, φ) =(26°, 0°)、(θ, φ) =(26°, 180°)。图 2-21(g)和(h)则显示太赫兹频率超表面编码结构在初始频率 f_0 =0.3THz 处所产生的主瓣几乎消失，形成 4 束相等的反射太赫兹波束。其对应俯仰角 θ 和方位角 φ 分别为 $(\theta$ =43°, φ =45°)、$(\theta$ =43°, φ =135°)、$(\theta$ =43°, φ =225°)和 $(\theta$ =43°, φ =315°)。此外，图 2-20(c)和(d)、图 2-20(e)和(f)分别对应频率 f =0.6THz和 f =0.7THz 时，太赫兹波入射到太赫兹频率超表面编码结构后所产生反射太赫兹波的三维远场散射图和二维电场图。从图 2-20 中可以看出，当频率 f 为 0.3～0.8THz时，太赫兹波垂直入射到第一个 1bit 太赫兹频率超表面编码结构后，随着频率 f 逐渐增加，产生的反射太赫兹波束由原本沿 z 轴反射回来的一束，逐渐产生两个对称的旁瓣，并且两束旁瓣的能量变得越来越强，而原先形成的一束主瓣能量变得越来越弱，接近于消失，如图 2-20(g)和(h)所示。同样地，对于标准棋盘分布的 1bit 太赫兹频率超表面编码结构，如图 2-21(c)和(d)、图 2-21(e)和(f)所示，分别对应频率 f =0.6THz、f =0.7THz 时，对应的太赫兹波入射到太赫兹频率超表面编码结构上所产生的三维远场散射图和二维电场图。随着频率增加，垂直照射的太赫兹波同样由原来只有一束反射波束，逐渐形成 4 个对称的旁瓣，并且它们的能量变得越来越强而主瓣能量变得越来越弱，这是由于当频率从 0.3THz 上升到 0.8THz 的过程中，

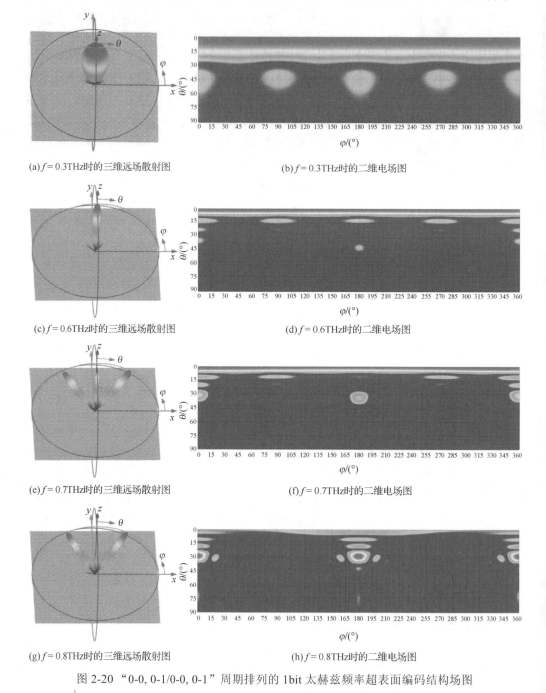

(a) $f=0.3$THz时的三维远场散射图　　　　　　(b) $f=0.3$THz时的二维电场图

(c) $f=0.6$THz时的三维远场散射图　　　　　　(d) $f=0.6$THz时的二维电场图

(e) $f=0.7$THz时的三维远场散射图　　　　　　(f) $f=0.7$THz时的二维电场图

(g) $f=0.8$THz时的三维远场散射图　　　　　　(h) $f=0.8$THz时的二维电场图

图 2-20　"0-0, 0-1/0-0, 0-1" 周期排列的 1bit 太赫兹频率超表面编码结构场图

$S4$ 和 $S8$ 之间的相位差由初始频率 f=0.3THz 处的 $0°$ 增加到 f= 0.8THz 处的 $180°$，从而使得原始主瓣的能量越来越弱，直到消失，如图 2-21(g) 和 (h) 所示。

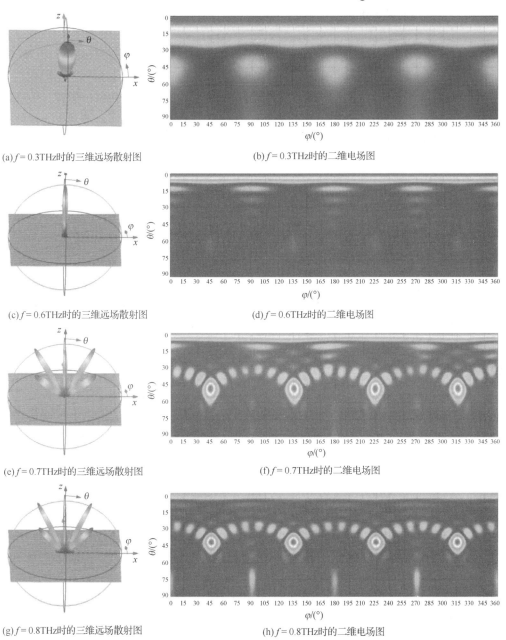

(a) f = 0.3THz时的三维远场散射图　　　　　　(b) f = 0.3THz时的二维电场图

(c) f = 0.6THz时的三维远场散射图　　　　　　(d) f = 0.6THz时的二维电场图

(e) f = 0.7THz时的三维远场散射图　　　　　　(f) f = 0.7THz时的二维电场图

(g) f = 0.8THz时的三维远场散射图　　　　　　(h) f = 0.8THz时的二维电场图

图 2-21　"0-0, 0-1/0-1, 0-0"棋盘排列的 1bit 太赫兹频率超表面编码结构场图

2.4.3　2bit 太赫兹米形结构频率超表面编码

选择 $S1$、$S3$、$S5$ 和 $S7$ 四个超表面结构基本单元作为 2bit 太赫兹频率超表面编码结构的基本编码单元，分别表示二进制编码"00-00""00-01""00-10""00-11"。4 个超表面结构单元反射相位曲线如图 2-17(d)所示。如图 2-19(c)和(d)所示，将这 4 个超表面结构单元按不同的排列方式进行排列，设计了两种不同的 2bit 太赫兹频率超表面编码，其中图 2-19(c)是由编码序列"00-00, 00-01, 00-10, 00-11"沿着 x 轴正方向周期排列而成的 2bit 太赫兹频率超表面编码结构，图 2-19(d)是由编码序列"00-11, 00-10 / 00-00, 00-01"沿着 x 轴正方向周期排列而成的 2bit 太赫兹频率超表面编码结构。为了减小单元间的耦合作用，同样采用与 1bit 太赫兹频率超表面编码相同的超级单元进行排列，每个超级单元仍然由 3×3 个相同基本单元组成，共计 24×24 个超表面编码单元。

为了更加直观地对本节设计的 2bit 太赫兹频率超表面编码结构的性能进行分析，采用 CST 仿真软件对所设计的两种不同的 2bit 太赫兹频率超表面编码结构进行建模计算，激励为平面波，采用垂直入射的方式。所得的仿真结果如图 2-22 和图 2-23 所示。图 2-22 为"00-00, 00-01, 00-10, 00-11"周期排列的 2bit 太赫兹频率超表面编码结构场图，图 2-23 为"00-11, 00-10 / 00-00, 00-01"周期排列的 2bit 太赫兹频率超表面编码结构场图。其中，图左侧为反射太赫兹波的三维远场散射图，图右侧为反射太赫兹波的二维电场图。图 2-22(a)和(b)、2-23(a)和(b)显示了在初始频率 f_0=0.3THz 时，垂直入射到两种不同 2bit 太赫兹频率超表面编码结构上的太赫兹波都沿着 z 轴原路反射回去。图 2-22(g)和(h)显示在截止频率 f_1=0.8THz 时，垂直入射到太赫兹频率超表面上的太赫兹波偏转到与 z 轴成角度 θ 的方向上，其对应俯仰角 θ 和方位角 φ 分别为(θ=14°，φ=0°)。图 2-23(g)和(h)显示太赫兹频率超表面编码结构在初始频率 f_0=0.3THz 处所产生的主瓣几乎消失，形成 4 束相等的反射太赫兹波束，其对应俯仰角 θ 和方位角 φ 分别为(θ=28°，φ=0°)、(θ=28°，φ=90°)、(θ=28°，φ=180°)和(θ=28°，φ=270°)。当频率 f 介于初始频率 f_0=0.3THz 与截止频率 f_1=0.8THz 之间时，如图 2-22(c)和(d)、图 2-22(e)和(f)所示，由于相邻单元间的相位差为 0°～90°，此时对于 2bit 太赫兹频率超表面编码结构，随着频率的不断增加，相邻单元之间的相位差也在不断增加，在初始频率 f_0=0.3THz 处出现的原始主瓣辐射能量变得越来越弱，而位于 z 轴右边新生旁瓣的能量越来越强。同样地，如图 2-23(c)和(d)、图 2-23(e)和(f)所示，随着频率不断增加，相邻单元之间的相位差也在不断增加，在初始频率 f_0=0.3THz 处出现的原始主瓣辐射能量变得越来越弱，4 束相等的反射太赫兹波束的能量越来越强。

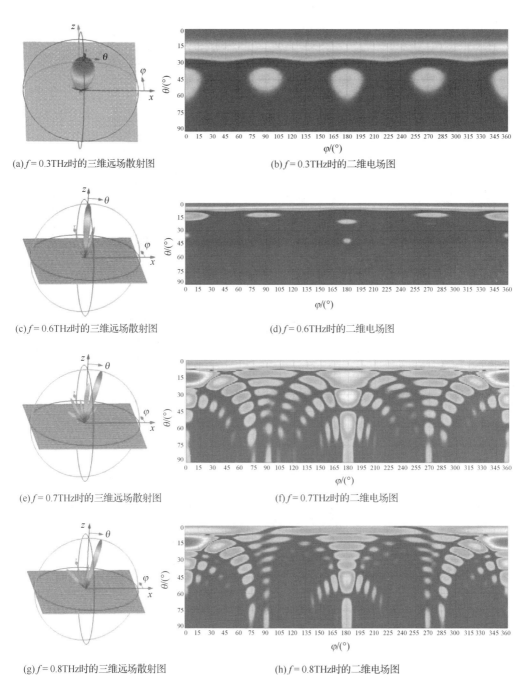

(a) $f=0.3$THz时的三维远场散射图　　　　　　　(b) $f=0.3$THz时的二维电场图

(c) $f=0.6$THz时的三维远场散射图　　　　　　　(d) $f=0.6$THz时的二维电场图

(e) $f=0.7$THz时的三维远场散射图　　　　　　　(f) $f=0.7$THz时的二维电场图

(g) $f=0.8$THz时的三维远场散射图　　　　　　　(h) $f=0.8$THz时的二维电场图

图 2-22　　"00-00, 00-01, 00-10, 00-11"周期排列的 2bit 太赫兹频率超表面编码结构场图

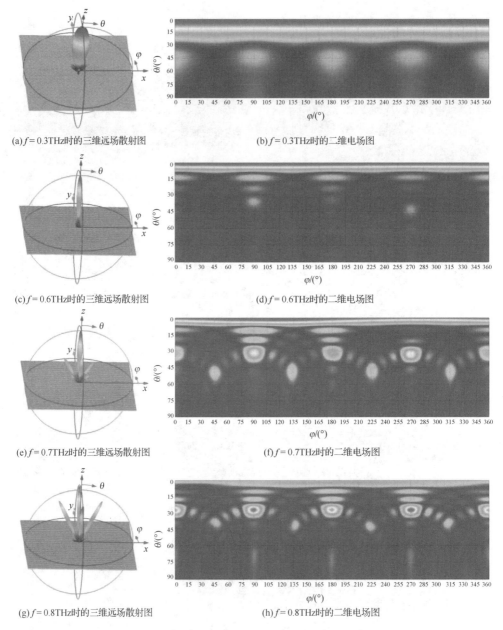

(a)f=0.3THz时的三维远场散射图

(b)f=0.3THz时的二维电场图

(c)f=0.6THz时的三维远场散射图

(d)f=0.6THz时的二维电场图

(e)f=0.7THz时的三维远场散射图

(f)f=0.7THz时的二维电场图

(g)f=0.8THz时的三维远场散射图

(h)f=0.8THz时的二维电场图

图 2-23   "00-11, 00-10 / 00-00, 00-01" 周期排列的 2bit 太赫兹频率超表面编码结构场图

2.4.4   3bit 太赫兹米形结构频率超表面编码

3bit 太赫兹频率超表面编码结构中选取了 $S1$、$S2$、$S3$、$S4$、$S5$、$S6$、$S7$ 和 $S8$ 八个太赫兹频率超表面编码结构单元作为基本编码单元，分别表示三进制编码

"000-000"、"000-001"、"000-010"、"000-011"、"000-100"、"000-101"、"000-110"和"000-111"。8 个超表面编码结构基本单元反射相位曲线如图 2-17(d)所示。将这 8 个超表面结构单元按不同的排列方式进行排列，设计了两个不同的 3bit 太赫兹频率超表面编码，其中图 2-19(e)是序列"000-000, 000-001, 000-010, 000-011, 000-100, 000-101, 000-110, 000-111"沿 x 轴正方向周期排列的太赫兹超表面编码结构，图 2-19(f)是由编码序列"000-000, 000-001, 000-010, 000-011, 000-100, 000-101, 000-110, 000-111 / 000-100, 000-101, 000-110, 000-111, 000-000, 000-001, 000-010, 000-011"沿着 x 轴正方向周期排列而成的 3bit 太赫兹频率超表面编码结构。为了减小单元间的耦合作用，同样采用与 1bit 太赫兹频率超表面编码相同的超级单元进行排列，每个超级单元仍然由 3×3 个相同基本单元组成，共计 24×24 个超表面编码单元。

采用 CST 仿真软件对本节设计的两种不同的 3bit 太赫兹频率超表面编码进行建模计算和性能分析，激励为平面波，采用垂直入射的方式，所得的仿真结果如图 2-24 和图 2-25 所示。图 2-24 为"000-000, 000-001, 000-010, 000-011, 000-100, 000-101,

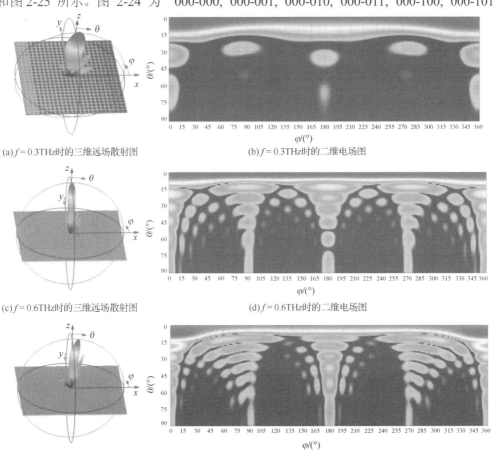

(a)f = 0.3THz时的三维远场散射图　　　(b)f = 0.3THz时的二维电场图

(c)f = 0.6THz时的三维远场散射图　　　(d)f = 0.6THz时的二维电场图

(e)f = 0.7THz时的三维远场散射图　　　(f)f = 0.7THz时的二维电场图

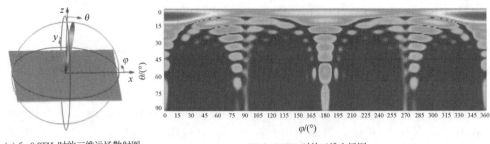

(g) f=0.8THz时的三维远场散射图　　(h) f=0.8THz时的二维电场图

图 2-24　"000-000, 000-001, 000-010, 000-011, 000-100, 000-101, 000-110, 000-111"
周期排布的 3bit 太赫兹频率超表面编码结构场图

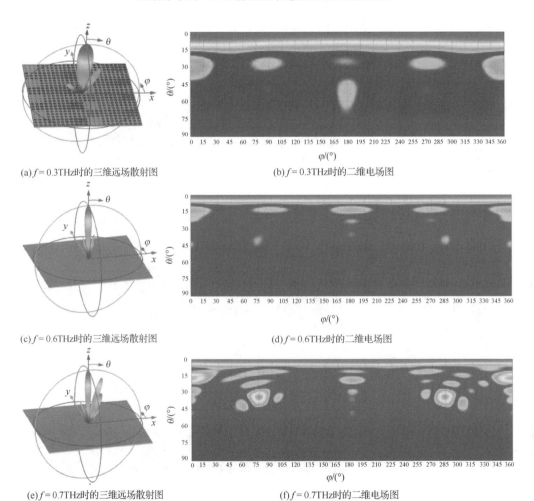

(a) f=0.3THz时的三维远场散射图　　(b) f=0.3THz时的二维电场图

(c) f=0.6THz时的三维远场散射图　　(d) f=0.6THz时的二维电场图

(e) f=0.7THz时的三维远场散射图　　(f) f=0.7THz时的二维电场图

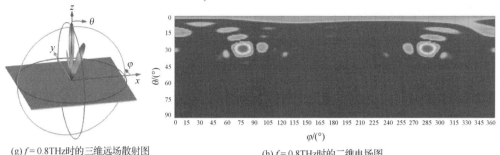

(g) f = 0.8THz时的三维远场散射图　　　　　　(h) f = 0.8THz时的二维电场图

图 2-25　"000-000, 000-001, 000-010, 000-011, 000-100, 000-101, 000-110, 000-111 / 000-100, 000-101, 000-110, 000-111, 000-000, 000-001, 000-010, 000-011" 周期排列的 3bit 太赫兹频率超表面编码结构场图

000-110, 000-111" 周期排列的 3bit 太赫兹频率超表面编码结构场图, 图 2-25 为 "000-000, 000-001, 000-010, 000-011, 000-100, 000-101, 000-110, 000-111 / 000-100, 000-101, 000-110, 000-111, 000-000, 000-001, 000-010, 000-011" 周期排列的 3bit 太赫兹频率超表面编码结构场图。其中, 图左侧为反射太赫兹波的三维远场散射图, 图右侧为反射太赫兹波的二维电场图。图 2-24 (a) 和 (b)、图 2-25 (a) 和 (b) 显示了在初始频率 f_0=0.3THz 时, 垂直入射到两种不同 3bit 太赫兹频率超表面编码上的太赫兹波都沿着 z 轴原路反射回去。图 2-24 (g) 和 (h) 显示在截止频率 f_1=0.8THz 时, 垂直入射到太赫兹频率超表面上的太赫兹波偏转到与 z 轴成角度 θ 的方向上, 其对应俯仰角 θ 和方位角 φ 分别为 (θ=8°, φ=0°)。图 2-25 (g) 和 (h) 显示太赫兹频率超表面编码结构在初始频率 f_0=0.3THz 处所产生的主瓣几乎消失, 形成两束相等的反射太赫兹波束, 位于 z 轴右边。其对应俯仰角 θ 和方位角 φ 分别为 (θ=28°, φ=75°) 和 (θ=28°, φ=285°)。当频率 f 介于初始频率 f_0=0.3THz 与截止频率 f_1=0.8THz 之间时, 如图 2-24 (c) 和 (d)、图 2-24 (e) 和 (f) 所示, 由于相邻单元间的相位差为 0°~45°, 此时对于 3bit 太赫兹频率超表面编码结构, 随着频率的不断增加, 相邻单元之间的相位差也在不断增加, 在初始频率 f_0=0.3THz 处出现的原始主瓣辐射能量变得越来越弱, 而位于 z 轴右边新生旁瓣的能量越来越强。同样地, 如图 2-25 (c) 和 (d)、图 2-25 (e) 和 (f) 所示, 随着频率的不断增加, 相邻单元之间的相位差也在不断增加, 在初始频率 f_0=0.3THz 处出现的原始主瓣辐射能量变得越来越弱, 两束相等的位于 z 轴右侧的反射太赫兹波束的能量越来越强。

2.5　回形太赫兹频率超表面编码

2.5.1　回形太赫兹频率超表面编码单元

本节设计了一种回形太赫兹频率超表面编码结构单元 (图 2-26), 其中图 2-26 (a)

和(b)是设计的回形太赫兹频率超表面编码单元结构的三维图和俯视图。整个单元结构共分为三层,顶层是厚度为 0.2μm 的回形金属结构,在它下方涂有一层聚酰亚胺薄膜,其厚度 h=30μm,介电常数为 3.0,损耗角正切值为 0.03。底层的金属铜片位于聚酰亚胺薄膜的下方,厚度为 0.2μm,主要用于确保入射太赫兹波可实现全反射。图 2-26(b)显示了设计的回形太赫兹频率超表面编码单元的顶层结构,该结构是一个正方形框架,它的金属条宽度 W=25μm,正方形框架内部长度为 L,单元结构的晶格常数 P=150μm。通过改变回形结构的边长 L 值获得了具有相同初始相位响应但相位灵敏度不同的超表面编码结构单元,本节仿真设计了 8 个不同 L 值的回形结构单元作为太赫兹频率超表面的基本编码单元用于实现 1bit、2bit 和 3bit 太赫兹频率超表面编码功能,利用 CST 仿真软件优化设计单元结构参数,最终 8 个超表面结构基本单元($S1$、$S2$、$S3$、$S4$、$S5$、$S6$、$S7$ 和 $S8$)所对应的几何参数值 L 分别为 10μm、48μm、56μm、60μm、64μm、66μm、72μm 和 90μm(图 2-27)。图 2-26(c)和(d)为 $S1 \sim S8$ 八个超表面编码结构基本单元在 0.2～0.6THz 这一工作频率范围内相对应的反射率和反射相位。从图 2-26(c)中可以清楚地看出,在工作频率范围内,当太

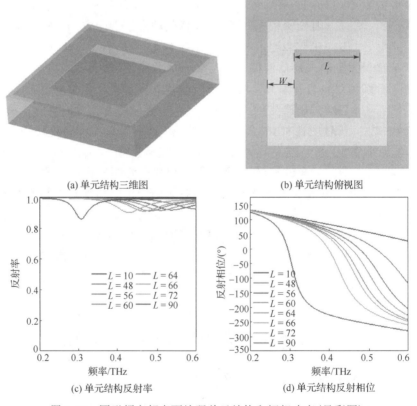

(a) 单元结构三维图　　　　　　　　　　(b) 单元结构俯视图

(c) 单元结构反射率　　　　　　　　　　(d) 单元结构反射相位

图 2-26　回形频率超表面编码单元结构和幅相响应(见彩图)

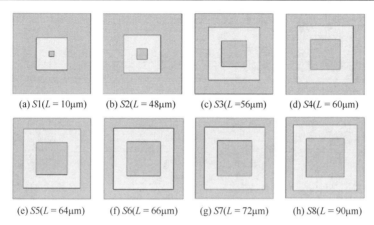

(a) $S1(L=10\mu m)$　　(b) $S2(L=48\mu m)$　　(c) $S3(L=56\mu m)$　　(d) $S4(L=60\mu m)$

(e) $S5(L=64\mu m)$　　(f) $S6(L=66\mu m)$　　(g) $S7(L=72\mu m)$　　(h) $S8(L=90\mu m)$

图 2-27　8 个回形频率超表面编码基本单元结构

赫兹波垂直照射到基本单元上时，8 个超表面编码结构单元对入射太赫兹波的反射率都在 0.8 以上，几乎接近于全反射。图 2-26(d) 显示了 8 个超表面编码结构单元在初始频率 $f_0=0.2$THz 处具有相同的初始相位值 $\alpha_0 \approx 8\pi/9$，在频率 0.2～0.5THz 内，8 个超表面编码结构基本单元的相位灵敏度不同，大致呈线性递减关系。通过式(2-3)分别计算出 8 个超表面编码结构基本单元的相位灵敏度：

$$\begin{cases} \alpha_1^{S1} = \dfrac{\varphi^{S1}(f_1) - \varphi^{S1}(f_0)}{f_1 - f_0} = \dfrac{56° - 150°}{0.5 - 0.2} \approx -\dfrac{0}{0.3}(\text{rad/THz}) \\[4mm] \alpha_1^{S2} = \dfrac{\varphi^{S2}(f_1) - \varphi^{S2}(f_0)}{f_1 - f_0} = \dfrac{15° - 154°}{0.5 - 0.2} \approx -\dfrac{\pi}{0.3}(\text{rad/THz}) \\[4mm] \alpha_1^{S3} = \dfrac{\varphi^{S3}(f_1) - \varphi^{S3}(f_0)}{f_1 - f_0} = \dfrac{35° - 154°}{0.5 - 0.2} \approx -\dfrac{2\pi}{0.3}(\text{rad/THz}) \\[4mm] \alpha_1^{S4} = \dfrac{\varphi^{S4}(f_1) - \varphi^{S4}(f_0)}{f_1 - f_0} = \dfrac{-84° - 155°}{0.5 - 0.2} \approx -\dfrac{3\pi}{0.3}(\text{rad/THz}) \\[4mm] \alpha_1^{S5} = \dfrac{\varphi^{S5}(f_1) - \varphi^{S5}(f_0)}{f_1 - f_0} = \dfrac{-140° - 155°}{0.5 - 0.2} \approx -\dfrac{4\pi}{0.3}(\text{rad/THz}) \\[4mm] \alpha_1^{S6} = \dfrac{\varphi^{S6}(f_1) - \varphi^{S6}(f_0)}{f_1 - f_0} = \dfrac{-160° - 155°}{0.5 - 0.2} \approx -\dfrac{5\pi}{0.3}(\text{rad/THz}) \\[4mm] \alpha_1^{S7} = \dfrac{\varphi^{S7}(f_1) - \varphi^{S7}(f_0)}{f_1 - f_0} = \dfrac{-210° - 155°}{0.5 - 0.2} \approx -\dfrac{6\pi}{0.3}(\text{rad/THz}) \\[4mm] \alpha_1^{S8} = \dfrac{\varphi^{S8}(f_1) - \varphi^{S8}(f_0)}{f_1 - f_0} = \dfrac{-257° - 156°}{0.5 - 0.2} \approx -\dfrac{7\pi}{0.3}(\text{rad/THz}) \end{cases} \tag{2-25}$$

从上述分析及式(2-25)可知，从 $S1 \sim S8$ 八个超表面结构基本单元在初始频率处具有相等的相位值，且在工作频段内具有不同相位灵敏度，表明了相邻基本超表面编码结构单元之间的相位差是随着频率变化而变化的。因此，本节设计的6种不同太赫兹频率超表面编码结构用于验证只用同一个太赫兹频率超表面编码改变不同的工作频率就可以实现对太赫兹波反射能量的不同控制的编码功能，如图 2-28 所示。

(a) 按"0-0,0-1"编码序列沿 x 轴正方向周期排列太赫兹超表面编码结构

(b) 棋盘排列太赫兹超表面编码结构

(c) 按"00-00,00-01,00-10,00-11"编码序列沿 x 轴正方向周期排列太赫兹超表面编码结构

(d) 按"00-11,00-10 / 00-00,00-01"编码序列沿 x 轴正方向周期排列太赫兹超表面编码结构

(e) 按"000-000,000-001,000-010,000-011,000-100,000-101,000-110,000-111"编码序列沿 x 轴正方向周期排列太赫兹超表面编码结构

(f) 按"000-000,000-001,000-010,000-011,000-100,000-101,000-110,000-111 / 000-100,000-101,000-110,000-111,000-000,000-001,000-010,000-011"编码序列沿 x 轴正方向周期排列太赫兹超表面编码结构

图 2-28　6 种不同回形频率太赫兹超表面编码结构（见彩图）

2.5.2　1bit 太赫兹回形结构频率超表面编码

1bit 太赫兹频率超表面编码需要用两个超表面编码结构单元进行排列组合，这里选取 S4 和 S8 单元表示编码中的"0-0""0-1"码。S4 和 S8 两个超表面编码结构单元按照不同的编码序列排列，构建了两种不同的 1bit 太赫兹频率超表面编码结构，第一种按"0-0, 0-1 / 0-0, 0-1"编码序列沿 x 轴正方向进行周期性排列(图 2-28(a))。第二种按"0-0, 0-1 / 0-1, 0-0"编码序列沿 x 轴正方向进行标准棋盘排列(图 2-28(b))。考虑到超表面结构单元之间的耦合效应，采用超级单元措施使单元耦合效应最小化，即每个超级单元由 4×4 个相同基本单元组成，共计 24×24 个编码单元。

采用仿真软件 CST 对两种 1bit 太赫兹频率超表面编码结构进行建模计算,以平面波为激励,垂直入射到太赫兹频率超表面编码结构。图 2-29 和图 2-30 分别表示"0-0, 0-1"周期排列和"0-0, 0-1 / 0-1, 0-0"棋盘排列的 1bit 太赫兹频率超表面编码

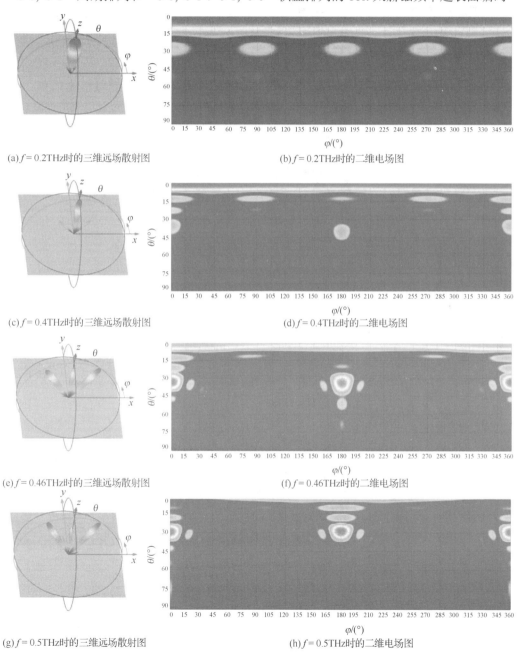

(a)f = 0.2THz时的三维远场散射图　　　　　　　(b)f = 0.2THz时的二维电场图

(c)f = 0.4THz时的三维远场散射图　　　　　　　(d)f = 0.4THz时的二维电场图

(e)f = 0.46THz时的三维远场散射图　　　　　　(f)f = 0.46THz时的二维电场图

(g)f = 0.5THz时的三维远场散射图　　　　　　　(h)f = 0.5THz时的二维电场图

图 2-29　"0-0, 0-1"周期排列的 1bit 太赫兹频率超表面编码结构场图

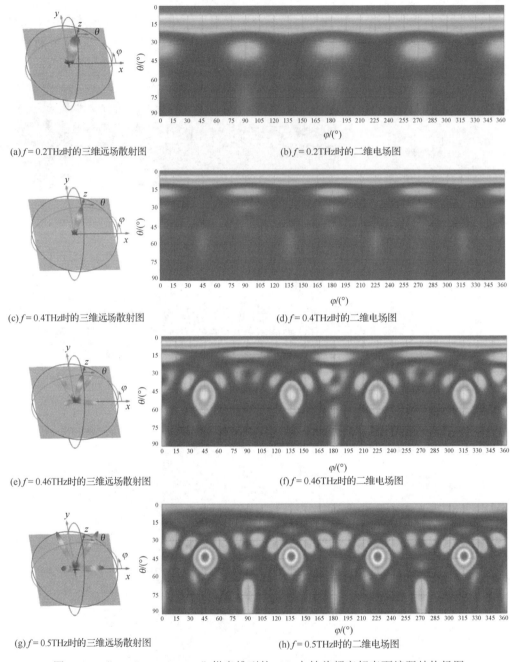

(a)f = 0.2THz时的三维远场散射图　　(b)f = 0.2THz时的二维电场图

(c)f = 0.4THz时的三维远场散射图　　(d)f = 0.4THz时的二维电场图

(e)f = 0.46THz时的三维远场散射图　　(f)f = 0.46THz时的二维电场图

(g)f = 0.5THz时的三维远场散射图　　(h)f = 0.5THz时的二维电场图

图 2-30　"0-0, 0-1 / 0-1, 0-0"棋盘排列的 1bit 太赫兹频率超表面编码结构场图

结构场图。图 2-29 和图 2-30 中左侧为反射太赫兹波的三维远场散射图，图中右侧为反射太赫兹波三维远场散射分布相应的二维电场图。如图 2-29 (a) 和 (b)、图 2-30 (a)

和(b)所示，在初始频率 f_0=0.2THz 处，垂直入射的太赫兹波以与入射方向相反方向垂直反射，这是由于在 f_0=0.2THz 处，$S4$ 和 $S8$ 单元两者的相位差为 $0°$，此时两种 1bit 太赫兹频率超表面编码结构起着与完美导体相同作用，从而导致反射太赫兹波原路返回。当入射太赫兹波频率 f 增加到截止频率 f_1=0.5THz 时，$S4$ 和 $S8$ 单元两者的相位差为 $180°$，图 2-29(g) 和 (h) 显示太赫兹频率超表面编码结构在初始频率 f_0=0.2THz 处所产生的主瓣几乎消失，形成两束相等的关于 z 轴对称的反射太赫兹波束，俯仰角 θ 和方位角 φ 为 $(\theta_1, \varphi_1)=(30°, 0°)$，$(\theta_2, \varphi_2)=(30°, 180°)$。图 2-30(g) 和 (h) 则显示太赫兹频率超表面编码结构在初始频率 f_0=0.2THz 处所产生的主瓣几乎消失，形成 4 束相等的反射太赫兹波束。其对应俯仰角 θ 和方位角 φ 分别为 $(\theta=43°, \varphi=45°)$、$(\theta=43°, \varphi=135°)$、$(\theta=43°, \varphi=225°)$ 和 $(\theta=43°, \varphi=315°)$。此外，图 2-29(c) 和 (d)、图 2-29(e) 和 (f) 分别对应频率 f=0.4THz 和 f=0.46THz 时，太赫兹波入射到太赫兹频率超表面编码结构后所产生反射太赫兹波的三维远场散射图和二维电场图。从图 2-29 中可以看出，当频率 f 为 0.2~0.5THz 时，太赫兹波垂直入射到第一种 1bit 太赫兹频率超表面编码结构后，随着频率 f 的逐渐增加，产生的反射太赫兹波束由原本沿 z 轴反射回来的一束，逐渐产生两个对称的旁瓣，并且两束旁瓣的能量变得越来越强，而原先形成的一束主瓣能量变得越来越弱，接近于消失，如图 2-29(g) 和 (h) 所示。同样地，对于标准棋盘排列的 1bit 太赫兹频率超表面编码结构，如图 2-30(c) 和 (d)、图 2-30(e) 和 (f) 所示，分别对应频率 f=0.4THz、f=0.46THz 时，对应的太赫兹波入射到太赫兹频率超表面编码结构上所产生的三维远场散射图和二维电场图。随着频率增加，垂直入射的太赫兹波同样由原来只有一束反射波束，逐渐形成 4 个对称的旁瓣，并且它们的能量变得越来越强而主瓣能量变得越来越弱，这是由于当频率从 0.2THz 上升到 0.5THz 的过程中，$S4$ 和 $S8$ 之间的相位差由初始频率 f=0.2THz 处的 $0°$ 增加到 f=0.5THz 处的 $180°$，从而使得原始主瓣的能量越来越弱直到消失，如图 2-30(g) 和 (h) 所示。

2.5.3　2bit 太赫兹回形结构频率超表面编码

选择 $S1$、$S3$、$S5$ 和 $S7$ 四个超表面结构基本单元作为 2bit 太赫兹频率超表面编码结构的基本编码单元，分别表示二进制编码 "00-00"、"00-01"、"00-10" 和 "00-11"。4 个超表面结构基本单元反射相位曲线如图 2-26(d) 所示。将这 4 个超表面结构单元按不同的排列方式进行排布，设计了两个不同的 2bit 太赫兹频率超表面编码，其中图 2-28(c) 是由编码序列 "00-00, 00-01, 00-10, 00-11" 沿着 x 轴正方向周期排列而成的 2bit 太赫兹频率超表面编码，图 2-28(d) 是由编码序列 "00-11, 00-10 / 00-00, 00-01" 沿着 x 轴正方向周期排列而成的 2bit 太赫兹频率超表面编码。为了减小单元间的耦合作用，同样采用与 1bit 太赫兹频率超表面编码相同的超级单元进行排布，每个超级单元仍然由 4×4 个相同基本单元组成，共计 24×24 个超表面编码单元。

为了更加直观地对本节所设计的 2bit 太赫兹频率超表面编码的性能进行分析，采用 CST 仿真软件对所设计的两种不同的 2bit 太赫兹频率超表面编码进行建模计算，激励为平面波，采用垂直入射的方式，所得的仿真结果如图 2-31 和图 2-32 所示。图 2-31

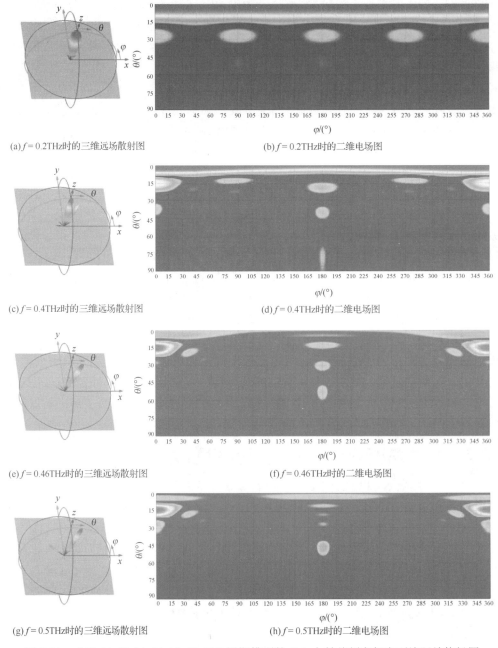

(a) $f=0.2$THz时的三维远场散射图   (b) $f=0.2$THz时的二维电场图

(c) $f=0.4$THz时的三维远场散射图   (d) $f=0.4$THz时的二维电场图

(e) $f=0.46$THz时的三维远场散射图   (f) $f=0.46$THz时的二维电场图

(g) $f=0.5$THz时的三维远场散射图   (h) $f=0.5$THz时的二维电场图

图 2-31　"00-00, 00-01, 00-10, 00-11" 周期排列的 2bit 太赫兹频率超表面编码结构场图

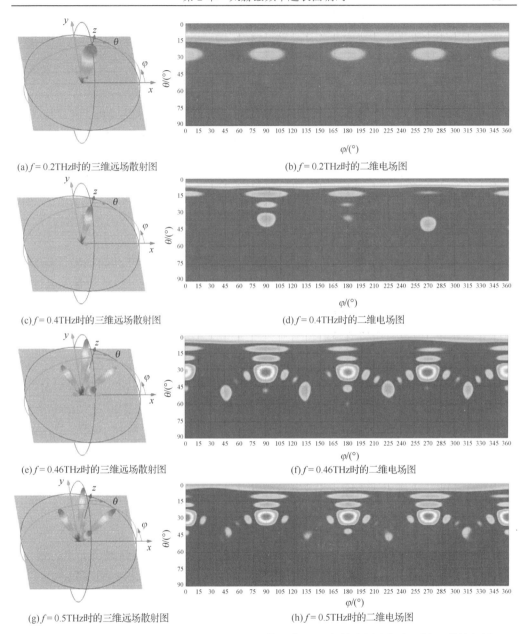

(a) f = 0.2THz时的三维远场散射图　　　　　　　　　(b) f = 0.2THz时的二维电场图

(c) f = 0.4THz时的三维远场散射图　　　　　　　　　(d) f = 0.4THz时的二维电场图

(e) f = 0.46THz时的三维远场散射图　　　　　　　　(f) f = 0.46THz时的二维电场图

(g) f = 0.5THz时的三维远场散射图　　　　　　　　　(h) f = 0.5THz时的二维电场图

图 2-32　"00-11, 00-10 / 00-00, 00-01"周期排列的 2bit 太赫兹频率超表面编码结构场图

为"00-00, 00-01, 00-10, 00-11"周期排列的 2bit 太赫兹频率超表面编码结构场图，图 2-32 为"00-11, 00-10 / 00-00, 00-01"周期排列的 2bit 太赫兹频率超表面编码结构场图。其中，图左侧为反射太赫兹波的三维远场散射图，图右侧为反射太赫兹波的二维电场图。图 2-31（a）和（b）、图 2-32（a）和（b）显示了在初始频率 f_0=0.2THz 时，

垂直入射到两种不同 2bit 太赫兹频率超表面编码结构上的太赫兹波都沿着 z 轴原路反射回去。图 2-31(g)和(h)显示在截止频率 f_1=0.5THz 时，垂直入射到太赫兹频率超表面上的太赫兹波偏转到与 z 轴成角度 θ 的方向上，其对应俯仰角 θ 和方位角 φ 分别为 (θ=14°，φ=0°)。图 2-32(g)和(h)显示太赫兹频率超表面编码结构在初始频率 f_0=0.2THz 处所产生的主瓣几乎消失，形成 4 束相等的反射太赫兹波束。其对应俯仰角 θ 和方位角 φ 分别为 (θ=30°，φ=0°)、(θ=30°，φ=90°)、(θ=30°，φ=180°)和 (θ=30°，φ=270°)。当频率 f 介于初始频率 f_0=0.2THz 与截止频率 f_1=0.5THz 之间时，如图 2-31(c)和(d)、图 2-31(e)和(f)所示，由于相邻单元间的相位差为 0°～90°，此时对于 2bit 太赫兹频率超表面编码结构，随着频率的不断增加，相邻单元之间的相位差也在不断增加，在初始频率 f_0=0.2THz 处出现的原始主瓣辐射能量变得越来越弱，而位于 z 轴右边新生旁瓣的能量越来越强；同样地，如图 2-32(c)和(d)、图 2-32(e)和(f)所示，随着频率的不断增加，相邻单元之间的相位差也在不断增加，在初始频率 f_0=0.2THz 处出现的原始主瓣辐射能量变得越来越弱，4 束相等的反射太赫兹波束的能量越来越强。

2.5.4 3bit 太赫兹回形结构频率超表面编码

3bit 太赫兹频率超表面编码结构中选取了 S1、S2、S3、S4、S5、S6、S7 和 S8 八个太赫兹频率超表面编码结构单元作为基本编码单元，分别表示三进制编码"000-000"、"000-001"、"000-010"、"000-011"、"000-100"、"000-101"、"000-110"和"000-111"。8 个超表面编码结构单元反射相位曲线如图 2-26(d)所示。将这 8 个超表面结构单元按不同的排列方式进行排列，设计了两种不同的 3bit 太赫兹频率超表面编码结构，其中图 2-28(e)是"000-000, 000-001, 000-010, 000-011, 000-100, 000-101, 000-110, 000-111"沿 x 轴正方向周期排列太赫兹超表面编码结构，图 2-28(f)是"000-000, 000-001, 000-010, 000-011 000-100, 000-101, 000-110, 000-111 / 000-100, 000-101, 000-110, 000-111, 000-000, 000-001, 000-010, 000-011"沿着 x 轴正方向周期排列而成的 3bit 太赫兹频率超表面编码结构。为了减小单元间的耦合作用，同样采用与 1bit 太赫兹频率超表面编码结构相同的超级单元进行排布，每个超级单元仍然由 4×4 个相同基本单元组成，共计 24×24 个超表面编码单元。

本节采用 CST 仿真软件对所设计的两种不同的 3bit 太赫兹频率超表面编码进行建模计算和性能分析，激励为平面波，采用垂直入射的方式，所得的仿真结果如图 2-33 和图 2-34 所示。图 2-33 为"000-000, 000-001, 000-010, 000-011, 000-100, 000-101, 000-110, 000-111"周期排列的 3bit 太赫兹频率超表面编码结构场图，图 2-34 为"000-000, 000-001, 000-010, 000-011, 000-100, 000-101, 000-110, 000-111/000-100, 000-101, 000-110, 000-111, 000-000, 000-001, 000-010, 000-011"周期排列的 3bit 太赫兹频率超表面编码结构场图。其中，图左侧为反射太赫兹波的三维远场散射图，图右侧为反射太赫兹波的二维电场图。图 2-33(a)和(b)、图 2-34(a)和(b)

显示了在初始频率 f_0=0.2THz 时，垂直入射到两种不同 3bit 太赫兹频率超表面编码结构上的太赫兹波都沿着 z 轴原路反射回去。图 2-33(g) 和 (h) 显示在截止频率 f_1=0.5THz 时，垂直入射到太赫兹频率超表面编码结构上的太赫兹波偏转到与 z 轴成角度 θ 的方向上，其对应俯仰角 θ 和方位角 φ 分别为 (θ=7°，φ=0°)。图 2-34(g) 和 (h) 显示太赫兹频率超表面编码结构在初始频率 f_0=0.2THz 处所产生的主瓣几乎消失，形成 2 束相等的反射太赫兹波束，位于 z 轴右边，其对应俯仰角 θ 和方位角 φ 分别为 (θ=30°，φ=75°) 和 (θ=30°，φ=285°)。当频率 f 介于初始频率 f_0=0.2THz 与截止频率 f_1=0.5THz 之间时，如图 2-33(c) 和 (d)、图 2-33(e) 和 (f) 所示，由于相邻单元间的相位差为 0°～45°，此时对于 3bit 太赫兹频率超表面编码结构，随着频率的不断增加，相邻单元之间的相位差也在不断增加，在初始频率 f_0=0.2THz 处出现的原始主瓣辐射能量变得越来越弱，而位于 z 轴右边新生旁瓣的能量越来越强。同样地，如图 2-34(c) 和 (d)、图 2-34(e) 和 (f) 所示，随着频率不断增加，相邻单元之间的相位差也在不断增加，在初始频率 f_0=0.2THz 处出现的原始主瓣辐射能量变得越来越弱，2 束相等的位于 z 轴右侧的反射太赫兹波束的能量越来越强。

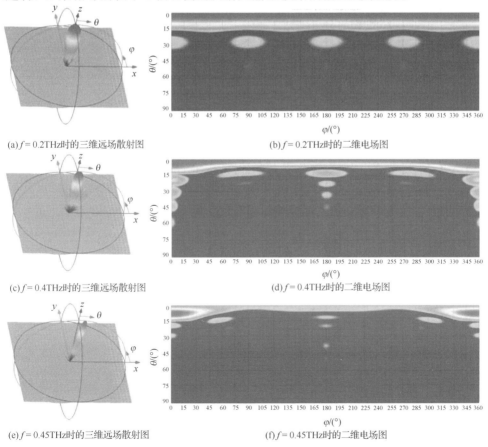

(a) f = 0.2THz时的三维远场散射图　　　　　　　　(b) f = 0.2THz时的二维电场图

(c) f = 0.4THz时的三维远场散射图　　　　　　　　(d) f = 0.4THz时的二维电场图

(e) f = 0.45THz时的三维远场散射图　　　　　　　　(f) f = 0.45THz时的二维电场图

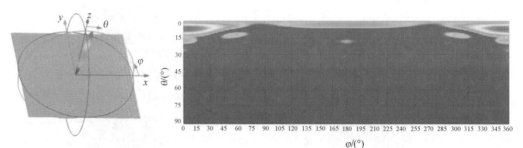

(g) $f = 0.5\text{THz}$时的三维远场散射图　　　　　(h) $f = 0.5\text{THz}$时的二维电场图

图 2-33　　"000-000, 000-001, 000-010, 000-011, 000-100, 000-101, 000-110, 000-111"
周期排列的 3bit 太赫兹频率超表面编码结构场图

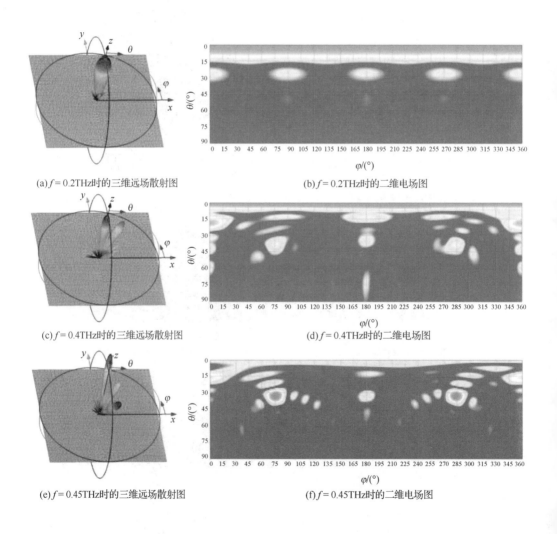

(a) $f = 0.2\text{THz}$时的三维远场散射图　　　　　(b) $f = 0.2\text{THz}$时的二维电场图

(c) $f = 0.4\text{THz}$时的三维远场散射图　　　　　(d) $f = 0.4\text{THz}$时的二维电场图

(e) $f = 0.45\text{THz}$时的三维远场散射图　　　　　(f) $f = 0.45\text{THz}$时的二维电场图

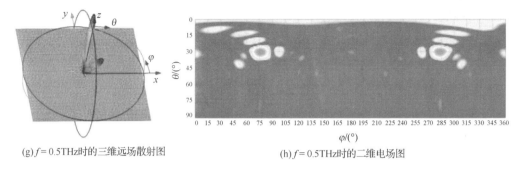

(g) $f=0.5$THz时的三维远场散射图　　　　　　(h) $f=0.5$THz时的二维电场图

图 2-34　"000-000, 000-001, 000-010, 000-011, 000-100, 000-101, 000-110, 000-111 / 000-100, 000-101, 000-110, 000-111, 000-000, 000-001, 000-010, 000-011"周期排布的 3bit 太赫兹频率超表面编码结构场图

2.6　雪花结构太赫兹频率超表面编码

2.6.1　雪花结构太赫兹频率超表面编码单元

本节设计了一种雪花结构太赫兹频率超表面编码结构(图 2-35)，其中图 2-35(a)和(b)是设计的雪花结构太赫兹频率超表面编码单元结构的三维图和俯视图。整个基本单元结构分为三层，顶层是厚度为 0.3μm 的雪花结构金属结构；在它下方涂有一层聚酰亚胺薄膜，其厚度 $h=25$μm，介电常数为 3.0，损耗角正切值为 0.03；底层的金属铜片位于聚酰亚胺薄膜的下方，厚度为 0.3μm，主要用于确保入射太赫兹波可实现全反射。图 2-35(b)显示了设计的雪花结构频率太赫兹超表面基本单元的顶层结构，顶层雪花金属结构由 Y 形金属条依次旋转 90°得到。Y 形结构由三个分支长度均为 $L/2$ 的金属条构成，其中上部分的两个分支夹角为 90°，雪花结构的金属条宽度 $W=10$μm，单元结构的晶格常数为 $P=130$μm。通过改变雪花结构的长度 L 值可以获得具有相同初始相位响应且相位灵敏度不同的超表面编码结构基本单元，本节仿真设计了 8 个不同 L 值的雪花结构单元作为太赫兹频率超表面的基本编码单元，用于实现 1bit、2bit 和 3bit 太赫兹频率超表面编码功能，利用 CST 仿真软件优化设计单元结构参数，最终 8 个超表面结构基本单元($S1$、$S2$、$S3$、$S4$、$S5$、$S6$、$S7$ 和 $S8$)所对应的几何参数值 L 分别为 20μm、52μm、55μm、57μm、58μm、60μm、62μm 和 70μm(图 2-36)。图 2-35(c)和(d)为从 $S1$～$S8$ 8 个超表面结构基本单元在 0.3～0.6THz 这一工作频率范围内相对应的反射率和反射相位。从图 2-35(c)中可以清楚地看出，在工作频率范围内，当太赫兹波垂直照射到基本单元上时，8 个超表面结构基本单元对入射太赫兹波的反射率都在 0.8 以上，几乎接近于全反射。图 2-35(d)显示了 8 个超表面结构基本单元在初始频率 $f_0=0.3$THz 处具有相同的初始相位值 $\alpha_0\approx8\pi/9$，在频率 0.3～0.6THz 内，8 个超表面结构基本单元的相位灵敏度不同，大致

呈线性递减关系，通过式(2-3)分别计算出 8 个超表面结构基本单元的相位灵敏度：

$$
\begin{cases}
\alpha_1^{S1} = \dfrac{\varphi^{S1}(f_1) - \varphi^{S1}(f_0)}{f_1 - f_0} = \dfrac{127° - 156°}{0.6 - 0.3} \approx -\dfrac{0}{0.3}\text{(rad/THz)} \\[3mm]
\alpha_1^{S2} = \dfrac{\varphi^{S2}(f_1) - \varphi^{S2}(f_0)}{f_1 - f_0} = \dfrac{79° - 155°}{0.6 - 0.3} \approx -\dfrac{\pi}{0.3}\text{(rad/THz)} \\[3mm]
\alpha_1^{S3} = \dfrac{\varphi^{S3}(f_1) - \varphi^{S3}(f_0)}{f_1 - f_0} = \dfrac{36° - 155°}{0.6 - 0.3} \approx -\dfrac{2\pi}{0.3}\text{(rad/THz)} \\[3mm]
\alpha_1^{S4} = \dfrac{\varphi^{S4}(f_1) - \varphi^{S4}(f_0)}{f_1 - f_0} = \dfrac{-19° - 155°}{0.6 - 0.3} \approx -\dfrac{3\pi}{0.3}\text{(rad/THz)} \\[3mm]
\alpha_1^{S5} = \dfrac{\varphi^{S5}(f_1) - \varphi^{S5}(f_0)}{f_1 - f_0} = \dfrac{-54° - 155°}{0.6 - 0.3} \approx -\dfrac{4\pi}{0.3}\text{(rad/THz)} \\[3mm]
\alpha_1^{S6} = \dfrac{\varphi^{S6}(f_1) - \varphi^{S6}(f_0)}{f_1 - f_0} = \dfrac{-111° - 154°}{0.6 - 0.3} \approx -\dfrac{5\pi}{0.3}\text{(rad/THz)} \\[3mm]
\alpha_1^{S7} = \dfrac{\varphi^{S7}(f_1) - \varphi^{S7}(f_0)}{f_1 - f_0} = \dfrac{-143° - 154°}{0.6 - 0.3} \approx -\dfrac{6\pi}{0.3}\text{(rad/THz)} \\[3mm]
\alpha_1^{S8} = \dfrac{\varphi^{S8}(f_1) - \varphi^{S8}(f_0)}{f_1 - f_0} = \dfrac{-187° - 154°}{0.6 - 0.3} \approx -\dfrac{7\pi}{0.3}\text{(rad/THz)}
\end{cases}
\tag{2-26}
$$

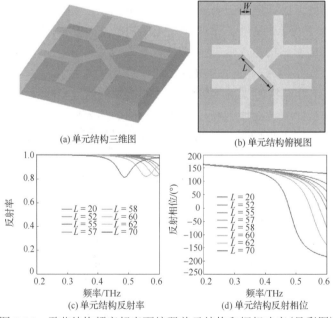

(a) 单元结构三维图　　　　　　　(b) 单元结构俯视图

(c) 单元结构反射率　　　　　　　(d) 单元结构反射相位

图 2-35　雪花结构频率超表面编码单元结构和幅相响应(见彩图)

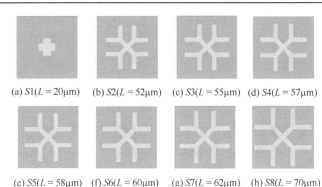

(a) S1(L = 20μm)　(b) S2(L = 52μm)　(c) S3(L = 55μm)　(d) S4(L = 57μm)

(e) S5(L = 58μm)　(f) S6(L = 60μm)　(g) S7(L = 62μm)　(h) S8(L = 70μm)

图 2-36　8 个雪花结构频率超表面编码基本单元结构

从上述分析及式(2-26)可知，$S1$～$S8$ 八个超表面结构基本单元在初始频率处具有相等的相位值，且在工作频段内具有不同相位灵敏度，表明了相邻基本超表面结构单元之间的相位差是随着频率变化而变化的。因此，本节设计了 6 种不同太赫兹频率超表面结构用于验证只用同一个太赫兹频率超表面编码改变不同的工作频率就可以实现对太赫兹波反射能量的不同控制的编码功能，如图 2-37 所示。

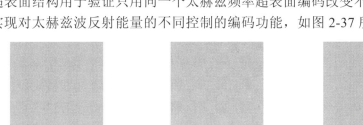

(a) 按"0-0,0-1 / 0-0,0-1"编码序列沿x轴正方向周期排列太赫兹超表面编码结构

(b) 棋盘排列太赫兹超表面编码结构

(c) 按"00-00,00-01,00-10,00-11"编码序列沿x轴正方向周期排列太赫兹超表面编码结构

(d) 按"00-11,00-10 / 00-00, 00-01"编码序列沿x轴正方向周期排列太赫兹超表面编码结构

(e) 按"000-000,000-001, 000-010,000-011,000-100, 000-101,000-110,000-111"编码序列沿x轴正方向周期排列太赫兹超表面编码结构

(f) 按"000-000,000-001,000-010, 000-011,000-100,000-101,000-110, 000-111 / 000-100,000-101,000-110, 000-111,000-000,000-001,000-010, 000-011"编码序列沿x轴正方向周期排列太赫兹超表面编码结构

图 2-37　6 种不同雪花结构频率太赫兹超表面编码结构(见彩图)

2.6.2　1bit 太赫兹雪花结构频率超表面编码

1bit 太赫兹雪花结构频率超表面编码，需要用两个超表面结构基本单元进行排

列组合，这里选取 $S1$ 和 $S4$ 单元表示编码中的 "0-0" "0-1" 码。通过 $S1$ 和 $S4$ 两个超表面编码结构基本单元排序不同的编码序列，构建了两种不同的 1bit 太赫兹频率超表面编码结构，第一种按 "0-0, 0-1 / 0-0, 0-1" 编码序列沿 x 轴正方向进行周期性排列，如图 2-37 (a) 所示。第二种则采用 "0-0, 0-1 / 0-1, 0-0" 编码序列按标准棋盘沿 x 轴正方向进行周期性排列，如图 2-37 (b) 所示。考虑到超表面结构单元之间的耦合效应，采用超级单元措施使单元耦合效应最小化，即每个超级单元由 4×4 个相同基本单元组成，共计 32×32 个编码单元。

　　采用仿真软件 CST 对两种 1bit 太赫兹雪花结构频率超表面编码结构进行建模计算，以平面波为激励，垂直入射到太赫兹频率超表面编码。图 2-38 和图 2-39 分别为 "0-0, 0-1" 周期排布和 "0-0, 0-1 / 0-1, 0-0" 棋盘排列的 1bit 太赫兹频率超表面编码。其中，图左侧为反射太赫兹波的三维远场散射图，图右侧为反射太赫兹波三维远场散射图相应的二维电场图。如图 2-38 (a) 和 (b)、图 2-39 (a) 和 (b) 所示，在初始频率 f_0 =0.3THz 处，垂直入射的太赫兹波以与入射方向相反方向垂直反射，这是由于在 f_0=0.3THz 处，$S1$ 和 $S4$ 单元两者的相位差为 0°，此时两种 1bit 太赫兹频率超表面编码结构起着与完美导体相同的作用，从而导致反射太赫兹波原路返回。当入射太赫兹波频率 f 增加到截止频率 f_1=0.6THz 时，$S1$ 和 $S4$ 单元两者的相位差为 180°，图 2-38 (g) 和 (h) 显示太赫兹频率超表面编码结构在初始频率 f_0=0.3THz 处所产生的主瓣几乎消失，形成两束相等的关于 z 轴对称的反射太赫兹波束，俯仰角 θ 和方位角 φ 为 $(\theta, \varphi)=(30°, 0°)$，$(\theta, \varphi)=(30°, 180°)$。图 2-39 (g) 和 (h) 则显示太赫兹频率超表面编码结构在初始频率 f_0=0.3THz 处所产生的主瓣几乎消失，形成 4 束相等的反射太赫兹波束。其对应俯仰角 θ 和方位角 φ 分别为 $(\theta=42°,$ $\varphi=45°)$、$(\theta=42°, \varphi=135°)$、$(\theta=42°, \varphi=225°)$ 和 $(\theta=42°, \varphi=315°)$。此外，图 2-38 (c) 和 (d)、图 2-38 (e) 和 (f) 分别对应为频率 f=0.4THz 和 f=0.5THz 时，太赫兹波入射到太赫兹频率超表面编码结构后所产生反射太赫兹波的三维远场散射图和二维电场图。从图 2-38 中可以看出，当频率 f 为 0.3～0.6THz 时，太赫兹波垂直入射到 1bit 太赫兹频率超表面编码结构，随着频率 f 逐渐增加，产生的反射太赫兹波束由原本沿 z 轴反射回来的一束，逐渐产生两个对称的旁瓣，并且两束旁瓣的能量变得越来越强，而原先形成的一束主瓣能量变得越来越弱，接近于消失，如图 2-38 (g) 和 (h) 所示。同样地，对于棋盘排列的 1bit 太赫兹频率超表面编码结构，如图 2-39 (c) 和 (d)、图 2-39 (e) 和 (f) 所示，分别对应频率 f =0.4THz、f =0.5THz 时，对应的太赫兹波入射到太赫兹频率超表面编码结构上所产生的三维远场散射图和二维电场图。随着频率的增加，垂直照射的太赫兹波同样由原来只有一束反射波束，逐渐形成 4 个对称的旁瓣，并且它们的能量变得越来越强而主瓣能量变得越来越弱，这是由于频率从 0.3THz 上升到 0.6THz 的过程中，$S1$ 和 $S4$ 之间的相位差由初始频率 f=0.3THz 处的 0° 增加到 f=0.6THz 处的 180°，从而使得原始主瓣的能量越来越弱直到消失，如图 2-39 (g) 和 (h) 所示。

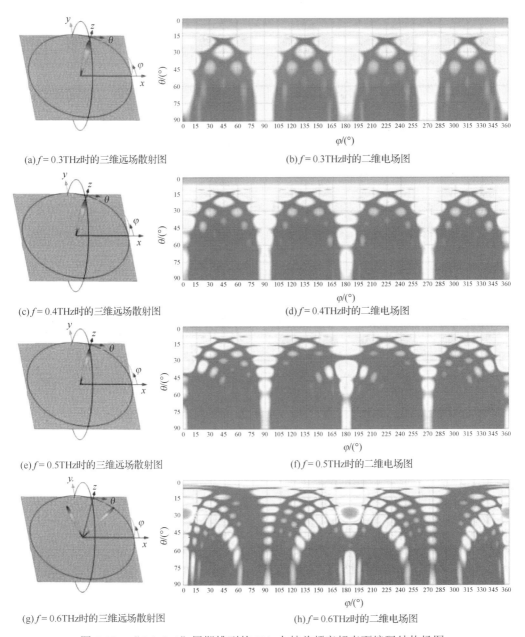

(a) $f = 0.3$ THz时的三维远场散射图　　　　　　(b) $f = 0.3$ THz时的二维电场图

(c) $f = 0.4$ THz时的三维远场散射图　　　　　　(d) $f = 0.4$ THz时的二维电场图

(e) $f = 0.5$ THz时的三维远场散射图　　　　　　(f) $f = 0.5$ THz时的二维电场图

(g) $f = 0.6$ THz时的三维远场散射图　　　　　　(h) $f = 0.6$ THz时的二维电场图

图 2-38　"0-0, 0-1"周期排列的 1bit 太赫兹频率超表面编码结构场图

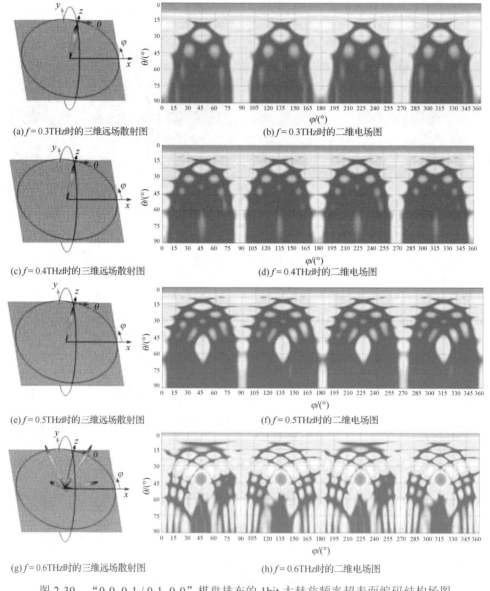

(a) $f = 0.3$ THz时的三维远场散射图　　　　　　　(b) $f = 0.3$ THz时的二维电场图

(c) $f = 0.4$ THz时的三维远场散射图　　　　　　　(d) $f = 0.4$ THz时的二维电场图

(e) $f = 0.5$ THz时的三维远场散射图　　　　　　　(f) $f = 0.5$ THz时的二维电场图

(g) $f = 0.6$ THz时的三维远场散射图　　　　　　　(h) $f = 0.6$ THz时的二维电场图

图 2-39　"0-0, 0-1 / 0-1, 0-0"棋盘排布的 1bit 太赫兹频率超表面编码结构场图

2.6.3　2bit 太赫兹雪花结构频率超表面编码

选择 $S1$、$S3$、$S5$ 和 $S7$ 四个超表面结构基本单元作为 2bit 太赫兹雪花结构频率超表面编码结构的基本编码单元，分别表示二进制编码"00-00"、"00-01"、"00-10"和"00-11"。4 个超表面编码结构单元反射相位曲线如图 2-35(d)所示。将这 4 个超表面编码结构单元按不同的排列方式进行排布，设计了两种不同的 2bit 太赫兹频

率超表面编码结构，其中图 2-37(c) 是编码序列 "00-00, 00-01, 00-10, 00-11" 沿着 x 轴正方向周期排列而成的 2bit 太赫兹频率超表面编码，图 2-37(d) 是编码序列 "00-11, 00-10 / 00-00, 00-01" 沿着 x 轴正方向周期排列而成的 2bit 太赫兹频率超表面编码结构。为了减小单元间的耦合作用，同样采用与 1bit 太赫兹频率超表面编码结构相同的超级单元进行排布，每个超级单元仍然由 4×4 个相同基本单元组成，共计 32×32 个超表面编码单元。

为了更加直观地对本节所设计的 2bit 太赫兹频率超表面编码的性能进行分析，采用 CST 仿真软件对所设计的两种不同的 2bit 太赫兹频率超表面编码结构进行建模计算，激励为平面波，依旧采用垂直入射的方式，所得的仿真结果如图 2-40 和图 2-41 所示。图 2-40 为 "00-00, 00-01, 00-10, 00-11" 周期排列的 2bit 太赫兹频率超表面编码结构场图，图 2-41 为 "00-11, 00-10 / 00-00, 00-01" 周期排列的 2bit 太赫兹频率超表面编码结构场图。其中，图左侧为反射太赫兹波的三维远场散射图，图右侧为反射太赫兹波的二维电场图。图 2-40(a) 和 (b)、图 2-41(a) 和 (b) 显示了在初始频率 f_0=0.3THz 时，垂直入射到两种不同 2bit 太赫兹频率超表面编码结构上的太赫兹波都沿着 z 轴原路反射回去。图 2-40(g) 和 (h) 显示在截止频率 f_1=0.6THz 时，垂直入射到太赫兹频率超表面编码结构上的太赫兹波偏转到与 z 轴成角度 θ 的方向上，其对应俯仰角 θ 和方位角 φ 分别为 (θ=14°，φ=0°)。图 2-41(g) 和 (h) 显示太赫兹频率超表面编码结构在初始频率 f_0=0.3THz 处所产生的主瓣几乎消失，形成 4 束相等的反射太赫兹波束。其对应俯仰角 θ 和方位角 φ 分别为 (θ=28°，φ=0°)、(θ=28°，φ=90°)、(θ=28°，φ=180°) 和 (θ=28°，φ=270°)。当频率 f 介于初始频率 f_0=0.3THz 与截止频率 f_1=0.6THz 之间时，如图 2-40(c) 和 (d)、图 2-40(e) 和 (f) 所示，由于相邻单元间的相位差为 0°～90°，此时对于 2bit 太赫兹频率超表面编码结构，随着频率的不断增加，相邻单元之间的相位差也在不断增加，在初始频率 f_0=0.3THz 处出现的原始主瓣辐射能量变得越来越小，而位于 z 轴右边新生旁瓣的能量越来越强。同样地，如图 2-41(c) 和 (d)、图 2-41(e) 和 (f) 所示，随着频率不断增加，相邻单元之间的相位差也在不断增加，在初始频率 f_0=0.3THz 处出现的原始主瓣辐射能量变得越来越小，4 束相等的反射太赫兹波束的能量越来越强。

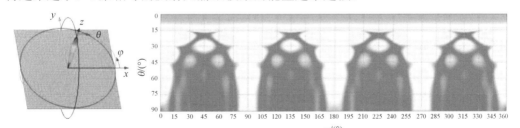

(a) f=0.3THz 时的三维远场散射图　　　　　　　　　(b) f=0.3THz 时的二维电场图

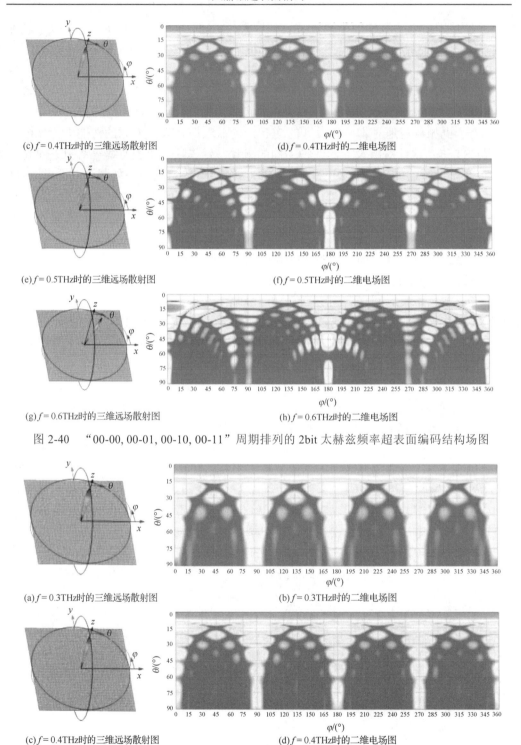

(c) f = 0.4THz时的三维远场散射图　　　　(d) f = 0.4THz时的二维电场图

(e) f = 0.5THz时的三维远场散射图　　　　(f) f = 0.5THz时的二维电场图

(g) f = 0.6THz时的三维远场散射图　　　　(h) f = 0.6THz时的二维电场图

图 2-40　"00-00, 00-01, 00-10, 00-11"周期排列的 2bit 太赫兹频率超表面编码结构场图

(a) f = 0.3THz时的三维远场散射图　　　　(b) f = 0.3THz时的二维电场图

(c) f = 0.4THz时的三维远场散射图　　　　(d) f = 0.4THz时的二维电场图

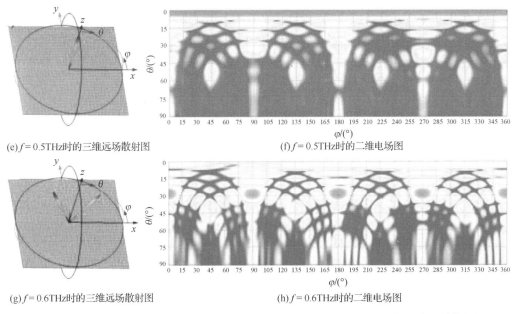

(e) f = 0.5THz时的三维远场散射图

(f) f = 0.5THz时的二维电场图

(g) f = 0.6THz时的三维远场散射图

(h) f = 0.6THz时的二维电场图

图 2-41 "00-11, 00-10 / 00-00, 00-01"周期排列的 2bit 太赫兹频率超表面编码结构场图

2.6.4 3bit 太赫兹雪花结构频率超表面编码

3bit 太赫兹频率超表面编码结构中选取了 $S1$、$S2$、$S3$、$S4$、$S5$、$S6$、$S7$ 和 $S8$ 八个太赫兹频率超表面编码结构单元作为基本编码单元，分别表示三进制编码"000-000"、"000-001"、"000-010"、"000-011"、"000-100"、"000-101"、"000-110"和"000-111"。8 个超表面编码结构单元反射相位曲线如图 2-35(d)所示。将这 8 个超表面编码结构单元按不同的排列方式进行排列，设计了两种不同的 3bit 太赫兹频率超表面编码结构，其中，图 2-37(e)是"000-000, 000-001, 000-010, 000-011, 000-100, 000-101, 000-110, 000-111"沿 x 轴正方向周期排列的太赫兹超表面编码结构，图 2-37(f)是"000-000, 000-001, 000-010, 000-011, 000-100, 000-101, 000-110, 000-111 / 000-100, 000-101, 000-110, 000-111, 000-000, 000-001, 000-010, 000-011"沿 x 轴正方向周期排列而成的 3bit 太赫兹频率超表面编码结构。为了减小单元间的耦合作用，同样采用与 1bit 太赫兹频率超表面编码相同的超级单元进行排布，每个超级单元仍然由 4×4 个相同基本单元组成，共计 32×32 个超表面编码单元。

本节采用 CST 仿真软件对所设计的两种不同的 3bit 太赫兹频率超表面编码结构进行建模计算和性能分析，激励为垂直入射的平面波，所得的仿真结果如图 2-42 和图 2-43 所示。图 2-42 为"000-000, 000-001, 000-010, 000-011, 000-100, 000-101, 000-110, 000-111"周期排列的 3bit 太赫兹频率超表面编码结构场图；图 2-43 为

"000-000, 000-001, 000-010, 000-011, 000-100, 000-101, 000-110, 000-111 / 000-100, 000-101, 000-110, 000-111, 000-000, 000-001, 000-010, 000-011" 排列的 3bit 太赫兹频率超表面编码结构场图。其中图左侧为反射太赫兹波的三维远场散射图，图右侧为反射太赫兹波的二维电场图。图 2-42(a)和(b)、图 2-43(a)和(b)显示了在初始频率 $f_0=0.3THz$ 时，垂直入射到两种不同 3bit 太赫兹频率超表面编码结构上的太赫兹波都沿着 z 轴原路反射回去。图 2-42(g)和(h)显示在截止频率 $f_1=0.6THz$ 时，垂直入射到太赫兹频率超表面上的太赫兹波偏转到与 z 轴成角度 θ 的方向上，其对应俯仰角 θ 和方位角 φ 分别为($\theta=7°$，$\varphi=0°$)。图 2-43(g)和(h)显示太赫兹频率超表面编码结构在初始频率 $f_0=0.3THz$ 处所产生的主瓣几乎消失，形成两束反射太赫兹波束，位于 z 轴右边，其对应俯仰角 θ 和方位角 φ 分别为($\theta=30°$，$\varphi=75°$)和($\theta=30°$，$\varphi=285°$)。当频率 f 介于初始频率 $f_0=0.3THz$ 与截止频率 $f_1=0.6THz$ 之间时，如图 2-42(c)和(d)、图 2-42(e)和(f)所示，由于相邻单元间的相位差为 $0°\sim45°$，此时对于 3bit 太赫兹频率超表面编码结构，随着频率不断增加，相邻单元之间的相位差也在不断增加，在初始频率 $f_0=0.3THz$ 处出现的原始主瓣辐射能量变得越来越弱，而位于 z 轴右边新生旁瓣的能量越来越强。同样地，如图 2-43(c)和(d)、图 2-43(e)和(f)所示，随着频率不断增加，相邻单元之间的相位差也在不断增加，在初始频率 $f_0=0.3THz$ 处出现的原始主瓣辐射能量变得越来越弱，两束相等的位于 z 轴右侧的反射太赫兹波束的能量越来越强。

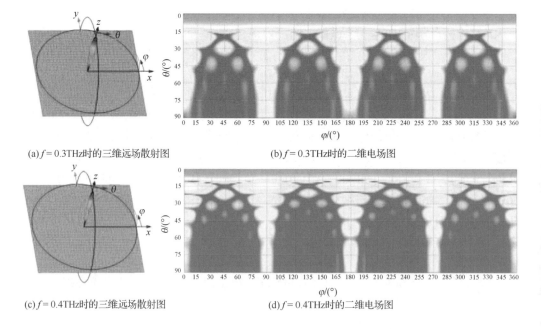

(a) $f=0.3THz$ 时的三维远场散射图　　　　　(b) $f=0.3THz$ 时的二维电场图

(c) $f=0.4THz$ 时的三维远场散射图　　　　　(d) $f=0.4THz$ 时的二维电场图

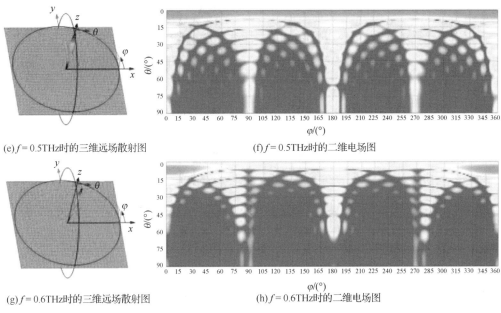

(e) f = 0.5THz时的三维远场散射图　　　　(f) f = 0.5THz时的二维电场图

(g) f = 0.6THz时的三维远场散射图　　　　(h) f = 0.6THz时的二维电场图

图 2-42　　"000-000, 000-001, 000-010, 000-011, 000-100, 000-101, 000-110, 000-111"
周期排列的 3bit 太赫兹频率超表面编码结构场图

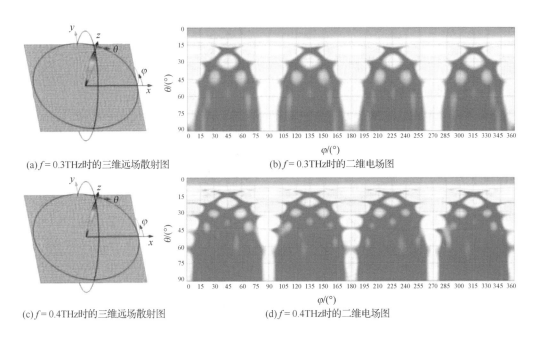

(a) f = 0.3THz时的三维远场散射图　　　　(b) f = 0.3THz时的二维电场图

(c) f = 0.4THz时的三维远场散射图　　　　(d) f = 0.4THz时的二维电场图

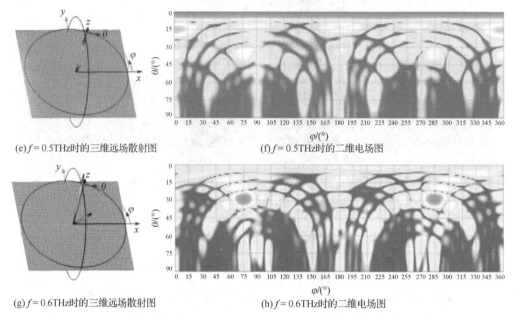

(e)f=0.5THz时的三维远场散射图　　　　　　(f)f=0.5THz时的二维电场图

(g)f=0.6THz时的三维远场散射图　　　　　　(h)f=0.6THz时的二维电场图

图2-43　"000-000，000-001，000-010，000-011，000-100，000-101，000-110，000-111 / 000-100，000-101，000-110，000-111，000-000，000-001，000-010，000-011"周期排列的3bit太赫兹频率超表面编码结构场图

2.7　X形结构太赫兹频率超表面编码

2.7.1　X形结构太赫兹频率超表面编码单元

设计的X形太赫兹频率超表面编码单元结构和幅相响应如图2-44所示。其中图2-44(a)和(b)分别为X形太赫兹频率超表面编码单元结构的三维图和俯视图。整个基本单元结构分为三层，底层为金属铜，厚度为0.2μm；在它的上面涂有一层聚酰亚胺薄膜(ε=3.5，σ=0.0027)，高度h=30μm；X形金属结构位于聚酰亚胺薄膜上方，厚度为0.2μm。底层的金属铜板是为了确保入射的太赫兹波能被完全反射。本节设计的X形频率太赫兹超表面编码单元结构俯视图如图2-44(b)所示，单元结构的周期P=50μm，顶层X形金属结构由两个对称的V形组合而成，金属结构的具体参数分别为w=10μm，a=20μm及长度b。主要设计了4个基本单元作为太赫兹频率超表面的基本编码单元，用于实现1bit和2bit太赫兹频率超表面编码。通过改变X形金属结构的长度b获得了在初始频率具有相等相位值，但在工作频率范围内具有不同相位灵敏度的4个超表面结构基本单元，利用CST仿真软件优化设计单元结构参数，最终得到优化后4个超表面结构基本单元($S4$、$S3$、$S2$和$S1$)所对应的长度

b（b 分别为 1μm、22μm、28μm 和 38μm），如图 2-45 所示。从图 2-44（c）中可以清楚地看出，在工作频率范围内，4 个超表面编码结构基本单元对入射太赫兹波的反射率都在 0.95 以上，几乎接近全反射。同时 4 个超表面编码结构基本单元在初始频率 f_0=0.4THz 处具有相同的初始相位值 $\alpha_0 \approx 8\pi/9$，但是在频率 0.4~1.2THz 内，4 个超表面结构基本单元的相位灵敏度却不同，这为太赫兹频率超表面编码提供了先决条件。图 2-44（d）显示了 4 个超表面编码结构基本单元的相位曲线大致呈线性递减关系，因此可以通过式（2-3）分别计算出 4 个超表面编码结构基本单元的相位灵敏度：

$$\begin{cases} \alpha_1^{S1} = \dfrac{\varphi^{S1}(f_1) - \varphi^{S1}(f_0)}{f_1 - f_0} = \dfrac{-820°+157°}{0.9-0.4} \approx 3\pi(\text{rad/THz}) \\[3mm] \alpha_1^{S2} = \dfrac{\varphi^{S2}(f_1) - \varphi^{S1}(f_0)}{f_1 - f_0} = \dfrac{-751°+144°}{0.9-0.4} \approx 2\pi(\text{rad/THz}) \\[3mm] \alpha_1^{S3} = \dfrac{\varphi^{S3}(f_1) - \varphi^{S1}(f_0)}{f_1 - f_0} = \dfrac{-666°+142°}{0.9-0.4} \approx \pi(\text{rad/THz}) \\[3mm] \alpha_1^{S4} = \dfrac{\varphi^{S4}(f_1) - \varphi^{S1}(f_0)}{f_1 - f_0} = \dfrac{-560°+139°}{0.9-0.4} \approx 0(\text{rad/THz}) \end{cases} \tag{2-27}$$

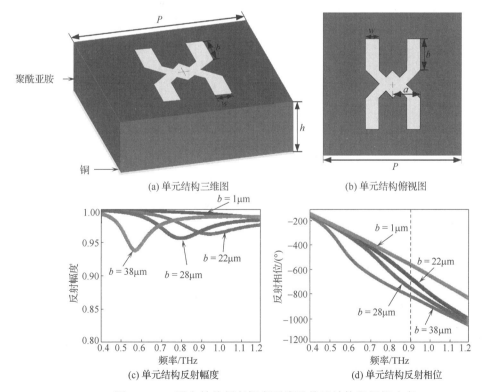

(a) 单元结构三维图   (b) 单元结构俯视图

(c) 单元结构反射幅度   (d) 单元结构反射相位

图 2-44   X 形太赫兹频率超表面编码单元结构和幅相响应

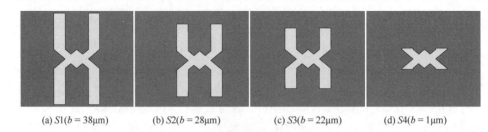

(a) S1(b = 38μm)　　　(b) S2(b = 28μm)　　　(c) S3(b = 22μm)　　　(d) S4(b = 1μm)

图 2-45　4 个 X 形频率超表面编码结构基本单元

从上述分析及式(2-27)可知，S1、S2、S3 和 S4 四个超表面编码结构基本单元在初始频率处具有相等的相位值，且在工作频段内具有不同相位灵敏度，这些完全符合太赫兹频率超表面编码的要求。同时也表明了相邻基本超表面编码结构单元之间的相位差是随着频率变化而变化的。此外，当太赫兹波垂直入射到太赫兹频率超表面时，由太赫兹频率超表面编码产生的远场能量与|1+e$^{j\varphi}$|² 成正比，φ 是基本单元间的相位差。因此，只用同一个太赫兹频率超表面编码改变不同的工作频率就可以实现对太赫兹波反射能量的不同控制。如图 2-46 所示，设计了 5 种不同太赫兹频率超表面结构用于验证其所实现的编码功能。

(a) 按"0-0,0-1"编码序列沿x轴正方向　　　　(b) 棋盘排列太赫兹超表面编码结构
周期排列太赫兹超表面编码结构

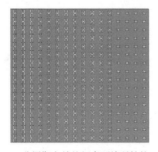
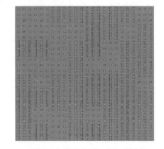

(c) 按"00-00,00-01,00-10,00-11"　　　(d) 非周期太赫兹超表面编码结构　　　(e) 随机太赫兹超表面编码结构
编码序列沿x轴正方向周期排列
太赫兹超表面编码结构

图 2-46　5 种不同 X 形频率太赫兹超表面编码结构(见彩图)

2.7.2 1bit 太赫兹 X 形结构频率超表面编码

对于 1bit 太赫兹 X 形结构频率超表面编码,需要用 2 个超表面结构基本单元进行排列组合,这里选取 $S1$ 和 $S3$ 单元。$S1$ 和 $S3$ 在 0.4THz 处初始相位相等且 $\alpha_0 \approx 8\pi/9$,此时将两个单元初始状态都编码为"0"。$S1$ 和 $S3$ 这两个单元在整个工作频率范围内相位灵敏度是变化的,分别为 $3\pi\mathrm{rad/THz}$ 和 $\pi\mathrm{rad/THz}$,将 $S1$ 和 $S3$ 两个单元分别编码为"0"和"1",最终 $S1$ 和 $S3$ 单元整体编码状态分别为"0-0"和"0-1"。超表面结构编码单元 $S1$ 和 $S3$ 按照不同的编码序列排列,构建了两种不同的 1bit 太赫兹频率超表面编码结构,一种情况是将编码单元"0-0"和"0-1"沿着 x 轴正方向进行周期性排列(图 2-46(a)),另一种情况则是将两个编码单元"0-0"和"0-1"进行棋盘排列(图 2-46(b))。考虑到超表面结构单元之间的耦合效应,利用 4×4 个相同的基本单元组成一个超级单元,从而将耦合效应最小化。

在平面波垂直入射到太赫兹频率超表面编码结构的情况下,利用 CST 软件对两种 1bit 太赫兹频率超表面编码结构进行仿真计算。图 2-47 是"0-0"和"0-1"沿着 x 轴正方向周期排列的 1bit 太赫兹频率超表面编码结构场图。图 2-48 为"0-0","0-1"

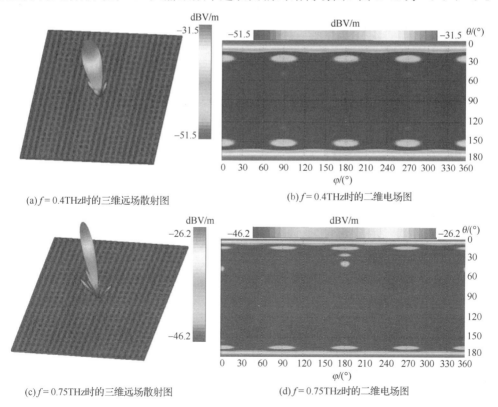

(a) f = 0.4THz时的三维远场散射图

(b) f = 0.4THz时的二维电场图

(c) f = 0.75THz时的三维远场散射图

(d) f = 0.75THz时的二维电场图

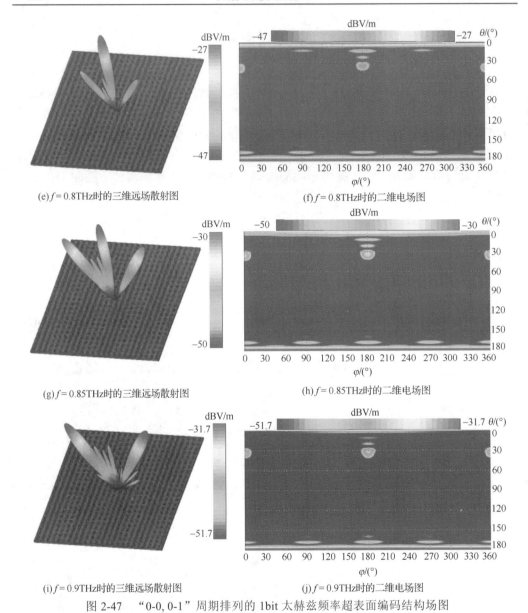

(e) $f = 0.8$THz时的三维远场散射图   (f) $f = 0.8$THz时的二维电场图

(g) $f = 0.85$THz时的三维远场散射图   (h) $f = 0.85$THz时的二维电场图

(i) $f = 0.9$THz时的三维远场散射图   (j) $f = 0.9$THz时的二维电场图

图 2-47   "0-0, 0-1"周期排列的 1bit 太赫兹频率超表面编码结构场图

按棋盘格排列的 1bit 太赫兹频率超表面编码结构场图。其中图左侧为反射太赫兹波的三维远场散射图，图右侧为反射太赫兹波二维电场图。如图 2-47(a) 和 (b)、图 2-48(a) 和 (b) 所示，在初始频率 $f_0 = 0.4$THz 处，垂直入射的太赫兹波以与入射方向垂直反射出来，这是因为在 0.4THz 处，$S1$ 和 $S3$ 单元之间的相位差 $0°$，此时两种 1bit 太赫兹频率超表面编码结构起着与完美导体相同的作用，从而导致反射太赫兹波原路返回。随着频率的增加，在截止频率 $f_1 = 0.9$THz 时，"0-0, 0-1"周期排列的

太赫兹频率超表面编码结构，将垂直入射的太赫兹波分为对称的两束反射波，如图 2-47(i) 和 (j) 所示，反射波束的俯仰角 $\theta=\arcsin(\lambda/\Gamma)=56.1°$（$\Gamma=50×8\mu m$），方位角分别为 0° 和 180°；对于 "0-0"，"0-1" 按棋盘排列的太赫兹频率超表面编码，将垂直入射的太赫兹波分为 4 束对称的反射波，如图 2-48(i) 和 (j) 所示，且这 4 束反射波束的俯仰角 $\theta=\arcsin(\lambda/\Gamma)=36.1°$（$\Gamma=50×4×\sqrt{2}\,\mu m$），方位角分别为 45°、135°、225° 和 315°。此外，当频率为 0.4～0.9THz 时，随着频率 f 的增加，以 "0-1"、"0-1" 周期排列的 1bit 太赫兹频率超表面编码的三维远场散射图和二维电场图，由一束原始主瓣逐渐分为两束对称的旁瓣，并且原始主瓣能量变得越来越弱，两束旁瓣能量变得

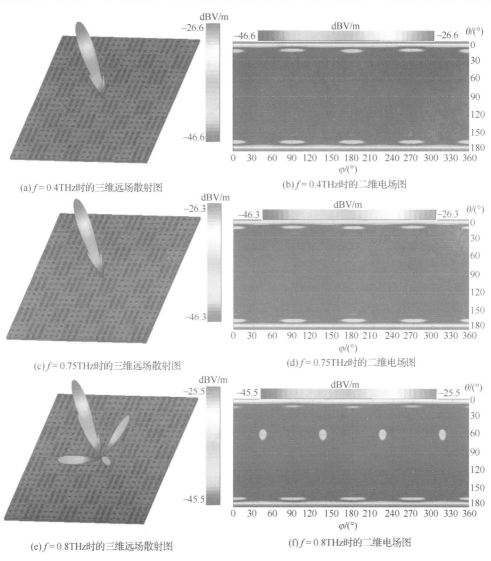

(a) $f=0.4$THz时的三维远场散射图　　　(b) $f=0.4$THz时的二维电场图

(c) $f=0.75$THz时的三维远场散射图　　　(d) $f=0.75$THz时的二维电场图

(e) $f=0.8$THz时的三维远场散射图　　　(f) $f=0.8$THz时的二维电场图

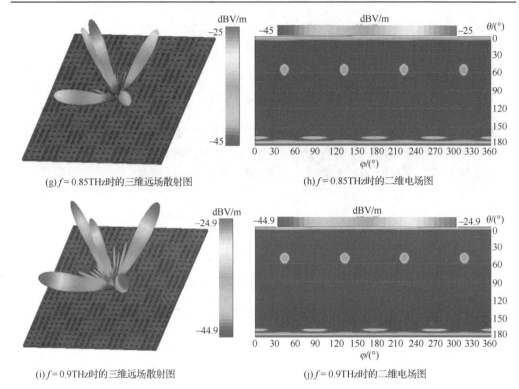

(g) $f=0.85\mathrm{THz}$ 时的三维远场散射图　　　(h) $f=0.85\mathrm{THz}$ 时的二维电场图

(i) $f=0.9\mathrm{THz}$ 时的三维远场散射图　　　(j) $f=0.9\mathrm{THz}$ 时的二维电场图

图 2-48　"0-0, 0-1"棋盘排列的 1bit 太赫兹频率超表面编码结构场图

越来越强(图 2-47(c)～(h));而对于"0-0","0-1"按照棋盘格式排列的 1bit 太赫兹频率超表面编码,随着频率 f 的增加,由一束主瓣逐渐向 4 个方向分裂形成 4 束对称的旁瓣,并且随着原始中间能量柱能量的减弱,其 4 束对称旁瓣的辐射能量越来越强(图 2-48(c)～(h))。频率 f 从 0.4THz 增加到 0.9THz 的过程中, $S1$ 和 $S3$ 的单元之间的相位差由 0°增加到 180°,导致了原始主瓣的能量越来越弱。

2.7.3　2bit 太赫兹 X 形结构频率超表面编码

为验证本节设计的超表面能更加灵活地实现太赫兹波辐射能量的操控,进一步研究了 2bit 太赫兹 X 形结构频率超表面编码结构。选择 $S1$、$S2$、$S3$ 和 $S4$ 四个超表面编码结构单元作为 2bit 太赫兹频率超表面编码结构的基本编码单元,4 个超表面编码结构单元反射相位曲线如图 2-44(d)所示。从图 2-44 中可以清楚地看出,4 个超表面结构基本单元在初始频率 $f_0=0.4\mathrm{THz}$ 时,反射相位相同且具有几乎相同的初始相位值 $\alpha_0 \approx 8\pi/9$,此时 4 个超表面编码结构基本单元的该状态均编码为"00"。仔细观察可以发现在整个工作频率内 4 个超表面编码结构基本单元具有不同的相位灵敏度。根据式(2-27)可知,$S1$、$S2$、$S3$ 和 $S4$ 四个超表面结构单元的相位灵敏度分别为 $\alpha_1^{S1} \approx 3\pi\mathrm{rad/THz}$、$\alpha_1^{S2} \approx 2\pi\mathrm{rad/THz}$、$\alpha_1^{S3} \approx \pi\mathrm{rad/THz}$ 和 $\alpha_1^{S4} \approx 0\mathrm{rad/THz}$。观察到相邻超表面结构单元间的相位灵敏度之差恒为 πrad/THz，因此分别将 S1、S2、S3 和 S4 四个超表面结构基本单元的 α_1 值依次编码为"00"、"01"、"10"和"11"，这样 S1、S2、S3 和 S4 四个超表面结构基本单元的最终编码状态依次为"00-00"、"00-01"、"00-10"和"00-11"。图 2-46 (c) 为一个 2bit 太赫兹频率超表面编码结构的俯视图，它由编码序列"00-00, 00-01, 00-10, 00-11"沿着 x 轴正方向周期排列而成；图 2-46 (e) 为另一个 2bit 太赫兹频率超表面编码结构的俯视图，它由 4 个单元随机排布而成，用于实现随机散射，其中随机编码的码元序列由 MATLAB 产生。为了减小单元间的耦合作用，同样采用与 1bit 太赫兹频率超表面编码相同的超级单元进行排列，每个超级单元仍然由 4×4 个相同基本单元组成。

　　为了更加直观地对本节所设计的 2bit 太赫兹频率超表面编码结构的性能进行分析，本节采用 CST 仿真软件对所设计的两种不同的 2bit 太赫兹频率超表面编码进行建模计算，激励为平面波，依旧采用垂直入射的方式，所得的仿真结果如图 2-49 和图 2-50 所示。图 2-49 为"00-00, 00-01, 00-10, 00-11"周期排列的 2bit 太赫兹频率超表面编码结构场图，图 2-50 为"00-00, 00-01，00-10, 00-11"随机排列的 2bit 太赫兹频率超表面编码结构场图。其中，图左侧为反射太赫兹波的三维远场散射图，图右侧为反射太赫兹波的二维电场图。图 2-49 (a) 和 (b)、2-50 (a) 和 (b) 显示了在初始频率 f_0=0.4THz 时，垂直入射到两种不同 2bit 太赫兹频率超表面编码结构上的太赫兹波都沿着 z 轴原路反射回去，其原因是 4 个超表面编码结构基本单元在初始频率 f_0=0.4THz 处的相位差为

$$\varphi^{\text{"00-01"}}(f_0) - \varphi^{\text{"00-00"}}(f_0) \approx \varphi^{\text{"00-10"}}(f_0) - \varphi^{\text{"00-01"}}(f_0) \approx \varphi^{\text{"00-11"}}(f_0) - \varphi^{\text{"00-10"}}(f_0)$$
$$\approx \varphi^{\text{"00-00"}}(f_0) - \varphi^{\text{"00-11"}}(f_0) \approx 0 \tag{2-28}$$

　　又因为当太赫兹波垂直入射到太赫兹频率超表面编码结构上时，其场能分别与 $|1+e^{j\varphi}|^2$ 成正比，因此当太赫兹波垂直入射到太赫兹频率超表面编码结构上时，太赫兹波将沿着 z 轴原路反射回去。然而，当入射太赫兹波频率增加至截止频率 f_1=0.9THz 时，相邻单元间的相位差变为

$$\varphi^{\text{"00-01"}}(f_1) - \varphi^{\text{"00-00"}}(f_1) \approx \varphi^{\text{"00-10"}}(f_1) - \varphi^{\text{"00-01"}}(f_1) \approx \varphi^{\text{"00-11"}}(f_1) - \varphi^{\text{"00-10"}}(f_1)$$
$$\approx \varphi^{\text{"00-00"}}(f_1) - \varphi^{\text{"00-11"}}(f_1) \approx -\pi / 2 \tag{2-29}$$

此时，如图 2-49 (i) 和 (j) 所示，对于由周期编码序列"00-00, 00-01, 00-10, 00-11"沿着 x 轴正方向排列而成的一种 2bit 太赫兹频率超表面编码结构，垂直入射的太赫兹波将偏转到与 z 轴成角度 θ=arcsin(λ/Γ)=24.8°（Γ=4×4×50μm=800μm）的方向上。然而，另一种由随机编码序列组成的 2bit 太赫兹频率超表面编码结构，如图 2-51 (i) 和 (j) 所示，垂直入射的太赫兹波被散射到多个方向，极大地缩减了雷达散射截面，有利于太赫兹雷达隐身技术。当频率 f 介于初始频率 f_0=0.4THz 与截止频率 f_1=0.9THz 之间时，如图 2-49 (c) 和 (d)、图 2-49 (e) 和 (f) 及图 2-49 (g) 和 (h) 所示，由于相邻单元间的相位差为 0°～90°，此时对于第一种 2bit 太赫兹频率超表面编码结构，随着

频率不断增加，相邻单元之间的相位差也在不断增加，在初始频率 f_0=0.4THz 处出现的原始主瓣辐射能量变得越来越弱，而位于 z 轴右边新生旁瓣的能量越来越强。同样地，相比于前面一种周期性排列的 2bit 太赫兹频率超表面编码结构，2bit 随机太赫兹频率超表面编码计算结果则不同，如图 2-50(c) 和 (d)、图 2-50(e) 和 (f) 及图 2-50(g) 和 (h) 所示，随着频率不断增加，一束原本占据绝大多数能量的主瓣逐渐在 z 轴以外的其他方向产生越来越多的旁瓣，能量被分散到各个新生旁瓣中。根据能量守恒定理可知，其原始主瓣能量会随着旁瓣数量的增加而变得越来越弱。

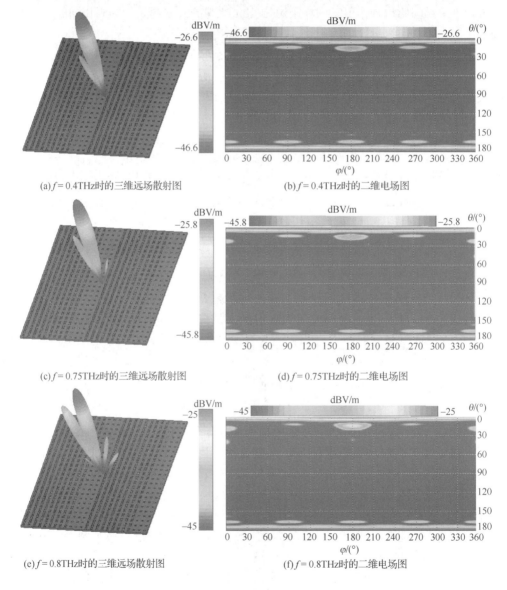

(a) f = 0.4THz时的三维远场散射图　　　　　　(b) f = 0.4THz时的二维电场图

(c) f = 0.75THz时的三维远场散射图　　　　　(d) f = 0.75THz时的二维电场图

(e) f = 0.8THz时的三维远场散射图　　　　　　(f) f = 0.8THz时的二维电场图

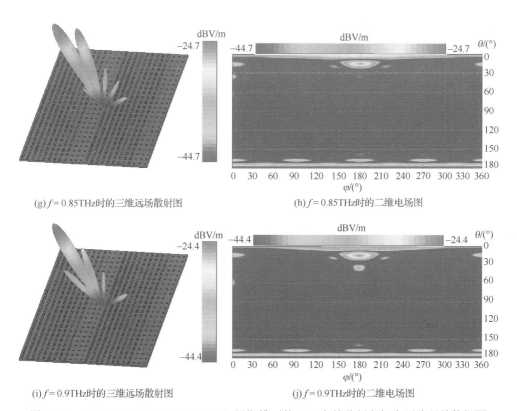

(g) f = 0.85THz时的三维远场散射图　　　(h) f = 0.85THz时的二维电场图

(i) f = 0.9THz时的三维远场散射图　　　(j) f = 0.9THz时的二维电场图

图 2-49　"00-00, 00-01, 00-10, 00-11"周期排列的 2bit 太赫兹频率超表面编码结构场图

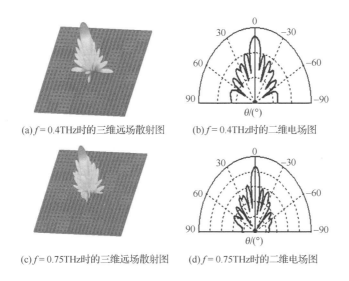

(a) f = 0.4THz时的三维远场散射图　　　(b) f = 0.4THz时的二维电场图

(c) f = 0.75THz时的三维远场散射图　　　(d) f = 0.75THz时的二维电场图

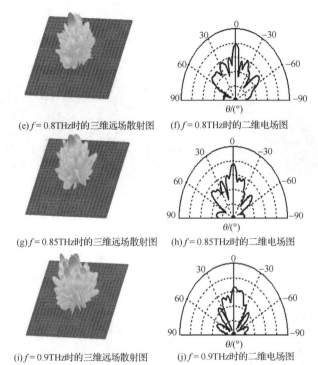

(e) $f=0.8\text{THz}$ 时的三维远场散射图　　(f) $f=0.8\text{THz}$ 时的二维电场图

(g) $f=0.85\text{THz}$ 时的三维远场散射图　　(h) $f=0.85\text{THz}$ 时的二维电场图

(i) $f=0.9\text{THz}$ 时的三维远场散射图　　(j) $f=0.9\text{THz}$ 时的二维电场图

图 2-50　"00-00, 00-01, 00-10, 00-11"随机排布的 2bit 太赫兹频率超表面编码结构场图

　　周期性排列太赫兹频率超表面编码结构的性能，可以通过改变工作频率来实现对太赫兹波辐射能量的控制。接下来研究非周期性排列的编码序列，因为非周期性太赫兹频率超表面编码结构在工作频率上具有均匀分布的相位响应。根据广义折射定律，只需改变工作频率即可使主波束的方向发生变化，即主瓣方向随频率的变化而变化。为了证明这一性质，如图 2-46(d)所示，采取 4×4 超级单元形式，以编码序列"00-00, 00-01, 00-10, 00-11"沿 x 正方向排列组成非周期太赫兹频率超表面编码结构，4 个基本单元在整个工作频率范围内的相位响应为

$$\varphi^{\text{"00-00"}}(f)\approx\alpha_0^{\text{"00-00"}}+\alpha_1^{\text{"00-00"}}(f-f_0)=8\pi/9+3\pi(f-f_0) \tag{2-30}$$

$$\varphi^{\text{"00-01"}}(f)\approx\alpha_0^{\text{"00-01"}}+\alpha_1^{\text{"00-01"}}(f-f_0)=8\pi/9+2\pi(f-f_0) \tag{2-31}$$

$$\varphi^{\text{"00-10"}}(f)\approx\alpha_0^{\text{"00-10"}}+\alpha_1^{\text{"00-10"}}(f-f_0)=8\pi/9+\pi(f-f_0) \tag{2-32}$$

$$\varphi^{\text{"00-11"}}(f)\approx\alpha_0^{\text{"00-11"}}+\alpha_1^{\text{"00-11"}}(f-f_0)=8\pi/9 \tag{2-33}$$

因此，联合上述四个方程可以得到奇异偏转角的公式：

$$\theta=\arcsin[0.52\times(1-f_0/f)] \tag{2-34}$$

式(2-34)清楚地表明了非周期性太赫兹超表面编码结构在整个工作频率中的调

控性能，即反射太赫兹波主瓣方向只与工作频率大小有关，当频率从 0.4THz 增加到 0.9THz 时，太赫兹反射波主瓣方向相应地从 0°增加到 24.8°。为了验证上面的理论分析，通过建模计算得到的结果如图 2-51 所示。图 2-51 为 "00-00, 00-01, 00-10, 00-11" 非周期排列太赫兹频率超表面编码结构场图，图左侧为三维远场散射图，图右侧为其相应的二维电场图。图 2-51(a) 和 (b) 中初始频率 f_0 = 0.4THz 时，主瓣方向与 z 轴方向相同 (即 θ=0°)。当频率为 0.75THz、0.8THz 和 0.85THz 时，计算结果如图 2-51(c) 和 (d)、图 2-51(e) 和 (f) 及图 2-51(g) 和 (h) 所示，此时反射波束的主瓣方位为 θ=6°、θ=9.9° 和 θ=12.9°。图 2-51(i) 和 (j) 所示，当频率增加到 f_1=0.9THz 时，主波束的方向位于俯仰角 θ=24.8°处。这里俯仰角 θ 为 0°～24.8°，如果需要进一步增加 θ 值，则只需要改变超级单元的大小即可实现。上述研究结果表明，本节所设计的 X 形结构太赫兹频率超表面编码结构基本单元的反射相位不仅与初始相位有关，还与相位灵敏度有关。换言之，相邻超表面编码结构基本单元之间的相位差不是恒定的，而是随频率而变化的，这个特征为频率编码实现对太赫兹波能量辐射的不同控制提供了先决条件。只需要改变工作频率，而不需要重新设计太赫兹频率超表面编码结构就可以对太赫兹波能量进行有效控制。这种方法提供了一种更加灵活的方式来操纵太赫兹波，在太赫兹扫频、太赫兹通信、太赫兹成像和太赫兹雷达等设备上具有很大的潜在应用价值。

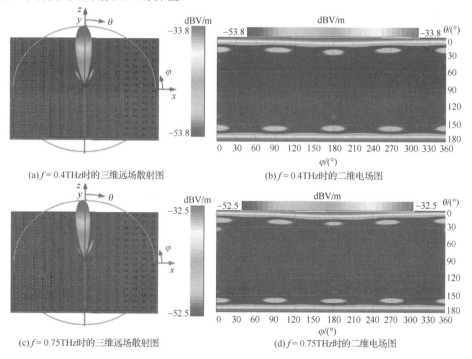

(a) f = 0.4THz时的三维远场散射图　　　　(b) f = 0.4THz时的二维电场图

(c) f = 0.75THz时的三维远场散射图　　　(d) f = 0.75THz时的二维电场图

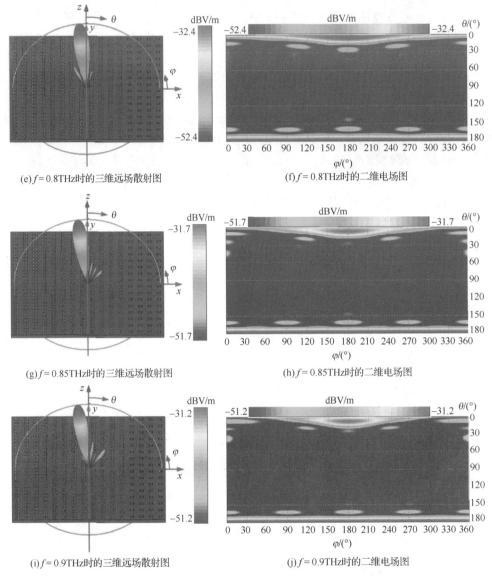

(e) $f=0.8$ THz时的三维远场散射图　　　　　　(f) $f=0.8$ THz时的二维电场图

(g) $f=0.85$ THz时的三维远场散射图　　　　　(h) $f=0.85$ THz时的二维电场图

(i) $f=0.9$ THz时的三维远场散射图　　　　　　(j) $f=0.9$ THz时的二维电场图

图 2-51　　"00-00, 00-01, 00-10, 00-11" 非周期排布的 2bit 太赫兹频率超表面编码结构场图

2.8　圆环结构太赫兹频率超表面编码

2.8.1　圆环结构太赫兹频率超表面编码单元

本节设计了一种圆环结构太赫兹频率超表面编码单元结构和幅相响应，如

图 2-52 所示。其中图 2-52（a）是圆环结构单元结构的三维图，整个基本单元结构共
分为三层，顶层是厚度为 0.4μm 的圆环结构金属结构；在它下方涂有一层聚酰亚胺
薄膜，其厚度 h=24μm，介电常数为 3.0，损耗角正切值为 0.03；底层的金属铜片位
于聚酰亚胺薄膜的下方，厚度为 0.4μm，主要用于确保入射太赫兹波可实现全反射。
图 2-52（b）显示了本节设计的圆环结构频率太赫兹超表面编码单元的顶层结构，顶
层圆环金属结构由金属圆环外加 4 个金属圆构成。其中，圆环结构的金属条宽度
W=14μm，单元结构的晶格常数 P=150μm。金属圆半径固定为 6μm，通过改变金属
圆环结构的半径 R 值可以获得具有相同初始相位响应且相位灵敏度不同的超表面编
码结构单元，本节仿真设计了 8 个不同 R 值的圆环结构结构单元作为太赫兹频率超
表面的基本编码单元，用于实现 1bit、2bit 和 3bit 太赫兹频率超表面编码功能，利用
CST 仿真软件优化设计单元结构参数，最终 8 个超表面结构基本单元（依次表示为 $S1$、
$S2$、$S3$、$S4$、$S5$、$S6$、$S7$ 和 $S8$）所对应的几何参数值 R 分别为 25μm、36μm、39μm、
40μm、42μm、43μm、46μm 和 60μm（图 2-53）。图 2-52（c）和（d）为 $S1\sim S8$ 八个超
表面结构基本单元在 0.4~0.8THz 内相对应的反射率和反射相位。从图 2-52（c）

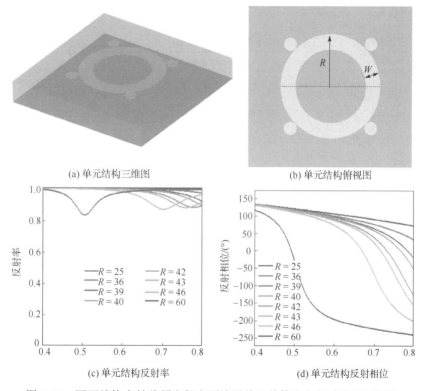

(a) 单元结构三维图　　　　　　　　　　　(b) 单元结构俯视图

(c) 单元结构反射率　　　　　　　　　　　(d) 单元结构反射相位

图 2-52　圆环结构太赫兹频率超表面编码单元结构和幅相响应（见彩图）

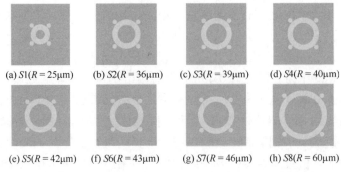

(a) S1(R = 25μm)   (b) S2(R = 36μm)   (c) S3(R = 39μm)   (d) S4(R = 40μm)

(e) S5(R = 42μm)   (f) S6(R = 43μm)   (g) S7(R = 46μm)   (h) S8(R = 60μm)

图 2-53   8 个圆环结构频率超表面编码基本单元结构

中可以清楚地看出，在工作频率范围内，当太赫兹波垂直照射到基本单元上时，8 个超表面结构基本单元对入射太赫兹波的反射率都在 0.8 以上，几乎接近于全反射。图 2-52(d) 显示了 8 个超表面结构基本单元在初始频率 f_0=0.4THz 处具有相同的初始相位值 $\alpha_0 \approx 8\pi/9$，在频率 0.4～0.8THz 内，8 个超表面结构基本单元的相位灵敏度不同，大致呈线性递减关系，通过式(2-35)分别计算出 8 个超表面结构基本单元的相位灵敏度：

$$\begin{cases} \alpha_1^{S1} = \dfrac{\varphi^{S1}(f_1) - \varphi^{S1}(f_0)}{f_1 - f_0} = \dfrac{68° - 130°}{0.8 - 0.4} \approx -\dfrac{0}{0.4}(\text{rad/THz}) \\[4mm] \alpha_1^{S2} = \dfrac{\varphi^{S2}(f_1) - \varphi^{S2}(f_0)}{f_1 - f_0} = \dfrac{29° - 129°}{0.8 - 0.4} \approx -\dfrac{\pi}{0.4}(\text{rad/THz}) \\[4mm] \alpha_1^{S3} = \dfrac{\varphi^{S3}(f_1) - \varphi^{S3}(f_0)}{f_1 - f_0} = \dfrac{-23° - 129°}{0.8 - 0.4} \approx -\dfrac{2\pi}{0.4}(\text{rad/THz}) \\[4mm] \alpha_1^{S4} = \dfrac{\varphi^{S4}(f_1) - \varphi^{S4}(f_0)}{f_1 - f_0} = \dfrac{-54° - 128°}{0.8 - 0.4} \approx -\dfrac{3\pi}{0.4}(\text{rad/THz}) \\[4mm] \alpha_1^{S5} = \dfrac{\varphi^{S5}(f_1) - \varphi^{S5}(f_0)}{f_1 - f_0} = \dfrac{-128° - 127°}{0.8 - 0.4} \approx -\dfrac{4\pi}{0.4}(\text{rad/THz}) \\[4mm] \alpha_1^{S6} = \dfrac{\varphi^{S6}(f_1) - \varphi^{S6}(f_0)}{f_1 - f_0} = \dfrac{-157° - 127°}{0.8 - 0.4} \approx -\dfrac{5\pi}{0.4}(\text{rad/THz}) \\[4mm] \alpha_1^{S7} = \dfrac{\varphi^{S7}(f_1) - \varphi^{S7}(f_0)}{f_1 - f_0} = \dfrac{-204° - 126°}{0.8 - 0.4} \approx -\dfrac{6\pi}{0.4}(\text{rad/THz}) \\[4mm] \alpha_1^{S8} = \dfrac{\varphi^{S8}(f_1) - \varphi^{S8}(f_0)}{f_1 - f_0} = \dfrac{-244° - 113°}{0.8 - 0.4} \approx -\dfrac{7\pi}{0.4}(\text{rad/THz}) \end{cases} \quad (2\text{-}35)$$

从上述分析及式(2-35)可知，$S1 \sim S8$ 八个超表面结构基本单元在初始频率处具有相等的相位值，在工作频段内却具有不同相位灵敏度，表明了相邻基本超表面编码结构单元之间的相位差是随着频率变化而变化的。因此,本节设计了 6 种不同太赫兹频率超表面编码结构,用于验证只用同一个太赫兹频率超表面编码改变不同的工作频率就可以实现对太赫兹波反射能量的不同控制的编码功能,如图 2-54 所示。

(a) 按"0-0,0-1"编码序列沿x轴正方向周期排列太赫兹超表面编码结构

(b) 棋盘排列太赫兹超表面编码结构

(c) 按"00-00,00-01,00-10,00-11"编码序列沿x轴正方向周期排列太赫兹超表面编码结构

(d) 按"00-11,00-10 / 00-00,00-01"编码序列沿x轴正方向周期排列太赫兹超表面编码结构

(e) 按"000-000,000-001,000-010,000-011,000-100,000-101,000-110,000-111"编码序列沿x轴正方向周期排列太赫兹超表面编码结构

(f) 按"000-000,000-001,000-010,000-011,000-100,000-101,000-110,000-111 / 000-100,000-101,000-110,000-111,000-000,000-001,000-010,000-011"编码序列沿x轴正方向周期排列太赫兹超表面编码结构

图 2-54 6 种不同圆环结构频率太赫兹超表面编码结构(见彩图)

2.8.2 1bit 太赫兹圆环结构频率超表面编码

1bit 太赫兹频率超表面编码,需要用两个超表面编码结构基本单元进行排列组合,这里选取 $S1$ 和 $S4$ 单元表示编码中的 "0-0" "0-1" 码。通过 $S1$ 和 $S4$ 两个超表面编码基本单元不同排列,构建了两种不同的 1bit 太赫兹频率超表面编码结构,第一种按 "0-0, 0-1"编码序列沿 x 轴正方向进行周期性排列,如图 2-54(a)所示。第二种超表面按棋盘排列方式沿 x 轴正方向进行周期性排布,如图 2-54(b)所示。考虑到超表面结构单元之间的耦合效应,采用超级单元措施使单元耦合效应最小化,即每个超级单元由 4×4 个相同基本单元组成,共计 24×24 个编码单元。

采用仿真软件 CST 对两种 1bit 太赫兹频率超表面编码结构进行建模计算,以平面波为激励,垂直入射到太赫兹频率超表面编码。图 2-55 和图 2-56 分别表示"0-0,0-1 / 0-0, 0-1"周期排列和"0-0, 0-1 / 0-1, 0-0"棋盘排列的 1bit 太赫兹频率超表面编码结构场图，其中，图左侧为反射太赫兹波的三维远场散射图，图右侧为反射太赫兹波三维远场散射图相应的二维电场图。如图 2-55（a）和（b）、图 2-56（a）和（b）所示，在初始频率 f_0 =0.4THz 处，垂直入射的太赫兹波以与入射方向相反方向垂直反射，这是由于在 f_0=0.4THz 处，$S1$ 和 $S4$ 单元两者的相位差为 0°，此时两种 1bit 太赫兹频率超表面编码结构起着与完美导体相同的作用，从而导致反射太赫兹波原路

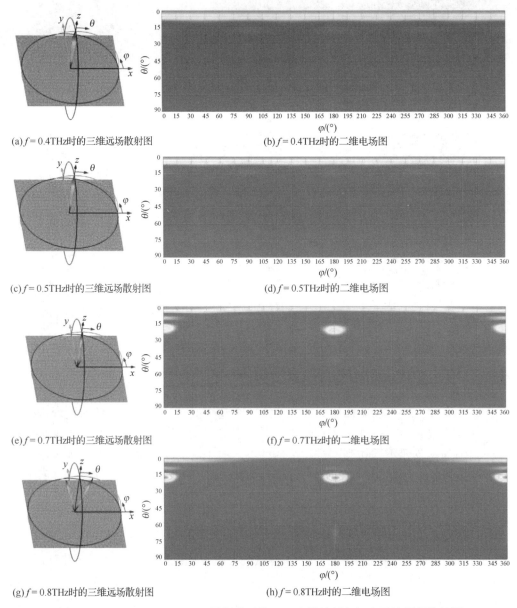

(a) f = 0.4THz时的三维远场散射图　　　　　　(b) f = 0.4THz时的二维电场图

(c) f = 0.5THz时的三维远场散射图　　　　　　(d) f = 0.5THz时的二维电场图

(e) f = 0.7THz时的三维远场散射图　　　　　　(f) f = 0.7THz时的二维电场图

(g) f = 0.8THz时的三维远场散射图　　　　　　(h) f = 0.8THz时的二维电场图

图 2-55　"0-0, 0-1/0-0, 0-1"周期排列的 1bit 太赫兹频率超表面编码结构场图

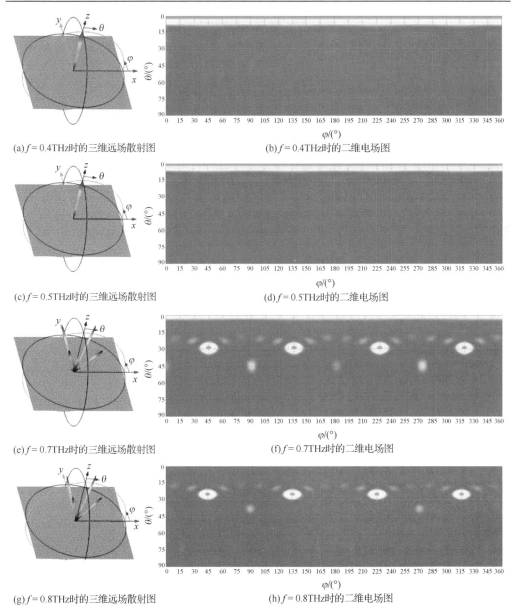

(a) $f = 0.4$THz时的三维远场散射图　　　　　　(b) $f = 0.4$THz时的二维电场图

(c) $f = 0.5$THz时的三维远场散射图　　　　　　(d) $f = 0.5$THz时的二维电场图

(e) $f = 0.7$THz时的三维远场散射图　　　　　　(f) $f = 0.7$THz时的二维电场图

(g) $f = 0.8$THz时的三维远场散射图　　　　　　(h) $f = 0.8$THz时的二维电场图

图 2-56　"0-0, 0-1 / 0-1, 0-0" 棋盘排列的 1bit 太赫兹频率超表面编码结构场图

返回。当入射太赫兹波频率 f 增加到截止频率 $f_1 = 0.8$THz 时，$S1$ 和 $S4$ 单元两者的相位差为 180°，图 2-55 (g) 和 (h) 显示太赫兹频率超表面编码结构在初始频率 $f_0 = 0.4$THz 处所产生的主瓣几乎消失，形成两束相等的关于 z 轴对称的反射太赫兹波束，俯仰角 θ 和方位角 φ 为 $(\theta, \varphi) = (30°, 0°)$，$(\theta, \varphi) = (30°, 180°)$。图 2-56 (g) 和 (h) 则显示太赫兹频率超表面编码结构在初始频率 $f_0 = 0.4$THz 处所产生的主瓣几乎消失，

形成 4 束反射太赫兹波束，其对应俯仰角 θ 和方位角 φ 分别为（θ=42°，φ=45°）、（θ=42°，φ=135°）、（θ=42°，φ=225°）和（θ=42°，φ=315°）。此外，图 2-55（c）和（d）、图 2-55（e）和（f）分别对应频率 f=0.5THz 和 f=0.7THz 时，太赫兹波入射到太赫兹频率超表面编码结构后所产生反射太赫兹波的三维远场散射图和二维电场图。从图 2-55 中可以看出，当频率 f 为 0.4～0.8THz 时，太赫兹波垂直入射到 1bit 太赫兹频率超表面编码结构后，随着频率 f 逐渐增加，产生的反射太赫兹波束由原本沿 z 轴反射回来的一束，逐渐产生两个对称的旁瓣，并且两束旁瓣的能量变得越来越强，而原先形成的一束主瓣的能量变得越来越弱，接近于消失，如图 2-55（g）和（h）所示。同样地，对于棋盘排列的 1bit 太赫兹频率超表面编码结构，如图 2-56（c）和（d）、图 2-56（e）和（f）所示，分别对应频率 f=0.5THz 和 f=0.7THz 时，对应的太赫兹波入射到太赫兹频率超表面编码结构上所产生的三维远场散射图和二维电场图。随着频率增加，垂直照射的太赫兹波同样由原来只有一束反射波束，逐渐形成 4 个对称的旁瓣，并且它们的能量变得越来越强而主瓣能量变得越来越弱，这是由于在频率从 0.4THz 上升到 0.8THz 的过程中，$S1$ 和 $S4$ 之间的相位差由初始频率 f=0.4THz 处的 0° 增加到 f=0.8THz 处的 180°，从而使得原始主瓣的能量越来越弱直到消失，如图 2-56（g）和（h）所示。

2.8.3　2bit 太赫兹圆环结构频率超表面编码

选择 $S1$、$S3$、$S5$ 和 $S7$ 四个超表面编码结构基本单元作为 2bit 太赫兹频率超表面编码结构的基本编码单元，分别表示二进制编码"00-00"、"00-01"、"00-10"和"00-11"。4 个超表面编码单元结构反射相位曲线如图 2-52（d）所示。如图 2-54（c）和（d）所示，将这 4 个超表面编码单元结构按不同的排列方式进行排布，设计了两个不同的 2bit 太赫兹频率超表面编码，其中图 2-54（c）是由编码序列"00-00, 00-01, 00-10, 00-11"沿着 x 轴正方向周期排列而成的 2bit 太赫兹频率超表面编码，图 2-54（d）是由编码序列"00-11, 00-10 / 00-00, 00-01"沿着 x 轴正方向周期排列而成的 2bit 太赫兹频率超表面编码。为了减小单元间的耦合作用，同样采用与 1bit 太赫兹频率超表面编码相同的超级单元进行排列，每个超级单元仍然由 4×4 个相同基本单元组成，共计 24×24 个超表面编码单元。

为了更加直观地对所设计的 2bit 太赫兹频率超表面编码的性能进行分析，采用 CST 仿真软件对所设计的两种不同的 2bit 太赫兹频率超表面编码结构进行建模计算，激励为平面波，依旧采用垂直入射的方式，所得的仿真结果如图 2-57 和图 2-58 所示。图 2-57 为"00-00, 00-01, 00-10, 00-11"周期排列的 2bit 太赫兹频率超表面编码结构场图，图 2-58 为"00-11, 00-10 / 00-00, 00-01"排列的 2bit 太赫兹频率超表面编码结构场图，其中图左侧为反射太赫兹波的三维远场散射图，图右侧为反射太赫兹波的二维电场图。图 2-57（a）和（b）、图 2-58（a）和（b）显示了在初始频率

f_0=0.4THz 时，垂直入射到两种不同 2bit 太赫兹频率超表面编码上的太赫兹波都沿着 z 轴原路反射回去。图 2-57(g) 和(h) 显示在截止频率 f_1=0.8THz 时，垂直入射到太赫兹频率超表面上的太赫兹波偏转到与 z 轴成角度 θ 的方向上，其对应俯仰角 θ 和方位角 φ 分别为(θ=14°，φ=0°)。图 2-58(g) 和(h) 显示了太赫兹频率超表面编码结构在初始频率 f_0=0.4THz 处所产生的主瓣几乎消失，形成 4 束相等的反射太赫兹波束，其对应俯仰角 θ 和方位角 φ 分别为(θ=28°，φ=0°)、(θ=28°，φ=90°)、(θ=28°，φ=180°) 和(θ=28°，φ=270°)。当频率 f 介于初始频率 f_0=0.4THz 与截止频率 f_1=0.8THz 之间时，如图 2-57(c) 和(d)、图 2-57(e) 和(f) 所示，由于相邻单元间的相位差为 0°～90°，此时对于 2bit 太赫兹频率超表面编码结构，随着频率不断增加，相邻单元之间的相位差也在不断增加，在初始频率 f_0=0.4THz 处出现的原始主瓣辐射能量变得越来越弱，而位于 z 轴右边新生旁瓣的能量越来越强。同样地，如图 2-58(c) 和(d)、图 2-58(e) 和(f) 所示，随着频率不断增加，相邻单元之间的相位差也在不断增加，在初始频率 f_0=0.4THz 处出现的原始主瓣辐射能量变得越来越弱，4 束相等的反射太赫兹波束的能量越来越强。

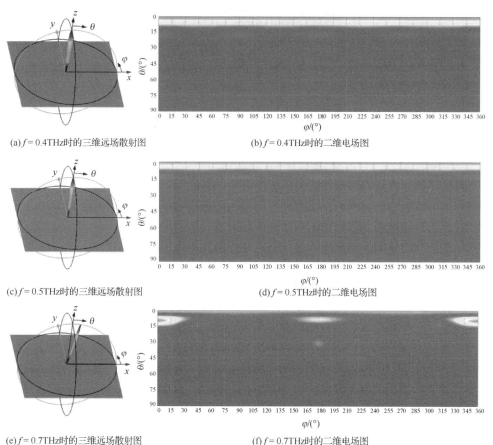

(a)f = 0.4THz时的三维远场散射图　　　　　　　　(b)f = 0.4THz时的二维电场图

(c)f = 0.5THz时的三维远场散射图　　　　　　　　(d)f = 0.5THz时的二维电场图

(e)f = 0.7THz时的三维远场散射图　　　　　　　　(f)f = 0.7THz时的二维电场图

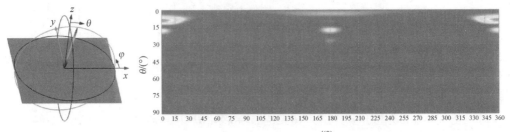

(g)$f=0.8$THz时的三维远场散射图   (h)$f=0.8$THz时的二维电场图

图 2-57   "00-00, 00-01, 00-10, 00-11" 周期排列的 2bit 太赫兹频率超表面编码结构场图

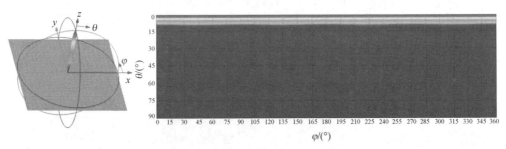

(a)$f=0.4$THz时的三维远场散射图   (b)$f=0.4$THz时的二维电场图

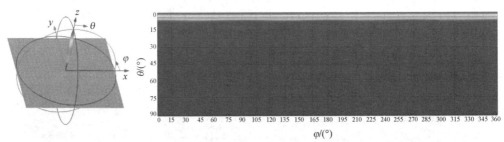

(c)$f=0.5$THz时的三维远场散射图   (d)$f=0.5$THz时的二维电场图

(e)$f=0.7$THz时的三维远场散射图   (f)$f=0.7$THz时的二维电场图

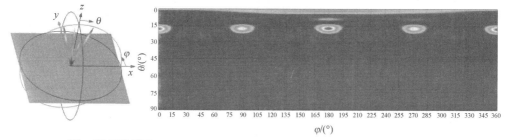

(g) f = 0.8THz时的三维远场散射图　　　　　　　　　　(h) f = 0.8THz时的二维电场图

图 2-58　"00-11, 00-10 / 00-00, 00-01"周期排列的 2bit 太赫兹频率超表面编码结构场图

2.8.4　3bit 太赫兹圆环结构频率超表面编码

3bit 太赫兹频率超表面编码结构中选取了 $S1$、$S2$、$S3$、$S4$、$S5$、$S6$、$S7$ 和 $S8$ 八个太赫兹频率超表面结构单元作为基本编码单元,分别表示三进制编码 "000-000"、"000-001"、"000-010"、"000-011"、"000-100"、"000-101"、"000-110" 和 "000-111"。8 个超表面编码结构单元反射相位曲线如图 2-52(d)所示。如图 2-54(e)和(f)所示,将这 8 个超表面编码结构单元按不同的排列方式进行排列,设计了两种不同的 3bit 太赫兹频率超表面编码结构,其中图 2-54(e)是 "000-000, 000-001, 000-010, 000-011, 000-100, 000-101, 000-110, 000-111" 沿 x 轴正方向周期排列太赫兹超表面编码结构;图 2-54(f)是 "000-000, 000-001, 000-010, 000-011, 000-100, 000-101, 000-110, 000-111 / 000-100, 000-101, 000-110, 000-111, 000-000, 000-001, 000-010, 000-011" 沿着 x 轴正方向周期排列而成的 3bit 太赫兹频率超表面编码结构。为了减小单元间的耦合作用,同样采用与 1bit 太赫兹频率超表面编码相同的超级单元进行排列,每个超级单元仍然由 4×4 个相同基本单元组成,共计 24×24 个超表面编码单元。

采用 CST 仿真软件对所设计的两种不同的 3bit 太赫兹频率超表面编码结构进行建模计算和性能分析,激励为垂直入射的平面波,所得的仿真结果如图 2-59 和图 2-60 所示。图 2-59 为 "000-000, 000-001, 000-010, 000-011, 000-100, 000-101, 000-110, 000-111" 周期排列的 3bit 太赫兹频率超表面编码结构场图,图 2-60 为 "000-000, 000-001, 000-010, 000-011, 000-100, 000-101, 000-110, 000-111 / 000-100, 000-101, 000-110, 000-111, 000-000, 000-001, 000-010, 000-011" 周期排列的 3bit 太赫兹频率超表面编码结构场图,其中,图左侧为反射太赫兹波的三维远场散射图,图右侧为反射太赫兹波的二维电场图。图 2-59(a)和(b)、图 2-60(a)和(b)显示了在初始频率 $f_0=0.4$THz 时,垂直入射到两种不同 3bit 太赫兹频率超表面编码上的太赫兹波都沿着 z 轴原路反射回去。图 2-59(g)和(h)显示在截止频率 $f_1=0.8$THz 时,垂直入射到太赫兹频率超表面上的太赫兹波偏转到与 z 轴成角度 θ 的方向上,其对应

俯仰角 θ 和方位角 φ 分别为（$\theta=7°$，$\varphi=0°$）。图 2-60（g）和（h）显示太赫兹频率超表面编码结构在初始频率 $f_0=0.4\text{THz}$ 处所产生的主瓣几乎消失，形成两束相等的反射太赫兹波束，位于 z 轴右边，其对应俯仰角 θ 和方位角 φ 分别为（$\theta=30°$，$\varphi=75°$）和（$\theta=30°$，$\varphi=285°$）。当频率 f 介于初始频率 $f_0=0.4\text{THz}$ 与截止频率 $f_1=0.8\text{THz}$ 之间时，如图 2-59（c）和（d）、图 2-59（e）和（f）所示，由于相邻单元间的相位差为 $0°\sim45°$，此时对于 3bit 太赫兹频率超表面编码结构，随着频率不断增加，相邻单元之间的相位差也在不断增加，在初始频率 $f_0=0.4\text{THz}$ 处出现的原始主瓣辐射能量变得越来越弱，而位于 z 轴右边新生旁瓣的能量越来越强。同样地，如图 2-60（c）和（d）、图 2-60（e）和（f）所示，随着频率不断增加，相邻单元之间的相位差也在不断增加，在初始频率 $f_0=0.4\text{THz}$ 处出现的原始主瓣辐射能量变得越来越弱，两束相等的位于 z 轴右侧的反射太赫兹波束的能量越来越强。

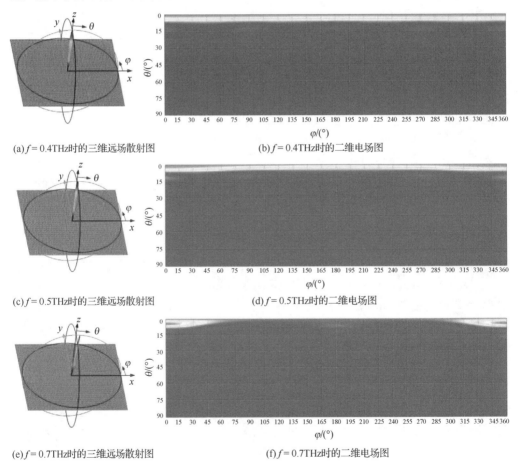

(a)$f=0.4\text{THz}$时的三维远场散射图　　(b)$f=0.4\text{THz}$时的二维电场图

(c)$f=0.5\text{THz}$时的三维远场散射图　　(d)$f=0.5\text{THz}$时的二维电场图

(e)$f=0.7\text{THz}$时的三维远场散射图　　(f)$f=0.7\text{THz}$时的二维电场图

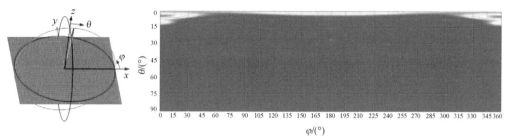

(g) $f = 0.8$ THz 时的三维远场散射图　　　　　　　(h) $f = 0.8$ THz 时的二维电场图

图 2-59　　"000-000, 000-001, 000-010, 000-011, 000-100, 000-101, 000-110, 000-111"
周期排列的 3bit 太赫兹频率超表面编码结构场图

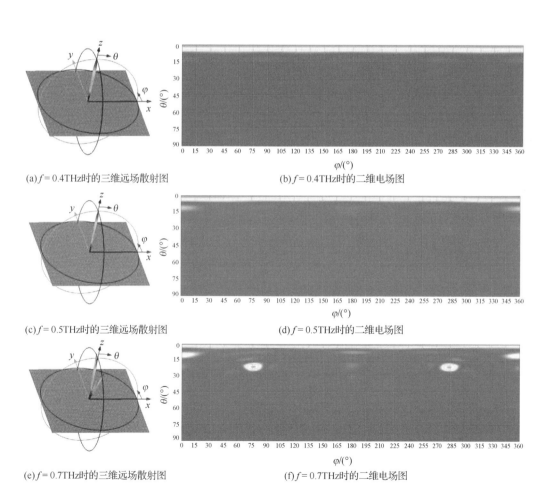

(a) $f = 0.4$ THz 时的三维远场散射图　　　　　　　(b) $f = 0.4$ THz 时的二维电场图

(c) $f = 0.5$ THz 时的三维远场散射图　　　　　　　(d) $f = 0.5$ THz 时的二维电场图

(e) $f = 0.7$ THz 时的三维远场散射图　　　　　　　(f) $f = 0.7$ THz 时的二维电场图

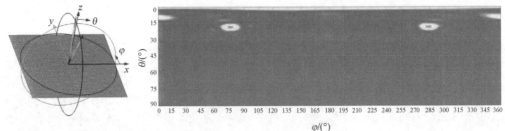

(g)f=0.8THz时的三维远场散射图　　　　　　(h)f=0.8THz时的二维电场图

图 2-60 "000-000, 000-001, 000-010, 000-011, 000-100, 000-101, 000-110, 000-111 / 000-100, 000-101, 000-110, 000-111, 000-000, 000-001, 000-010, 000-011" 周期排布的 3bit 太赫兹频率超表面编码结构场图

参 考 文 献

[1] Siegel P. Terahertz technology in biology and medicine. IEEE Transactions on Microwave Theory and Techniques, 2004, 52(10): 2438-2447.

[2] Federici J, Schulkin B, Huang F, et al. THz imaging and sensing for security applications-Explosives, weapons and drugs. Semiconductor Science and Technology, 2005, 20(7): S266-S280.

[3] Tonouchi M. Cutting-edge terahertz technology. Nature Photonics, 2007, 1(2): 97-105.

[4] Smith D, Padilla W, Vier D, et al. Composite medium with simultaneously negative permeability and permittivity. Physical Review Letters, 2000, 84(18): 4184.

[5] Shelby R, Smith D, Schultz S. Experimental verification of a negative index of refraction. Science, 2001, 292(5514): 77-79.

[6] Li Z, Yao K, Xia F, et al. Graphene plasmonic metasurfaces to steer infrared light. Scientific Reports, 2015, 5: 12423.

[7] Su Z, Zhao Q, Song K, et al. Electrically tunable metasurface based on Mie-type dielectric resonators. Scientific Reports, 2017, 7: 43026.

[8] Zhang Y, Feng Y, Zhao J, et al. Terahertz beam switching by electrical control of graphene-enabled tunable metasurface. Scientific Reports, 2017, 7: 14147.

[9] Hu D, Moreno G, Wang X, et al. Dispersion characteristic of ultrathin terahertz planar lenses based on metasurface. Optics Communications, 2014, 322: 164-168.

[10] Wang B, Zhai X, Wang G, et al. Design of a four-band and polarization-insensitive terahertz metamaterial absorber. IEEE Photonics Journal, 2015, 7(1): 1-8.

[11] Chen H, Padilla W, Cich M, et al. A metamaterial solid-state terahertz phase modulator. Nature Photonics, 2009, 3(3): 148-151.

[12] Unlu M, Hashemi M, Berry C, et al. Switchable scattering meta-surfaces for broadband terahertz

modulation. Scientific Reports, 2014, 4: 5708.

[13] Hussain N, Parka I. Design of a wide-gain-bandwidth metasurface antenna at terahertz frequency. AIP Advances, 2017, 7: 055313.

[14] Cui T, Qi M, Wan X, et al. Coding metamaterials, digital metamaterials and programmable metamaterials. Light: Science Applications, 2014, 3(10): e218.

[15] Liang L, Wei M, Yan X, et al. Broadband and wide-angle RCS reduction using a 2-bit coding ultrathin metasurface at terahertz frequencies. Scientific Reports, 2016, 6: 39252.

[16] Li J, Zhao Z, Yao J. Flexible manipulation of terahertz wave reflection using polarization insensitive coding metasurfaces. Optics Express, 2017, 25(24): 29983-29992.

[17] Dong D, Yang J, Cheng Q, et al. Terahertz broadband low-reflection metasurface by controlling phase distributions. Advanced Optical Materials, 2015, 3(10): 1405-1410.

[18] Wu H, Liu S, Wan X, et al. Controlling energy radiations of electromagnetic waves via frequency coding metamaterials. Advanced Science, 2017, 4(9): 1700098.

[19] Xiong R, Li J, Yao J. Spatial frequency coding metasurfaces to regulate energy radiation of terahertz waves. Journal of Computational Electronics, 2019, 18: 712-721.

[20] Li S, Li J. Frequency coding metasurface for multiple directions manipulation of terahertz energy radiation. AIP Advances, 2019, 9: 035146.

[21] Li S, Li J, Sun J. Terahertz frequency coding metasurface. Acta Physica Sinica, 2019, 68(10): 104203.

第 3 章 Pancharatnam-Berry 相位太赫兹超表面编码

3.1 Pancharatnam-Berry 相位太赫兹编码机理

亚表面是一种典型的二维超薄超材料，它占用物理空间少，避免了较大的传输损耗，并且易于制造。它允许在亚波长尺度上进行偏振调节和波前调控，并显示出一些特殊的物理现象[1-22]。在圆极化中，对称线性交叉耦合传输系数 $T_{xy}=T_{yx}$ 对应于 $T_{LL}=T_{RR}$，其中下标 L 和 R 分别表示左圆极化(left circularly polarized，LCP)波和右圆极化(right circularly polarized，RCP)波。然后，建立以下非线性方程，该方程从根本上限制了圆交叉耦合传输效率 T_{LR}(或 T_{RL})的幅值：

$$|T_{LR}|^2 = \text{Re}[T_{LL}] - |T_{LL}|^2 \tag{3-1}$$

在任意偏振旋转的情况下，可以实现在$[0, 2\pi]$内的任意相位修正。利用琼斯演算，可以对任意极化入射波计算 Pancharatnam-Berry 元素的透射场：

$$|E_{out} = \sqrt{\eta_E}\,|E_{in}\rangle + \left(\sqrt{\eta_R}\,\text{e}^{\pm i2\alpha}|R\rangle + \sqrt{\eta_L}\,\text{e}^{\mp i2\alpha}|L\rangle\right) \tag{3-2}$$

式中，α 为旋转角度，η_E、η_R 和 η_L 均为偏振级耦合效率，分别为

$$\begin{cases} \eta_E = \left|\dfrac{1}{2}(t_x + t_y\text{e}^{i\beta})\right| \\[2mm] \eta_R = \left|\dfrac{1}{2}(t_x - t_y\text{e}^{i\beta})\langle E_{in}|L\rangle\right|^2 \\[2mm] \eta_L = \left|\dfrac{1}{2}(t_x - t_y\text{e}^{i\beta})\langle E_{in}|R\rangle\right|^2 \end{cases} \tag{3-3}$$

式中，$\langle\ |\ \rangle$ 为内积；$\langle E_{in}|R\rangle(\langle E_{in}|L\rangle)$ 为 RCP(LCP)波向量；t_x 与 t_y 为两个垂直和平行于光轴的线性极化透射系数的偏振；β 是这些传输系数之间的相位差。

本节根据 Pancharatnam-Berry 相位理论[23-32]，设计了超表面编码单元，当其被通常入射的太赫兹波辐射时，其远场函数可以表示为[29]

$$F(\theta, \varphi) = f_{m,n}(\theta, \varphi)S_a(\theta, \varphi) \tag{3-4}$$

式中，θ、φ 是反射太赫兹波的俯仰角和方位角；$f_{m,n}(\theta, \varphi)$ 是远场函数极化和定向模式矢量特性的主要模式；$S_a(\theta, \varphi)$ 为标量量化的阵列方向图。在圆极化(circularly polarized，CP）波入射下，采用共极化反射单元设计的相位梯度编码超表面（coding phase gradient metasurface，CPGM），入射俯仰角 θ_i 和方位角 φ_i 的圆极化波入射的阵列方向图 $S_a(\theta,\varphi)$ 为

$$
\begin{aligned}
S_a(\theta,\varphi) = \sum_{m=1}^{M}\sum_{n=1}^{N}\exp\{\mathrm{i}[\varphi_{m,n} + k_0 D_x\left(m-\frac{1}{2}\right)(\sin\theta\cos\varphi - \sin\theta_i\cos\varphi_i) \\
+ k_0 D_y\left(n-\frac{1}{2}\right)(\sin\theta\cos\varphi - \sin\theta_i\cos\varphi_i)]\}
\end{aligned}
\tag{3-5}
$$

式中，k_0 为波矢量；$\varphi_{m,n}$ 为每个编码单元的反射相位；D_x 和 D_y 分别为编码元素在 x 方向和 y 方向上的大小。主模式的主瓣方向（θ_a，φ_a）可以根据广义的反射变换定律导出：

$$
\begin{cases}
\theta_a = \arcsin\dfrac{\sqrt{(k_0\sin\theta_i\sin\varphi_i + \nabla\varphi_x)^2 + (k_0\sin\theta_i\sin\varphi_i + \nabla\varphi_y)^2}}{k_0} \\[3mm]
\varphi_a = \arctan\dfrac{k_0\sin\theta_i\sin\varphi_i + \nabla\varphi_y}{k_0\sin\theta_i\cos\varphi_i + \nabla\varphi_x}
\end{cases}
\tag{3-6}
$$

式中，θ_a、φ_a 分别为主瓣的俯仰角和方位角，$\nabla\varphi_x = \mathrm{d}\varphi_x/\mathrm{d}x$ 和 $\nabla\varphi_y = \mathrm{d}\varphi_y/\mathrm{d}y$ 分别为沿 x 方向和 y 方向的相位梯度，$\mathrm{d}\varphi_x$ 和 $\mathrm{d}\varphi_y$ 分别为相邻编码单元 x 方向和 y 方向上相位差的变化，$\mathrm{d}x$、$\mathrm{d}y$ 分别为单元的长度和宽度。

当相位梯度编码超表面被圆极化波照射时，受影响的反射光束可以表示为

$$
E_{\text{out}} = \frac{\sqrt{2}}{2}E_0 \mathrm{e}^{\mathrm{i}\omega - \mathrm{i}k_0 r}(\hat{\mathrm{e}}_x \pm \mathrm{i}\hat{\mathrm{e}}_y)g_{m,n}(\theta,\varphi)S_a(\theta,\varphi,\varphi_{m,n})
\tag{3-7}
$$

式中，E_0 为电场强度；ω 为角频率；r 为传输系数；"＋"为左旋圆极化波入射，"－"为右旋圆极化波入射；$\hat{\mathrm{e}}_x$ 为 x 方向上的单位向量；$g_{m,n}$ 表示远场函数。在线性偏振（linearly polarized，LP）波入射下的反射光束可描述为

$$
E_{\text{out}} = \frac{1}{2}E_0 \mathrm{e}^{\mathrm{i}\omega - \mathrm{i}k_0 r}[(\hat{\mathrm{e}}_x + \mathrm{i}\hat{\mathrm{e}}_y)g_{m,n}(\theta,\varphi)S_a(\theta,\varphi,\varphi_{m,n}) + (\hat{\mathrm{e}}_x - \mathrm{i}\hat{\mathrm{e}}_y)g_{m,n}(\theta,\varphi)S_a(\theta,\varphi,-\varphi_{m,n})]
\tag{3-8}
$$

3.2　方格形结构太赫兹超表面编码

3.2.1　方格形结构超表面编码单元

图 3-1 为方格形结构超表面编码单元三维示意图及不同偏振波入射下的反射曲线[29]，它由顶部金属结构、中间介质层和底层金属板组成，中间介质层的介电常数 $\varepsilon=3.0$，损耗角正切值（$\tan\delta$）为 0.03。顶部金属结构和底层金属板材料均为铜，其电

导率为 $5.96×10^7$S/m，厚度为 0.2μm，方格形超表面结构单元的三维示意图如图 3-1(a) 所示。利用 CST 仿真软件优化方格形超表面单元结构几何尺寸参数，其中周期长度 P=55μm，介质层的厚度 h=25μm，顶部金属结构几何尺寸参数为 L=35μm，t=25μm，W=5μm。通过 CST 仿真软件计算在 0.6～2.2THz 内，LCP 波和 RCP 波垂直入射下结构单元的反射幅度(图 3-1(b)和(c))，其中 r_{LL}(r_{RR}) 和 r_{RL}(r_{LR}) 分别表示 LCP(RCP) 波垂直辐射下的主偏振和交叉偏振的反射幅度。从图 3-1(b)和(c)可以看出，当激励为 LCP(RCP) 波时，反射波主要是 RCP(LCP) 波，并且反射幅度大于−1dB。这是由于方格形结构超表面编码单元的底层金属板几乎完全反射了垂直入射的 CP 波并反转了其偏振状态。此外，当激励为 LCP 波或 RCP 波时，均有三个谐振点分别出现在 1.07THz、1.37THz 和 1.71THz 处，正是这三个谐振点的叠加使该单元具有宽频带工作特性。

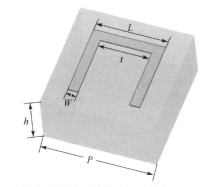

(a) 方格形结构超表面编码单元三维示意图

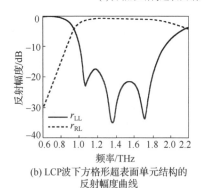

(b) LCP波下方格形超表面单元结构的反射幅度曲线

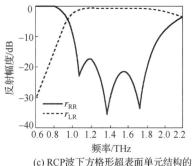

(c) RCP波下方格形超表面单元结构的反射幅度曲线

图 3-1　方格形结构超表面编码单元三维示意图及不同偏振波入射下的反射曲线

对太赫兹超表面编码而言，需要使用具有不同相位信息但具有固定相位差的几个数字单元来进行不同的编码排列，以达到控制太赫兹波的目的。对于 1bit 太赫兹超表面编码结构，需要两个相位差为 180° 的单元结构来代替 "0" 和 "1"。对于

2bit 太赫兹超表面编码结构和 3bit 太赫兹超表面编码结构，需要相位差为 90°的 4 个方格形结构超表面编码单元和相位差为 45°的 8 个方格形结构超表面编码单元，分别代替"00"、"01"、"10"和"11"与"000"、"001"、"010"、"011"、"100"、"101"、"110"和"111"。根据 Pancharatnam-Berry 相位原理，可以通过旋转顶层金属结构相应角度来获取所需的超表面编码单元结构。当旋转顶层金属结构的角度为 α 时，相比原有状态，方格形结构超表面编码单元结构将产生±2α 相移，其中"+"和"–"分别表示 LCP 波和 RCP 波。图 3-2 为方格形结构超表面编码单元俯视图及其反射幅度与相位，其旋转示意图如图 3-2(a)所示。为了得到 8 个方格形结构超表面编码单元，旋转角 α 应该以 22.5°的步长从 0°变化到 157.5°。图 3-2(b)和(c)分别为在 LCP 波入射下，不同旋转角 α 下交叉偏振的反射幅度和反射相位图。从图 3-2 中可以看出，8 个方格形结构超表面编码单元在 1～1.8THz 内实现了接近–1dB 的相同反射幅度，整个频率范围相邻方格形结构超表面编码单元间的相位差均为 45°。

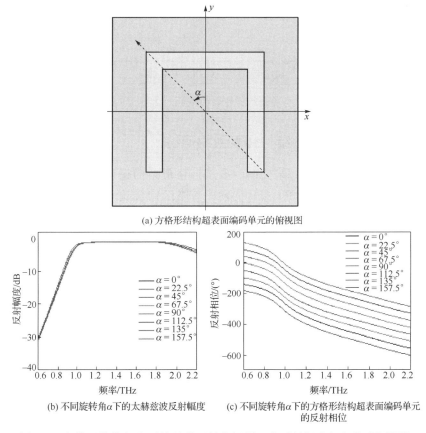

(a) 方格形结构超表面编码单元的俯视图

(b) 不同旋转角α下的太赫兹波反射幅度

(c) 不同旋转角α下的方格形结构超表面编码单元的反射相位

图 3-2　方格形结构超表面编码单元的俯视图及其反射幅度与相位(见彩图)

图 3-3 为 8 个方格形结构超表面编码基本单元的俯视图。为了使本节所设计的

太赫兹超表面编码耦合影响最小化，采用由相同基本单元组成的 5×5 阵列作为超级单元来代替基本单元。通过研究太赫兹超表面编码的基本原理可知，不同的编码序列将产生不同散射场的物理现象并且可以通过使用预先设计好的编码序列来得到想要的远场效果。在 1.4THz 频率下，分别设计了以周期序列编码的 1bit 太赫兹超表面编码结构、2bit 太赫兹超表面编码结构和 3bit 太赫兹超表面编码结构，仿真结果与计算结果相吻合。另外具有周期编码序列的 3bit 太赫兹超表面编码结构，仿真结果证明其具有偏振独立性。

α	$\alpha = 0°$	$\alpha = 22.5°$	$\alpha = 45°$	$\alpha = 67.5°$	$\alpha = 90°$	$\alpha = 112.5°$	$\alpha = 135°$	$\alpha = 157.5°$
基本单元								
超级单元								
1bit	0	—	—	—	1	—	—	—
2bit	00		01		10		11	
3bit	000	001	010	011	100	101	110	111

图 3-3　8 个方格形结构超表面编码基本单元的俯视图

3.2.2　1bit 太赫兹方格形结构超表面编码

1bit 太赫兹方格形结构超表面编码要求方格形结构超表面编码单元之间相位差为180°，故采用旋转角 $\alpha = 0°$ 和 $\alpha = 90°$ 的两个方格形结构超表面编码单元来实现"0"和"1"两种编码状态。紧接着，按照不同的周期编码序列设计了不同 1bit 太赫兹超表面编码。

第一种 1bit 太赫兹方格形结构超表面编码单元采用的编码序列为"0-0-1-1…"，将其依次沿着 x 轴正方向进行周期排列，且在每个 y 方向上具有与 x 轴方向上相同的数字单元。此时，太赫兹波垂直入射到方格形结构超表面编码后，其仿真结果的三维远场散射图和二维电场图如图 3-4 所示。由图 3-4(a) 和 (b) 可以看出，垂直入射的太赫兹波被方格形结构超表面编码反射，形成两束在 x 轴上对称的太赫兹反射波，其俯仰角 $\theta = \arcsin(\lambda/\Gamma) = 11.2°$，两束太赫兹反射波对应的俯仰角和方位角分别为 ($\theta = 11.2°$，$\varphi = 0°$) 和 ($\theta = 11.2°$，$\varphi = 180°$)，其中 λ 为工作频率为 1.4THz 的太赫兹波波长，$\Gamma = 4 \times 275\mu m$ 是第一种 1bit 太赫兹方格形结构超表面编码单元的物理周期长度。

第二种 1bit 太赫兹方形超表面编码的编码序列为"0-1-0-1…"，沿着 y 轴正方向进行周期排列，且在每个 x 方向上具有与 y 轴正方向上相同的编码单元。此时，当太赫兹波垂直入射到方形超表面编码时，其仿真结果的三维远场散射图和二维电场图如

图 3-5 所示。由图 3-5(a)和(b)可看出，垂直入射的太赫兹波被方格形结构超表面编码反射，形成两束位于 y 轴上对称的太赫兹反射波，其俯仰角 θ=arcsin(λ/T)=22.9°，两束太赫兹反射波对应的俯仰角和方位角分别为(θ=22.9°，φ=90°)和(θ=22.9°，φ=270°)，其中 λ 为工作频率为 1.4THz 的太赫兹波波长，T=2×275μm 是第二种 1bit 太赫兹方格形结构超表面编码单元的物理周期长度。

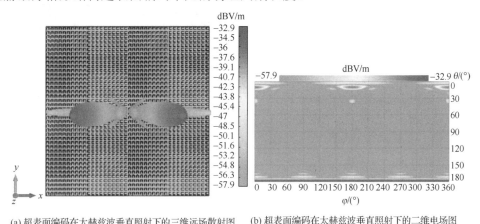

(a) 超表面编码在太赫兹波垂直照射下的三维远场散射图　(b) 超表面编码在太赫兹波垂直照射下的二维电场图

图 3-4　当 f=1.4THz 时，第一种 1bit 方格形结构超表面编码在太赫兹波垂直照射下的仿真结果

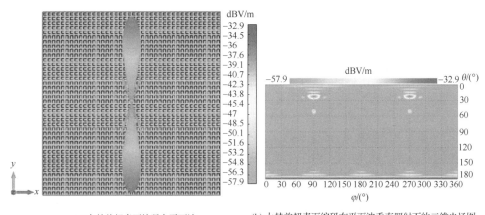

(a) 太赫兹超表面编码在平面波　　　(b) 太赫兹超表面编码在平面波垂直照射下的二维电场图
垂直照射下的三维远场散射图

图 3-5　当 f=1.4THz 时，第二种 1bit 太赫兹超表面编码在平面波垂直照射下的仿真结果

第三种 1bit 太赫兹方格形结构超表面编码按照"0-1-0-1…/1-0-1-0…"编码序列依次沿着 x 轴正方向周期排列，且在 y 方向上具有相同的周期。此时，太赫兹波垂直入射到方格形结构超表面编码时，其仿真结果的三维远场散射图和二维电场图如图 3-6 所示。由图 3-6(a)和(b)可以看出，垂直入射的太赫兹波被方格形结构超表

面编码反射，形成了 4 束太赫兹反射波，对应俯仰角和方位角分别为（$\theta=33.4°$，$\varphi=45°$）、（$\theta=33.4°$，$\varphi=135°$）、（$\theta=33.4°$，$\varphi=225°$）和（$\theta=33.4°$，$\varphi=315°$）。

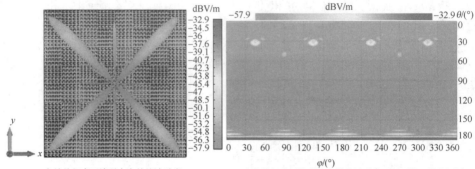

(a) 太赫兹超表面编码在太赫兹波垂直
照射下的三维远场散射图

(b) 太赫兹超表面编码在太赫兹波垂直照射下的二维电场图

图 3-6　当 f=1.4THz 时，第三种 1bit 太赫兹超表面编码在太赫兹波垂直照射下的仿真结果

3.2.3　2bit 太赫兹方格形结构超表面编码

2bit 太赫兹方格形结构超表面编码要求相位差为 90°，故采用旋转角 $\alpha=0°$、$\alpha=45°$、$\alpha=90°$ 和 $\alpha=135°$ 的 4 个单元结构来分别获得所需的"00"、"01"、"10"和"11"编码状态。然后，按照不同编码周期设计了 2bit 太赫兹超表面编码。第一种 2bit 太赫兹超表面编码结构将"00"、"01"、"10"和"11"4 个方格形超表面编码单元依次沿着 y 轴正方向进行周期排列，且在每个对应的 x 轴正方向上具有相同的方格形超表面编码单元。此时，当太赫兹波垂直入射到太赫兹方格形结构超表面编码时，其仿真结果的三维远场散射图和二维电场图如图 3-7 所示。由图 3-7（a）

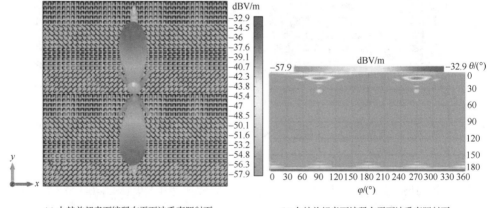

(a) 太赫兹超表面编码在平面波垂直照射下
的三维远场散射图

(b) 太赫兹超表面编码在平面波垂直照射下
的二维电场图

图 3-7　当 f=1.4THz 时，第一种 2bit 太赫兹超表面编码在平面波垂直照射下的仿真结果

和(b)可以看出，垂直入射的太赫兹波被方格形结构超表面编码反射，形成两束大小相等的太赫兹反射波，处于对称方位上，其俯仰角和方位角分别为(θ=11.2°，φ=90°)和(θ=11.2°，φ=270°)，其中 θ=arcsin(λ/Γ)，Γ=275×4μm。

第二种 2bit 太赫兹超表面编码结构以"00-01-00-01···/11-10-11-10···"为周期依次沿 x 轴正方向排列，且在 y 方向上具有相同的周期。此时，平面波垂直入射到太赫兹超表面编码结构时，其仿真结果的三维远场散射图和二维电场图如图 3-8 所示。从图 3-8(a)和(b)可以看出，垂直入射的平面波被方格形结构超表面编码反射形成 4 束反射波，处于对称方位上，其俯仰角和方位角分别为(θ=22.9°，φ=0°)、(θ=22.9°，φ=90°)、(θ=22.9°，φ=180°)和(θ=22.9°，φ=270°)，其中 θ=arcsin(λ/Γ)，Γ=275×2μm。

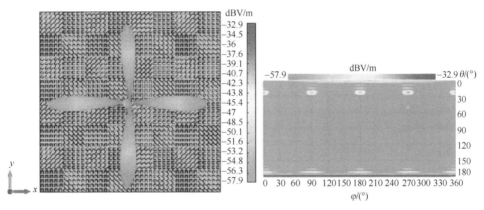

(a) 太赫兹超表面编码在平面波垂直照射下的三维远场散射图　(b) 太赫兹超表面编码在平面波垂直照射下的二维电场图

图 3-8　当 f=1.4THz 时，第二种 2bit 为周期的太赫兹超表面编码在平面波垂直照射下的仿真结果

3.2.4　3bit 太赫兹方格形结构超表面编码

3bit 太赫兹方格形结构超表面编码要求相位差为 45°，故采用旋转角 α=0°、α=22.5°、α=45°、α=67.5°、α=90°、α=115.5°、α=135° 和 α=157.5° 八个方形超表面编码单元结构来代替"000"、"001"、"010"、"011"、"100"、"101"、"110"和"111"。按照不同编码周期进行 3bit 太赫兹超表面编码结构设计，并验证其具有偏振独立性。

第一种 3bit 太赫兹超表面编码结构将"000"、"001"、"010"、"011"、"100"、"101"、"110"和"111"八个方形超表面编码结构单元依次沿着 x 轴正方向排列，且在每个 y 轴正方向上具有相同的数字单元。当平面波垂直入射到太赫兹超表面编码结构时，其仿真结果的三维远场散射图和二维电场图分别如图 3-9 和图 3-10 所示。其中，如图 3-9(a)和图 3-10(a)所示，在 LCP 波垂直入射下，经过方格形结构超表面反射，主瓣出现在($\theta=5.6°$，$\varphi=0°$)方向上，然而，当垂直入射波为 RCP 波时，如图 3-9(b)和图 3-10(b)所示，方位角 φ 从 0°变为了 180°，但俯仰角 θ 不变。这是因为 LCP 波在 x 方向上具有+45°相位梯度差，而 RCP 波具有−45°相位梯度差。也就是说，LCP 波和 RCP 波在太赫兹超表面编码结构上具有相反的相位梯度差。如图 3-9(c)和图 3-10(c)所示，当垂直入射波为 LP 波时，它将被分成两个对称的主瓣，俯仰角和方位角分别为 $\theta=\arcsin(\lambda/\Gamma)=5.6°$ 和 $\varphi=0°$(或 $\varphi=180°$)，其中 λ 是 1.4THz 的波长，$\Gamma=8\times275\mu m$ 是物理周期长度，这是由于 LP 波可分解为 LCP 波和 RCP 波。

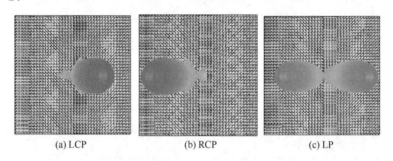

(a) LCP   (b) RCP   (c) LP

图 3-9 当 f=1.4THz 时，第一种 3bit 太赫兹超表面编码在不同入射波偏振状态下的三维远场散射图

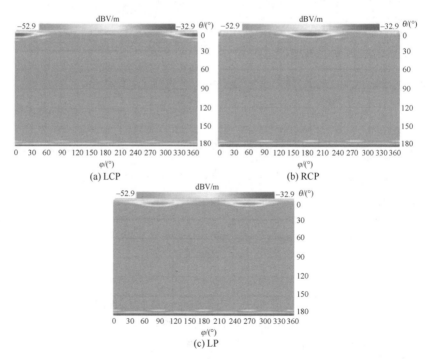

图 3-10 当 f=1.4THz 时，第一种 3bit 太赫兹超表面编码在不同入射波偏振状态下的二维电场图

　　第二种 3bit 太赫兹超表面编码结构将"000, 001, 010, 011, 100, 101, 110, 111/100, 101, 110, 111, 000, 001, 010, 011, …"沿 x 轴正方向进行周期编码。此时得到的太赫兹超表面编码结构将把垂直入射的 LCP 波偏转到(θ=22.9°, φ=76°)和(θ=22.9°, φ=284°)方向，其三维远场散射图和二维电场图如图 3-11(a)和(d)所示。而对于 RCP 波，如图 3-11(b)和(e)所示，其被方格形结构超表面编码反射到(θ=22.9°, φ=104°)和(θ=22.9°, φ=256°)两个方向上。另外，如图 3-11(c)和(f)所示，如果入射平面波为 LP 波，此时太赫兹波被方格形结构超表面编码反射到(θ=22.9°, φ=76°)、(θ=22.9°, φ=284°)、(θ=22.9°, φ=104°)和(θ=22.9°, φ=256°)4 个方向上。

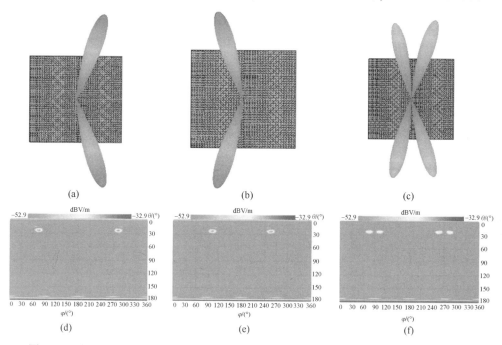

图 3-11　当 f=1.4THz 时，第二种 3bit 太赫兹超表面编码在不同入射波偏振状态下的
三维远场散射图和二维电场图

(a)～(c)和(d)～(f)分别为沿 x 轴方向编码序列为第二种 3bit 太赫兹超表面编码在 LCP 波、
RCP 波和 LP 波垂直照射下的三维远场图和二维电场图

　　利用 Pancharatnam-Berry 相位太赫兹超表面编码结构来控制太赫兹远场散射图不仅与编码序列有关，还高度依赖于入射波的偏振状态。本节设计了 3bit 太赫兹超表面编码，可以根据入射偏振的不同状态把太赫兹波反射到多个不同的方向。第三种 3bit 太赫兹超表面编码以编码序列"000, 001, 010, 011, 100, 101, 110, 111/000, 001, 010, 011, 100, 101, 110, 111/100, 101, 110, 111, 000, 001, 010, 011, …"沿 x 轴正方向周期编码而成，其太赫兹超表面编码三维远场散射图和二维电场图分别如图 3-12(a)～(c)和(d)～(f)所示。此时，它将垂直入射的 LCP 波和 RCP 波分别异

常反射到 3 个方向，但将 LP 波分散到 6 个方向。LCP 波垂直入射时，如图 3-12(a)
和(d)所示，3 个方向的角度分别为(θ=5.6°，φ=0°)、(θ=15.1°，φ=69.4°)和(θ=15.1°，
φ=290.6°)。同样，对于 RCP 波垂直入射，经过方格形结构超表面编码俯仰角和方
位角分别为(θ=5.6°，φ=180°)、(θ=15.1°，φ=110.6°)和(θ=15.1°，φ=249.4°)，如
图 3-12(b)和(e)所示。另外，图 3-12(c)和(f)为 LP 波垂直入射时，该超表面编码
结构对入射太赫兹波的物理反应，此时垂直入射的 LP 波被反射到 6 个方向上，其
方格形结构超表面编码的俯仰角和方位角分别为(θ=5.6°，φ=0°)、(θ=15.1°，
φ=69.4°)、(θ=15.1°，φ=290.6°)、(θ=5.6°，φ=180°)、(θ=15.1°，φ=110.6°)和(θ=15.1°，
φ=249.4°)。

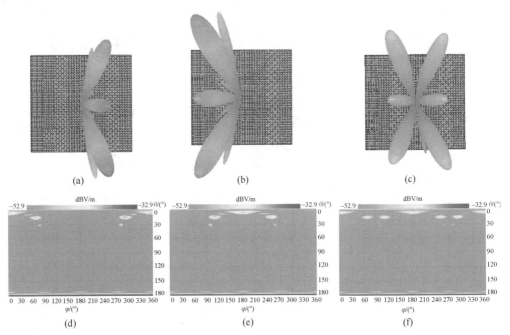

图 3-12　当 f=1.4THz 时，第三种 3bit 太赫兹超表面编码在不同入射波偏振状态下
的三维远场散射图和二维电场图
(a)～(c)和(d)～(f)分别为第三种 3bit 太赫兹超表面编码在 LCP 波、
RCP 波和 LP 波垂直照射下的三维远场图和二维电场图

第四种 3bit 太赫兹超表面编码以编码序列"000，001，010，011，100，101，110，
111/000，001，010，011，100，101，110，111/100，101，110，111，000，001，010，011…"沿
y 轴正方向周期编码而成，其太赫兹超表面编码结构三维远场散射图和二维电场图
如图 3-13(a)～(c)和(d)～(f)所示。此时，它将垂直入射的 LCP 波和 RCP 波分别
异常反射到三个方向，但将 LP 波分散到 6 个方向。对于 LCP 波垂直入射，如图 3-13(a)
和(d)所示，三个方向的角度分别为(θ=5.6°，φ=90°)、(θ=15.1°，φ=20.6°)和

（θ=15.1°，φ=159.4°）。同样，对于 RCP 波垂直入射，方格形结构超表面编码的俯仰角和方位角分别为（θ=5.6°，φ=270°）、（θ=15.1°，φ=200.6°）和（θ=15.1°，φ=339.4°），如图 3-13（b）和（e）所示。另外，图 3-13（c）和（f）为 LP 波垂直入射时，该超表面编码结构对入射太赫兹波的物理反应，此时垂直入射的 LP 太赫兹波被反射到 6 个方向上，其方格形结构超表面编码的俯仰角和方位角分别为（θ=5.6°，φ=90°）、（θ=15.1°，φ=20.6°）、（θ=15.1°，φ=159.4°）、（θ=5.6°，φ=270°）、（θ=15.1°，φ=200.6°）和（θ=15.1°，φ=339.4°）。

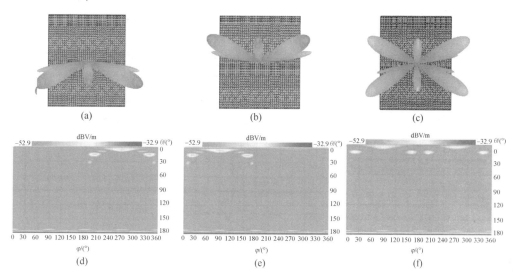

图 3-13　在 1.4THz 下，第四种 3bit 太赫兹超表面编码不同入射波偏振状态下的
三维远场散射图和二维电场图
(a)～(c) 和 (d)～(f) 分别为第四种 3bit 太赫兹超表面编码在 LCP 波、RCP 波和 LP 波垂直照射下的
三维远场图和二维电场图

3.3　半圆形结构太赫兹超表面编码

3.3.1　半圆形结构超表面编码单元

图 3-14 为半圆形结构超表面编码单元三维图及不同偏振太赫兹波入射下的反射幅度曲线[30]，图 3-14（a）为半圆形超表面编码结构单元，由顶部金属结构、中间介质层和底层金属板组成，中间介质层的介电常数为 3.0，损耗角正切值为 0.03。顶部金属结构和底层金属板材料均为铜，其电导率为 5.96×10^{7}S/m，厚度为 0.2μm。利用 CST 仿真软件得出半圆形结构超表面编码单元几何尺寸参数，其中单元周期长度 P=75μm，介质层厚度 h=30μm，顶部金属结构几何尺寸参数为 $L1$=20μm，

$L2$=20μm，W=10μm，R=30μm。图 3-14(b)和(c)分别表示在 0.6～2THz 内，LCP 波和 RCP 波垂直入射半圆形结构超表面编码单元的反射幅度，其中 $r_{LL}(r_{RR})$ 和 $r_{RL}(r_{LR})$ 分别表示 LCP(RCP)波垂直辐射下的主偏振和交叉偏振的反射幅度。当激励为 LCP(RCP)波时，反射波主要是 RCP(LCP)波并且反射幅度大于−1dB。这是由于半圆形结构超表面编码单元的底层金属板几乎完全反射了垂直入射的圆偏振太赫兹波。此外，当激励为 LCP 波或 RCP 波时，对应的三个谐振点出现在频率为 0.88THz、1.23THz 和 1.57THz 处。而正是这三个谐振点的叠加使该半圆形结构超表面编码单元具有宽频带工作特性。顶层金属结构相当于一个 y 方向上的偶极子且将导致在 x 方向和 y 方向上产生不同的相位变化。实际上，在 x 方向和 y 方向之间将存在 90° 相位延迟，这是由于圆偏振波可以分解为沿 x 方向和 y 方向上的两个线偏振波。当垂直入射的圆偏振波被反射时，在 x 方向和 y 方向之间会产生 180° 相位延迟。为了验证该性质，计算了单元结构在 x 偏振波与 y 偏振波照射下的振幅和反射相位值。从图 3-15 中可以得出，在 0.8～1.6THz，x 偏振波和 y 偏振波产生了接近 180° 的相位差，这与三个谐振点之间的频率带宽范围基本一致。

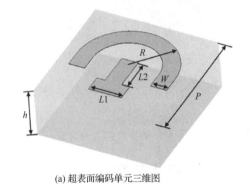

(a) 超表面编码单元三维图

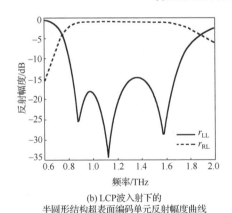

(b) LCP波入射下的
半圆形结构超表面编码单元反射幅度曲线

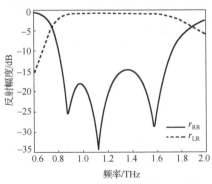

(c) RCP波入射下的
半圆形结构超表面编码单元反射幅度曲线

图 3-14　半圆形结构超表面编码单元三维图及不同偏振态入射
太赫兹波辐射下反射幅度曲线

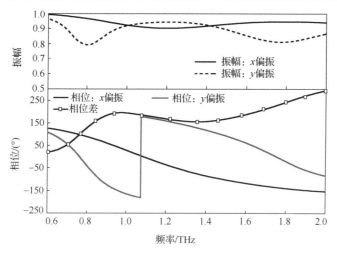

图 3-15　当 x 偏振波和 y 偏振波垂直照射时半圆形结构超表面编码单元的振幅及反射相位

对太赫兹超表面编码而言，需要使用具有不同相位信息且具有固定相位差的几个编码单元来进行不同的编码排列，以此来达到控制太赫兹波反射方向的目的。明确地说，对于 1bit 太赫兹超表面编码结构，需要两个相位差为 180° 的编码单元来代替 "0" 和 "1"；对于 2bit 太赫兹超表面编码结构和 3bit 太赫兹超表面编码结构，需要相位差为 90° 的 4 个半圆形结构超表面编码单元和相位差为 45° 的 8 个半圆形结构超表面编码单元，分别用来代替 2bit 太赫兹超表面编码中 "00"、"01"、"10" 和 "11" 与 3bit 太赫兹超表面编码中 "000"、"001"、"010"、"011"、"100"、"101"、"110" 和 "111"。根据 Pancharatnam-Berry 相位，可以通过旋转顶层金属结构相应角度来获取所需的单元结构。也就是说，当旋转顶层金属结构的角度为 β 时，相比原有状态，半圆形结构超表面编码单元将产生 $\pm 2\alpha$ 相移，其中 "+" 和 "−" 分别表示 LCP 波和 RCP 波，图 3-16 为半圆形结构超表面编码单元旋转示意图及其相应的反射幅度和反射相位特性。其中图 3-16(a) 表示半圆形结构超表面编码旋转示意图。要得到 8 个半圆形结构超表面编码的基本编码单元，旋转角度 β 应该以 22.5° 的步长从初始角度 0° 变化到 157.5°。图 3-16(b) 和 (c) 分别为在 LCP 波入射下，在不同旋转角度 β 下交叉偏振反射幅度和反射相位图。从图 3-16 中可知，8 个半圆形结构超表面编码单元在 0.8~1.6THz 内具有接近 −1dB 的相同反射幅度，整个频率范围相邻单元间的相位差均为 45°。图 3-17 为 8 个半圆形结构超表面编码基本单元及其对应的不同比特编码。为了使本节所设计的太赫兹超表面编码结构耦合影响最小化，采用由相同半圆形超表面编码基本单元组成的 4×4 阵列作为超级编码单元来代替基本编码单元。

由编码基本原理可知，不同的编码序列将产生不同散射场的物理现象并且可以通过使用预先设计好的编码序列来得到想要获得的散射场图。当频率 f=1.2THz 时，本节分别设计以周期序列编码的 1bit 太赫兹超表面编码、2bit 太赫兹超表面编码和 3bit 太赫兹超表面编码，仿真结果与计算结果相吻合。用本节设计的周期序列编码的 3 种太赫兹超表面编码，验证太赫兹超表面编码具有偏振独立性。

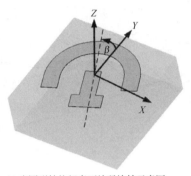

(a) 半圆形结构超表面编码旋转示意图

(b) 在不同旋转角度 β 下的反射幅度　　　　　(c) 反射相位特性

图 3-16　半圆形超表面编码单元结构旋转示意图及其相应的反射幅度和相位特性(见彩图)

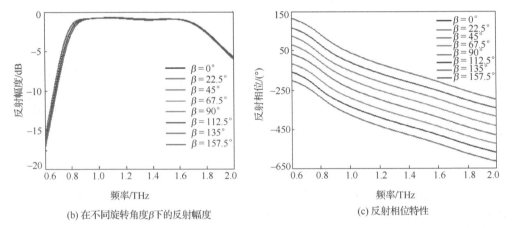

β	β=0°	β=22.5°	β=45°	β=67.5°	β=90°	β=112.5°	β=135°	β=157.5°
基本单元								
超级单元								
1bit	0	—	—	—	1	—	—	—
2bit	00	—	01	—	10	—	11	—
3bit	000	001	010	011	100	101	110	111

图 3-17　8 个半圆形结构超表面编码基本单元及其对应的 3 种太赫兹超表面编码

3.3.2　1bit 太赫兹半圆形结构超表面编码

1bit 太赫兹半圆形结构超表面编码需要两个相位差为 180° 的半圆形结构超表面编码单元，故采用旋转角度 $\beta=0°$ 和 $\beta=90°$ 的两个半圆形结构超表面编码单元来代替 "0" 和 "1"。接下来，按照不同的周期序列编码进行不同 1bit 太赫兹超表面编码结构的设计。

第一种 1bit 太赫兹超表面编码结构以编码序列 "0-1-0-1⋯" 依次沿着 x 轴正方向周期性排列，且在 y 方向上具有相同的编码单元，此时，平面波垂直入射到太赫兹超表面编码时，利用 CST 仿真软件进行模拟仿真，其仿真结果如图 3-18 所示，其中图 3-18(a) 和 (b) 分别表示三维远场散射图和二维电场图。由图 3-18 可以看出，垂直入射的平面波被太赫兹超表面编码结构反射形成两束对称的主瓣，两个主瓣的俯仰角 $\theta=\arcsin(\lambda/\Gamma)=24.6°$，对应方向分别为 ($\theta=24.6°$，$\varphi=0°$) 和 ($\theta=24.6°$，$\varphi=180°$)，其中 λ 为 1.2THz 的波长，$\Gamma=2×300\mu m$ 是物理周期长度。

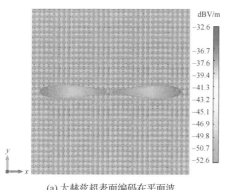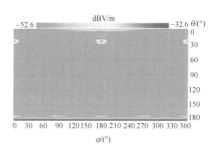

(a) 太赫兹超表面编码在平面波　　　　　　(b) 太赫兹超表面编码在平面波
垂直照射下的三维远场散射图　　　　　　　垂直照射下的二维电场图

图 3-18　当 $f=1.2THz$ 时，第一种 1bit 太赫兹半圆形结构超
表面编码在平面波垂直照射下的仿真结果

第二种 1bit 太赫兹超表面编码结构以编码序列 "0-1-0-1⋯/1-0-1-0⋯" 依次沿着 x 轴正方向周期性排列，且 y 方向与 x 方向有着相同的排列方式。此时，当平面波垂直入射到太赫兹超表面编码结构时，其仿真结果如图 3-19 所示，其中三维远场散射图和二维电场图分别如图 3-19(a) 和 (b) 所示。由图 3-19 可以看出，垂直入射的平面波被太赫兹超表面编码结构反射形成 4 束对称的主瓣，对应角度分别为 ($\theta=36.1°$，$\varphi=45°$)、($\theta=36.1°$，$\varphi=135°$)、($\theta=36.1°$，$\varphi=225°$) 和 ($\theta=36.1°$，$\varphi=315°$)。

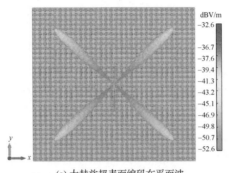 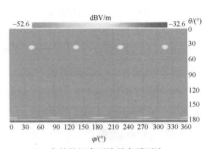

(a) 太赫兹超表面编码在平面波
垂直照射下的三维远场散射图

(b) 太赫兹超表面编码在平面波
垂直照射下的二维电场图

图 3-19　当 f=1.2THz 时，第二种 1bit 太赫兹半圆形结构
超表面编码在平面波垂直照射下的仿真结果

3.3.3　2bit 太赫兹半圆形结构超表面编码

2bit 太赫兹半圆形结构超表面编码结构需要 4 个相邻半圆形结构超表面编码单元，且相位差为 90°，故采用旋转角度 β=0°、β=45°、β=90° 和 β=135° 的 4 个半圆形结构超表面编码单元来代替"00"、"01"、"10"和"11"。接下来，按照不同编码周期来进行 2bit 太赫兹超表面编码设计。第一种 2bit 太赫兹超表面编码结构的编码方式为将"00"、"01"、"10"和"11"4 个编码单元沿着 x 轴正方向依次排列，且在 y 方向上具有与 x 方向上相同的编码单元。此时，当平面波垂直入射到太赫兹超表面编码时，其仿真结果如图 3-20 所示，其中三维远场散射图和二维电场图分别如图 3-20(a) 和 (b) 所示。可以看出，垂直入射的平面波被反射形成两束反射波，处于对称方位上，其角度分别为 (θ=12°，φ=0°) 和 (θ=12°，φ=180°)，其中 θ=arcsin(λ/Γ)，Γ=4×300μm。

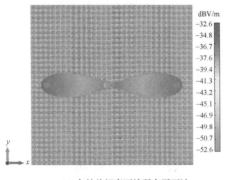 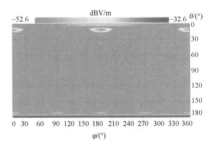

(a) 太赫兹超表面编码在平面波
垂直照射下的三维远场散射图

(b) 太赫兹超表面编码在平面波
垂直照射下的二维电场图

图 3-20　当入射太赫兹波频率 f=1.2THz 时，第一种 2bit 太赫兹半圆形结构超表面编码
在平面波垂直照射下的仿真结果

第二种 2bit 太赫兹半圆形结构超表面编结构以编码序列为 "00-01-00-01⋯/11-10-11-10⋯" 依次沿着 x 方向周期排列，且 y 方向上为 "00-11-0-11⋯/01-10-01-10⋯" 排列。此时，平面波垂直入射到太赫兹超表面编码结构时，其仿真结果如图 3-21 所示，其中三维远散射场图和二维电场图分别如图 3-21(a) 和 (b) 所示。可以看出，垂直入射的平面太赫兹波被反射形成 4 束反射波，处于对称方位上，对应的反射角度分别为 $(\theta=24.6°，\varphi=0°)$、$(\theta=24.6°，\varphi=90°)$、$(\theta=24.6°，\varphi=180°)$ 和 $(\theta=24.6°，\varphi=270°)$，其中 $\theta=\arcsin(\lambda/\Gamma)$，$\Gamma=2\times300\mu m$。

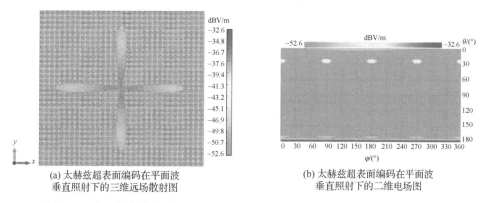

(a) 太赫兹超表面编码在平面波
垂直照射下的三维远场散射图

(b) 太赫兹超表面编码在平面波
垂直照射下的二维电场图

图 3-21   当入射太赫兹波频率为 f=1.2THz 时，第二种 2bit 太赫兹半圆形结构
超表面编码在平面波垂直照射下的仿真结果

3.3.4   3bit 太赫兹半圆形结构超表面编码

3bit 太赫兹半圆形结构超表面编码结构需要 8 个相位差为 45° 的超表面编码结构单元，故采用旋转角度 β=0°、β=22.5°、β=45°、β=67.5°、β=90°、β=112.5°、β=135° 和 β=157.5° 八个超表面编码结构单元来代替 "000"、"001"、"010"、"011"、"100"、"101"、"110" 和 "111"。利用 Pancharatnam-Berry 相位太赫兹超表面编码结构来控制太赫兹远场散射图不仅与编码序列有关，而且还依赖于入射波的偏振状态，入射波偏振的不同会产生不同的现象。因此，本节设计了三种 3bit 太赫兹超表面编码结构，同时，每一种太赫兹超表面编码又分别设计周期序列方向沿 x 轴和沿 y 轴两种方向，观察其产生的物理现象，并以此来验证其具有偏振独立性。将 "000"、"001"、"010"、"011"、"100"、"101"、"110" 和 "111" 八个数字单元依次沿着 x 轴正方向排列，且在 y 方向上具有相同的编码单元，当平面波垂直入射到太赫兹超表面编码时，仿真得到的三维远场散射图和二维电场图分别如图 3-22(a)～(c) 和图 3-23(a)～(c) 所示。在 LCP 波垂直入射下，反射波的主瓣出现在 $(\theta=6°，\varphi=0°)$ 方向上（图 3-22(a) 和图 3-23(a)）；然而，当垂直入射波为 RCP 波时，反射波的方位角 φ 从 0° 变为 180°，但其俯仰角不变，θ 依然为 6°，此时反

射波主瓣出现在(θ=6°, φ=180°)方向上(图 3-22(b)和图 3-23(b))。方位角 φ 不同是因为 LCP 波在 x 方向上具有+45°相位梯度差,而 RCP 波具有−45°相位梯度差。如图 3-22(c)和图 3-23(c)所示,当垂直入射太赫兹波为 LP 波时,其被分成两束对称的主瓣,其所在方向刚好分别位于 LCP 波与 RCP 波垂直入射平面的反射主瓣方向上,即两束主瓣方向分别为(θ=6°, φ=0°)和(θ=6°, φ=180°),其中 θ=arcsin(λ/Γ)=6°,其中 λ 是 1.2THz 太赫兹波的波长,Γ=8×300μm 是物理周期长度。垂直入射的 LP 波能被反射成两束,而 RCP 波和 LCP 波却只能被反射成一束,原因是一束 LP 波可分解为一束 LCP 波和一束 RCP 波。同时,如图 3-22(d)～(f)和图 3-23(d)～(f)所示,把"000"、"001"、"010"、"011"、"100"、"101"、"110"和"111"八个数字单元沿着 y 方向依次排列,在 x 方向上具有相同的半圆形超表面编码单元,此时方位角 φ 与图 3-22(a)～(c)和图 3-23(a)～(c)相比,滞后了 90°,但俯仰角不变,仍然为 6°。此时,如图 3-22(d)和图 3-23(d)所示,在 LCP 波垂直入射下,反射太赫兹波主瓣出现在(θ=6°, φ=270°)方向上;如图 3-22(e)和图 3-23(e)所示,在 RCP 波垂直入射下,反射太赫兹波主瓣出现在(θ=6°, φ=90°)方向上;如图 3-22(f)和图 3-23(f)所示,在 LP 波垂直入射下,反射太赫兹波主瓣出现在(θ=6°, φ=90°)和(θ=6°, φ=270°)方向上。

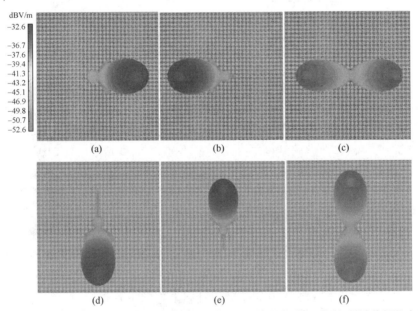

图 3-22 当入射太赫兹波频率为 f=1.2THz 时,不同编码序列在不同入射波偏振状态下的三维远场散射图(一)

(a)～(c)分别为沿 x 轴正方向编码序列为"000, 001, 010, 011, 100, 101, 110, 111, …"的太赫兹超表面编码结构分别在 LCP 波、RCP 波和 LP 波垂直照射下的三维远场图;(d)～(f)分别为沿 y 方向编码序列为"000, 001, 010, 011, 100, 101, 110, 111, …"的太赫兹超表面编码结构分别在 LCP 波、RCP 波和 LP 波垂直照射下的三维远场图

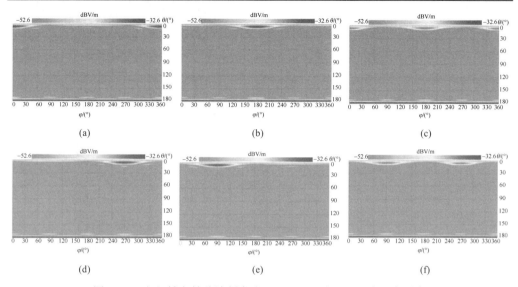

图 3-23　当入射太赫兹波频率为 f=1.2THz 时，不同编码序列在
不同入射波偏振状态下的二维电场图(一)

(a)～(c)分别为沿 x 方向编码序列为 "000,001,010,011,100,101,110,111,…" 的太赫兹超表面编码结构分别在 LCP 波、RCP 波和 LP 波垂直照射下的二维电场图；(d)～(f)分别为沿 y 方向编码序列为 "000,001,010,011,100,101,110,111,…" 的太赫兹超表面编码结构分别在 LCP 波、RCP 波和 LP 波垂直照射下的二维电场图

　　此外，将编码序列 "000, 001, 010, 011, 100, 101, 110, 111/ 100, 101, 110, 111, 000, 001, 010, 011, …" 沿 x 方向进行周期编码，仿真得到的三维远场散射图和二维电场图分别如图 3-24(a)～(c)和图 3-25(a)～(c)所示。对于垂直入射 LCP 波时，反射太赫兹波偏转到(θ=24.6°，φ=76°)和(θ=24.6°，φ=284°)方向上(图 3-24(a)和图 3-25(a))。如图 3-24(b)和图 3-25(b)所示，对于垂直入射的 RCP 波，被反射到(θ=24.6°，φ=104°)和(θ=24.6°，φ=256°)两个方向上。另外，如图 3-24(c)和图 3-25(c)所示，入射平面波为 LP 波时，太赫兹波被反射到(θ=24.6°，φ=76°)、(θ=24.6°，φ=284°)、(θ=24.6°，φ=104°)和(θ=24.6°，φ=256°)4 个方向上。将 "000, 001, 010, 011, 100, 101, 110, 111/100, 101, 110, 111, 000, 001, 010, 011, …" 沿 y 方向进行周期编码，仿真得到的三维远场散射二维电场图分别如图 3-24(d)～(f)和图 3-25(d)～(f)所示。对于垂直入射的 LCP 波，反射太赫兹波偏转到(θ=24.6°，φ=194°)和(θ=24.6°，φ=314°)方向上(图 3-24(d)和图 3-25(d))；如图 3-24(e)和图 3-25(e)所示，对于垂直入射的 RCP 波，被反射到(θ=24.6°，φ=14°)和(θ=24.6°，φ=166°)两个方向上。另外，如图 3-24(f)和图 3-25(f)所示，当入射平面波为 LP 波时，太赫兹波被反射到(θ=24.6°，φ=14°)、(θ=24.6°，φ=166°)、(θ=24.6°，φ=194°)和(θ=24.6°，φ=314°)4 个方向上。

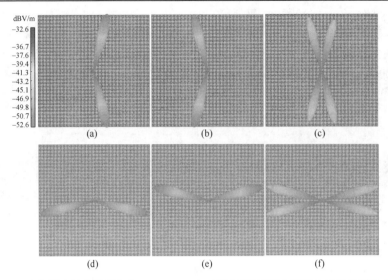

图 3-24　当入射太赫兹波频率为 $f=1.2$THz 时，不同编码序列在不同入射波偏振状态下的
三维远场散射图（二）

(a)～(c) 分别为沿 x 方向编码序列为"000, 001, 010, 011, 100, 101, 110, 111/100, 101, 110, 111, 000, 001, 010, 011, …"的太赫兹超表面编码在 LCP 波、CP 和 LP 波垂直照射下的三维远场图；(d)～(f) 分别为沿 y 方向编码序列为"000, 001, 010, 011, 100, 101, 110, 111/100, 101, 110, 111, 000, 001, 010, 011, …"的太赫兹超表面编码在 LCP 波、RCP 波和 LP 波垂直照射下的三维远场图

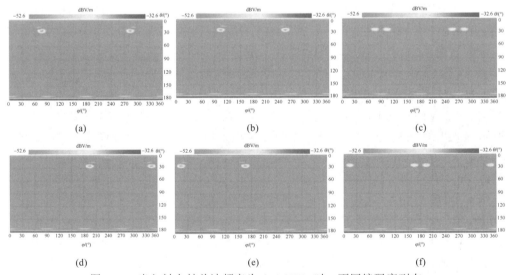

图 3-25　当入射太赫兹波频率为 $f=1.2$THz 时，不同编码序列在
不同入射波偏振状态下的二维电场图（二）

(a)～(c) 分别为沿 x 方向编码序列为"000, 001, 010, 011, 100, 101, 110, 111/100, 101, 110, 111, 000, 001, 010, 011, …"的太赫兹超表面编码在 LCP 波、RCP 波和 LP 波垂直照射下的二维电场图；(d)～(f) 分别为沿 y 方向编码序列为"000, 001, 010, 011, 100, 101, 110, 111/100, 101, 110, 111, 000, 001, 010, 011, …"的太赫兹超表面编码在 LCP 波、RCP 波和 LP 波垂直照射下的二维电场图

图 3-26(a)～(c)和图 3-27(a)～(c)分别为"000, 001, 010, 011, 100, 101, 110, 111/000, 001, 010, 011, 100, 101, 110, 111/100, 101, 110, 111, 000, 001, 010, 011, …" 沿 x 方向周期编码而成的太赫兹超表面编码结构的三维远场散射图和二维电场图。由图 3-26(a)～(c)和图 3-27(a)～(c)可知，垂直入射的 LCP 波和 RCP 波分别被异常反射到 3 个方向，对于 LP 波则是分散到 6 个方向上。当 LCP 波垂直入射时，其被反射到($\theta=6°$，$\varphi=0°$)、($\theta=16.1°$，$\varphi=69.4°$)和($\theta=16.1°$，$\varphi=290.6°$)3 个方向上(图 3-26(a)和图 3-27(a))；同样，当 RCP 波垂直入射时，其被反射到($\theta=6°$，$\varphi=180°$)、($\theta=16.1°$，$\varphi=110.6°$)和($\theta=16.1°$，$\varphi=249.4°$)3 个方向上(图 3-26(b)和图 3-27(b))。当垂直入射波为 LP 波时，其被反射到 6 个方向上，这 6 个方向刚好为 LCP 波和 RCP 波垂直入射时方向的叠加，即($\theta=6°$，$\varphi=0°$)、($\theta=16.1°$，$\varphi=69.4°$)、($\theta=16.1°$，$\varphi=290.6°$)、($\theta=6°$，$\varphi=180°$)、($\theta=16.1°$，$\varphi=110.6°$)和($\theta=16.1°$，$\varphi=249.4°$)(图 3-26(c)和图 3-27(c))。图 3-26(d)～(f)和图 3-27(d)～(f)分别为"000, 001, 010, 011, 100, 101, 110, 111/000, 001, 010, 011, 100, 101, 110, 111/100, 101, 110, 111, 000, 001, 010, 011, …" 沿 y 方向周期编码而成的太赫兹超表面编码结构的三维远场散射图和二维电场图。由图 3-26(d)～(f)和图 3-27(d)～(f)可知，垂直入射的 LCP 波和 RCP 波分别被异常反射到 3 个方向上，LP 波被反射到 6 个方向上。当 LCP 波垂直入射时，太赫兹波被反射到

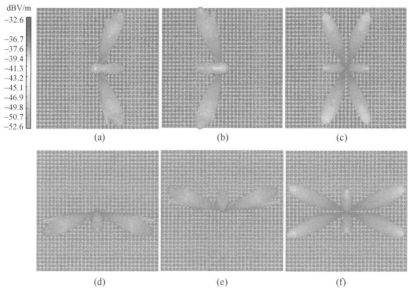

图 3-26　当入射太赫兹波频率为 f=1.2THz 时，不同编码序列在不同入射波偏振状态下的三维远场散射图(三)

(a)～(c)分别为沿 x 方向编码序列为"000, 001, 010, 011, 100, 101, 110, 111/000, 001, 010, 011, 100, 101, 110, 111/100, 101, 110, 111, 000, 001, 010, 011, …"的太赫兹超表面编码分别在 LCP 波、RCP 波和 LP 波垂直照射下的三维远场图；(d)～(f)分别为沿 y 方向编码序列为"000, 001, 010, 011, 100, 101, 110, 111/000, 001, 010, 011, 100, 101, 110, 111/100, 101, 110, 111, 000, 001, 010, 011, …"的太赫兹超表面编码分别在 LCP 波、RCP 波和 LP 波垂直照射下的三维远场图

（θ=6°，φ=90°）、（θ=16.1°，φ=20.6°）和（θ=16.1°，φ=159.4°）3个方向上（图3-26(d)和图3-27(d)），同样，当RCP波垂直入射时，太赫兹波被反射到（θ=6°，φ=270°）、（θ=16.1°，φ=200.6°）和（θ=16.1°，φ=339.4°）3个方向上（图3-26(e)和图3-27(e)）。另外，图3-26(f)和图3-27(f)为LP波垂直入射时，可以看到，垂直入射的LP波被反射到6个方向上，这6个方向刚好分别为LCP波和RCP波垂直入射时方向的叠加，即（θ=6°，φ=90°）、（θ=16.1°，φ=20.6°）、（θ=16.1°，φ=159.4°）、（θ=6°，φ=270°）、（θ=16.1°，φ=200.6°）和（θ=16.1°，φ=339.4°）。

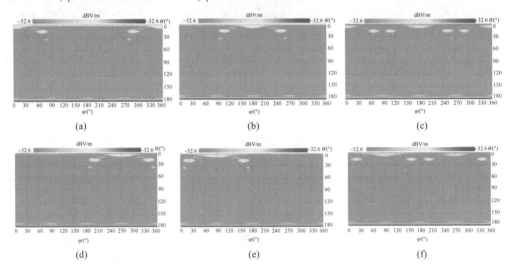

图3-27　当入射太赫兹波频率为 f=1.2THz 时，不同编码序列在
不同入射波偏振状态下的二维电场图（三）

(a)～(c)分别为沿 x 方向编码序列为"000,001,010,011,100,101,110,111/000,001,010,011,100,101,110,111/100,101,110,111,000,001,010,011,…"的太赫兹超表面编码分别在 LCP 波、RCP 波和 LP 波垂直照射下的二维电场图；(d)～(f)分别为沿 y 方向编码序列为"000,001,010,011,100,101,110,111/000,001,010,011,100,101,110,111/100,101,110,111,000,001,010,011,…"的太赫兹超表面编码在 LCP 波、RCP 波和 LP 波垂直照射下的二维电场图

3.4　S形结构太赫兹超表面编码

本节主要设计了S形结构太赫兹超表面编码[31]，每个超表面编码由8×8个超级编码单元排列而成，每个超级编码单元包含4×4个编码单元。在超表面编码上相位分布不均匀，会引起相位突变，太赫兹波垂直入射到超表面编码会产生异常反射，形成多束反射波。对于周期超表面编码，太赫兹波入射后产生的反射波个数、俯仰角和方位角取决于超表面编码周期编码序列。具体说来，当 1bit 超表面编码沿 x 轴方向按周期编码序列"0101…"进行排列时，垂直入射的太赫兹波就会产生两束反射波，如图3-28所示。

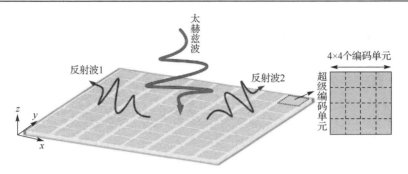

图 3-28　太赫兹超表面编码示意图

3.4.1　S 形结构超表面编码单元

如图 3-29 所示，超表面编码单元包括 S 形金属贴片、聚酰亚胺介质层(介电常数为 3.0 和损耗角正切值为 0.03)和衬底。S 形金属贴片由两个相同开口椭圆环构成，金属材料作为衬底，用于保护整个单元和确保入射波实现全反射。金属材料为铜，厚度均为 200nm，电导率为 $5.96×10^7$S/m。模拟仿真时，在 xoy 平面上以逆时针方向旋转 S 形金属贴片可获得任意反射相位。S 形结构超表面编码单元优化后的几何参数 a=30μm、b=20μm、h=25μm、w_1=10μm 和 w_2=5μm，单个 S 形结构超表面编码单元周期 P=45μm。由 PB 相位理论可知，S 形结构超表面编码单元旋转角度为 $α$ 时，新编码单元就会产生 $2α$ 相位差。将金属贴片以 22.5° 为步长，逆时针递增，旋转 7 次后获得 8 个 S 形结构超表面编码单元，依次标记为 "0"、"1"、"2"、"3"、"4"、"5"、"6" 和 "7"，对应旋转角 $α$ 分别为 0°、22.5°、45°、67.5°、90°、112.5°、135° 和 157.5°。图 3-30(a) 为 8 个 S 形结构超表面编码单元反射特性曲线，由图可知，在 1.0～1.8THz 内所有编码单元反射幅度均达到 0.9，基本符合全反射条件。每个 S 形结构超表面编码单元反射相位如图 3-30(b) 所示，图中所有 S 形结构超表面编码单元反射相位曲线具有相同的斜率，在 1.0～1.8THz 内所有曲线都处于相互平行状态，并且每相邻两个曲线之间具有恒为 45° 的相位差，这表明本节设计的 S 形结构超表面编码单元基本可以满足 3bit 以内超表面编码要求。

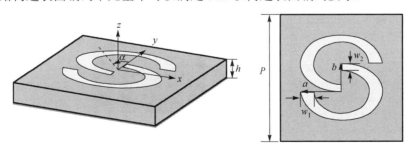

图 3-29　编码单元结构及金属结构旋转示意图(见彩图)

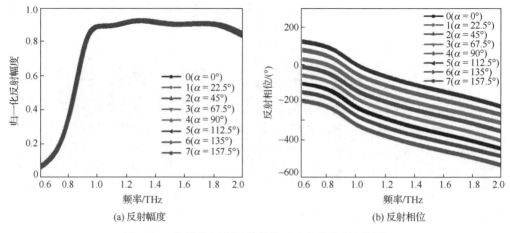

图 3-30　太赫兹超表面编码单元响应特性(见彩图)

　　为了简化每个 S 形结构超表面编码单元之间的反射相位关系,采用相对相位对 S 形结构超表面编码单元之间反射相位存在的定量关系进行说明,同时也对 1bit、2bit 和 3bit 超表面编码单元结构选取进行相应说明。8 个 S 形结构超表面旋转单元相对相位分布及不同 bit 编码对应 S 形结构超表面编码单元如图 3-31 所示,由图可知,8 个 S 形结构超表面编码单元的相对相位分别为 0°、45°、90°、135°、180°、225°、270° 和 315°。详细说来,S 形结构超表面编码单元金属贴片没有旋转时,旋转角 α=0°,相对相位记为 0°。当 S 形结构超表面编码单元逆时针旋转 22.5° 时,新 S 形超表面编码单元相对相位为 45°,以此类推,S 形结构超表面编码单元旋转 7 次后,新 S 形结构超表面编码单元相对相位为 315°。从相对相位分布图可知,0 和 4 两个表示 S 形结构超表面编码单元反射相位差在宽频带内恒为 180°,可为 1bit

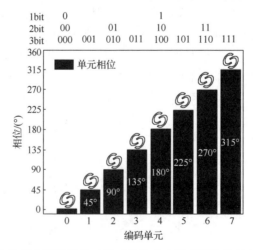

图 3-31　8 个 S 形结构超表面编码单元相对相位分布及不同比特编码对应编码单元结构

超表面编码中二进制"0"和"1"两种状态；2bit 超表面编码中"00"、"01"、
"10"和"11"分别对应图中编码单元 0、2、4 和 6；同理，3bit 超表面编码中"000"、
"001"、"010"、"011"、"100"、"101"、"110"和"111"分别对应图中 S 形
结构超表面编码单元 0、1、2、3、4、5、6 和 7，这为设计 1bit、2bit 和 3bit 超表面编码
提供了很大帮助。利用这些 S 形结构超表面编码单元分别构建了 1bit、2bit 和 3bit
周期和随机超表面编码结构，用于研究超表面编码对太赫兹波的调控性能和缩减
RCS 特性。

3.4.2　1bit 太赫兹 S 形结构超表面编码

第一种 1bit 太赫兹 S 形结构超表面编码构成方法及其性能分析如图 3-32 所示。
在 S 形结构超表面编码中，S 形结构超级编码单元 0 和 4 按照一定的编码顺序排列，
在 xoy 平面上以"0-4-0-4"为编码序列沿着 x 轴正方向周期性排列，如图 3-32(a)
所示。当太赫兹波以垂直方式入射时，在太赫兹超表面编码上产生了两束反射波，
分别位于 xoz 平面原点左右两侧，其对应的远场散射图如图 3-32(b)所示。在工作频
率为 1.0THz 下，这两束反射波的方向 (θ, φ) 可以计算得到，分别为(24.6°, 0°)和
(24.6°, 180°)。此外，由于整个超表面编码只沿着 x 轴方向进行周期编码，俯仰角
θ 可由 $\theta=\arcsin(\lambda/\Gamma)$ 计算，其中 λ 为工作频率对应的波长，Γ 为编码序列一个周
期的物理长度。为了进一步验证理论与仿真结果的一致性，分别对反射波束的方
位角和俯仰角进行观察。图 3-32(c)和(d)从 xoy 平面与 xoz 平面上分别对反射波
束的方位角和俯仰角进行分析。因反射波在 xoz 平面对称，故而俯仰角相同。选
取俯仰角 $\theta=24.6°$，在 xoy 平面上获得了反射波方位角的二维曲线，如图 3-32(c)
所示。两束反射波出现在方位角 φ 分别为 0° 和 180° 上，且每束反射波的归一化幅
度接近于 1。由于反射波束不处于 xoy 平面上，因此每一束反射波都有方位角。由
图 3-32(d)可知，不管方位角 φ 为 0° 或 180°，在 xoz 平面上观察到的反射波束俯仰
角都为 24.6°。综上分析，第一种 1bit 太赫兹 S 形结构超表面编码可以将垂直入射
太赫兹波反射成两束左右对称的反射波束，俯仰角相同但方位角不一样，这与理论
计算吻合。

第二种 1bit 太赫兹 S 形结构超表面编码为标准棋盘式分布太赫兹超表面编码。
如图 3-33(a)所示，整个超表面编码按照编码序列"0-4-0-4"和"4-0-4-0"分别沿 x
轴和 y 轴排列分布。当工作频率为 1.0THz 时，太赫兹波垂直入射后，太赫兹波发生
异常反射，形成 4 束反射波。这 4 束反射波位于 xoz 平面上，且以平面所在原点为
对称中心，故而 4 束反射波拥有同一个俯仰角，不一样的方位角。俯仰角和方位角
由公式计算而得，这 4 束反射波方位 (θ, φ) 分别为(36.1°, 45°)、(36.1°, 135°)、
(36.1°, 225°)和(36.1°, 315°)，如图 3-33(b)所示。图 3-33(c)和(d)分别在 xoy 平
面与 xoz 平面上对反射波束的方位角和俯仰角进行分析。选取俯仰角 $\theta=36.1°$，在

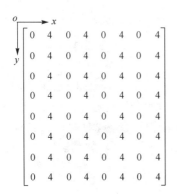

(a) 1bit太赫兹超表面编码中超级编码
单元编码序列示意图

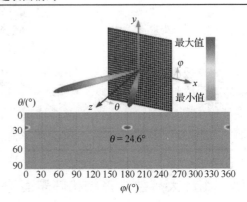

(b) 太赫兹波垂直入射产生的远场散射图

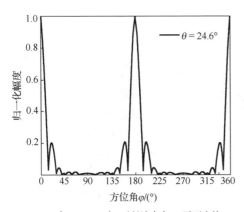

(c) 当$\theta = 24.6°$时，反射波束在xoy平面中的
方位角及其归一化幅度

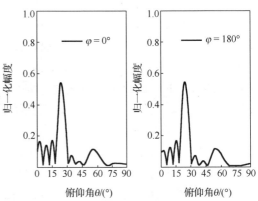

(d) 当$\varphi = 0°$或180°时，反射波束在xoz平面中的
俯仰角及其归一化幅度

图 3-32　第一种 1bit 太赫兹 S 形结构超表面编码性能分析

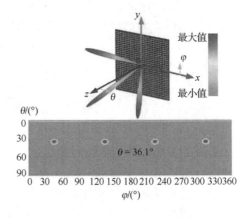

(a) 1bit太赫兹超表面编码中超级编码单元
编码序列示意图

(b) 太赫兹垂直入射产生的远场散射图

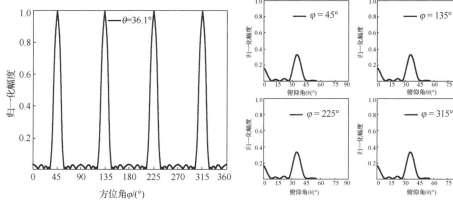

(c) 当θ=36.1°时，反射波束在xoy平面中的方位角　　　　　(d) 当φ=45°、135°、225°或315°时，
及其归一化幅度　　　　　　　　　　　　反射波束在xoz平面的俯仰角及其归一化幅度

图 3-33　第二种 1bit 太赫兹 S 形结构超表面编码性能分析

xoy 平面上得到 4 束反射波方位角的二维曲线，如图 3-33(c)所示。4 束反射波分别
出现在方位角 φ 为 45°、135°、225° 和 315° 的方位上，且不同方位角上的每束反
射波归一化幅度都接近于 1。同样，由图 3-33(d)可知，当从方位角 φ 为 45°、135°、
225° 和 315° 分别进行观察时，在 *xoz* 平面上得到反射波的俯仰角都一样，都等于
31.6°。因此，第二种 1bit 太赫兹 S 形结构超表面编码通过对编码序列进行优化，呈
现出较好的效果，对垂直入射太赫兹波实现了 4 束反射波的调控。

3.4.3　2bit 太赫兹 S 形结构超表面编码

2bit 超表面编码需要相位差恒为 90° 的 4 个编码单元，编码单元 0、2、4 和
6 在 1.0～1.8THz 内具有恒为 90° 的相位差。因此，2bit 太赫兹超表面编码由 0、
2、4 和 6 四种 S 形结构超级编码单元按照编码序列构建。图 3-34(a)和图 3-35(a)
分别为两种不同编码序列的 2bit 太赫兹 S 形结构超表面编码，其中第一种 2bit
太赫兹 S 形结构超表面编码沿 x 轴正方向按照编码序列"0-2-4-6-0-2-4-6"排列
分布，如图 3-34(a)所示；第二种 2bit 太赫兹 S 形结构超表面编码则是沿 x 轴
和 y 轴方向分别以编码序列"0-2-0-2/6-4-6-4"和编码序列"0-6-0-6/ 2-4-2-4"
排列分布，如图 3-35(a)所示。当太赫兹波垂直入射两种太赫兹 S 形结构超表
面编码时，太赫兹波产生的远场散射图如图 3-34(b)和图 3-35(b)所示。对于第
一种 2bit 太赫兹超表面编码结构，太赫兹波经过超表面后，形成两束反射波。
反射太赫兹波分别位于（12.0°，0°）和（12.0°，180°）方位上。在理论计算时，λ
为工作频率为 1.0THz 所对应的波长，Γ 为编码序列一个周期的物理长度，大小
为 1440μm。

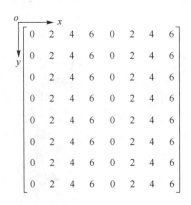

(a) 2bit太赫兹超表面编码中超级编码
单元编码序列示意图

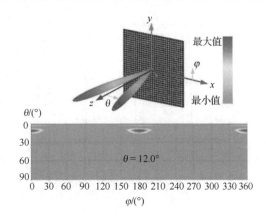

(b) 太赫兹波垂直入射产生的远场散射图

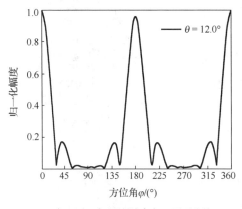

(c) 当$\theta = 12°$时，反射波束在xoy平面中的
方位角及其归一化幅度

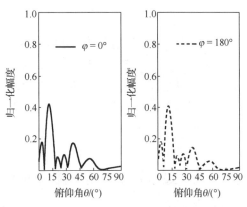

(d) 当$\varphi = 0°$或$180°$时，反射波束在xoz平面的俯仰角
及其归一化幅度

图 3-34　第一种 2bit 太赫兹 S 形结构超表面编码性能分析

第二种 2bit 太赫兹 S 形结构超表面编码对太赫兹波产生了 4 束反射波，分别位于 $(24.6°, 0°)$、$(24.6°, 90°)$、$(24.6°, 180°)$ 和 $(24.6°, 270°)$ 方位。同样，在 xoy 平面和 xoz 平面上分别对反射波束的方位角和俯仰角进行分析。选取俯仰角 $\theta = 12.0°$ 或 $24.6°$，在 xoy 平面上分别得到 2 束或 4 束反射波方位角的二维曲线，如图 3-34(c) 和图 3-35(c) 所示。第一种 2bit 太赫兹 S 形结构超表面编码两束反射波分别出现在方位角 φ 为 $0°$ 和 $180°$ 上，第二种 2bit 太赫兹 S 形结构超表面编码 4 束反射波分别出现在方位角 φ 为 $0°$、$90°$、$180°$ 和 $270°$ 上。由图 3-34(d) 可知，当方位角 φ 为 $0°$ 和 $180°$ 时分别对反射波进行观察，在 xoz 平面上反射波的俯仰角都相等，都为 $12.0°$。当方位角 φ 为 $0°$、$90°$、$180°$ 和 $270°$ 时分别对反射波进行观察，发现在 yoz 平面上所有反射波的俯仰角都一样，都等于 $24.6°$，如图 3-35(d) 所示。本书通过设计两种

不同编码序列的 2bit 太赫兹 S 形结构超表面编码,编码序列由沿单轴方向与沿双轴方向进行排列分布,反射波束由 2 束变为了 4 束,实现了对入射太赫兹波的波束控制。

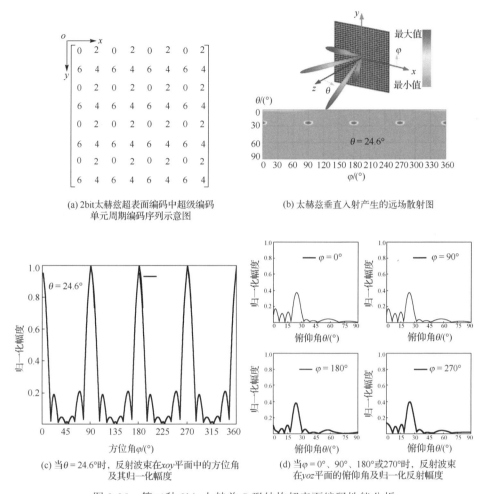

(a) 2bit太赫兹超表面编码中超级编码单元周期编码序列示意图

(b) 太赫兹垂直入射产生的远场散射图

(c) 当θ = 24.6°时,反射波束在xoy平面中的方位角及其归一化幅度

(d) 当φ = 0°、90°、180°或270°时,反射波束在yoz平面的俯仰角及归一化反射幅度

图 3-35　第二种 2bit 太赫兹 S 形结构超表面编码性能分析

3.4.4　3bit 太赫兹 S 形结构超表面编码

图 3-36 和图 3-37 为第一种与第二种 3bit 太赫兹 S 形结构超表面编码性能分析。在第一种 3bit 太赫兹超表面编码中,8 个超级编码单元按照一定的编码顺序排列,在 xoy 平面上以 “0-1-2-3-4-5-6-7” 为编码序列沿着 x 轴正方向周期性排列,如图 3-36(a)所示。当太赫兹波以垂直方式入射时,在太赫兹超表面编码上产生了两束反射波,分别位于 xoz 平面原点左右两侧,其对应的远场散射图如图 3-36(b)所示。在工作频率为 1.0THz 下,反射波方向 (θ, φ) 分别为 $(6°, 0°)$ 和 $(6°, 180°)$。图 3-36(c)

和(d)从 *xoy* 平面与 *xoz* 平面上分别对反射波束的方位角和俯仰角进行分析。当俯仰角 θ=6°时,在 *xoy* 平面上获得了反射波方位角的二维曲线,如图 3-36(c)所示。两束反射波出现在方位角 φ 分别为 0°和 180°上,归一化幅度接近于 1。由图 3-36(d)可知,不管选取方位角 φ 为 0°还是 180°,在 *xoz* 平面上观察到的反射波俯仰角都为 6°。

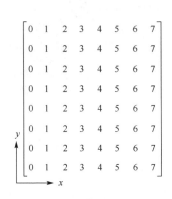

(a) 3bit太赫兹超表面编码中超级
编码单元编码序列示意图

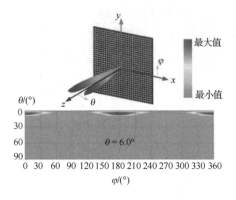

(b) 太赫兹垂直入射产生的远场散射图

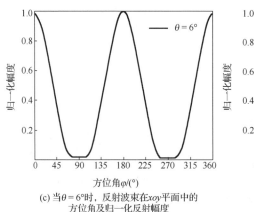

(c) 当 θ = 6°时,反射波束在 *xoy* 平面中的
方位角及归一化反射幅度

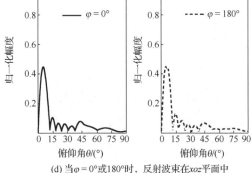

(d) 当 φ = 0°或180°时,反射波束在 *xoz* 平面中
的俯仰角及归一化反射幅度

图 3-36　第一种 3bit 太赫兹 S 形结构超表面编码性能分析

同样,在第二种 3bit 太赫兹超表面编码中,8 个超级编码单元按照一定的编码顺序排列,在 *xoy* 平面上以"0-1-2-3-4-5-6-7/4-5-6-7-0-1-2-3"为编码序列沿着 *x* 轴方向周期性排列,如图 3-37(a)所示。当太赫兹波以垂直方式入射时,在太赫兹超表面编码上产生 4 束反射波,分别位于 *xoz* 平面原点左右两侧,其对应的远场散射图如图 3-37(b)所示。在工作频率为 1.0THz 下,反射波方向 (θ, φ) 分别为(27.7°、75°)、(27.7°、106°)、(27.7°、254°)和(27.7°、285°)。图 3-37(c)和(d)分别从 *xoy* 平面与 *xoz* 平面上对反射波束的方位角和俯仰角进行分析。当选取俯仰角 θ=27.7°

时，在 xoy 平面上获得了反射波方位角的二维曲线，如图 3-37(c) 所示。4 束反射波出现在方位角 φ 分别为 75°、106°、254° 和 285° 上。由图 3-37(d) 可知，分别选取方位角 φ 为 75°、106°、254° 和 285°，在 xoz 平面上观察到的反射波俯仰角都为 27.7°。综上分析，本节设计的两种 3bit 太赫兹 S 形结构超表面编码可以对太赫兹反射波束进行有效调控。

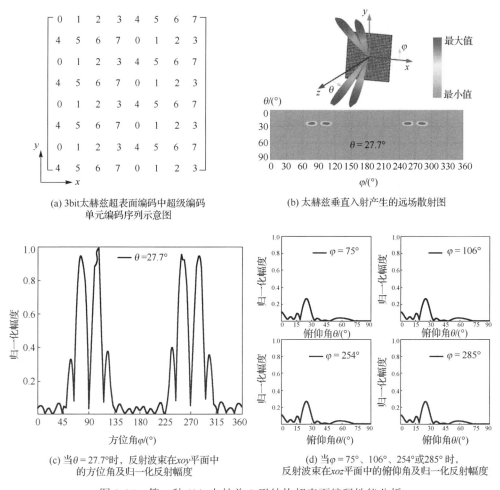

(a) 3bit太赫兹超表面编码中超级编码
单元编码序列示意图

(b) 太赫兹垂直入射产生的远场散射图

(c) 当 $\theta=27.7°$ 时，反射波束在 xoy 平面中
的方位角及归一化反射幅度

(d) 当 $\varphi=75°$、106°、254°或285° 时，
反射波束在 xoz 平面中的俯仰角及归一化反射幅度

图 3-37　第二种 3bit 太赫兹 S 形结构超表面编码性能分析

3.4.5　太赫兹随机 S 形结构超表面编码

本节为了验证太赫兹超表面编码具有在宽频带中减少 RCS 的性能，分别利用随机编码序列设计了 1bit、2bit 和 3bit 太赫兹随机超表面编码结构，并在工作频率 0.6～2.0THz 内进行仿真分析。由图 3-38 可知，不管是哪种随机超表面编码，太赫兹垂

直入射后，都会存在很多散射波向四周分散，而裸金属板则将入射太赫兹波原路反射回去。这是由于超表面编码上存在随机相位分布，而裸金属板上只存在一个整体相位。图 3-39 为 1bit、2bit、3bit 太赫兹随机超表面编码及等尺寸裸金属板在 0.6～2.0THz 内 RCS 的对比图。在太赫兹波垂直入射下，太赫兹超表面编码在 0.8～2.0THz 内对金属板 RCS 幅度具有较明显的抑制。在 0.9～1.4THz 和 1.65～1.9THz 内 RCS 缩减，位于 –10dB 以下。其中，1bit 太赫兹随机超表面编码 RCS 缩减最大值可达到 27dB，相比之下，2bit 和 3bit 太赫兹随机超表面编码 RCS 缩减最大值分别为 17.3dB 和 17.5dB。

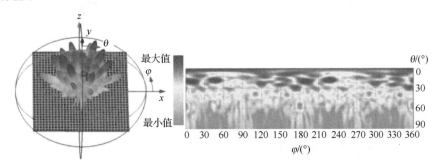

(a) 1bit太赫兹随机超表面编码结构远场散射图

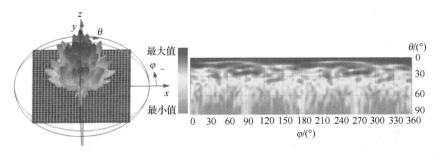

(b) 2bit太赫兹随机超表面编码结构远场散射图

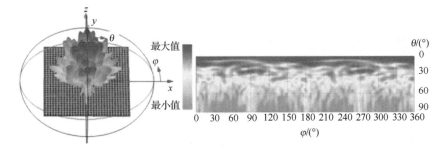

(c) 3bit太赫兹随机超表面编码结构远场散射图

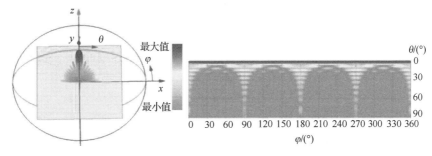

(d) 等尺寸裸金属板远场散射图

图 3-38　在 1.0THz 处，1bit、2bit、3bit 随机超表面编码和等尺寸裸金属板远场分布

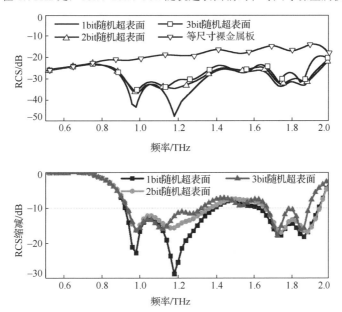

图 3-39　3 种太赫兹随机超表面编码和等尺寸裸金属板
在 0.6～2.0THz 的 RCS 和 RCS 缩减曲线

3.5　M 形结构太赫兹超表面编码

本节设计 M 形结构超表面编码用于探讨 3bit 太赫兹超表面编码特性[32]。通过逆时针旋转编码单元中 M 形金属微结构来获得 8 个相邻 M 形结构超表面相位差恒为 45° 的编码粒子。同时，将 8 个 M 形结构超表面编码粒子在 3bit 超表面编码中赋予多种不同编码序列，可产生不一样的效果。例如，若在 3bit 超表面编码中赋予 3 种周期性编码序列，可分别操纵入射太赫兹波实现两束、4 束和 6 束反射太赫兹波的效果；若在 3bit 超表面编码中赋予超表面编码以随机生成的编码序列，则入射太

赫兹波能量经过随机超表面编码后，由于超表面编码相位呈现不规则随机分布，入射波束向四周发散，产生许多旁瓣。根据能量守恒定律，入射波能量被分散到四周旁瓣上，大大抑制了后向散射，同时有效地实现缩减 RCS。与裸金属板相比，随机超表面编码在 0.7～1.45THz 内 RCS 缩减到−10dB。

3.5.1　M 形结构超表面编码单元

图 3-40 为 M 形结构超表面编码粒子示意图，其中图 3-40(a)给出了 M 形结构超表面编码粒子三维立体图。每一个 M 形结构超表面编码粒子均由 M 形金属图案、介质基体(ε=2.65，tanδ=0.001)和金属接地板组成，其中 M 形金属图案和金属接地板均采用相同的金属铜(电导率为 5.8×10^7S/m)。这里采用全金属接地板是为了能更好地将入射太赫兹波实现全反射。图 3-40(b)为 M 形结构超表面编码粒子中 M 图案及旋转角 α 方向示意图，图中 M 形金属图案位于结构中间，逆时针旋转方向。M 形结构超表面编码粒子优化后参数分别为 a=35μm, b=20μm, w=10μm, P=90μm, h=0.2μm。

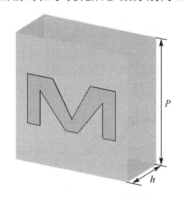
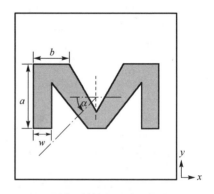

(a) M形超表面编码粒子三维立体图　　　　　(b) M图案及旋转角α方向示意图

图 3-40　M 形超表面编码粒子结构示意图

为获得 M 形结构超表面编码粒子极化特性，在圆极化波垂直入射下仿真计算共极化反射和交叉极化反射特性。图 3-41(a)给出了 M 形结构超表面编码粒子在 0.4～1.8THz 内仿真模拟特性曲线，图中 r_{LL}(r_{RR}) 和 r_{RL}(r_{LR}) 分别表示在 LCP 波(RCP 波)垂直入射下共极化反射特性和交叉极化反射特性。在 LCP 波或 RCP 波垂直入射下，经由 M 形结构超表面编码粒子后，所呈现出交叉极化反射特性远远大于共极化反射特性，占据了反射的 90%以上。由共极化反射特性曲线可知，M 形结构超表面编码粒子分别在频率为 0.77THz、1.05THz 和 1.35THz 处产生了谐振，使 M 形结构超表面编码粒子在 0.7～1.45THz 内表现出很好的交叉极化反射特性(见图 3-41 中的蓝色区域)。由于构建 3bit M 形结构超表面编码需要 8 个相邻相位差恒为 45°的编码粒子，运用 Pancharatnam-Berry 相位理论，对 M 形结构超表面编码粒子旋转多次，可获得相应编码粒子。图 3-40(b) 中编码粒子按逆时针方向旋转，图 3-41(b) 和 (c) 分别给出在 LCP 波或 RCP 波垂直入射下，旋转角 α 按 22.5° 逆时针依次旋转后，8 个 M 形结构超表面编码粒子交叉极化反射特性对应的幅度和相位。图 3-41(b) 中的 unit 0、unit 1、unit 2、unit 3、unit 4、unit 5、unit 6 和 unit 7 分别对应于旋转角 α 逆时针旋转 0°、22.5°、45°、67.5°、90°、112.5°、135° 和 157.5° 的编码粒子。图 3-41(b) 中，unit 0~unit 7 在 0.7~1.45THz 内反射幅度几乎为 0。同时，旋转角 α 以 22.5° 为步长递进时，反射相位在 0.7~1.45THz 内以 45° 递增，如图 3-41(c) 所示。图 3-41(d) 为 8 个 M 形结构超表面编码粒子在 0~2π 内的反射相位分布图。每个 M 形结构超表面编码粒子与旋转角 α 步长逆时针吻合，对应相位分别为 0、$\pi/4$、$\pi/2$、$3\pi/4$、π、$5\pi/4$、$3\pi/2$ 和 $7\pi/4$。为了减小编码粒子相互耦合作用，在下面模拟仿真中均采用 4×4 个编码粒子作为一个编码单元，同时，选取 1.05THz 为工作频率点 (图 3-41 中虚线处)，分析超表面编码对入射太赫兹波的操控特性。

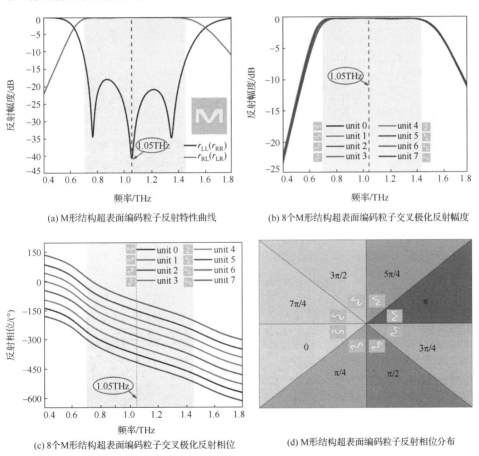

(a) M形结构超表面编码粒子反射特性曲线

(b) 8个M形结构超表面编码粒子交叉极化反射幅度

(c) 8个M形结构超表面编码粒子交叉极化反射相位

(d) M形结构超表面编码粒子反射相位分布

图 3-41　在 LCP 波或 RCP 波垂直入射下，M 形结构超表面编码粒子特性分析 (见彩图)

　　M 形结构超表面编码对太赫兹波的灵活操控主要取决于编码序列,根据赋予超表面编码不同编码序列,可实现对电磁波不同的操控效果。若超表面编码依据周期规则编码序列排列,入射太赫兹波可重新定向到任意方向,实现灵活操控;若超表面编码依据非周期随机编码序列排列,入射太赫兹波因超表面编码相位随机分布形成散射场,能量分布由一束到多束,可有效地减小 RCS。利用 8 个 M 形结构超表面编码粒子分别设计构建了多 bit 超表面编码和随机超表面编码,每一个超表面编码包含 8×8 个 M 形结构超表面编码单元,共计 32×32 个编码粒子。

3.5.2　1bit 太赫兹 M 形结构超表面编码

　　利用 unit 0(“0”编码状态)和 unit 4(“1”编码状态)两种单元结构,按照不同编码序列组合设计了两种不同的 1bit 太赫兹 M 形结构超表面编码,实现了对太赫兹反射波束数量的控制。图 3-42 为太赫兹波垂直入射两种 1bit 超表面编码后,产生反射波束的三维远场散射图和二维电场图。第一种 1bit 太赫兹超表面编码按照编码序列“0 1 0 1…”沿 x 轴正方向周期排列时,垂直入射的太赫兹波被分成了两束反射波束,如图 3-42(a)所示。由图 3-42(a)可以看出,太赫兹反射波束分别位于 x 轴两侧,反射波束各自的俯仰角 θ 与方位角 φ 分别为($\theta=23.0°$,$\varphi=0°$)和($\theta=23.0°$,$\varphi=180°$)。与此同时,当第二种 1bit 太赫兹超表面编码按照棋盘式编码序

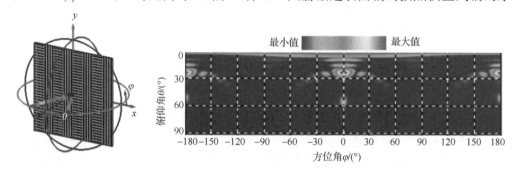

(a) 第一种 1bit 太赫兹超表面编码三维远场散射图和二维电场图

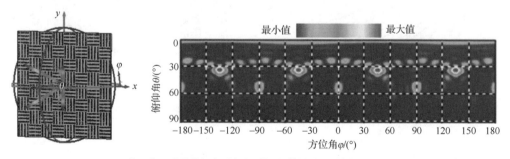

(b) 第二种 1bit 太赫兹超表面编码三维远场散射图和二维电场图

图 3-42　不同编码序列下 1bit 太赫兹 M 形结构超表面编码的远场图(见彩图)

列"0 1···/1 0···"周期排列时，垂直入射的太赫兹波被分成了 4 束反射波束，如图 3-42(b)所示。由图 3-42(b)可以看出，太赫兹反射波束分别位于 xoy 平面 4 个象限中，反射波束各自的俯仰角 θ 与方位角 φ 分别为（θ=34.0°，φ=-135°）、（θ=34.0°，φ=-45°）、（θ=34.0°，φ=45°）和（θ=34.0°，φ=135°）。对于编码序列"0 1 0 1···"沿 x 轴正方向周期排布的 1bit 太赫兹超表面编码，其物理周期为 720μm，入射太赫兹波波长为 285.7μm。因此，两束反射太赫兹波束的俯仰角 θ 大小为 23.4°。同样，对于由棋盘式编码序列"0 1···/1 0···"周期排布而成的 1bit 太赫兹超表面编码，可得 4 束反射太赫兹波束的俯仰角 θ 大小为 34.1°，与仿真结果吻合。

3.5.3　2bit 太赫兹 M 形结构超表面编码

在设计 2bit 太赫兹 M 形结构超表面编码中，本节选择 unit 0、unit 2、unit 4 和 unit 6 作为 4 个具有不同编码状态的单元，分别记为"00"、"01"、"10"和"11"。与 1bit 太赫兹超表面编码一样，使用两种不同编码序列实现了对太赫兹反射波束数量的控制。作为第一种 2bit 太赫兹超表面编码，将"00"、"01"、"10"和"11"按照顺序沿 x 轴正方向依次周期排列，太赫兹波垂直入射后，形成了两束太赫兹反射波束，如图 3-43(a)所示。由图 3-43(a)可以看出，太赫兹反射波束对称位于 x 轴左右两侧，反射波束各自的俯仰角 θ 与方位角 φ 分别为（θ=11.0°，φ=0°）和

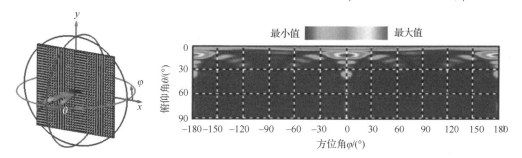

(a) 第一种2bit太赫兹超表面编码三维远场散射图和二维电场图

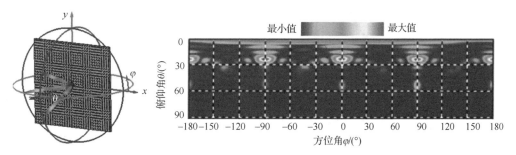

(b) 第二种2bit太赫兹超表面编码三维远场散射图和二维电场图

图 3-43　不同编码序列下，2bit 太赫兹 M 形结构超表面编码的远场图（见彩图）

（θ=11.0°，φ=180°）。与此同时，当第二种 2bit 太赫兹超表面编码按照编码序列"00 01… /11 10…"周期排布时，垂直入射的太赫兹波被分成了 4 束反射波束，如图 3-43(b)所示。由图 3-43(b)可以看出，太赫兹反射波束分别位于 xoy 平面 4 个象限中，反射波束各自的俯仰角 θ 与方位角 φ 分别为（θ=23.0°，φ=-90°）、（θ=23.0°，φ=0°）、（θ=23.0°，φ=90°）和（θ=23.0°，φ=180°）。对于编码序列"00 01 10 11…"沿 x 轴正方向周期排列的 2bit 太赫兹超表面编码，其入射太赫兹波波长为 285.7μm。因此，两束反射太赫兹波束的俯仰角 θ 大小为 11.4°。同样，对于由编码序列"00 01… /11 10…"周期排布的 2bit 太赫兹超表面编码，其物理周期为 720μm，4 束反射太赫兹波束的俯仰角 θ 大小为 23.4°，与仿真结果吻合。

3.5.4　3bit 太赫兹 M 形结构超表面编码

在 3bit 太赫兹 M 形结构超表面编码结构中，8 种不同编码单元按照不同序列排列产生不一样的效果。为了更好地说明灵活控制太赫兹波，将 3 种不同编码序列用于 3bit 超表面编码结构上，实现了两束（图 3-44，阵列周期 Γ_1=2880μm）、4 束（图 3-45，阵列周期 Γ_2=720μm）和 6 束（图 3-46，阵列周期 Γ_3=1080μm）反射太赫兹波操控。图 3-44 给出了在平面波垂直入射下，3bit 超表面编码三维远场散射图和二维电场图。超表面编码由编码序列"0, 1, 2, 3, 4, 5, 6, 7/0, 1, 2, 3, 4, 5, 6, 7, …"沿 x 轴正方向（图 3-44(a)）或沿 y 轴负方向（图 3-44(c)）周期排列，太赫兹波经过超表面编码结构后，分别形成两束左右或上下对称反射波。图 3-44(a)和(c)分别为超表面编码结构产生反

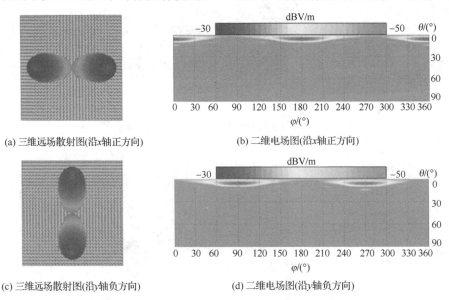

(a) 三维远场散射图(沿x轴正方向)　　(b) 二维电场图(沿x轴正方向)
(c) 三维远场散射图(沿轴负方向)　　(d) 二维电场图(沿y轴负方向)

图 3-44　编码序列为"0, 1, 2, 3, 4, 5, 6, 7/0, 1, 2, 3, 4, 5, 6, 7, …"
沿不同方向周期排列的超表面编码远场图

射波束形成的三维远场散射图，图 3-44(b) 和 (d) 为对应的二维电场图。由图 3-44(b)可知，编码序列"0, 1, 2, 3, 4, 5, 6, 7/0, 1, 2, 3, 4, 5, 6, 7, …"沿 x 轴正方向分布时，超表面编码产生了两束反射波，分别位于 $(\theta_1=5.7°, \varphi=0°)$ 和 $(\theta_1=5.7°, \varphi=180°)$ 方位上。同样，编码序列"0, 1, 2, 3, 4, 5, 6, 7/0, 1, 2, 3, 4, 5, 6, 7, …"沿 y 轴负方向分布时，超表面编码产生了两束反射波，分别位于 $(\theta_2=\theta_1=5.7°, \varphi=90°)$ 和 $(\theta_2=\theta_1=5.7°, \varphi=270°)$ 方位上，如图 3-44(d) 所示。

　　为了更好地验证不同编码序列排列构建的超表面编码对入射太赫兹波有重定向到任意方向的控制功能，针对不同编码序列设计，在垂直入射的太赫兹波下，实现了更多束反射波重定向的控制效果。图 3-45(a) 和 (c) 列出了以"0, 1, 2, 3, 4, 5, 6, 7/4, 5, 6, 7, 0, 1, 2, 3, …"为编码序列沿 x 轴和 y 轴排列形成超表面编码的三维远场散射图。垂直入射太赫兹波经过超表面编码反射后，并没有形成垂直方向上的反射波，而是形成 4 束反射波，分别位于 4 个象限。图 3-45(b) 清楚地显示了 4 束反射波的方位，分别为 $(\theta_3=23.4°, \varphi=76°)$、$(\theta_3=23.4°, \varphi=104°)$、$(\theta_3=23.4°, \varphi=256°)$ 和 $(\theta_3=23.4°, \varphi=284°)$。对比图 3-45(d) 与 (b)，编码序列沿 x 轴正方向与沿 y 轴负方向排列所得到的 4 束反射波在方位上仅仅存在 φ 值的不同，因而沿 y 轴负方向排列超表面编码 4 束反射波的方位角度分别为 $(\theta_4=\theta_3=23.4°, \varphi=14°)$、$(\theta_4=\theta_3=23.4°, \varphi=166°)$、$(\theta_4=\theta_3=23.4°, \varphi=196°)$ 和 $(\theta_4=\theta_3=23.4°, \varphi=314°)$。

(a) 三维远场散射图(沿 x 轴正方向)

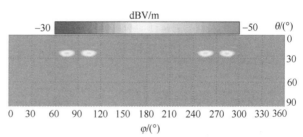

(b) 二维电场图(沿 x 轴正方向)

(c) 三维远场散射图(沿 y 轴负方向)

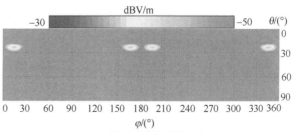

(d) 二维电场图(沿 y 轴负方向)

图 3-45　编码序列为"0, 1, 2, 3, 4, 5, 6, 7/4, 5, 6, 7, 0, 1, 2, 3, …"
沿不同方向周期排列的超表面编码远场图

图 3-46 展示了由编码序列 "0, 1, 2, 3, 4, 5, 6, 7/0, 1, 2, 3, 4, 5, 6, 7/4, 5, 6, 7, 0, 1, 2, 3, …" 构建而成的超表面编码性能仿真模拟结果。图 3-46(a) 和 (b) 给出了沿 x 轴正方向超表面编码的三维远场散射图和二维电场图。图 3-46(c) 和 (d) 给出了沿 y 轴负方向超表面编码的三维远场散射图和二维电场图。图 3-46(a) 和 (c) 表明了垂直入射太赫兹波反射后形成了 6 束反射波，主瓣消失。其中，6 束反射波束中有两束反射波与图 3-44 中一样。对于以 "0, 1, 2, 3, 4, 5, 6, 7/0, 1, 2, 3, 4, 5, 6, 7/4, 5, 6, 7, 0, 1, 2, 3, …" 为编码序列沿 x 轴正方向排列的超表面编码，其 6 束反射波方位分别为 $(\theta_1=5.7°, \varphi=0°)$、$(\theta_5=15.3°, \varphi=69.4°)$、$(\theta_5=15.3°, \varphi=110.6°)$、$(\theta_1=5.7°, \varphi=180°)$、$(\theta_5=15.3°, \varphi=249.4°)$ 和 $(\theta_5=15.3°, \varphi=290.6°)$，如图 3-46(b) 所示。同样地，图 3-46(d) 给出了以 "0, 1, 2, 3, 4, 5, 6, 7/0, 1, 2, 3, 4, 5, 6, 7/4, 5, 6, 7, 0, 1, 2, 3, …" 为编码序列沿 y 轴负方向排列的超表面编码，其 6 束反射波方位分别为 $(\theta_1=5.7°, \varphi=90°)$、$(\theta_5=15.3°, \varphi=20.6°)$、$(\theta_5=15.3°, \varphi=200.6°)$、$(\theta_1=5.7°, \varphi=270°)$、$(\theta_5=15.3°, \varphi=339.4°)$ 和 $(\theta_5=15.3°, \varphi=259.4°)$。

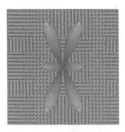
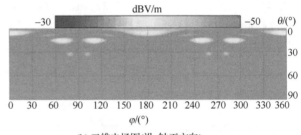

(a) 三维远场散射图(沿x轴正方向)　　　　(b) 二维电场图(沿x轴正方向)

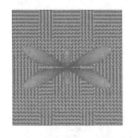
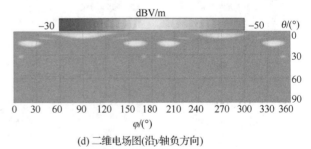

(c) 三维远场散射图(沿y轴负方向)　　　　(d) 二维电场图(沿y轴负方向)

图 3-46　编码序列为 "0, 1, 2, 3, 4, 5, 6, 7/0, 1, 2, 3, 4, 5, 6, 7/4, 5, 6, 7, 0, 1, 2, 3, …" 分别沿不同方向周期排列的超表面编码远场图

3.5.5　太赫兹随机 M 形结构超表面编码

与常规周期性超表面编码不同，随机超表面编码结构可以将入射波反射到各个方向，有效地降低 RCS。随机超表面编码由编码单元依据随机产生的编码序列排列

构建而成,超表面编码相位分布具有不确定性。太赫兹波从超表面正上方垂直入射,经超表面反射后,因表面相位随机分布不均匀,产生了漫反射效应,此时入射波反射到各个方向,形成许多旁瓣。根据能量守恒定律,入射波能量分布到各个方向所产生的旁瓣上,显著地抑制后向散射,有效地降低 RCS 效率。

为验证随机超表面编码可有效地降低 RCS 效率,本节设计了 1bit、2bit 和 3bit 随机超表面编码结构,与裸金属板进行对比分析,如图 3-47 所示。在 0.4~1.8THz 内,3 种随机超表面编码与裸金属板的 RCS 分布曲线如图 3-47(a)所示。与裸金属板相比,3 种随机超表面编码在 0.7~1.45THz 内具有较好的性能。为了更好地说明随机超表面编码可有效地缩减 RCS,如图 3-47(b)所示,将 3 种随机超表面编码与裸金属板相减,得到 RCS 缩减值分布曲线。在 0.7~1.45THz 内,3 种随机超表面编码 RCS 缩减基本都在-10dB 以下。而且,从图 3-47 中可以清楚看出,对于 1bit 随机超表面编码、2bit 随机超表面编码和 3bit 随机超表面编码,RCS 缩减的带宽依次变宽。

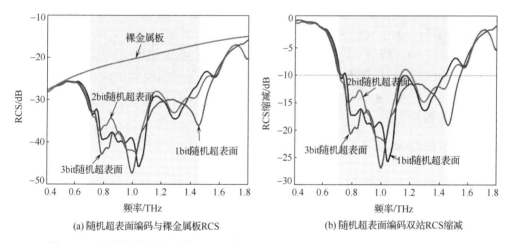

图 3-47 太赫兹波垂直入射下,1bit、2bit 和 3bit 随机超表面编码 RCS 性能曲线

设计的 S 形超表面编码结构,实现了对太赫兹反射波束的灵活调控,并在 xoy、xoz 平面上分别对反射波方位角、俯仰角进行分析。同时,设计的太赫兹随机超表面编码与等尺寸裸金属板相比,在 0.9~1.4THz 和 1.65~1.9THz 内 RCS 缩减在-10dB 以下。此外,本节设计了 M 形单元结构,采用周期规则排列方法设计了多比特超表面编码,实现了对太赫兹反射波两束、4 束和 6 束的灵活控制。1bit、2bit 和 3bit 随机超表面编码与裸金属板相比,随机超表面编码在 0.7~1.45THz 内 RCS 缩减达到-10dB 以下,提供了一种太赫兹波的操控方法,在太赫兹波隐身方面具有巨大的应用潜力。

3.6　十字架结构太赫兹超表面编码

超表面作为二维平面超材料,在电磁隐身技术、异常反射、偏振转换和完美吸收等电磁波的调控中有着广泛的应用。近年来,基于广义折射定律,一种新的操纵电磁波的方式被提出,2014 年,数字超表面编码的提出代替传统超表面成为控制电磁波传播的工具,采用二进制以数字方式描述超表面编码。例如,1bit 超表面编码由两种类型的编码单元组成,0 和 π 相位响应分别标记为 “0” 和 “1” 数字态,并结合数字控制技术进行实时调控。通过设计不同的编码序列,可以有效地将超表面和二进制相结合,实现电磁波异常反射和漫反射。上述超表面大多数是各向同性,导致了不同极化波入射得到相同的相位响应。最近,各向异性超表面编码被提出,它们对两个正交的线极化电磁波有着不同的响应,可以由各向异性超表面独立控制,还可以实现线-圆偏振转换。

本节提出在两种圆极化下具有不同响应且可以实现线-圆偏振转换的各向异性超表面编码。本节设计了 4 种类型的超表面编码单元,在左圆极化或右圆极化波入射下,它们可以独立地反映垂直入射 0° 或 180° 反射相位。利用这四种类型的超表面编码单元,本章建立两种不同排列的 1bit 超表面编码结构,在 LCP 波、RCP 波和 LP 波垂直入射下,实现了对 LCP 波和 RCP 波的独立调控及将 LP 波转换为 CP 波的能力。

3.6.1　十字架结构太赫兹超表面编码单元

本节提出的十字架结构超表面编码单元如图 3-48 所示[33],其中图 3-48(a)为十字架结构超表面编码单元的三维图,图 3-48(b)为 4 种十字架超表面编码单元的俯视图。十字架超表面编码单元由三层结构组成,周期 $P=70\mu m$,中间层为 F4B 介质($\varepsilon_r=2.65$,$\tan\delta=0.001$),厚度 $h=30\mu m$。底板和顶层金属图案由厚度为 0.2μm 的铜($\sigma=5.8\times10^7 S/m$)制成。十字架结构超表面编码单元的优化几何参数为 $a=66\mu m$,$b=20\mu m$,$w_1=5\mu m$,$w_2=2\mu m$,$w_3=3.5\mu m$,$r=34\mu m$,$c=41\mu m$,$g=19\mu m$,$L=5.5\mu m$,$\gamma=100°$,$d=14\mu m$。在图 3-48(b)中,本节设计了 4 个十字架结构超表面编码单元,在 LCP 波或 RCP 波垂直入射下可以独立地获得反射相位为 0° 或 180° 的编码单元。这里 “00” 和 “11” 或 “01” 和 “10” 编码具有相同的编码单元结构,可以通过将顶层金属图案旋转 90° 得到。

通过使用 CST 仿真软件,得到了十字架结构超表面编码单元在 0.5～2.5THz 内的交叉极化反射幅度和反射相位,如图 3-49 所示。从图 3-49(a)可以看出,编码单元的交叉极化反射幅度小于−1dB。在 LCP 波垂直入射下,LCP 波转化为 RCP 波,反之亦然。为了分析十字架结构超表面编码单元的偏振转换性能,定义了极化转换

效率 $R_{PC}=R_{ij}{}^2/(R_{ij}{}^2+R_{ii}{}^2)$，其中 R_{ii} 和 R_{ij} 分别表示共极化和交叉极化反射幅度。在图 3-49(a)中，当交叉偏振反射幅度接近 1 时，共偏振反射幅度趋向于 0。根据极化转换公式，在 1.0～2.0THz 内，很容易计算出极化转换比接近 1。

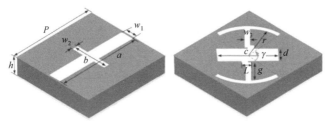

(a) 十字架结构超表面编码单元的三维图

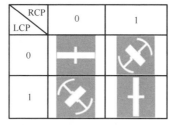

(b) 4种十字架超表面编码单元的俯视图

图 3-48　十字架结构超表面编码及其编码单元

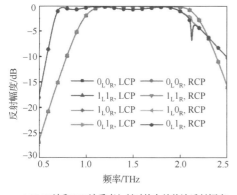

(a) LCP波和RCP波垂直入射时的太赫兹波反射幅度

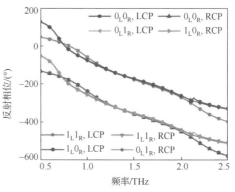

(b) LCP波和RCP波垂直入射时的太赫兹波反射相位

图 3-49　不同偏振太赫兹波入射下十字架结构超表面编码单元性能

为了说明超表面编码将 LP 波转换成 CP 波的能力，本节设计了一种新的超表面编码来验证这一原理。根据电磁场的基本理论，CP 波可以分解为两个相互正交的 LP 波，其幅度和相位差均为 $90°$。因此，在 LP 波入射各向异性超表面编码时，可以实现线性到圆偏振转换，同时实现光束偏转。预先设计的编码序列由 4 个十字架结构超表面基本编码单元组成：$[0_L0_R, 0_L1_R, 1_L0_R, 1_L1_R]$。如图 3-50(a)所示，在 RCP 波的垂直入射下，超表面编码的编码序列为[0, 0；1, 1]，并且入射太赫兹波被分成两个相等的 LCP 波。如图 3-50(b)所示，在 LCP 波垂直入射的情况下，超表面编码的预先设计的编码序列变为[0, 1；1, 0]，入射太赫兹波被分成 4 个对称的 RCP 波。当使用 LP 波照射到超表面编码时，将其转换为 CP 波，如图 3-50(c)所示。

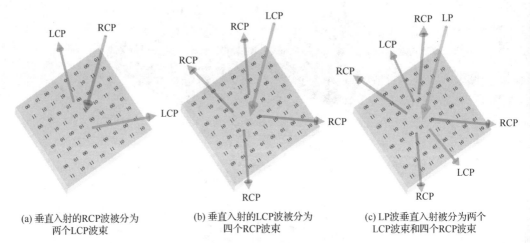

(a) 垂直入射的RCP波被分为   (b) 垂直入射的LCP波被分为   (c) LP波垂直入射被分为两个
　　两个LCP波束　　　　　　　　四个RCP波束　　　　　　　LCP波束和四个RCP波束

图 3-50　不同偏振波垂直照射超表面编码的示意图

在这种情况下，线性极化的反射系数矩阵可以表示为

$$\begin{pmatrix} r_{xx} & r_{xy} \\ r_{yx} & r_{yy} \end{pmatrix} = \begin{pmatrix} \cos\alpha + \mathrm{j}\sin\alpha & 0 \\ 0 & \cos(\alpha-\pi) + \mathrm{j}\sin(\alpha-\pi) \end{pmatrix} \tag{3-9}$$

式中，α 为 x 偏振入射的反射相位；$(\alpha-\pi)$ 为 y 偏振入射的反射相位；下标 x 和 y 为入射太赫兹波的偏振。圆极化反射系数矩阵与线性琼斯矩阵有关，圆偏振的反射系数为

$$\begin{cases} r_{\mathrm{LL}} = \dfrac{1}{2}[(r_{xx} - r_{yy}) - \mathrm{j}(r_{xy} + r_{yx})]\mathrm{e}^{-\mathrm{j}2\theta} \\[2mm] r_{\mathrm{RR}} = \dfrac{1}{2}[(r_{xx} - r_{yy}) + \mathrm{j}(r_{xy} + r_{yx})]\mathrm{e}^{\mathrm{j}2\theta} \\[2mm] r_{\mathrm{LR}} = \dfrac{1}{2}[(r_{xx} + r_{yy}) + \mathrm{j}(r_{xy} - r_{yx})] \\[2mm] r_{\mathrm{RL}} = \dfrac{1}{2}[(r_{xx} + r_{yy}) - \mathrm{j}(r_{xy} - r_{yx})] \end{cases} \tag{3-10}$$

式中，θ 为十字架结构超表面编码单元的旋转角度。图 3-51(a)给出了 LP 波入射下未旋转十字架结构超表面编码单元的反射振幅。结果表明，r_{xx} 和 r_{yy} 接近于 1，r_{yx} 和 r_{xy} 接近于 0，从而给出了 CP 波入射的反射系数矩阵：

$$\begin{pmatrix} r_{\mathrm{LL}} & r_{\mathrm{LR}} \\ r_{\mathrm{RL}} & r_{\mathrm{RR}} \end{pmatrix} = \begin{pmatrix} 0 & 1 \\ 1 & 0 \end{pmatrix} \tag{3-11}$$

　　图 3-51(b)给出了 x 偏振和 y 偏振入射的反射相位。十字架结构超表面基本编码单元在 x 偏振和 y 偏振入射下的反射相位的相位差为 π。为了对十字架结构超表面编码单元进行定量描述，我们设计了两种十字架结构超表面编码，其编码矩阵 $S1$ 和 $S2$ 如图 3-52(a)和(c)所示。为了最小化不同十字架结构超表面编码单元之间的耦合效应，用 4×4 个相同基本编码单元组成一个超级编码单元，超表面编码由 32×32 个编码单元组成，使得填充表面看起来如图 3-52(b)和(d)所示。

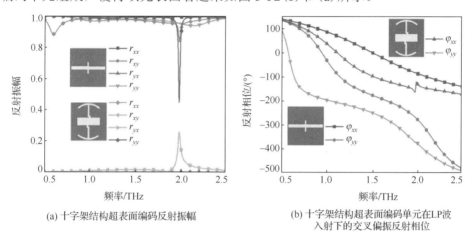

(a) 十字架结构超表面编码反射振幅

(b) 十字架结构超表面编码单元在LP波入射下的交叉偏振反射相位

图 3-51　LP 波入射条件下，十字架结构超表面编码单元性能曲线

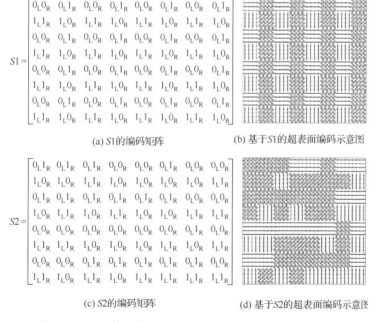

(a) $S1$的编码矩阵

(b) 基于$S1$的超表面编码示意图

(c) $S2$的编码矩阵

(d) 基于$S2$的超表面编码示意图

图 3-52　不同编码排列下的十字架结构超表面编码示意图

3.6.2　仿真分析

为了证明上述分析，本节分别计算了超表面编码在 RCP 波、LCP 波和 LP 波垂直入射下，当工作频率为 f=1.85THz 时，十字架结构超表面编码的三维远场散射图和二维电场图(图 3-53)。图 3-53(a)和(c)表示了超表面编码在 RCP 波垂直入射下的三维远场散射图和二维电场图。此时，两个对称反射的 LCP 波的角度分别为(θ, φ)=(16.83°, 90°)和(θ,φ)=(16.83°, 270°)。相应地，如图 3-53(b)和(d)所示，在 LCP 波的垂直入射下，4 个对称反射的 RCP 波，其反射角度分别为(θ, φ)=(24.17°, 45°)、(θ, φ)=(24.17°,135°)、(θ, φ)=(24.17°, 225°)和(θ, φ)=(24.17°, 315°)。由于本节设计的十字架结构超表面编码单元都具有交叉极化转换特性，超表面编码结构在 CP 波的入射下可以实现圆极化下的交叉极化转换。如图 3-54(a)和(b)所示，垂直入射的 LP 波被十字架结构超表面编码转化为两个对称反射的 LCP 波和 4 个对称反射的 RCP 波。实现线性到圆极化转换的条件是将 LP 波的入射分解为两个相互正交的 LP 波，其中两个 LP 波的振幅相同，相位差为 90°。它们的反射方位角分别为(θ, φ)=(16.83°, 90°)、(θ, φ)=(16.83°, 270°)、(θ, φ)=(24.17°, 45°)、(θ, φ)=(24.17°, 135°)、(θ, φ)=

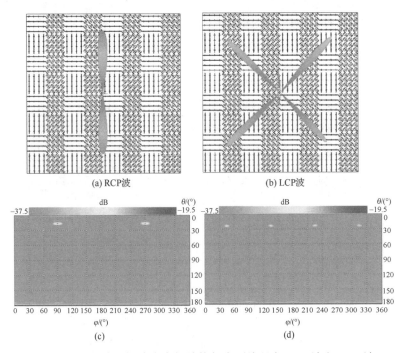

(a) RCP波　　　　　　　　　　　　　　(b) LCP波

(c)　　　　　　　　　　　　　　(d)

图 3-53　不同编码矩阵十字架结构超表面编码在 RCP 波和 LCP 波
入射下三维远场散射图和二维电场图

(a)和(c)为在 1.85THz 下 RCP 波垂直入射到 $S1$ 超表面编码的三维和二维远场散射图；
(b)和(d)为在 1.85THz 下 LCP 垂直入射到 $S1$ 超表面编码的三维和二维远场散射图

(24.17°，225°)和(θ, φ)=(24.17°，315°)。偏振转换特性可根据轴比和三个方位角 φ=90°、φ=45° 和 φ=225° 的散射模式来阐述，如图 3-55 所示。当 φ=90°（图 3-55(a)）时，轴比在 θ=±16.83° 处接近 3dB，LP 波的垂直入射可以如我们所期望的那样转换为 CP 波。图 3-55(b)和(c)描述了本节所提出的超表面编码在 φ=45° 和 φ=225° 处的轴比和散射模式。可以看出，当 θ=24.17° 时，轴比小于 3dB。因此，LP 波可以有效地转换成 CP 波。

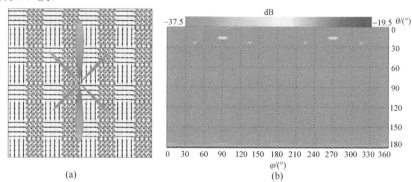

图 3-54　在 1.85THz 下 LP 波垂直入射到 S1 超表面编码的三维远场散射图和二维电场图

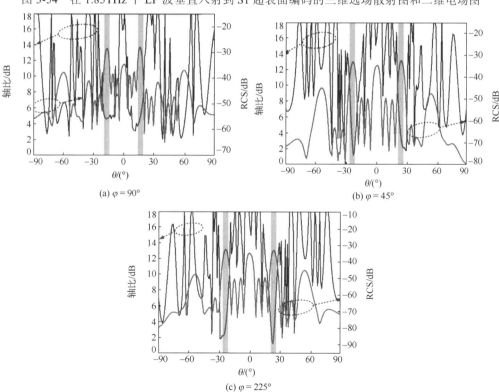

图 3-55　在 1.85THz 下 LP 波垂直入射到 S1 超表面编码的反射波的轴比和 RCS（见彩图）

此外，在 $S2$ 的情况下，超表面编码在 LCP 波垂直入射下实现漫反射而在 RCP 波入射下实现分束现象。因为在 LCP 波入射时超表面编码处于随机分布，图 3-56(a) 为在 1.85THz 下 LCP 波垂直入射到 $S2$ 超表面的三维远场散射图。通过仿真结果可以发现能量分散在多个方向，为了验证超表面编码能否达到 RCS 缩减的效果，从图 3-56(c) 中，可以观察到在 0.5～2.5THz 内 RCS 最大缩减达到–15dB。当 RCP 波入射时，$S2$ 超表面编码序列与 $S1$ 超表面编码序列相同。入射波在 y 方向上分为两个对称的反射波束，其在 1.85THz 下的三维远场散射图如图 3-56(b) 所示。根据广义折射定律，反射波的角度分别为 $(\theta, \varphi) = (16.83°, 90°)$ 和 $(\theta, \varphi) = (16.83°, 270°)$，与图 3-56(d) 的二维电场散射图吻合，且与 RCP 波垂直入射超表面 $S1$ 的结果相似。

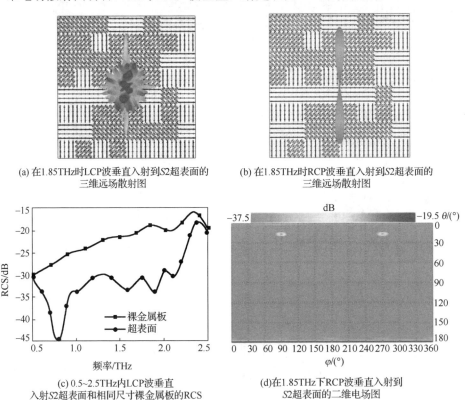

(a) 在1.85THz时LCP波垂直入射到$S2$超表面的
三维远场散射图

(b) 在1.85THz时RCP波垂直入射到$S2$超表面的
三维远场散射图

(c) 0.5~2.5THz内LCP波垂直
入射$S2$超表面和相同尺寸裸金属板的RCS

(d) 在1.85THz下RCP波垂直入射到
$S2$超表面的二维电场图

图 3-56 $S2$ 超表面编码结构模拟仿真结果

综上所述，本节提出的 1bit 双圆极化单元，由于其各向异性，入射不同的圆偏振波时，可以独立实现 LCP 波和 RCP 波两种相位状态。设计理论由琼斯矩阵解释，利用这些单元提出了 1bit 双圆极化超表面编码。例如，第一种超表面可以在 LCP 波和 RCP 波入射下实现不同方位与数目的波束分裂。另一种超表面可以表现出在 LCP 波入射下达到 RCS 缩减的效果，而在 RCP 波入射下实现波束分裂。该超表面编码在 1.85THz 处的偏振转换效率小于 3dB，因此本节设计的超表面还拥有较好地将线偏振转化为圆偏振的功能。最后理论预测与模拟结果吻合较好。

3.7　H 形结构太赫兹超表面编码

本节研究 H 形结构用于 1～3bit 太赫兹超表面编码。通过逆时针旋转超表面编码顶层的 H 形结构来获得 8 个相位差恒定为 45° 的编码超表面粒子。同时，将 8 个 H 形结构超表面编码粒子采用不同序列来实现对入射太赫兹波不一样的编码控制效果。例如，在 3bit 超表面编码中赋予三种周期性编码序列，可分别对入射太赫兹波实现 1 束、2 束和 3 束反射太赫兹波强度的操控效果。

3.7.1　H 形结构超表面编码单元

太赫兹波垂直入射到 H 形结构超表面编码，其中图 3-57(a) 是太赫兹波调控示意图，图 3-57(b) 给出了 H 形结构超表面编码粒子三维立体图。每一个 H 形结构超表面编码粒子均由顶层 H 形金属结构、中间介质层聚酰亚胺($\varepsilon=3.5$，$\tan\delta=0.0027$) 和底层金属板组成，其中底层和顶层金属为金(电导率为 4.56×10^{7}S/m)，采用全金属接地板是为了更好地将入射太赫兹波实现全反射编码调控。图 3-57(c) 为 H 形结构超表面编码粒子中金属 H 形结构俯视图。在设计中，以超表面编码粒子的中心绕 z 轴逆时针旋转 H 形金属结构图案来获取不同的相位。H 形结构超表面编码粒子优化后尺寸参数如下：周期为 $90\mu m$，整体厚度为 $24.4\mu m$，$a=46\mu m$，$b=24\mu m$，金属线宽为 $4\mu m$。

在圆极化太赫兹波入射情况下，本节分析 H 形结构超表面编码粒子的共极化反射和交叉极化反射特性，如图 3-58 所示。其中，图 3-58(a) 是 H 形结构超表面编码

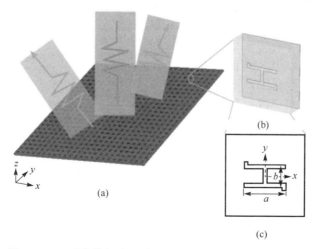

图 3-57　H 形结构超表面编码粒子对太赫兹波调控示意图

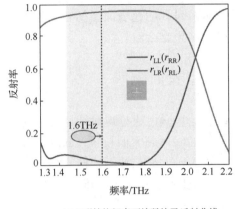

(a) H形结构超表面编码粒子反射曲线

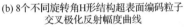

(b) 8个不同旋转角H形结构超表面编码粒子
交叉极化反射幅度曲线

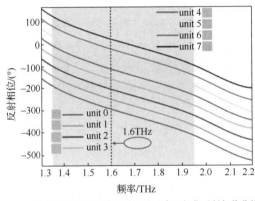

(c) 8个H形结构超表面编码粒子交叉极化反射相位曲线

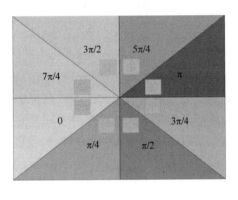

(d) H形结构超表面编码粒子反射相位分布

图 3-58　LCP 波或 RCP 波垂直入射下 H 形结构超表面编码粒子特性分析(见彩图)

粒子在 1.3～2.2THz 内的极化曲线，图中 $r_{LL}(r_{RR})$ 和 $r_{RL}(r_{LR})$ 分别是在 LCP 波(RCP 波)垂直入射下共极化和交叉极化反射曲线。当 LCP 波或 RCP 波垂直入射到 H 形结构超表面编码粒子时，交叉极化反射相比于共极化反射，达到反射的 90%以上。从图中可以看出，H 形结构超表面编码粒子分别在频率 1.35THz 和 1.76THz 处产生谐振，H 形结构超表面编码粒子的交叉极化反射在 1.35～1.95THz 内良好(图 3-58)。根据 Pancharatnam-Berry 相位理论，通过对 H 形结构超表面编码粒子顶层的 H 金属结构进行逆时针旋转，产生 8 个超表面编码粒子，用于 3bit 超表面编码。本节分别对 8 个超表面编码粒子命名为 unit 0、unit 1、unit 2、unit 3、unit 4、unit 5、unit 6 和 unit 7，它们对应的旋转角度分别为 0°、22.5°、45°、67.5°、90°、112.5°、135° 和 157.5°。图 3-58(b)和(c)表示在 LCP 波或 RCP 波垂直入射到 H 形结构超表面编码粒子下，8 个 H 形结构超表面编码粒子的反射幅度和相位。图 3-58(b)显示在 1.35～

1.95THz 内 unit 0～unit 7 的反射幅度在 0.9 以上。图 3-58(c) 显示每个 H 形结构超表面编码粒子的相位以 45° 递增，最终覆盖 2π。图 3-58(d) 是 8 个 H 形结构超表面编码粒子在 0～2π 内反射相位分布。8 个 H 形结构超表面编码粒子 unit 0、unit 1、unit 2、unit 3、unit 4、unit 5、unit 6 和 unit 7 按照逆时针分布，相位分别代表 0、$\pi/4$、$\pi/2$、$3\pi/4$、π、$5\pi/4$、$3\pi/2$ 和 $7\pi/4$。为了减小编码粒子相互耦合作用，模拟仿真中均采用 3×3 个编码粒子作为一个编码超单元，同时，选取工作频率为 1.6THz(图 3-58 中虚线处)，计算分析超表面编码对入射太赫兹波的调控能力。

编码序列是 H 形结构编码超表面对太赫兹波灵活调控的主要因素，将超表面编码粒子按照不同的编码序列进行编码，可以实现对不同频率的太赫兹波的灵活控制。若超表面编码依据周期规则编码序列排列，可以对入射太赫兹波实现定向反射到任意方向。本节利用 8 个 H 形结构超表面编码粒子分别设计构建了多比特超表面编码和随机超表面编码，每一个超表面编码包含 8×8 个 H 形结构超表面编码超级单元，共计 24×24 个编码粒子。

3.7.2　1bit 太赫兹 H 形结构超表面编码

1bit 太赫兹超表面编码要求 H 形超表面单元结构之间相位差为 180°，为了达到这一要求可采用 unit 0 和 unit 4 两个 H 形结构超表面单元来实现"0"和"1"两种编码状态。本节按照不同的周期编码序列设计了两种不同 1bit 太赫兹超表面编码，它们分别对入射太赫兹波产生两束和 4 束的反射太赫兹波束(图 3-59)。当第一种 1bit 太赫兹超表面编码按照编码序列"0 1 0 1 0 1 0 1 / 0 1 0 1 0 1 0 1"沿 x 轴正方向周期排列时，垂直入射的太赫兹波被分成了两束反射波，它们分别位于 x 轴两侧(图 3-59(a))，反射波束的俯仰角 θ 与方位角 φ 分别为(θ=19.0°, φ=0°)和(θ=19.0°, φ=180°)。当第二种 1bit 太赫兹超表面编码按照棋盘式编码序列"0 1 0 1 0 1 0 1 / 1 0 1 0 1 0 1 0"周期排布时，垂直入射的太赫兹波被分成了 4 束反射波(图 3-59(b))。从图 3-59 可以看出，太赫兹反射波束分别位于 xoy 平面 4 个象限中，反射波束的俯仰角 θ 与方位角 φ 分别为(θ=29.0°, φ=−135°)、(θ=29.0°, φ=−45°)、(θ=29.0°, φ=45°)和(θ=29.0°, φ=135°)。

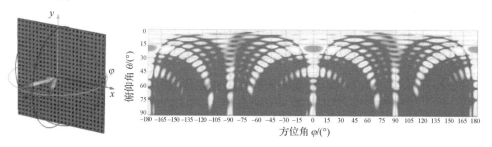

(a) 垂直入射太赫兹波在 H 形结构第一种 1bit 太赫兹超表面编码产生反射波束的三维远场散射图和二维电场图

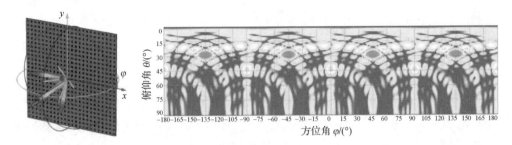

(b) 垂直入射太赫兹波在H形结构第二种1bit太赫兹超表面编码产生反射波束的三维远场散射图和二维电场图

图 3-59　不同编码序列下，1bit H 形结构超表面编码对入射太赫兹波产生反射波束的远场图

3.7.3　2bit 太赫兹 H 形结构超表面编码

与前述 H 形结构的 1bit 太赫兹超表面编码一样，设计 2bit 太赫兹超表面编码，选择 unit 0、unit 2、unit 4 和 unit 6 作为 4 个具有不同编码状态的单元，记为二进制编码的"00"、"01"、"10"和"11"，代表相位为 0、$\pi/2$、π、$3\pi/2$。两种不同编码序列可以使入射的太赫兹波产生 1 束和 4 束反射太赫兹波束。这两种不同排序的超表面编码产生的反射太赫兹波三维远场散射图和二维电场图如图 3-60 所示。其中，图 3-60(a) 表示将"00"、"01"、"10"和"11"按照顺序沿 x 轴正方向依次周期排列，组成第一种 2bit 太赫兹超表面编码，在太赫兹波垂直入射到该超表面编码结构后，形成了 1 束反射太赫兹波束，此时反射太赫兹波束位于 x 轴右侧，该反

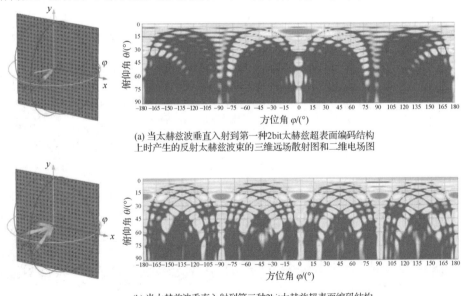

(a) 当太赫兹波垂直入射到第一种2bit太赫兹超表面编码结构
上时产生的反射太赫兹波束的三维远场散射图和二维电场图

(b) 当太赫兹波垂直入射到第二种2bit太赫兹超表面编码结构
上时产生的反射太赫兹波束的三维远场散射图和二维电场图

图 3-60　不同编码序列下，2bit 超表面编码的远场图

射波束的俯仰角 θ 与方位角 φ 可以表示为（$\theta=10.0°$，$\varphi=0°$）。当第二种 2bit 太赫兹超表面编码按照编码序列"00 01… /11 10…"周期排列时，太赫兹波垂直入射到该超表面编码结构时被分成了 4 束反射波束（图 3-60（b））。由图 3-60 可以看出，反射太赫兹波束分别位于 xoy 平面 4 个象限中，4 束反射波各自的俯仰角 θ 与方位角 φ 分别为（$\theta=20.0°$，$\varphi=-90°$）、（$\theta=20.0°$，$\varphi=0°$）、（$\theta=20.0°$，$\varphi=90°$）和（$\theta=20.0°$，$\varphi=180°$）。

3.7.4　3bit 太赫兹 H 形结构超表面编码

在 3bit 超表面编码结构中需要使用 8 种不同编码单元 unit 0、unit 1、unit 2、unit 3、unit 4、unit 5、unit 6 和 unit 7，它们分别代表着三进制编码"000"、"001"、"010"、"011"、"100"、"101"、"110"和"111"。为了更加直观地描述该超表面编码结构对太赫兹波的灵活调控效果，本节设计排列了 3 种不同编码序列的超表面阵列，对垂直入射的太赫兹波分别产生了 1 束、2 束和 3 束的反射太赫兹波束（图 3-61）。

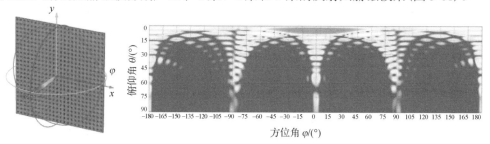

(a) 第一种3bit太赫兹超表面编码，在太赫兹波垂直入射下，产生的反射太赫兹波束的三维远场散射图和二维电场图

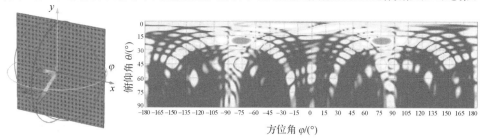

(b) 第二种3bit太赫兹超表面编码，在太赫兹波垂直入射下，产生的反射太赫兹波束的三维远场散射图和二维电场图

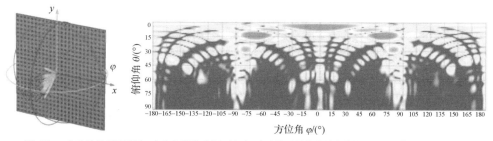

(c) 第三种3bit太赫兹超表面编码，在太赫兹波垂直入射下，产生的反射太赫兹波束的三维远场散射图和二维电场图

图 3-61　不同编码序列下，3bit H 形结构超表面编码的远场图

图 3-61(a) 是本节设计的第一种 3bit 太赫兹超表面编码结构，8 个超级编码单元在 xoy 平面上按照编码序列"000 001 010 011 100 101 110 111 / 000 001 010 011 100 101 110 111"沿着 x 轴正方向周期性排列。当太赫兹波以垂直方式入射到该结构的表面时，太赫兹波产生了 1 束有偏转角度的反射波束，位于 xoz 平面原点右侧，反射太赫兹波方向为($\theta=5°$, $\varphi=0°$)。同样的图 3-61(b) 是第二种 3bit 太赫兹超表面编码，8 个超级编码单元在 xoy 平面上按照编码序列"000 001 010 011 100 101 110 111 / 100 101 110 111 000 001 010 011"沿着 x 轴正方向周期性排列。当太赫兹波以垂直方式入射时，在所设计的太赫兹超表面编码上产生两束反射波并且与垂直 z 方向上有一个偏转角，分别位于 yoz 平面原点左右两侧，反射波方向为($\theta=20.0°$, $\varphi=-75°$) 和($\theta=20.0°$, $\varphi=75°$)。在这种情况下，垂直入射太赫兹波在 y 方向上相邻的两个单元相差 $180°$，会将入射波在 x 方向上分成两束反射波，反射波有一定角度的偏转，于是在第二种 3bit 太赫兹超表面编码序列下，会产生两束反射波并且都有偏转。图 3-61(c) 是第三种 3bit 太赫兹超表面编码，8 个超级编码单元在 xoy 平面上按照编码序列"000 001 010 011 100 101 110 111 / 000 001 010 011 100 101 110 111 / 100 101 110 111 000 001 010 011"沿着 x 轴正方向周期性排列。垂直入射太赫兹波，在太赫兹超表面编码上产生 3 束反射波并且与垂直 z 方向上有一个偏转角，分别位于 yoz 平面原点左右两侧，反射波方向分别为($\theta=5.0°$, $\varphi=0°$)、($\theta=14.0°$, $\varphi=-70°$) 和($\theta=14.0°$, $\varphi=70°$)。

3.8　伞形结构太赫兹超表面编码

本节研究了伞形金属结构用于 1~3bit 的太赫兹超表面编码。将超表面顶层伞形金属结构逆时针旋转后，以 45° 的相位间隔选取了 8 个伞形结构超表面编码粒子，相位覆盖 2π。超表面编码粒子按照不同的编码序列排成超平面，对入射太赫兹波产生不一样的编码控制效果。例如，赋予三种不同的编码顺序来进行 3bit 超表面编码，可分别对太赫兹波实现 1 束、2 束和 3 束不同反射太赫兹波强度的调控效果。

3.8.1　伞形结构超表面编码单元

太赫兹波垂直入射到伞形结构超表面编码，其中，图 3-62(a) 是太赫兹波调控示意图，图 3-62(b) 是伞形结构超表面编码粒子的三维立体图。超表面编码粒子一共 3 层，其中底层与顶层分别为金属接地板和伞形金属结构，材料为金(电导率为 $4.56×10^7$S/m)，中间层为聚酰亚胺层($\varepsilon=3.5$, $\tan\delta=0.0027$)。图 3-62(c) 表示伞形结构超表面编码粒子顶层伞形金属结构。在设计中，以超表面编码粒子的中心绕 z 轴逆时针旋转伞形金属结构图案来获取不同的相位。伞形结构超表面编码粒子优化尺寸参数如下：周期为 90μm，整体厚度 $h=29.4$μm，$a=25$μm，金属线宽 5μm，$b=14$μm，$c=27$μm。

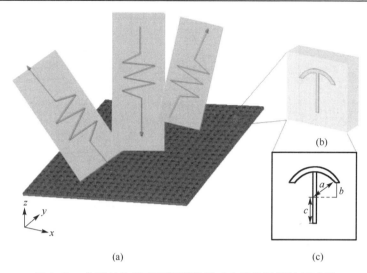

图 3-62　伞形结构超表面编码粒子对太赫兹波调控示意图

在圆极化太赫兹波入射的情况下，本节研究伞形超表面编码粒子的共极化反射和交叉极化反射特性，如图 3-63 所示。其中图 3-63(a) 是 0.96~1.9THz 内的伞形超表面编码粒子的反射曲线，图中 $r_{LL}(r_{RR})$ 和 $r_{RL}(r_{LR})$ 分别表示在 LCP 波(RCP 波)垂直入射下共极化和交叉极化反射曲线。当 LCP 波或 RCP 波垂直入射伞形结构超表面编码粒子时，90%以上是交叉极化特性，共极化反射特性极低。从共极化反射曲线可以看出，伞形结构超表面编码粒子分别在频率 1.12THz、1.38THz 和 1.63THz 处产生谐振；从交叉极化反射曲线可以看出，伞形结构超表面编码粒子在 1.05~1.7THz 内表现出很好的效果。根据 Pancharatnam-Berry 相位理论，通过多次对超表面编码粒子的顶层伞形金属结构逆时针旋转 22.5°，得到 8 个相位依次相差 45°的超表面编码粒子，用于 3bit 超表面编码。图 3-63(b) 和 (c) 分别为 LCP 波或 RCP 波垂直入射 8 个伞形超表面编码粒子后交叉极化反射曲线对应的幅度和相位。逆时针旋转 0°、22.5°、45°、67.5°、90°、112.5°、135°和 157.5°的伞形结构超表面编码粒子分别对应图中的 unit 0、unit 1、unit 2、unit 3、unit 4、unit 5、unit 6 和 unit 7。图 3-63(b) 和 (c) 显示 8 个编码粒子的幅度在 1.05~1.7THz 中基本保持为 0.9，相位保持 45°递增。图 3-63(d) 显示 8 个伞形超表面编码粒子在 0~2π 内反射相位分布，8 个 H 形结构超表面编码粒子 unit 0、unit 1、unit 2、unit 3、unit 4、unit 5、unit 6 和 unit 7 进行逆时针排列，相位分别为 0、π/4、π/2、3π/4、π、5π/4、3π/2 和 7π/4。为减小编码粒子相互耦合作用，模拟仿真中均采用 3×3 个编码粒子作为一个编码超单元，同时，选取工作频率为 1.3THz(图 3-63 中虚线处)，计算分析超表面编码对入射太赫兹波的操控能力。

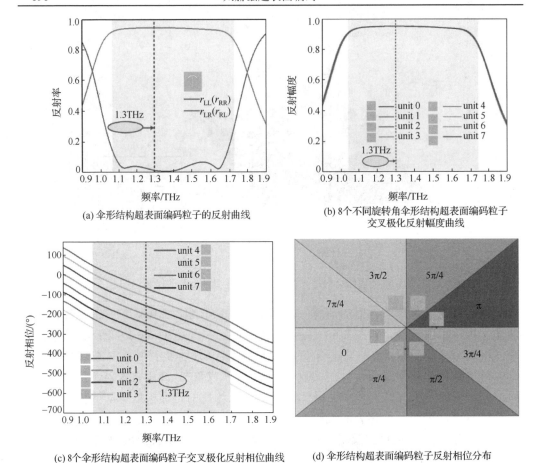

(a) 伞形结构超表面编码粒子的反射曲线

(b) 8个不同旋转角伞形结构超表面编码粒子
交叉极化反射幅度曲线

(c) 8个伞形结构超表面编码粒子交叉极化反射相位曲线

(d) 伞形结构超表面编码粒子反射相位分布

图 3-63　LCP 波或 RCP 波垂直入射下，伞形结构超表面编码粒子特性分析（见彩图）

伞形结构超表面编码序列灵活地调控太赫兹波，伞形超表面编码超单元的不同
序列可以将入射太赫兹波定向反射到任意方向。每个超表面编码阵列包含着 8×8 个
伞形结构超表面编码超单元，共计 24×24 个伞形结构超表面编码粒子。

3.8.2　1bit 太赫兹伞形结构超表面编码

1bit 太赫兹编码超表面有着"0""1"两种不同的编码状态，本节选取了 unit 0(0)
和 unit4(π) 两种编码粒子分别表示"0""1"。设计排列的两种不同的编码序列分别
对入射太赫兹波产生了两束和 4 束的反射太赫兹波（图 3-64）。如图 3-64(a)所示，
第一种 1bit 伞形结构超表面编码单元的编码序列是"01010101/01010101"，
沿着 x 轴正方向进行周期性排列，太赫兹波垂直入射到该超表面编码结构时被分成
了两束反射波束，它们分别位于 x 轴两侧，反射波束的俯仰角 θ 与方位角 φ 分别为
($θ=25.0°, φ=0°$)和($θ=25.0°, φ=180°$)。如图 3-64(b)所示，第二种 1bit 伞形结构超

表面编码超单元的编码序列是"0 1 0 1 0 1 0 1 / 1 0 1 0 1 0 1 0"，编码序列沿着 x 轴正方向进行周期性排列，当太赫兹波垂直入射到该超表面编码结构时，入射太赫兹波被分成了 4 束反射太赫兹波，它们分别位于 xoy 平面 4 个象限中，反射太赫兹波束各自的俯仰角 θ 与方位角 φ 分别为 $(\theta=36.0°, \varphi=45°)$、$(\theta=36.0°, \varphi=135°)$、$(\theta=36.0°, \varphi=225°)$ 和 $(\theta=36.0°, \varphi=315°)$。

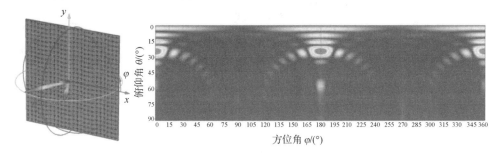

(a) 垂直入射太赫兹波在伞形结构第一种1bit太赫兹超表面编码产生反射波束的三维远场散射图和二维电场图

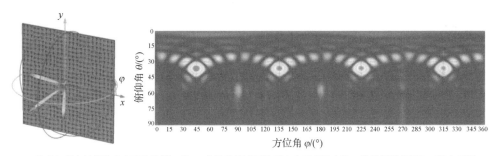

(b) 垂直入射太赫兹波在伞形结构第二种1bit太赫兹超表面编码产生反射波束的三维远场散射图和二维电场图

图 3-64　不同编码序列下，1bit 伞形结构超表面编码对入射太赫兹波产生反射波束的远场图

3.8.3　2bit 太赫兹伞形结构超表面编码

本节选取了 unit 0 (0)、unit 2 $(\pi/2)$、unit 4 (π) 和 unit 6 $(3\pi/2)$ 四种编码粒子分别代表 2bit 太赫兹编码超表面"00"、"01"、"10"和"11"四种二进制编码状态，设计两种排列不同的编码序列分别对入射太赫兹波产生 1 束和 4 束的反射太赫兹波（图 3-65）。图 3-65 (a) 显示第一种 2bit 伞形结构超表面编码超单元的编码序列是"00 01 10 11 00 01 10 11 / 00 01 10 11 00 01 10 11"，沿着 x 轴正方向进行周期性排列，在太赫兹波垂直入射到该超表面编码结构后，形成了一束反射太赫兹波，此时反射太赫兹波位于 x 轴正方向一侧，该反射波束的俯仰角 θ 与方位角 φ 为 $(\theta=12.0°, \varphi=0°)$。图 3-65 (b) 显示第二种 2bit 伞形结构超表面编码超单元的编码序列是"00 01 00 01 00 01 00 01/ 11 10 11 01 11 10 11 10"，沿着 x 轴正方向进行周期性排列，垂直入射的太

赫兹波辐照到该超表面编码结构时被分成了 4 束反射波束，它们分别位于 xoy 平面 4 个象限中，反射太赫兹波束各自的俯仰角 θ 与方位角 φ 分别为（$\theta=25.0°$，$\varphi=0°$）、（$\theta=25.0°$，$\varphi=90°$）、（$\theta=25.0°$，$\varphi=180°$）和（$\theta=25.0°$，$\varphi=270°$）。

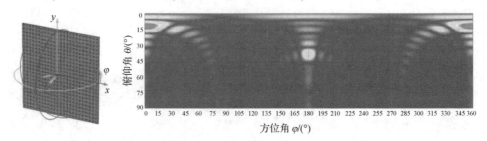

(a) 当太赫兹波垂直入射到第一种2bit太赫兹超表面编码结构
上时产生的反射太赫兹波束的三维远场散射图和二维电场图

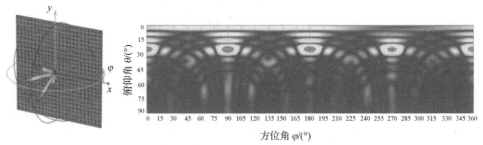

(b) 当太赫兹波垂直入射到第二种2bit太赫兹超表面编码结构
上时产生的反射太赫兹波束的三维远场散射图和二维电场图

图 3-65   不同编码序列下，太赫兹波垂直入射到 2bit 超表面编码的远场图

3.8.4   3bit 太赫兹伞形结构超表面编码

3bit 太赫兹超表面编码有"000"、"001"、"010"、"011"、"100"、"101"、"110"和"111" 8 种编码状态，本节选取了 unit 0（0）、unit 1（π/4）、unit 2（π/2）、unit 3（3π/4）、unit 4（π）、unit（5π/4）、unit 6（3π/2）和 unit 4（7π/4）八种编码粒子分别表示"000"、"001"、"010"、"011"、"100"、"101"、"110"和"111"，本节设计排列的三种不同的编码序列分别对入射太赫兹波产生 1 束、2 束和 3 束的反射太赫兹波（图 3-66）。

图 3-66（a）显示第一种 3bit 超表面的编码序列是"000 001 010 011 100 101 110 111 / 000 001 010 011 100 101 110 111"，沿着 x 轴正方向进行周期性排列，当太赫兹波垂直入射到该超表面编码结构时，形成一束反射太赫兹波，此时反射波束位于 x 轴正方向一侧，该反射波束的俯仰角 θ 与方位角 φ 为（$\theta=7.0°$，$\varphi=0°$）。图 3-66（b）显示第二种 3bit 超表面编码的编码序列是"000 001 010 011 100 101 110 111 / 100 101 110 111

000 001 010 011"，沿着 x 轴正方向进行周期性排列，当太赫兹波垂直入射到该超表面编码时，入射太赫兹波被分成了两束反射太赫兹波，反射波束的俯仰角 θ 与方位角 φ 分别为 $(\theta=25.0°, \varphi=75°)$、$(\theta=25.0°, \varphi=284°)$。图 3-66(c) 显示第三种 3bit 超表面编码的编码序列是"000 001 010 011 100 101 110 111 / 000 001 010 011 100 101 110 111 / 100 101 110 111 000 001 010 011"，沿着 x 轴正方向进行周期性排列，当太赫兹波垂直入射到该超表面编码结构时被分成了 3 束反射太赫兹波，反射波束的俯仰角 θ 与方位角 φ 分别为 $(\theta=7.0°, \varphi=0°)$、$(\theta=16.0°, \varphi=68°)$ 和 $(\theta=16.0°, \varphi=292°)$。

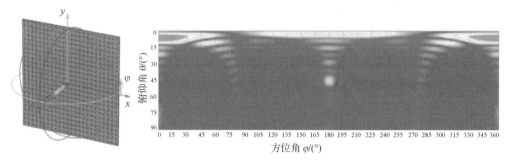

(a) 第一种3bit太赫兹超表面编码在太赫兹波垂直入射下，产生的反射太赫兹波束的三维远场散射图和二维电场图

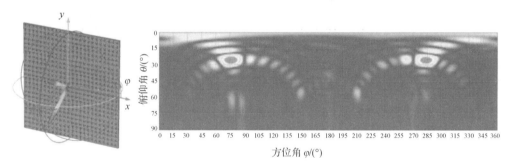

(b) 第二种3bit太赫兹超表面编码在太赫兹波垂直入射下，产生的反射太赫兹波束的三维远场散射图和二维电场图

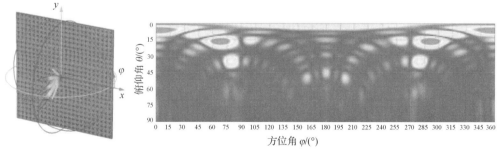

(c) 第三种3bit太赫兹超表面编码在太赫兹波垂直入射下，产生的反射太赫兹波束的三维远场散射图和二维电场图

图 3-66　不同编码序列下，3bit 伞形结构超表面编码的远场图

3.9　F 形结构太赫兹超表面编码

　　本节研究了 F 形结构用于太赫兹超表面编码，通过逆时针旋转超表面编码单元顶层 F 形金属微结构来获得 8 个相位差恒为 45° 的超表面编码粒子,通过选取 2 个、4 个和 8 个超表面编码粒子可以进行 1bit、2bit 和 3bit 超表面编码。由于超表面编码粒子的相位不同，当太赫兹波入射到超表面编码时会产生异常反射，形成一束或多束特定偏转角度的反射太赫兹波。例如，本节在 1bit 超表面编码中赋予两种不同的周期性编码序列，当太赫兹波垂直入射时分别产生两束和四束反射太赫兹波。

3.9.1　F 形结构超表面编码单元

　　太赫兹波垂直入射到 F 形结构超表面编码，其中，图 3-67(a) 是太赫兹波调控示意图；图 3-67(b) 是 F 形超表面编码粒子三维立体图，它由顶部 F 形金属结构、中间介质层和底层金属板组成。中间介质层的材料是聚酰亚胺，介电常数 $\varepsilon=3.5$，损耗角正切值为 0.0027；顶部和底层的金属板材料为金，电导率为 $4.561\times10^7\mathrm{S/m}$，厚度为 $0.3\mu\mathrm{m}$。图 3-67(c) 表示超表面编码粒子顶层 F 形金属结构俯视图，在设计中，以超表面编码粒子的中心绕 z 轴逆旋转 F 形金属结构图案来获取不同的相位。F 形超表面编码粒子优化后尺寸参数：周期 P 为 $100\mu\mathrm{m}$，介质层厚度为 $35\mu\mathrm{m}$，$L=80\mu\mathrm{m}$，金属线宽为 $10\mu\mathrm{m}$。

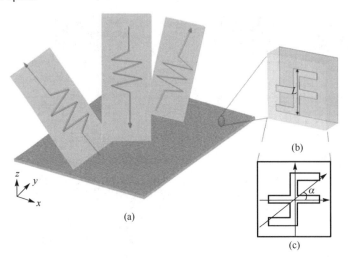

图 3-67　F 形超表面编码粒子结构对太赫兹波调控示意图、三维立体图和俯视图

　　本节通过 CST 仿真软件得出了在圆极化太赫兹波垂直入射到 F 形超表面编码粒子后的共极化和交叉极化反射曲线 (图 3-68)。其中图 3-68(a) 表示 F 形超表面编码粒子在 0.4～

1.8THz 内的极化曲线，$r_{LL}(r_{RR})$ 和 $r_{LR}(r_{RL})$ 表示 LCP(RCP) 波垂直入射到结构单元的共极化和交叉极化的反射曲线。当 LCP(RCP) 波垂直入射到 F 形结构编码超表面粒子时，交叉极化反射远远大于共极化反射，占据了 90% 以上，从共极化反射曲线可以看出，F 形结构超表面编码粒子在 0.68THz、0.83THz、1.37THz 和 1.52THz 处产生谐振，使得 F 形结构超表面编码粒子在一个宽带范围内表现出很好的交叉极化反射特性。

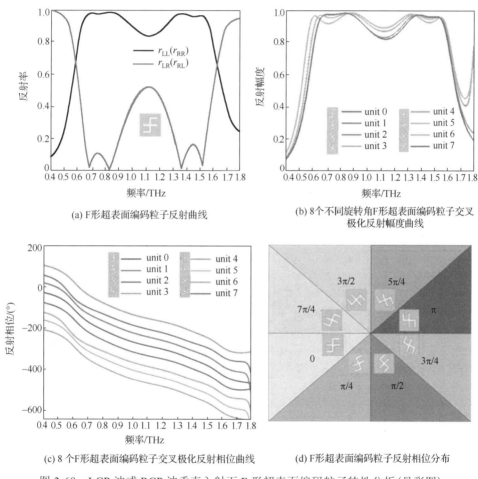

(a) F形超表面编码粒子反射曲线

(b) 8个不同旋转角F形超表面编码粒子交叉极化反射幅度曲线

(c) 8 个F形超表面编码粒子交叉极化反射相位曲线

(d) F形超表面编码粒子反射相位分布

图 3-68　LCP 波或 RCP 波垂直入射下 F 形超表面编码粒子特性分析(见彩图)

根据 Pancharatnam-Berry 相位理论，通过对 F 形结构超表面编码粒子顶层 F 形金属结构进行逆时针旋转，产生了 8 个超表面编码粒子，用于 3bit 超表面编码。本节分别对 8 个超表面编码粒子命名为 unit 0、unit 1、unit 2、unit 3、unit 4、unit 5、unit 6 和 unit 7，它们对应的旋转角度分别为 0°、22.5°、45°、67.5°、90°、112.5°、135° 和 157.5°。图 3-68(b) 和 (c) 分别显示在 LCP 波或 RCP 波垂直入射到超表面编码粒子下，8 个 F 形超表面编码粒子的幅度和相位。图 3-68(b) 显示 unit 0～unit 7

在 0.6～1.6THz 频率内交叉极化的反射幅度接近 1，在 1.1THz 处反射幅度为 0.8。图 3-68(c)显示 F 形结构超表面编码粒子的相位以 45°递增，最终覆盖 2π。图 3-68(d)为 8 个 F 形结构超表面编码粒子在 0～2π 内反射相位分布，8 个 H 形结构超表面编码粒子 unit 0、unit 1、unit 2、unit 3、unit 4、unit 5、unit 6 和 unit 7 按照逆时针分布，相位分别代表 0、π/4、π/2、3π/4、π、5π/4、3π/2 和 7π/4。为了减小编码粒子相互耦合作用，模拟仿真中均采用 3×3 个编码粒子作为一个编码超级单元，超表面编码包含 8×8 个 F 形结构超表面编码超单元，共计 24×24 个编码粒子。选取工作频率为 1.2THz，计算分析超表面编码对入射太赫兹波的操控能力。

3.9.2　1bit 太赫兹 F 形结构超表面编码

　　unit 0 和 unit 4 超表面编码粒子相位差为 180°，分别代表 1bit 超表面编码中二进制"0"和"1"两种编码状态。不同编码序列排列两种不同的 1bit 太赫兹超表面编码，它们分别对入射太赫兹波产生两束和 4 束的反射太赫兹波(图 3-69)。如图 3-69(a)所示，第一种 1bit 太赫兹超表面编码按照编码序列"01010101/01010101"沿 x 轴正方向周期排列，垂直入射的太赫兹波被分成了两束反射波束，它们分别位于 x 轴两侧，反射波束的俯仰角 θ 与方位角 φ 分别为(θ=24.0°，φ=0°)和(θ=24.0°，φ=180°)。如图 3-69(b)所示，第二种 1bit 太赫兹超表面编码按照棋盘式编码序列

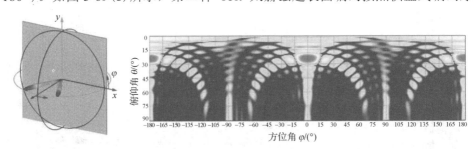

(a) 垂直入射太赫兹波在 F 形结构第一种 1bit
太赫兹超表面编码产生反射波束的三维远场散射图和二维电场图

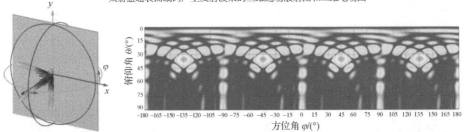

(b) 垂直入射太赫兹波在 F 形结构第二种 1bit
太赫兹超表面编码产生反射波束的三维远场散射图和二维电场图

图 3-69　不同编码序列下，1bit F 形超表面编码对入射太赫兹波产生反射波束的远场图

"01010101/10101010"周期排列,垂直入射的太赫兹波被分成了 4 束反射波束,分别位于 xoy 平面 4 个象限中,反射波束的俯仰角 θ 与方位角 φ 分别为 $(\theta=34.0°,\varphi=-135°)$、$(\theta=34.0°,\varphi=-45°)$、$(\theta=34.0°,\varphi=45°)$ 和 $(\theta=34.0°,\varphi=135°)$。

3.9.3　2bit 太赫兹 F 形结构超表面编码

本节设计 2bit 太赫兹超表面编码,选择 unit 0、unit 2、unit 4 和 unit 6 四个具有不同编码状态的单元,分别记为二进制编码"00"、"01"、"10"和"11"。设计排列两种不同编码序列的超表面编码可以使入射太赫兹波产生 1 束和 2 束反射太赫兹波,这两种不同超表面编码产生的三维远场散射图和二维电场如图 3-70 所示。其中图 3-70(a)表示第一种 2bit 超表面编码将"00"、"01"、"10"和"11"按照顺序沿 x 轴正方向周期排列,在太赫兹波垂直入射到该超表面编码后,形成了 1 束反射太赫兹波束,由散射图可以看出,反射太赫兹波束位于 x 轴右侧,反射太赫兹波束俯仰角 θ 与方位角 φ 为 $(\theta=12.0°,\varphi=0°)$。图 3-70(b)显示第二种 2bit 太赫兹超表面编码按照编码序列"00 01 00 01 00 01 00 01 / 11 10 11 10 11 10 11 10"周期排列,太赫兹波垂直入射到该超表面编码时被分成了 4 束反射太赫兹波,分别位于 xoy 平面 4 个象限中,反射太赫兹波束的俯仰角 θ 与方位角 φ 分别为 $(\theta=25.0°,\varphi=-90°)$、$(\theta=25.0°,\varphi=0°)$、$(\theta=25.0°,\varphi=90°)$ 和 $(\theta=25.0°,\varphi=180°)$。

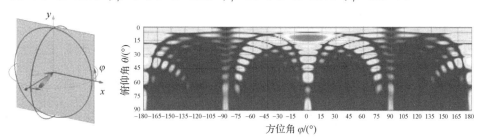

(a)当太赫兹波垂直入射到第一种2bit太赫兹超表面编码结构上时产生的反射太赫兹波束的三维远场散射图和二维电场图

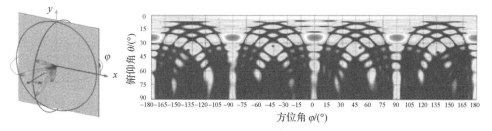

(b) 当太赫兹波垂直入射到第二种2bit太赫兹超表面编码结构上时产生的反射太赫兹波束的三维远场散射图和二维电场图

图 3-70　不同编码序列下,太赫兹波垂直入射到 2bit 超表面编码的远场图

3.9.4　3bit 太赫兹 F 形结构超表面编码

对于 3bit 超表面编码，需要 8 个相位差恒为 45° 的超表面编码粒子。F 形结构超表面编码粒子 unit 0、unit 1、unit 2、unit 3、unit 4、unit 5、unit 6 和 unit 7 分别对应三进制编码 "000"、"001"、"010"、"011"、"100"、"101"、"110" 和 "111"。为更加直观地描述该超表面编码结构对太赫兹波的灵活调控效果，本节设计排列了 3 种太赫兹超表面编码，对垂直入射的太赫兹波分别产生了 1 束、2 束和 3 束反射太赫兹波，如图 3-71 所示。

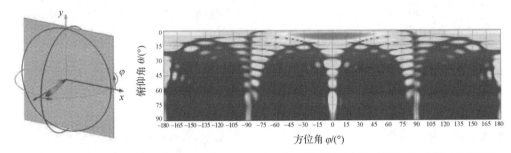

(a) 第一种3bit太赫兹超表面编码在太赫兹波垂直入射下，产生的反射太赫兹波束的三维远场散射图和二维电场图

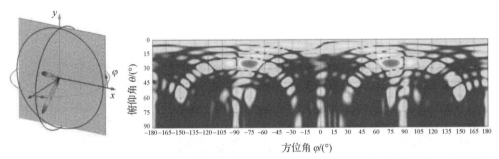

(b) 第二种3bit太赫兹超表面编码在太赫兹波垂直入射下，产生的反射太赫兹波束的三维远场散射图和二维电场图

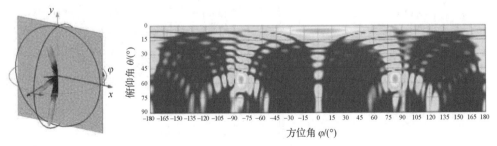

(c) 第三种3bit太赫兹超表面编码在太赫兹波垂直入射下，产生的反射太赫兹波束的三维远场散射图和二维电场图

图 3-71　不同编码序列下，3bit F 形结构超表面编码的远场图

图 3-71(a) 是本节设计的第一种太赫兹超表面编码，超表面编码按照编码序列
"000 001 010 011 100 101 110 111/000 001 010 011 100 101 110 111" 沿 x 轴正方向
周期排布，太赫兹波垂直入射到该超表面编码结构后，产生了 1 束有偏转角度的反
射波束，位于 xoz 平面原点右侧，反射波方向 ($\theta=6°$, $\varphi=0°$)。同样地，图 3-71(b)
是本节设计的第二种 3bit 太赫兹超表面编码，超表面编码按照编码顺序 "000 001
010 011 100 101 110 111 / 100 101 110 111 000 001 010 011" 在 xoy 平面上沿着 x 轴正
方向周期性排列。当太赫兹波以垂直方式入射时，在本节设计的太赫兹超表面编码
上产生两束反射波并且与垂直 z 方向有一个偏转角，分别位于 yoz 平面原点左右两
侧，反射波方向分别为 ($\theta=24.0°$, $\varphi=-76°$) 和 ($\theta=24.0°$, $\varphi=76°$)。图 3-71(c) 是本节设
计的第三种 3bit 太赫兹超表面编码，超表面编码按照编码顺序 "000 001 010 011
100 101 110 111 / 000 001 010 011 100 101 110 111 / 100 101 110 111 000 001 010
011" 在 xoy 平面上沿着 x 轴方向周期性排列。太赫兹波垂直方式入射到太赫兹
超表面编码上产生 3 束反射波并且与垂直 z 方向上有一个偏转角，分别位于 yoz
平面原点左右两侧，反射波方向分别为 ($\theta=6.0°$, $\varphi=0°$)、($\theta=57.0°$, $\varphi=-83°$) 和
($\theta=57.0°$, $\varphi=83°$)。

3.10　日形结构太赫兹超表面编码

本节研究了日形结构太赫兹超表面编码，通过逆时针旋转超表面顶层日形金属
结构来获得 8 个相位差恒为 45° 的超表面编码粒子。8 个超表面编码粒子采用不同
序列实现不同比特的超表面编码，产生对入射太赫兹波不一样编码控制效果。例如，
在 2bit 超表面编码中赋予二种周期性编码序列，可分别对入射太赫兹波产生 1 束和
4 束不同反射强度的太赫兹波；在 3bit 超表面编码中赋予三种周期性编码序列，可
分别对入射太赫兹波产生 1 束、2 束和 3 束不同反射强度的太赫兹波。

3.10.1　日形结构超表面编码单元

太赫兹波垂直入射到日形结构超表面编码，其中图 3-72(a) 为太赫兹波调控示意
图；图 3-72(b) 为日形超表面编码粒子三维立体图，每一个日形超表面编码粒子均
由顶层日形金属图案、介质基体聚酰亚胺($\varepsilon=3.5$, $\tan\delta=0.0027$)和金属接地板组成，
其中日形金属图案和金属接地板均采用金属金(电导率为 4.561×10^7S/m)，厚度均为
0.2μm。这里采用全金属接地板是为了能更好地将入射太赫兹波实现全反射编码调
控。图 3-72(c) 为日形结构超表面编码粒子中日形金属图案俯视图，图中日形金属
图案位于超表面编码结构中间，绕 z 轴逆时针旋转日形金属图案来获取不同的相位。
日形超表面编码粒子优化尺寸参数：$a=40$μm，$b=40$μm，$c=4$μm，金属线宽为 6μm，
周期为 90μm，整体厚度为 20.4μm。

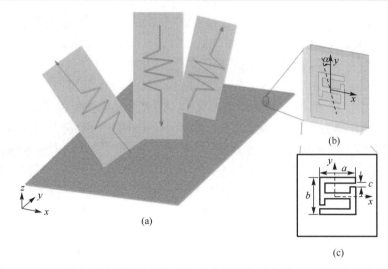

(a)

(b)

(c)

图 3-72　日形超表面编码粒子结构对太赫兹波调控示意图、三维立体图和俯视图

图 3-73(a) 是日形结构超表面编码粒子在 1.4～2.2THz 内仿真模拟极化曲线，图中 $r_{LL}(r_{RR})$ 和 $r_{RL}(r_{LR})$ 分别表示在 LCP 波 (RCP 波) 垂直入射下共极化和交叉极化反射曲线。在 LCP 波或 RCP 波垂直入射日形结构超表面编码粒子下，交叉极化反射特性远远大于共极化反射特性，占据了反射的 90%以上。从图 3-73 中可以看出，

(a) 日形结构超表面编码粒子反射曲线　(b) 8个不同旋转角日形结构超表面编码粒子交叉极化反射幅度曲线　(c) 8个日形结构超表面编码粒子交叉极化反射相位曲线

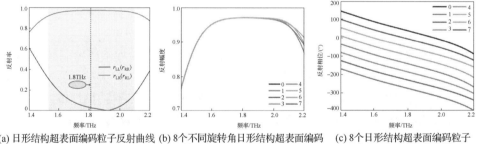

unit	0	1	2	3	4	5	6	7
α	0°	22.5°	45°	67.5°	90°	112.5°	135°	157.5°
基本单元								
1bit	0	—	—	—	1	—	—	—
2bit	00	—	01	—	10	—	11	—
3bit	000	001	010	011	100	101	110	111

(d) 8个不同日形结构超表面编码粒子结构

图 3-73　LCP 波或 RCP 波垂直入射下，日形结构超表面编码粒子特性分析(见彩图)

日形结构超表面编码粒子在频率 1.91THz 处产生谐振, 根据 Pancharatnam-Berry 相位理论, 通过对日形结构超表面编码粒子顶层日形金属结构进行逆时针旋转, 产生 8 个超表面编码粒子, 用于 3bit 超表面编码。本节分别对 8 个超表面编码粒子命名为 unit 0、unit 1、unit 2、unit 3、unit 4、unit 5、unit 6 和 unit 7, 它们对应的旋转角度分别为 0°、22.5°、45°、67.5°、90°、112.5°、135° 和 157.5°。图 3-73(b) 和 (c) 分别显示在 LCP 波或 RCP 波垂直入射下, 8 个日形结构超表面编码粒子交叉极化反射曲线对应的幅度和相位。图 3-73(b) 显示 unit 0～unit 7 在 1.6～2.1THz 内反射幅度几乎都在 0.95 以上。图 3-73(c) 显示日形结构超表面编码粒子的相位以 45° 递增, 最终覆盖 2π。图 3-73(d) 表示了 8 个日形结构超表面编码粒子结构在不同比特编码中的编码状态。

　　为了将超表面编码耦合影响最小化, 模拟仿真中均采用 3×3 个编码粒子作为一个编码超单元, 每一个超表面编码包含 8×8 个日形结构超表面编码单元, 共计 24×24 个编码粒子。同时, 选取工作频率为 1.8THz, 计算分析超表面编码对入射太赫兹波的调控能力。由太赫兹超表面编码的基本原理可知, 不同的编码序列将产生不同的物理现象并且可以通过预先设计好的编码序列来计算相应的散射场图。本节分别设计了以周期序列编码的 1bit、2bit 和 3bit 太赫兹超表面编码, 仿真与计算结果基本吻合。

3.10.2　1bit 太赫兹日形结构超表面编码

　　1bit 太赫兹超表面编码要求日形结构超表面单元结构之间相位差为 180°, 为了达到这一要求可采用 unit 0 和 unit 4 两个日形结构超表面单元来实现 "0" 和 "1" 两种编码状态。本节按照不同的周期编码序列设计了两种 1bit 太赫兹超表面编码, 它们分别对入射太赫兹波产生两束和 4 束反射太赫兹波 (图 3-74)。如图 3-74(a) 所示, 当第一种 1bit 太赫兹超表面编码按照编码序列 "01010101/01010101" 沿 x 轴正方向周期排列时, 垂直入射的太赫兹波被分成了两束反射波束, 它们分别

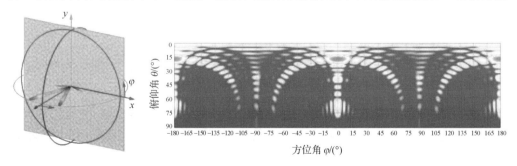

(a) 垂直入射太赫兹波在日形结构第一种 1bit 太赫兹超表面编码产生反射波束的三维远场散射图和二维电场图

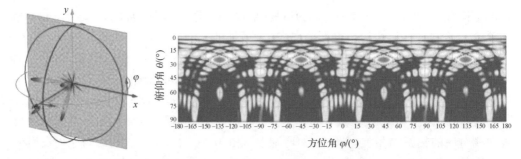

(b) 垂直入射太赫兹波在日形结构第二种1bit太赫兹超表面编码产生反射波束的三维远场散射图和二维电场图

图 3-74　　不同编码序列下，1bit 日形结构超表面编码对入射太赫兹波产生反射波束的远场图

位于 x 轴两侧，反射波束的俯仰角 θ 与方位角 φ 分别为 ($\theta=18.0°$, $\varphi=0°$) 和 ($\theta=18.0°$, $\varphi=180°$)。如图 3-74(b) 所示，当第二种 1bit 太赫兹超表面编码按照棋盘式编码序列"01010101/10101010"周期排列时，垂直入射的太赫兹波被分成了 4 束反射波束，从散射图可以看出，太赫兹反射波束分别位于 xoy 平面 4 个象限中，反射波束的俯仰角 θ 与方位角 φ 分别为 ($\theta=25.5°$, $\varphi=-135°$)、($\theta=25.5°$, $\varphi=-45°$)、($\theta=25.5°$, $\varphi=45°$) 和 ($\theta=25.5°$, $\varphi=135°$)。

3.10.3　2bit 太赫兹日形结构超表面编码

本节设计 2bit 太赫兹日形结构超表面编码，选择 unit 0、unit 2、unit 4 和 unit 6 作为 4 个具有不同编码状态的单元，分别记为二进制编码"00"、"01"、"10"和"11"。本节设计排列两种不同编码序列可以使入射太赫兹波产生 1 束和 4 束反射太赫兹波(图 3-75)。图 3-75(a) 表示第一种 2bit 太赫兹超表面编码，将"00"、"01"、"10"和"11"按照顺序沿 x 轴正方向周期排列，太赫兹波垂直入射该超表面编码结构后，形成了 1 束太赫兹反射波，位于 x 轴右侧，反射太赫兹波束的俯仰角 θ 与方位角 φ 为 ($\theta=9.0°$, $\varphi=0°$)。如图 3-75(b) 所示，当第二种 2bit 太赫兹超表面编码按照编码序列"00 01… /11 10…"周期排列时，太赫兹波垂直入射该超表面

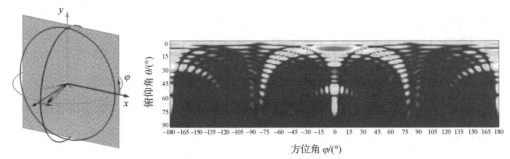

(a) 当太赫兹波垂直入射到第一种2bit太赫兹超表面编码结构上时
产生的反射太赫兹波束的三维远场散射图和二维电场图

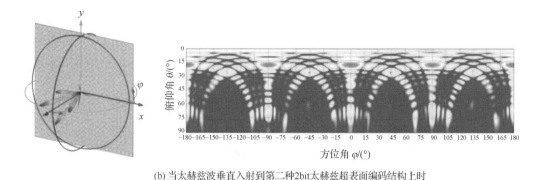

(b) 当太赫兹波垂直入射到第二种2bit太赫兹超表面编码结构上时
产生的反射太赫兹波束的三维远场散射图和二维电场图

图 3-75　不同编码序列下，太赫兹波垂直入射到 2bit 超表面编码的远场图

编码结构时被分成了 4 束反射波束，从散射图可以看出，太赫兹反射波束分别位于 xoy 平面 4 个象限中，反射波束的俯仰角 θ 与方位角 φ 分别为 ($\theta=18.0°$, $\varphi=-90°$)、($\theta=18.0°$, $\varphi=0°$)、($\theta=18.0°$, $\varphi=90°$) 和 ($\theta=18.0°$, $\varphi=180°$)。

3.10.4　3bit 太赫兹日形结构超表面编码

对于 3bit 超表面编码结构，需要使用 8 种不同编码单元 unit 0、unit 1、unit 2、unit 3、unit 4、unit 5、unit 6 和 unit 7，它们分别对应三进制编码 "000"、"001"、"010"、"011"、"100"、"101"、"110" 和 "111"。为更加直观地展现该超表面编码结构对太赫兹波灵活控制效果，本节将 3 种不同编码序列赋予到 3bit 超表面编码结构中，对于垂直入射的太赫兹波分别产生了 1 束、2 束和 3 束的反射太赫兹波。

图 3-76 (a) 是本节设计的第一种 3bit 太赫兹超表面编码，8 个编码超单元按照编码顺序 "000 001 010 011 100 101 110 111 / 000 001 010 011 100 101 110 111" 在 xoy 平面上沿着 x 轴正方向周期性排列。当太赫兹波以垂直方式入射时，在所设计的太赫兹超表面编码上产生了 1 束有偏转角度的反射波，位于 xoz 平面原点右侧，反射波方向为 ($\theta=5°$, $\varphi=0°$)。同样地，图 3-76 (b) 是本节设计的第二种 3bit 太赫兹超表面编码，8 个超级编码单元按照编码顺序 "000 001 010 011 100 101 110 111 / 100 101 110 111 000 001 010 011" 在 xoy 平面上沿着 x 轴正方向周期性排列。当太赫兹波以垂直方式入射时，在所设计的太赫兹超表面编码上产生两束反射波并且与垂直 z 方向有一个偏转角，分别位于 yoz 平面原点左右两侧，反射波方向分别为 ($\theta=18.5°$, $\varphi=77°$) 和 ($\theta=18.5°$, $\varphi=285°$)。在这种情况下，垂直入射太赫兹波在 y 方向上相邻的两个单元相差 180°，会将入射波分成两束反射波，在 x 方向上会使反射波有一定角度的偏转，于是在第二种 3bit 太赫兹超表面编码序列下，会使入射的太赫兹波产生两束反射波并且都有偏转。图 3-76 (c) 是本节设计的第三种 3bit 太赫兹超表面编码，8 个超级编码单元按照编码顺序 "000 001 010 011 100 101 110 111 / 000 001 010

011 100 101 110 111 / 100 101 110 111 000 001 010 011"在 xoy 平面上沿着 x 轴正方向周期性排列。垂直入射太赫兹波在太赫兹超表面编码上产生 3 束反射波并且与垂直 z 方向上有一个偏转角，分别位于 yoz 平面原点左右两侧，反射波方向分别为 $(\theta=6.0°,\varphi=0°)$、$(\theta=12.0°,\varphi=68°)$ 和 $(\theta=12.0°,\varphi=292°)$。

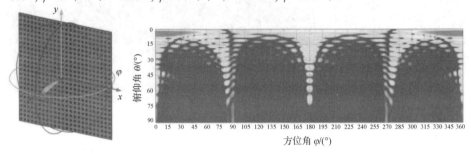

(a) 第一种3bit太赫兹超表面编码在太赫兹波垂直入射下，产生的反射太赫兹波束的三维远场散射图和二维电场图

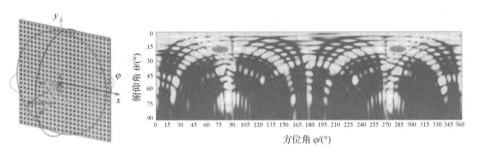

(b) 第二种3bit太赫兹超表面编码在太赫兹波垂直入射下，产生的反射太赫兹波束的三维远场散射图和二维电场图

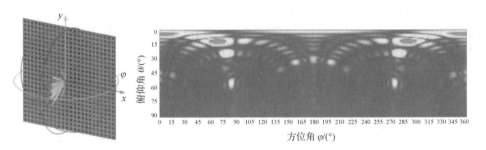

(c) 第三种3bit太赫兹超表面编码在太赫兹波垂直入射下，产生的反射太赫兹波束的三维和二维远场图

图 3-76　不同编码序列下，3bit 日形结构超表面编码的远场图

参 考 文 献

[1]　Sun S, He Q, Xiao S, et al. Gradient-index meta-surfaces as a bridge linking propagating waves and surface waves. Nature Materials, 2012, 11(5): 426-431.

[2]　Grady N, Heyes J, Chowdhury D, et al. Terahertz metamaterials for linear polarization conversion and anomalous refraction. Science, 2013, 340: 1304-1307.

[3]　Huang X, Chen J, Yang H. High-efficiency wideband reflection polarization conversion metasurface for circularly polarized waves. Journal of Applied Physics, 2017, 122(4): 076401.

[4]　Li Y, Zhang J, Qu S, et al. Achieving wide-band linear-to-circular polarization conversion using ultra-thin bi-layered metasurfaces. Journal of Applied Physics, 2015, 117(4): 044501.

[5]　Belardini A, Pannone F, Leahu G, et al. Asymmetric transmission and anomalous refraction in metal nanowires metasurface. Journal of the European Optical Society-Rapid Publications, 2012, 7(14): 12051.

[6]　Aieta F, Genevet P, Yu N, et al. Out-of-plane reflection and refraction of light by anisotropic optical antenna metasurfaces with phase discontinuities. Nano Letters, 2012, 12(3): 1702-1706.

[7]　Li Y, Zhang J, Qu S, et al. Achieving wideband polarization-independent anomalous reflection for linearly polarized waves with dispersionless phase gradient metasurfaces. Journal of Physics D: Applied Physics, 2014, 47(42): 425103-425109.

[8]　Li X, Xiao S, Cai B, et al. Flat metasurfaces to focus electromagnetic waves in reflection geometry. Optical Letters, 2012, 37(23): 4940-4942.

[9]　Huang L, Chen X, Bai B, et al. Excitation using a metasurface with interfacial phase discontinuity. Light: Science and Application, 2013, 2(3): e70.

[10]　Genevet P, Yu N, Aieta F, et al. Ultra-thin plasmonic optical vortex plate based on phase discontinuities. Applied Physical Letters, 2012, 100: 013101.

[11]　Yu N, Aieta F, Genevet P, et al. A broadband, background-free quarter-wave plate based on plasmonic metasurfaces. Nano Letters, 2012, 12(12): 6228-6233.

[12]　Zhao Y, Alu A. Manipulating light polarization with ultrathin plasmonic metasurfaces. Physical Review B, 2011, 84(20): 205428.

[13]　Wei Z, Cao Y, Su X, et al. Highly efficient beam steering with a transparent metasurface. Optical Express, 2013, 21(9): 10739-10745.

[14]　Wen D, Yue F, Li G, et al. Helicity multiplexed broadband metasurface holograms. Natural Communication, 2015, 6: 8241.

[15]　Cui T, Qi M, Wan X, et al. Coding metamaterials, digital metamaterials and programmable metamaterials. Light: Science and Application, 2014, 3(10): e218.

[16]　Xu H, Tang S, Ling X, et al. Flexible control of highly-directive emissions based on bifunctional metasurfaces with low polarization cross-talking. Annalen Der Physik, 2017, 529(5): 1700045.

[17]　Gao L, Cheng Q, Yang J, et al. Broadband diffusion of terahertz waves by multi-bit coding metasurfaces. Light: Science and Application, 2015, 4(9): e324.

[18]　Liang L, Qi M, Yang J, et al. Anomalous terahertz reflection and scattering by flexible and

conformal coding metamaterials. Advanced Optical Materials, 2015, 3(10): 1374-1380.

[19] Xu H, Zhang L, Kim Y, et al. Wavenumber-splitting metasurfaces achieve multichannel diffusive invisibility. Advanced Optical Materials, 2018, 6(10): 1800010.

[20] Xu H, Ma S, Ling X, et al. Deterministic approach to achieve broadband polarization-independent diffusive scatterings based on metasurfaces. ACS Photonics, 2018, 5(5): 1691-1702.

[21] Xu H, Cai T, Zhuang Y, et al. Dual-mode transmissive metasurface and its applications in multibeam transmitarray. IEEE Transactions on Antennas and Propagation, 2017, 65(4): 1797-1806.

[22] Li J, Zhao Z, Yao J. Flexible manipulation of terahertz wave reflection using polarization insensitive coding metasurfaces. Optical Express, 2017, 25(24): 29983-29992.

[23] Cai T, Wang G, Xu H, et al. Bifunctional Pancharatnam-Berry metasurface with high-efficiency helicity-dependent transmissions and reflections. Annalen Der Physik, 2017: 1700321.

[24] Berry M. The adiabatic phase and Pancharatnam's phase for polarized light. Journal of Modern Optics, 1987, 34(11): 1401-1407.

[25] Xu H, Liu H, Ling X, et al. Broadband vortex beam generation using multimode Pancharatnam-Berry metasurface. IEEE Transactions on Antennas and Propagation, 2017, 65(12): 7378-7382.

[26] Xu H, Wang G, Cai T, et al. Tunable Pancharatnam-Berry metasurface for dynamical and high-efficiency anomalous reflection. Optical Express, 2016, 24(24): 27836-27848.

[27] Liu C, Bai Y, Zhao Q, et al. Fully controllable Pancharatnam-Berry metasurface array with high conversion efficiency and broad bandwidth. Scientific Reports, 2016, 6: 34819.

[28] Li J, Yao J. Manipulation of terahertz wave using coding Pancharatnam-Berry phase metasurface. IEEE Photonics Journal, 2018, 10: 5900512.

[29] Li S, Li J, Sun J. Terahertz wave front manipulation based on Pancharatnam-Berry coding metasurface. Optical Materials Express, 2019, 9(3): 1118.

[30] Li S, Li J. Pancharatnam-Berry metasurface for terahertz wave radar cross section reduction. Chinese Physics B, 2019, 28(9): 094210.

[31] Li J. Metasurface-assisted reflection-type terahertz beam splitter. Laser Physics, 2021, 31: 026203.

[32] Li S, Li J. Manipulating terahertz wave and reducing radar cross section(RCS) by combining a Pancharatnam-Berry phase with a coding metasurface. Laser Physics, 2019, 29(7): 075403.

[33] Zhou C, Li J. Polarization conversion metasurface in terahertz region. Chinese Physics B, 2020, 29(7): 078706.

第4章 结构可变形太赫兹超表面编码

在过去几年中，超表面由于具有减少 RCS 和操纵电磁波的奇异特性而在微波波段引起了广泛关注[1-10]。相比于三维结构超材料，超表面作为二维超材料在调控电磁波方面具有独特的优越性，相对工作波长，超表面厚度可以忽略，占有较小的物理空间，且具有容易集成、插入损耗低等优点，引起了越来越多的关注，特别是在太赫兹频段和光学频段，如轨道角动量的产生[11,12]、非对称传输[13]、全息术[14]、极化转换[15]等。精心设计超表面的几何形状和尺寸，使超表面的相位分别对应着 1bit 的 0 和 π 或者分别对应着 2bit 的 0、π/2、π、3π/2 二进制编码单元，以及类似 3bit 的 "000"、"001"、"010"、"011"、"100"、"101"、"110" 和 "111" 8 个相邻相位差为 π/4 的基本单元。概括起来说就是 n bit 超表面编码，它需要 $2n$ 个基本单元结构且相邻单元间的相位差为 $2\pi/n$[16-19]。通常情况下，可以通过吸收[20-23]、光束偏转[24,25]和类似扩散的散射[26]来降低 RCS。既可以通过改变编码序列的顺序来实现对太赫兹波的不同功能控制，也可以通过随机编码序列使入射太赫兹波向各个方向散射，实现减少雷达散射截面，从而达到灵活操控太赫兹波的传播目的。

4.1 结构可变形太赫兹超表面编码机理

本节设计的可调太赫超表面编码，不同于此前所提出的思想方法。相比于以往太赫兹超表面编码，此次设计的太赫兹超表面编码创造性地提出具有可调性的太赫兹超表面编码，为验证本节所提想法，对以下提出的两种结构进行研究，结合理论与仿真于一体，进而验证其可行性。本节设计的太赫兹超表面编码均为 1bit 太赫兹超表面编码。由于 n bit 超表面编码需要 $2n$ 个基本单元结构且相邻单元间的相位差为 $2\pi/n$。因而，为实现 1bit 编码功能，本节设计的超表面编码需要两 个基本单元结构且相邻单元间的相位差为 π。

当平面波垂直照射到太赫兹超表面结构时，其远场方向函数[27-29]可表示为

$$f(\theta,\varphi)$$

$$= f_e(\theta,\varphi)\sum_{m=1}^{M}\sum_{n=1}^{N}\exp\left\{-i\left[\varphi(m,n)+KD_x\sin\theta\left(m-\frac{1}{2}\right)\cos\varphi+KD_y\left(n-\frac{1}{2}\right)\cos\varphi\sin\varphi\right]\right\}$$

$$(4-1)$$

式中，M、N 为超表面阵列中结构单元数量；K 表示自由空间波矢；D_x、D_y 分别为填

充超表面基本单元结构 "0" 或 "1" 栅格的长度和宽度；$\varphi(m,n)$ 为栅格的散射相位；θ 与 φ 为任意方向上的俯仰角和方位角；$f_e(\theta,\varphi)$ 为栅格的方向函数。由于 "0" 和 "1" 超表面单元结构的相位差为 180°，两超表面编码单元的散射特性相抵消，因此 $f_e(\theta,\varphi)$ 的辐射特性基本可以认为等于 0，相应地在计算中可以忽略不计，从而式 (4-1) 可以进一步简化表示为

$$f(\theta,\varphi)=\sum_{m=1}^{M}\exp\left\{-\mathrm{i}\left[KD_x\left(m-\frac{1}{2}\right)\sin\theta\cos\theta+m\pi\right]\right\}\sum_{n=1}^{N}\exp\left\{-\mathrm{i}\left[KD_y\left(n-\frac{1}{2}\right)+n\pi\right]\right\}$$
(4-2)

由式 (4-2) 可以得到 $f(\theta,\varphi)$ 取得最大值的条件为

$$\varphi=\pm\arctan\frac{D_x}{D_y}\,\text{和}\,\varphi=\pi\pm\arctan\frac{D_x}{D_y}$$
(4-3)

$$\theta=\arcsin\left(\frac{\lambda}{2}\sqrt{\frac{1}{D_y^2}+\frac{1}{D_x^2}}\right)$$
(4-4)

通过式 (4-3) 和式 (4-4) 联合计算可以得到垂直入射太赫兹被反射的主瓣方向，且式 (4-4) 也可以进一步简化为

$$\theta=\arcsin\left(\frac{\lambda}{\Gamma}\right)$$
(4-5)

式中，λ 为相应太赫兹频率点在自由空间的波长；Γ 为太赫兹超表面编码一个梯度周期的长度。

在设计的太赫兹超表面编码基本单元结构中挖去超表面中某一部分，用另一种材料代替，而这种材料在温度不改变的情况下，相当于基体材料，当改变温度时，则会显现出与超表面一样的金属特性。这样，通过改变外界温度的变化，就可以对超表面编码结构进行控制，从而实现可调功能[30-32]。

太赫兹频域 VO_2 的德鲁德 (Drude) 模型介电常数[33]为

$$\varepsilon(\omega)=\varepsilon_\infty-\frac{\omega_p^2\dfrac{\sigma}{\sigma_0}}{\omega^2+\mathrm{i}\omega_d\omega}$$
(4-6)

式中，$\varepsilon_\infty=12$，$\omega_p=1.40\times10^{15}\mathrm{s}^{-1}$，$\omega_d=5.57\times10^{13}\mathrm{s}^{-1}$，$\sigma_0=300000\mathrm{S/m}$。在绝缘态和全金属态下，$VO_2$ 的电导率 σ 分别为 200S/m 和 200000S/m。

太赫兹波照射到太赫兹超表面编码，在室温下，原本填充在超表面金属结构上的 VO_2 为绝缘态，当温度变化时，VO_2 从绝缘态向金属态转变，此时太赫兹超表面编码结构发生改变，整体结构如同一整块金属板，入射波原路返回。在太赫兹波照

射下，因其相邻不同结构突然转变为同一结构，此时相位差由 180° 变为 0°，太赫兹超表面编码不再有分束功能，垂直入射的太赫兹波又从原路反射回来。

4.2　方格形结构太赫兹超表面编码

4.2.1　方格形结构可调谐超表面编码单元

本节设计的方格形结构超表面编码单元如图 4-1 所示[34]。为实现可调功能，在超表面编码单元的中间挖去十字结构，并采用可随温度变化而改变其性质的材料代替，如图 4-1(b)中绿色部分所示。超表面结构编码单元由三层结构组成，采用一整块金属薄片作为底层结构，其目的在于使垂直入射的太赫兹波尽可能地被全反射回去；超表面单元结构的顶层金属结构由 4 个两两垂直对称的箭头组合而成，其厚度与底层金属结构均为 200nm；超表面单元结构中间层为聚合物聚酰亚胺，其厚度 $h = 40\mu m$，介电常数为 3.0，损耗角正切值为 0.03，基本单元结构周期常数 $P = 110\mu m$。为实现 1bit 太赫兹超表面编码的要求，需要获得两个超表面编码单元，并且这两个单元之间的相位差要接近 180°。为了获得满足条件的两个单元的反射特性，利用 CST 仿真软件进行全波数值分析，在 x 和 y 方向上采用周期性边界条件，在 z 方向上采用 Floquet 条件。本节将超表面编码单元结构周期尺寸设定为 $P = 110\mu m$，经过对结构相关参数进行反复优化设计，最终得到超表面编码单元的其他相关几何参数：$w = 6\mu m$，$s = 20\mu m$，其中，s 为超表面编码单元结构的顶层金属结构中被挖去十字结构的长度，如图 4-1(b)所示。对于 $s = 0\mu m$ 的超表面编码单元与 $s = 20\mu m$ 的超表面编码单元，两者满足要求，分别命名对应 1bit 编码中 "0" 和 "1" 两个超表面编码单元，如图 4-1(a)和(b)所示。垂直入射的太赫兹波经超表面反射后形成两束太赫兹波，如图 4-1(c)所示。

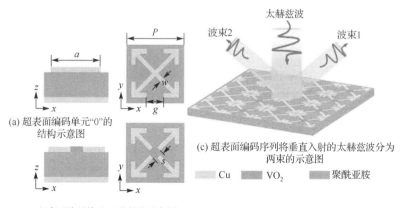

(a) 超表面编码单元"0"的
结构示意图

(b) 超表面编码单元"1"的结构示意图

(c) 超表面编码序列将垂直入射的太赫兹波分为
两束的示意图

Cu　VO₂　聚酰亚胺

图 4-1　方格形结构太赫兹超表面编码单元(见彩图)

本节分别仿真研究了当超表面编码单元中的 VO_2 为绝缘态和金属态时，不同 s 值对于反射系数的影响，从图 4-2 中可以看出，s 对结构的反射幅度几乎没有影响。为验证超表面结构单元"0"和"1"的幅度和相位是否符合条件，采用 CST 仿真软件对两个超表面编码单元进行仿真，得到其幅度和相位曲线如图 4-3 所示，图中的黑实线为超表面编码单元"0"的性能曲线，而带方框的和带三角的曲线分别表示当 VO_2 电导率为 200S/m 和 200000S/m 时超表面编码单元"1"的性能曲线。图 4-3(a) 为超表面编码单元的反射幅度，从图中我们可以看出，无论在什么工作温度下，未嵌入 VO_2 的超表面编码单元"0"的太赫兹反射幅度都不会改变，但是对于超表面编码单元"1"来说，在室温和 68℃时反射幅度发生了很大的改变。图 4-3(b) 与(c) 描述了超表面编码单元的反射相位和相位差，可以看出金属态的 VO_2 的反射相位与超表面编码单元"0"的相位差几乎为 0，此时整个超表面等效为一个金属板，会将垂直入射的太赫兹波以 0° 的偏转角完全反射回入射端口。从图 4-3 中可以看出，当超表面编码单元结构中的 VO_2 电导率为 200S/m 时，在 0.6~1.4THz 内这两个超表面单元反射幅度均大于 0.8，基本符合全反射条件；由图 4-3(c)中的两单元反射相位差可以看出在0.8~1.3THz 内，两个超表面编码单元的反射相位差较为接近180°，两个超表面编码单元在反射相位和反射幅度上均满足编码条件，因此，可选用这两个超表面编码单元来作为 1bit 太赫兹超表面编码的基本元素。

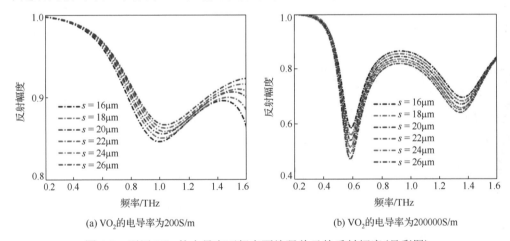

(a) VO_2的电导率为200S/m   (b) VO_2的电导率为200000S/m

图 4-2　不同 VO_2 的电导率下超表面编码单元的反射幅度(见彩图)

由图 4-3 可知，两个超表面编码单元在频率为 1THz 处反射幅度均大于 0.8，且两者相位差最接近180°，因此，在接下来的工作中，工作频率选在 1THz 处。对于两个不同超表面编码单元，通过仿真得到在工作频率为 1THz 时每一个超表面编码单元的顶层金属结构电场强度分布(图 4-4)。

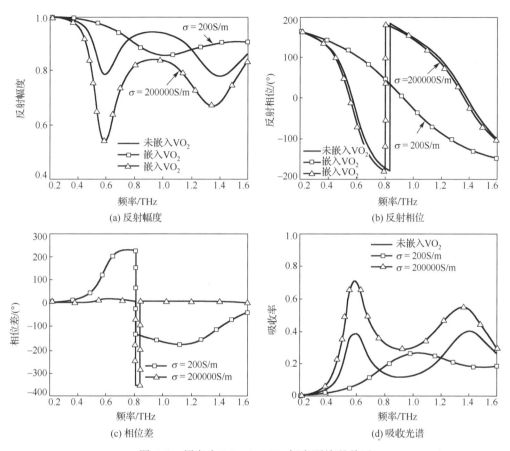

图 4-3　频率为 0.2～1.6THz 超表面编码单元
室温下和 68℃ 下 VO$_2$ 的电导率分别为 200S/m 和 200000S/m

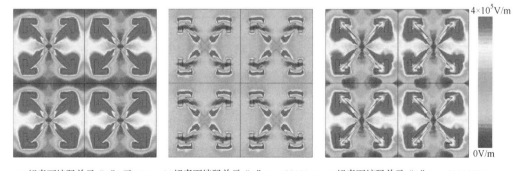

(a) 超表面编码单元 "0" (无VO$_2$)　(b)超表面编码单元 "1" (σ = 200S/m)　(c)超表面编码单元 "1" (σ = 200000S/m)

图 4-4　工作频率为 1THz 时每一个超表面编码单元的顶层金属结构电场强度分布图

4.2.2 仿真分析

如图 4-5(a)所示，1bit 超表面编码是由 32×32 个超表面编码单元组成的编码序列，沿 x 轴正方向以"00001111…"进行周期排列；图 4-5(b)为 32×32 随机编码超表面示意图。由图 4-6(a)可以看出，当 VO_2 的电导率从 200S/m 变为 200000S/m 时，超表面编码单元"1"的反射相位从−28°变为 142°，反射幅度从 0.86 变为 0.84，对于超表面编码单元"0"，反射相位与反射幅度始终保持在 146°和 0.94。如图 4-6(b)所示，可以看到，升温之后随着 VO_2 的电导率由 200S/m 变为 200000S/m，超表面编码单元"0"和超表面编码单元"1"的相位差从 174°变为 4°。

(a) 沿 x 轴正方向编码序列以"00001111…"
周期排列的 32×32 超表面编码

(b) 32×32 的随机编码超表面示意图

图 4-5 不同编码排布的 32×32 超表面结构

线偏振平面波沿 z 轴正方向垂直入射，此时可以看出，垂直入射的线偏振平面波被太赫兹超表面编码反射形成两束对称的主瓣，如图 4-6(c)所示，两个主瓣的俯仰角 $\theta = \arcsin(\lambda/\Gamma) = 19.9°$，对应方向分别为（$\theta = 19.9°$，$\varphi = 0°$）和（$\theta = 19.9°$，$\varphi = 180°$），其中，$\lambda$ 为 1THz 的波长，$\Gamma = 8×110\mu m$。当温度升至 68°时，由于超表面编码单元"0"和超表面编码单元"1"的相位差消失，所以对于垂直入射的线偏振

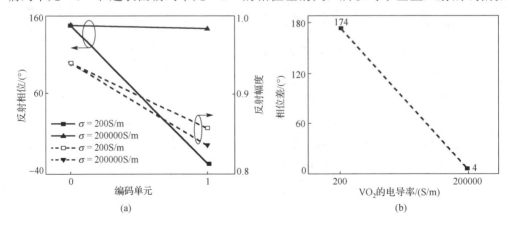

(a)

(b)

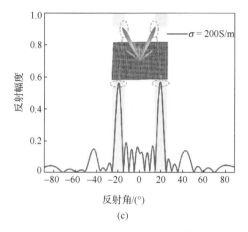
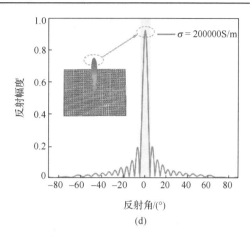

图 4-6　不同 VO₂ 的电导率下超表面编码单元太赫兹波反射特性

(a)当工作频率为 1THz 时，超表面编码单元"0"和超表面编码单元"1"的反射相位(虚线)和反射幅度(实线)
(VO₂ 的电导率分别为 200S/m 和 200000S/m)；(b)当工作频率为 1THz 时，超表面编码单元"0"和超表面编码单元
"1"之间的相位差(VO₂ 的电导率分别为 200S/m 和 200000S/m)；(c)和(d)为工作频率为 1THz 时，
垂直入射的线偏振平面波在不同温度下超表面编码的反射远场图及归一化二维远场图

平面波不再产生分束的效果，如图 4-6(d)所示。从图 4-6 可以看出，可以通过调控温度来控制编码超表面。

图 4-7(a)～(c)显示了在室温和在 68℃的 1THz 太赫兹波的法向入射下，裸金属板和尺寸相同的随机编码超表面的三维远场散射图。如图 4-7(d)所示，在 1THz LP 波垂直入射下，已经模拟了双静态可编程超表面编码和尺寸相同的裸金属板的双静态 RCS 分布。垂直入射的太赫兹波在室温 25℃时会反射到多个方向，在 1THz 的频率下，最大 RCS 降低约为−20dB。在研究过程中发现，在室温 25℃时，超表面编码比在 68℃时具有更强的抑制后向散射的能力。图 4-8 为在 LP 波垂直入射的情况下，0.2～1.6THz 不同温度的裸金属板和相同尺寸的超表面编码的 RCS 振幅。在室温下 RCS 降低，几乎低于−3dB。温度升至 68℃后，在该频带内 RCS 的降低明显增加，尤其是在 0.5～1.3THz 的范围内。在 1.1THz 的频率下，最大 RCS 降低约为−30dB。

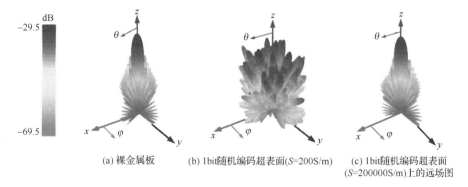

(a) 裸金属板　　　(b) 1bit随机编码超表面(S=200S/m)　　　(c) 1bit随机编码超表面
　　　　　　　　　　　　　　　　　　　　　　　　　　　　(S=200000S/m)上的远场图

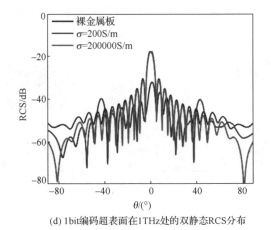

(d) 1bit编码超表面在1THz处的双静态RCS分布

图 4-7　工作频率为 1THz 时线性偏振平面波垂直入射超表面编码单元
的太赫兹波反射特性(见彩图)

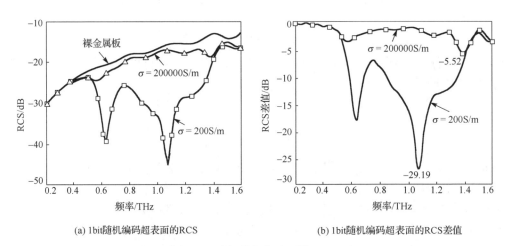

(a) 1bit随机编码超表面的RCS　　　　　(b) 1bit随机编码超表面的RCS差值

图 4-8　随机编码超表面的 RCS

　　为了研究具有不同入射角的 1bit 随机编码超表面的反射特性,使用 CST 仿真软件进行了仿真。图 4-9 显示了 1bit 随机编码超表面($\sigma = 200$S/m)、1bit 随机编码超表面($\sigma = 200000$S/m)和裸金属板在工作频率为 1THz 时具有不同入射角度的远场散射图,从图 4-9 中可以看出,入射角的变化对 RCS 减小的幅度具有很大的影响。从仿真结果中可以看出,当工作频率为 1THz 时,太赫兹波以 45° 入射到 1bit 随机编码超表面上产生的 RCS 比相同频率以 30° 入射到该编码超表面上产生的 RCS 要大得多。图 4-10 显示了在 0.2~1.6THz 内,太赫兹波分别以 30° 和 45° 入射到所设计超表面上产生的双静态 RCS 分布图。

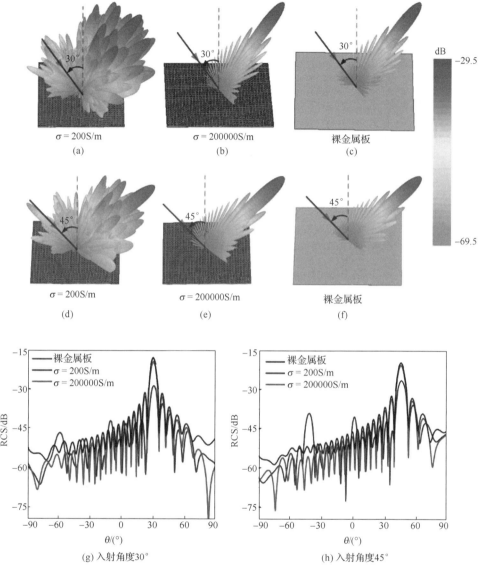

图 4-9 工作频率 1THz 下不同入射角编码超表面太赫兹波传输特性（见彩图）

当入射角为 30°和 45°时，(a) 与 (d) 为 1bit 随机编码超表面的远场散射图（$\sigma = 200$S/m）；

(b) 与 (e) 为 1bit 随机编码超表面的远场散射图（$\sigma = 200000$S/m）；

(c) 与 (f) 为金属板的远场散射模式；(g) 与 (h) 为 1bit 随机编码超表面（$\sigma = 200$S/m）、

1bit 随机编码超表面（$\sigma = 200000$/m）和金属板的双静态散射 RCS

本节提出的可调谐的超表面编码，结合相变材料 VO_2，所呈现的编码超表面可以通过改变温度来灵活地控制反射的太赫兹光束而不用改变编码单元的尺寸和结构。仿真结果表明，本节提出的超表面编码可以在 1THz 频率处有效地将 RCS 最多降低 30dB，其提供了一种新颖的方法在一定频带内实现反射的太赫兹光束操纵，在雷达隐身、太赫兹成像、传感和宽带通信领域有很丰富的应用前景。

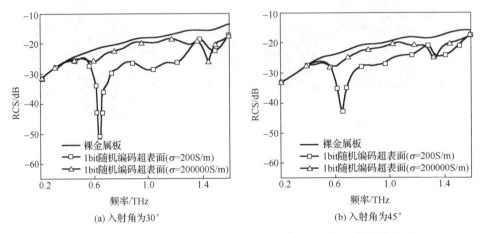

(a) 入射角为30°   (b) 入射角为45°

图 4-10　1bit 随机编码超表面（$\sigma = 200S/m$）、1bit 随机编码超表面
（$\sigma = 200000S/m$）和金属板的静态 RCS 分布

4.3　缺口轮结构太赫兹超表面编码

4.3.1　缺口轮结构超表面编码单元

设计的缺口轮结构超表面编码单元如图 4-11(a) 和(b)所示。其中图 4-11(a) 为缺口轮结构超表面编码单元中的"0"单元，图 4-11(b) 为缺口轮结构超表面编码单元中的"1"单元。其中，"1"单元中间的开孔同样是由可变的材料填充的，当温度改变时，中间材料改变性质与顶层结构相连，形成与"0"超表面单元一样的结构。缺口轮结构超表面编码单元结构由三层结构组成，采用一整块金属薄片作为底层结构，其目的在于使垂直入射的太赫兹波尽可能地被全反射回去；缺口轮结构超表面编码单元的顶层金属是由圆环与十字结构组合，经过变化而成的，其厚度与底层金属结构均为 200nm；缺口轮结构超表面编码单元结构中间层为聚酰亚胺，其厚度 $h = 35\mu m$、介电常数为 3.0，损耗角正切值为 0.03，缺口轮结构超表面编码单元结构周期常数 $P = 110\mu m$。

为满足 1bit 太赫兹超表面编码的要求，两个缺口轮结构超表面单元之间的相位差要接近 180°。为了获得满足条件的两个缺口轮形超表面编码单元的反射特性，利用 CST 仿真软件进行全波数值分析，条件设定为在 x 和 y 方向上为周期性边界条件，在 z 方向上采用 Floquet 条件。设计所用缺口轮结构超表面结构单元结构周期 $P = 110\mu m$，经过对结构相关参数进行反复优化设计，最终得到缺口轮结构超表面编码单元"0"和缺口轮结构超表面编码单元"1"的其他相关几何参数,分别如图 4-12(a)和(b)所示。其中,$R = 40.5\mu m$,$d = 20\mu m$,$w = 6\mu m$,$s = 8\mu m$。

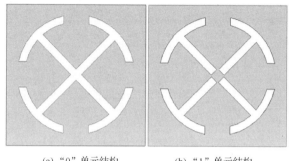

(a)"0"单元结构　　　　　　(b)"1"单元结构

图 4-11　缺口轮结构太赫兹超表面编码单元结构

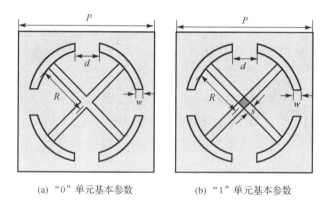

(a)"0"单元基本参数　　　　　(b)"1"单元基本参数

图 4-12　缺口轮结构超表面编码基本单元集合参数

得到"0"和"1"两个缺口轮结构超表面编码基本单元的具体几何参数后,利用 CST 仿真软件对两个超表面单元进行幅度和相位特性分析,仿真结果如图 4-13(a)和(b)所示。图 4-13(a)为缺口轮结构超表面编码基本单元反射幅度曲线图,从图中可以看出,在 0.65~1.45THz 内这两个缺口轮结构超表面编码单元反射幅度均大于 0.8,基本符合全反射条件;图 4-13(b)为缺口轮结构超表面编码单元的反射相位曲线图,在 0.8~1.3THz 内,两个基本单元的反射相位差较为接近 180°,两个基本单元在反射相位和反射幅度上均满足编码条件,因此,可选用这两个缺口轮结构超表面编码基本单元来作为 1bit 太赫兹超表面编码的基本元素。

同样地,由图 4-13 可知,两个缺口轮结构超表面编码单元在频率为 1.1THz 处反射幅度均大于 0.9,且两者相位差最接近 180°。后续计算中工作频率 $f = 1.1$THz。对于两个缺口轮结构超表面编码单元,计算得到 $f = 1.1$THz 时每一个单元结构的顶层金属结构表面电流分布,如图 4-14 所示。

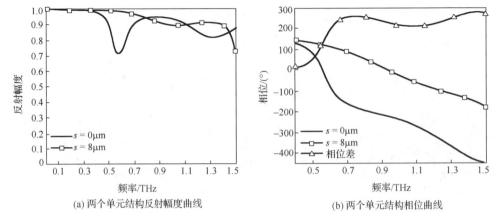

(a) 两个单元结构反射幅度曲线　　　　　　　(b) 两个单元结构相位曲线

图 4-13　缺口轮结构超表面编码基本单元幅度与相位特性

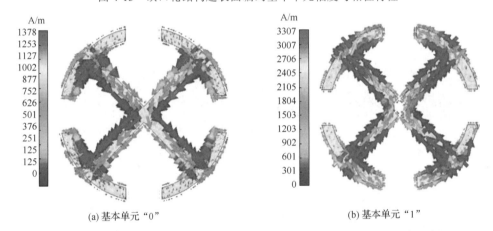

(a) 基本单元 "0"　　　　　　　　　(b) 基本单元 "1"

图 4-14　当工作频率为 1.1THz 时两个基本单元顶层金属结构表面电流分布图

4.3.2　仿真分析

为验证所设计 1bit 太赫兹超表面编码的性能，本节设计三种不同排列方式的常规太赫兹超表面编码结构，利用软件对三种不同 1bit 太赫兹超表面编码进行建模计算。为降低相邻单元之间的耦合影响，使其达到最小化，采用由相同基本单元组成的 4×4 阵列作为超级单元来替代基本单元。同样地，将由相同的 "0" 基本单元组成的超级单元标记为 "00"，将由相同的 "1" 基本单元组成的超级单元标记为 "01"。

第一种排列方式，将两个超级单元沿 y 轴 "00-01-00-01⋯" 进行周期排列，形成 1bit 太赫兹超表面编码，线偏振平面波沿 z 轴正方向垂直入射，其仿真结果的三维远场散射图和二维电场图，如图 4-15(a) 和 (b) 所示。此时可以看出，垂直入射的线偏振平面波被太赫兹超表面编码反射形成两束对称的主瓣，两个主瓣的俯仰角 $\theta = \arcsin(\lambda/\Gamma) = 18°$，对应方向分别为 $(\theta = 18°, \varphi = 90°)$ 和 $(\theta = 18°, \varphi = 270°)$，其中 λ

为 1.1THz 的波长，$\Gamma = 8 \times 110\mu m$ 是物理周期长度。此外，太赫兹超表面编码的顶层金属单个周期结构在不同偏振波下的能量分布和表面电流分布如图 4-16 和图 4-17 所示。其中，图 4-16(a)、图 4-17(a) 与图 4-16(b)、图 4-17(b) 分别表示 TE 和 TM 偏振下太赫兹超表面编码顶层金属单个周期结构的能量分布和表面电流分布。

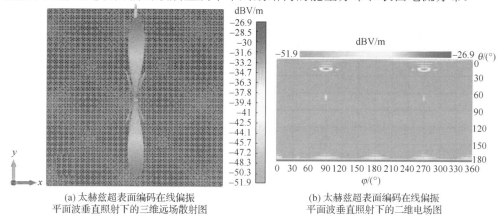

(a) 太赫兹超表面编码在线偏振　　　　　　　　　　(b) 太赫兹超表面编码在线偏振
平面波垂直照射下的三维远场散射图　　　　　　　平面波垂直照射下的二维电场图

图 4-15　当工作频率 $f = 1.1THz$ 时，第一种 1bit 太赫兹超表面
编码在线偏振平面波垂直照射下的仿真结果

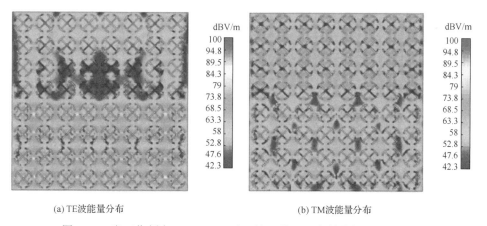

(a) TE波能量分布　　　　　　　　　　　　　　(b) TM波能量分布

图 4-16　当工作频率 $f = 1.1THz$ 时，第一种 1bit 太赫兹超平面结构的
顶层金属单个周期结构能量分布

　　第二种排列方式，将两个超级单元沿 x 轴正方向以"00-01-00-01/01-00-01-00…"棋盘式依次排列，形成第二种 1bit 太赫兹超表面编码，当线偏振平面波垂直入射到太赫兹超表面编码时，其仿真结果的三维远场散射图和二维电场图如图 4-18(a) 和 (b) 所示。此时可以看出，垂直入射的线偏振平面波被太赫兹超表面编码反射形成 4 个主瓣，由式(4-3)与式(4-5)计算出其俯仰角和方位角分别为 $(\theta, \varphi) = (25.9°, 45°)$、$(\theta, \varphi) = (25.9°, 135°)$、$(\theta, \varphi) = (25.9°, 225°)$ 和 $(\theta, \varphi) = (25.9°, 315°)$。此外，太赫兹

超表面编码的顶层金属单个周期结构在不同偏振波下的能量分布和表面电流分布如图 4-19 和图 4-20 所示。其中，图 4-19（a）、图 4-20（a）与图 4-19（b）、图 4-20（b）分别表示 TE 和 TM 偏振下太赫兹超表面编码顶层金属单个周期结构的能量分布和表面电流分布。

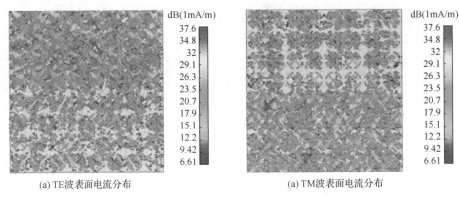

(a) TE波表面电流分布　　　　　　　　　　　　　　(a) TM波表面电流分布

图 4-17　工作频率 f = 1.1THz 时，第一种 1bit 超平面结构的
顶层金属单个周期结构表面电流分布

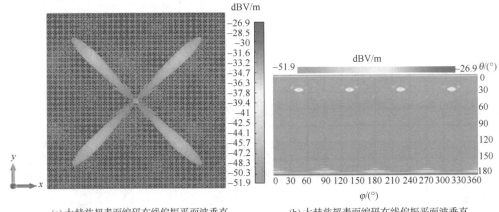

(a) 太赫兹超表面编码在线偏振平面波垂直　　　　　(b) 太赫兹超表面编码在线偏振平面波垂直
　　　照射下的三维远场散射图　　　　　　　　　　　　　照射下的二维电场图

图 4-18　当工作频率 f = 1.1THz 时，第二种 1bit 太赫兹
超表面编码在线偏振平面波垂直照射下的仿真结果

　　　第三种排布方式，将两个超级单元在第二种排列方式的基础上，以"00-00-01-01-00-00-01-01⋯/01-01-00-00-01-01-00-00⋯"周期排列，形成第三种 1bit 太赫兹超表面编码，当线偏振平面波垂直入射到太赫兹超表面编码时，其仿真结果的三维远场散射图和二维电场图如图 4-21（a）和（b）所示。由图 4-21 可以看出，当线偏振平面波垂直入射到太赫兹超表面编码时，与第二种太赫兹超表面编码类似，反射形成 4 个主瓣，但由于栅格尺寸较前者大，所以其俯仰角相应变小。此时，4 个主瓣的俯仰角和方

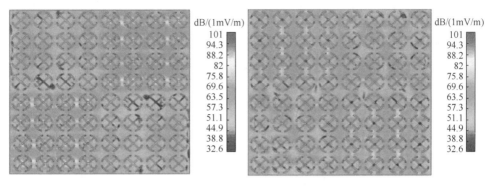

(a) TE波能量分布　　　　　　　　　　　　　(b) TM波能量分布

图 4-19　工作频率 $f = 1.1\text{THz}$ 时，第二种 1bit 超平面结构的顶层金属单个周期结构能量分布

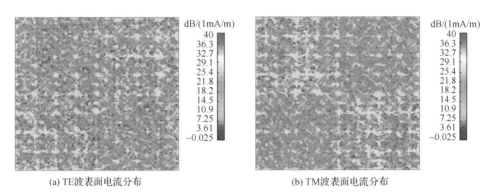

(a) TE波表面电流分布　　　　　　　　　　　(b) TM波表面电流分布

图 4-20　当 $f = 1.1\text{THz}$ 时，第二种 1bit 超平面结构的顶层金属单个周期结构表面电流分布

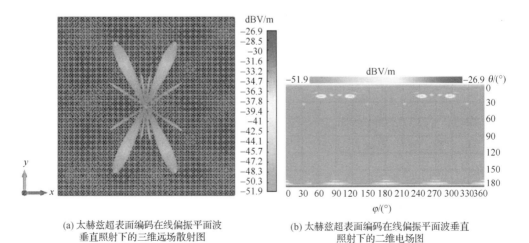

(a) 太赫兹超表面编码在线偏振平面波　　　　(b) 太赫兹超表面编码在线偏振平面波垂直
　　垂直照射下的三维远场散射图　　　　　　　　照射下的二维电场图

图 4-21　当工作频率 $f = 1.1\text{THz}$ 时，第三种 1bit 太赫兹超表面
编码在线偏振平面波垂直照射下的仿真结果

位角为 $(\theta, \varphi) = (18°, 63.4°)$、$(\theta, \varphi) = (18°, 116.6°)$、$(\theta, \varphi) = (18°, 243.4°)$ 和 $(\theta, \varphi) = (18°, 296.6°)$，结果与式(4-3)和式(4-5)计算结果相吻合。此外，太赫兹超表面编码的顶层金属单个周期结构在不同偏振波下的能量分布和表面电流分布如图4-22 和图4-23 所示。其中，图4-22(a)、图4-23(a)与图4-22(b)、图4-23(b)分别表示 TE 和 TM 偏振下太赫兹超表面编码顶层金属单个周期结构的能量分布和表面电流分布。

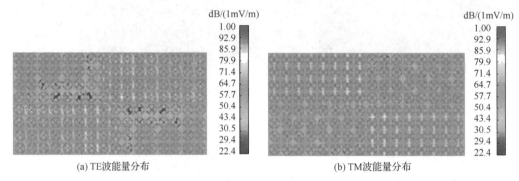

(a) TE波能量分布　　　　　　　　　　　　　　　(b) TM波能量分布

图 4-22　工作频率 $f = 1.1\text{THz}$ 时，第三种 1bit 超表面结构的顶层金属单个周期结构能量分布

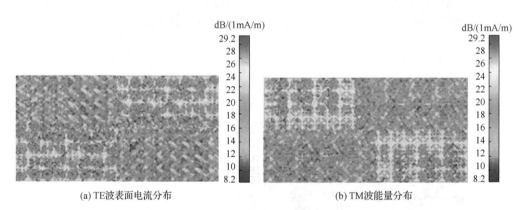

(a) TE波表面电流分布　　　　　　　　　　　　　(b) TM波能量分布

图 4-23　工作频率 $f = 1.1\text{THz}$ 时，第三种排列方式超表面结构的
顶层金属单个周期结构表面电流分布

　　同样地，通过以上分析可知，本节设计的太赫兹超表面编码在 1.1THz 下可以很好地实现太赫兹超表面编码功能，这为接下来的工作提供了必要的条件。我们采用的填充材料是 VO_2 材料，这种材料在温度改变时，会出现绝缘态和全金属态，完全符合实验要求。这里采用有无外加激光来改变顶层结构温度，以此达到 VO_2 材料由绝缘态向全金属态特性的转变。在无外加激光入射情况下，温度不会发生明显变化，中间挖去部分结构的材料性质不会发生改变，处于绝缘态，如同基体，此时太赫兹超表面编码中两种不同结构之间相位差在 180° 左右，符合 1bit 太赫兹超表面编码要求，故而本节设计的 1bit 太赫兹超表面编码可实现波束分离，结果如同前面的分析；

当外加激光入射到超表面结构上时，中间部分填充结构的材料性质发生变化，由绝缘态转变为全金属态，此时与顶层金属形成一个整体结构，同时认为太赫兹超表面编码上顶层金属结构几乎一样，即相当于基本超表面单元结构"0"和"1"为同一种结构，两者相位差接近于 0°。当太赫兹波垂直入射时，此时的太赫兹超表面编码相当于一整块金属板，如图 4-24 所示。可以看出，在外加激光时，太赫兹超表面编码顶层金属结构完全一样，当太赫兹波垂直入射太赫兹超表面编码时，太赫兹波被原路反射回来，不再有前面的结果。

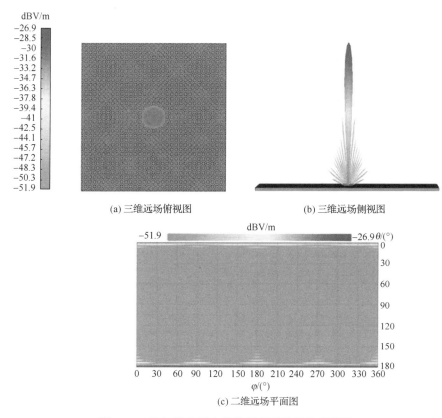

(a) 三维远场俯视图　　　　　　　(b) 三维远场侧视图

(c) 二维远场平面图

图 4-24　外加激光后太赫兹超表面编码仿真结果

4.4　开口框形结构太赫兹超表面编码

4.4.1　开口框形结构超表面编码单元

开口框形结构超表面编码单元顶层结构如图 4-25 所示[35]，它由开口谐振框(黄色部分)和 VO$_2$(蓝色部分)组成(厚度为 0.2μm)；底层为金属板，用于实现全反射；

顶层结构和底层金属板之间为聚酰亚胺薄膜，介电常数 $\varepsilon = 3.5$，厚度 $h = 39\mu m$，如图 4-25(a) 所示。其他几何参数 $a = 48\mu m$，$b = 46\mu m$，$P = 79\mu m$。从图 4-25(b) 可以看出，单元结构旋转角 α 旋转方向为逆时针。在经过多次旋转后，获得多个相位不同但具有固定相位差的编码单元来实现不同编码。

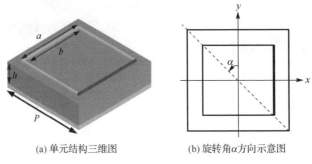

(a) 单元结构三维图　　　　　(b) 旋转角 α 方向示意图

图 4-25　开口框形结构超表面编码单元顶层结构(见彩图)

当 VO_2 为绝缘态时，开口框形编码单元"00"、"01"、"10"和"11"的反射幅度与反射相位如图 4-26 所示，图中 4 种开口框形结构超表面编码单元对应的旋转角 α 分别为 0°、45°、90°和 135°。在 0.6～1.2THz 内，4 种开口框形超表面编码单元的交叉偏振反射幅度接近 0.9，共极化反射幅度位于 0.3 以下。开口框形结构超表面编码单元对应的交叉偏振反射相位如图 4-26(b) 和 (d) 所示。在 0.6～1.2THz 内，相邻开口框形结构超表面编码单元的相位差约为 90°。为了减少开口框形结构超表面编码单元的耦合效应，采用 4×4 开口框形超表面编码单元作为一个超级编码单元。

当 VO_2 由绝缘态转变为金属态时，顶层谐振器结构由各向异性开口谐振器转变为各向同性封闭谐振器。在 0.6～1.2THz 内，交叉极化反射幅度急剧降至 0.2，共极

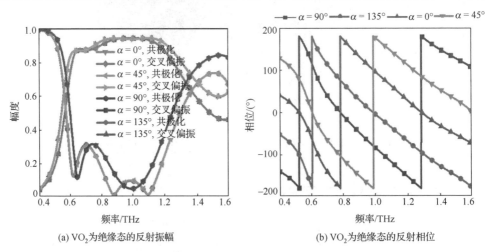

(a) VO_2 为绝缘态的反射振幅　　　　　(b) VO_2 为绝缘态的反射相位

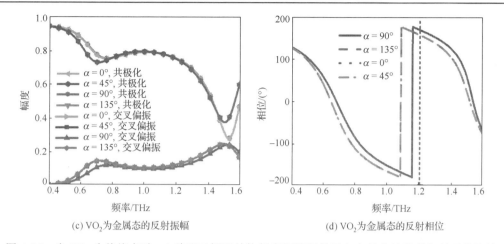

(c) VO$_2$为金属态的反射振幅　　　　　　(d) VO$_2$为金属态的反射相位

图 4-26　当 VO$_2$ 为绝缘态时，4 种开口框形结构超表面编码单元在太赫兹波垂直入射下的特性

化反射幅度上升至 0.8，如图 4-26(c)所示。此时，开口框形结构超表面编码单元之间共极化反射相位几乎相同。

为了了解开口框形结构超表面单元结构反射幅度和反射相位的变化，在 1.2THz 处分析了不同相态的 VO$_2$ 对开口框形结构超表面编码单元顶部电场分布的影响（图 4-27）。当 VO$_2$ 为绝缘态时，电场主要分布在金属开口谐振框上，如图 4-27(a)

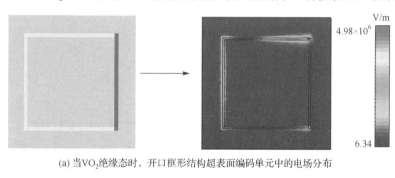

(a) 当VO$_2$绝缘态时，开口框形结构超表面编码单元中的电场分布

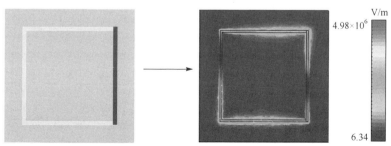

(b) 当VO$_2$金属态时，开口框形结构超表面编码单元中的电场分布

图 4-27　在频率 1.2THz 处，开口框形结构太赫兹超表面编码单元顶部结构中
VO$_2$ 不同相态对电场分布的影响（见彩图）

所示。当 VO₂ 为金属态时，编码单元谐振结构是各向同性且对称的，电场分布在整个图案结构上，如图 4-27(b) 所示。

4.4.2　仿真分析

超表面编码由预先设计的编码序列构成，实现了对太赫兹波偏振转换、分束控制和 RCS 缩减。当 VO₂ 为绝缘态时，本节设计的开口框形超表面编码存在特定的相位突变，可有效地实现预设功能。因为图 4-26(a) 中开口框形结构超表面编码单元的交叉极化反射幅度达到 0.9，所以垂直入射的 LCP 波以 RCP 波的形式反射。当 VO₂ 为金属态时，开口框形结构超表面编码中相位分布一致，丧失了原先预设功能，入射太赫兹波只能原路反射回去。

在频率 1.2THz 处，由编码序列"00 00 10 10…"沿 x 轴周期分布的 1bit 超表面编码在 LCP 波垂直入射到绝缘态和金属态的三维远场散射图和二维远场图如图 4-28 所示。从图 4-28(a) 可以看出，垂直入射的太赫兹波被开口框形结构超表面编码反射成两束对称的波束，并由图 4-28(b) 中的 xoy 平面图可以看出，反射波束分别在(θ, φ)=(13.1°, 0°) 和 (θ, φ)=(13.1°, 180°) 上，与图 4-28 所示的二维远场图计算结果一致。由图 4-28(d)~(f) 可以看出，当 VO₂ 为金属态时，入射太赫兹波会形成一束位于 (θ, φ)=(0°, 0°) 的反射波。同样地，由编码序列"00 10…/10 00…"沿 x 轴周期

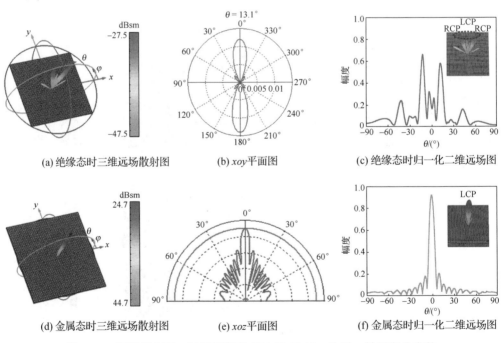

(a) 绝缘态时三维远场散射图　　(b) xoy平面图　　(c) 绝缘态时归一化二维远场图

(d) 金属态时三维远场散射图　　(e) xoz平面图　　(f) 金属态时归一化二维远场图

图 4-28　不同相态下，以编码序列"00 00 10 10…"沿 x 轴周期分布的
1bit 超表面编码远场图

分布的 1bit 超表面编码在 LCP 波垂直入射到绝缘态和金属态的三维远场散射图和二维远场图如图 4-29 所示。从图 4-29(a) 可以看出，垂直入射的太赫兹波被开口框形结构超表面编码反射成 4 束对称的波束，并由图 4-29(b) 中的 xoy 平面图可以看出，反射波束分别在 $(\theta, \varphi)=(39.9°, 45°)$、$(\theta, \varphi)=(39.9°, 135°)$、$(\theta, \varphi)=(39.9°, 225°)$ 和 $(\theta, \varphi)=(39.9°, 315°)$ 上，与图 4-29 所示的二维远场图计算结果一致。由图 4-29(d)～(f) 可以看出，当 VO_2 为金属态时，入射太赫兹波会形成一束位于 $(\theta, \varphi)=(0°, 0°)$ 的反射波。图 4-30 为编码序列 "00 01 10 11…" 沿 x 轴周期分布的 2bit 超表面编码在绝缘态和金属态下的三维远场散射图和二维远场图。由图 4-30(a) 可知，当 VO_2 处于绝缘态时，实现了异常反射。反射太赫兹波束方向为 $(\theta, \varphi)=(13.1°, 0°)$。当 VO_2 处于金属态时，超表面编码类似于裸金属板，失去了操控太赫兹波的功能，只形成一束反射波。

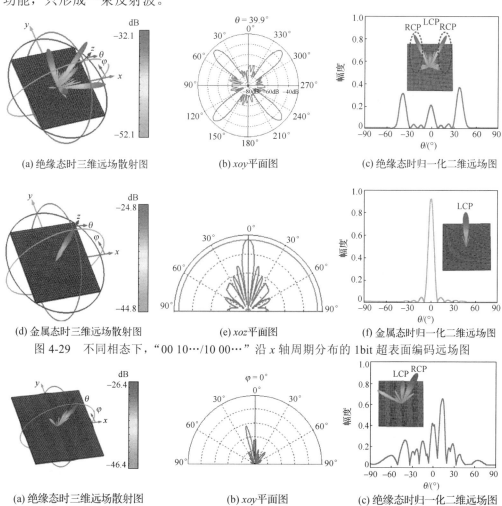

(a) 绝缘态时三维远场散射图　　　(b) xoy 平面图　　　(c) 绝缘态时归一化二维远场图

(d) 金属态时三维远场散射图　　　(e) xoz 平面图　　　(f) 金属态时归一化二维远场图

图 4-29　不同相态下，"00 10…/10 00…" 沿 x 轴周期分布的 1bit 超表面编码远场图

(a) 绝缘态时三维远场散射图　　　(b) xoy 平面图　　　(c) 绝缘态时归一化二维远场图

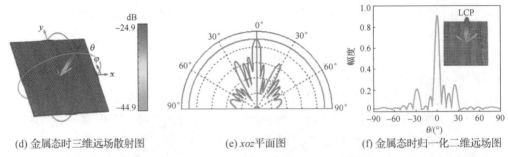

(d) 金属态时三维远场散射图　　　　　(e) xoz平面图　　　　　(f) 金属态时归一化二维远场图

图 4-30　不同相态下，"00 01 10 11…"沿 x 轴周期分布的 2bit 超表面编码远场图

利用随机编码序列构造了 1bit 和 2bit 随机超表面编码(图 4-31)，有效地抑制后向散射，实现 RCS 缩减。图 4-32 给出了在不同相态时，1bit 和 2bit 随机超表面编

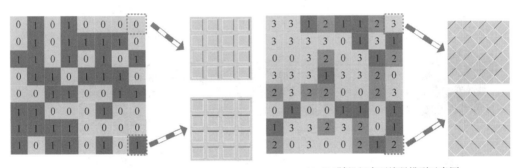

(a) 1bit随机超表面编码排列示意图　　　　　(b) 2bit随机超表面编码排列示意图

图 4-31　随机开口框形结构超表面编码序列

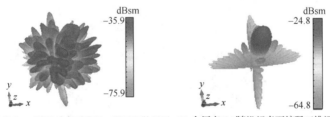

(a) 绝缘态1bit随机超表面编码三维远场散射图　(b) 金属态1bit随机超表面编码三维远场散射图

(c) 绝缘态2bit随机超表面编码三维远场散射图　(d) 金属态2bit随机超表面编码三维远场散射图　(e) 相同尺寸金属板三维远场散射图

图 4-32　不同相态下，1bit、2bit 随机超表面编码和相同尺寸金属板在 1.2THz 处的三维远场散射图

码及相同尺寸金属板在 1.2THz 处 LCP 波垂直入射的三维远场散射图。因随机超表面编码单元存在随机相位分布，入射太赫兹波被反射到多个方向，产生多束能量较小的旁瓣，大大抑制后向散射波，有效地降低了 RCS。为进一步描述可调谐超表面编码的 RCS 缩减性能，图 4-33 给出了在 LCP 波垂直入射下，两种随机超表面编码与相同尺寸裸金属板在 0.4~1.6THz 内的 RCS 分布，其中黑色和红色曲线分别对应于 1bit 和 2bit 随机超表面编码的 RCS 值。从图 4-33 可以发现，绝缘态下的超表面编码都可以有效地降低 RCS。相反，金属态下的超表面编码与裸金属板无异。此外，在频带范围内，RCS 缩减最大可达 15dB。

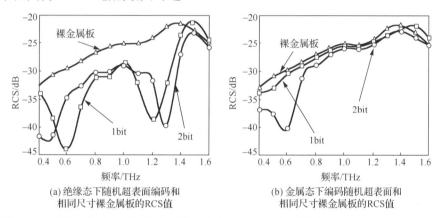

(a) 绝缘态下随机超表面编码和　　　　　　(b) 金属态下编码随机超表面和
　　相同尺寸裸金属板的RCS值　　　　　　　　相同尺寸裸金属板的RCS值

图 4-33　不同相态下，随机超表面编码和相同尺寸裸金属板在 0.4~1.6THz 内的 RCS

4.5　E 形结构可调谐超表面编码

4.5.1　E 形结构超表面编码的理论分析

整个超表面编码结构对电磁波的散射效应是由所有编码粒子共同作用产生的。对于由 $M×N$ 编码粒子组成的 xoy 平面阵列，当平面波垂直照射到编码元面时，其远场方向函数可由式(4-1)和式(4-2)表示。

当超表面编码由沿 x 或 y 方向的周期编码序列组成时，太赫兹波俯仰角可以由 $\theta = \arcsin(\lambda / \Gamma)$ 计算得出。因此，改变 Γ 是提高特定工作波长和相同编码比特下光束分裂自由度的关键因素，这意味着可以通过改变编码序列来控制太赫兹光束分裂。

4.5.2　E 形结构超表面编码单元的设计

图 4-34 为 E 形结构超表面编码单元及其性能曲线。它的顶层由 E 形结构组成，中间介电层和底部金属板的编码单元的三维示意图如图 4-34 (a)所示。E 形结构的几

何参数为 $s = 48\mu m$ 和 $a = 46\mu m$，U 形结构（黄色部分）填充金，紫色部分填充 VO_2。其中单元周期长度 $P = 69\mu m$，介电常数 $\varepsilon = 3.5$ 的聚酰亚胺介电衬底厚度 $h = 39\mu m$。在聚酰亚胺和厚度为 $0.2\mu m$ 的金属基板上涂覆 VO_2 与金膜。如图 4-34（b）所示，用 CST 仿真软件计算在 LCP 波和 RCP 波垂直入射下，编码单元在 0.4～1.6THz 内共极化和交叉极化的反射幅度。当激励为 LCP（RCP）波时，反射波主要为 RCP（LCP）波，反射幅度小于–1dB。这是因为超表面编码单元的底部金属基板将垂直入射的 CP 波几乎完全反射并逆转其状态。由图 4-34 可知，在 LCP/RCP 波正常入射下，存在 0.625THz、0.865THz、1.075THz 三个共振点。通过旋转 E 形结构可以得到所需的编码粒子。如图 4-35（a）所示，当顶部结构的旋转角为 α 时超表面编码单元将生成一个 $\pm 2\alpha$ 相移，其中"+"和"–"分别表示 LCP 波和 RCP 波。为了控制太赫兹波传输方向，在不同的编码方式下，需要使用不同相位信息但相位差固定的多个 E 形超表面编码单元。具体而言，对于 3bit E 形结构超表面编码，应使用 8 个固定反射相位差为 45° 的 E 形结构超表面编码单元来代替"000"、"001"、"010"、"011"、"100"、"101"、"110"和"111"。对于 1bit 和 2bit 超表面编码，则需要两个相位差为 180° 的 E 形结构超表面编码单元和 4 个相位差为 90° 的相邻 E 形结构超表面编码单元来替换"0""1"和"00""01""10""11"。因此，为了获得 8 个基本的 E 形结构超表面编码单元，旋转角 α 为 0°～157.5°，步长为 22.5°。图 4-35（b）表示在正常 LCP 波入射下，顶部图案在不同旋转角度 α 下的交叉极化反射幅度。从图 4-35 中可以看出，在 0.4～1.6THz 内，8 个 E 形结构超表面编码基本单元的反射幅度接近 0.9dB。并且在整个频率范围内，相邻 E 形结构超表面编码单元之间的相位差为 45°。图 4-35（c）是 8 个基本编码单元的顶部视图。为了减小相邻 E 形结构超表面编码单元的耦合效应，采用 4×4 基本 E 形结构超表面编码单元作为超级编码单元。

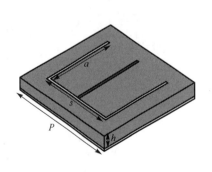
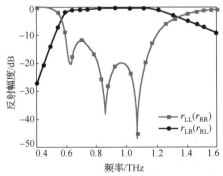

(a) E形结构超表面编码单元的三维示意图　　(b) E形结构超表面单元结构在正常LCP(RCP)波
　　　　　　　　　　　　　　　　　　　　　　　　入射下的反射幅度

图 4-34　E 形结构超表面编码单元及其性能曲线（见彩图）

在研究了超表面编码单元的反射幅度后，将重点放在相位上。图 4-36（a）和（b）给出了当 VO_2 电导率 $\sigma = 180000S/m$ 和 $\sigma = 100S/m$ 时的超表面编码单元的反射相位。

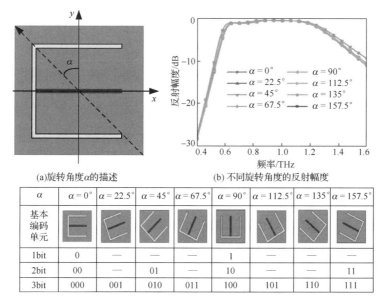

(a)旋转角度α的描述　　　　　　(b) 不同旋转角度的反射幅度

α	α = 0°	α = 22.5°	α = 45°	α = 67.5°	α = 90°	α = 112.5°	α = 135°	α = 157.5°
基本编码单元								
1bit	0	—	—	—	1	—	—	—
2bit	00	—	01	—	10	—	—	11
3bit	000	001	010	011	100	101	110	111

(c) 8种不同转角α的1bit、2bit、3bit基本编码粒子

图 4-35　E 形结构超表面编码单元及其特性

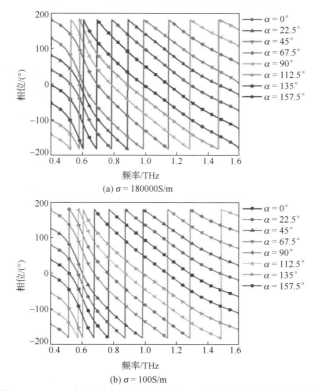

(a) σ = 180000S/m

(b) σ = 100S/m

图 4-36　VO₂ 在不同电导率状态下，E 形超表面单元相位特性

可以看到，相邻 E 形结构超表面编码单元之间的相位差约为 45°，并且近似标准 Pancharatnam-Berry 的相位梯度，对于 VO_2 的不同电导率具有 360° 的变化范围。虽然有轻微的波动，但它并没有改变整个超表面的反射特性。也就是说，随着 VO_2 电导率的变化，反射相位仍然是规则的，这将直接导致反射光束的有序性。

为了进一步了解 E 形结构超表面编码单位结构的反射幅度和相位的变化，在三个不同电导率的共振点观察超表面编码单元的表面电场强度(图 4-37)。可以看出，电场强度分布在低电导率($\sigma = 100S/m$)和高电导率($\sigma = 180000S/m$)下是不同的。图 4-37(b)~(d)描述了对应于 0.625THz、0.865THz 和 1.075THz 的谐振频率在 $\sigma = 100S/m$ 处的表面电场分布，可以看到，在由 VO_2 组成的结构上几乎没有电场和共振，这是因为 VO_2 处于低电导率下的绝缘相。同时观察到表面电场的分布与三种谐振频率下的共振模式有明显的不同。高电导率下的表面电场分布如图 4-37(f)~(h)所示。令人惊讶的是，不仅金属部分具有电场分布，而且还有 VO_2 部分的库仑电场。该现象表明 VO_2 在高电导率下被转换成金属相。此时，VO_2 参与共振，破坏了原 U 形谐振结构，相当于 E 形谐振器。从图 4-37 可知，当入射光束为 LCP 波时，电场集中在 E 形结构的上部。根据图 4-34(b)中的三个谐振频率的位置可以看出反射幅度随频率的增加而减小，超表面编码单元表面 E 形结构的共振增加。也就是说，频率的变化对不同电导率下的共振强度有很大的影响。

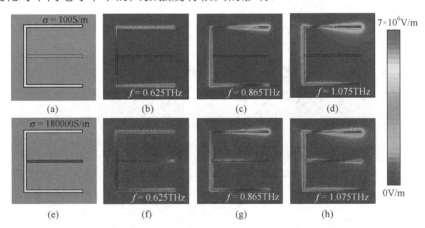

图 4-37　VO_2 分别为高、低电导率的单元结构形态及谐振特性
(a)和(e)分别为 VO_2 在低电导率和高电导率下微结构的形态；(b)~(d)对应于 $\sigma = 100S/m$ 时三种谐振频率的电场分布；(f)~(h)对应于 $\sigma = 180000S/m$ 时三种谐振频率的电场分布

4.5.3　周期超表面编码

将序列"01, 01, 01, 01/10, 10, 10, 10…"、"11, 10, 11, 10, 11, 10, 11, 10/00, 01, 00, 01, 00, 01, 00, 01, …"和"000, 001, 010, 011, 100, 101, 110, 111/100, 101, 110, 111,

000,001,010,011,…"沿 x 轴正方向周期编码排列,在 1.1THz 时,LP 波垂直入射
到超表面编码,图 4-38(a)~(f)分别为 1bit、2bit 和 3bit 超表面编码的三维远场散
射图和二维远场电场图。对于 1bit 超表面编码,可以观测太赫兹散射波被反射到(θ,
φ)=(44.1°,45°)、(θ,φ)=(44.1°,135°)、(θ,φ)=(44.1°,225°)和(θ,φ)=(44.1°,
315°)的方向上。此外,对于 2bit 和 3bit 超表面编码,在 1.1THz 时垂直入射的太赫
兹波被划分为 4 个对称旁瓣,但主瓣能量很强。

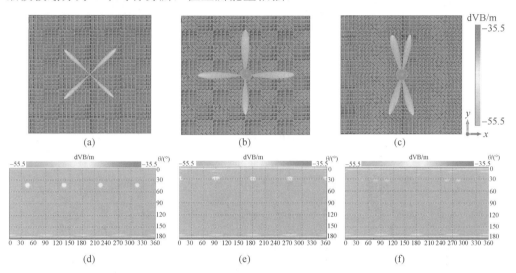

图 4-38　在 1.1THz 下,LP 波垂直入射超表面编码的三维远场散射图和二维远场电场图
(a)~(c)分别为 1bit、2bit、3bit 超表面编码的三维远场散射图;(d)~(f)分别为 1bit、2bit、3bit
超表面编码的二维远场电场图

此外,从图 4-39(a)~(f)中可以看出,在 1.225THz 时,LP 波垂直入射到 2bit
周期超表面编码,反射波分散在 4 个对称方向,如(θ,φ)=(26.4°,0°)、(θ,φ)=(26.4°,
90°)、(θ,φ)=(26.4°,180°)和(θ,φ)=(26.4°,270°)。与 2bit 超表面编码相比,1bit
超表面编码和 3bit 超表面编码将垂直入射的太赫兹波反射到多个方向,但在主方向
中仍然存在一些能量。

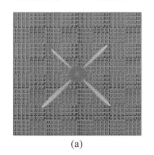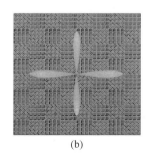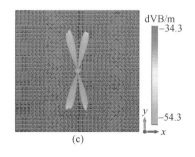

(a)　　　　　　　　　　(b)　　　　　　　　　　(c)

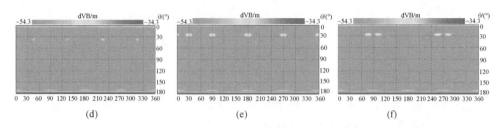

图 4-39　在 1.225THz 下，LP 波垂直入射超表面编码的三维远场散射图和二维远场电场图

(a)～(c)分别为 1bit、2bit、3bit 超表面编码的三维远场散射图；(d)～(f)分别为 1bit、2bit、3bit

超表面编码的二维远场电场图

　　此外，图 4-40(a)～(f)显示，在 1.275THz 下，对于 3bit 周期性超表面编码，垂直入射 LP 波最终以 $(\theta, \varphi) = (25.2°, 76°)$、$(\theta, \varphi) = (25.2°, 284°)$、$(\theta, \varphi) = (25.2°, 104°)$ 和 $(\theta, \varphi) = (25.2°, 256°)$ 4 个对称的角度反射。此外，从 1bit 和 2bit 周期超表面编码的三维远场散射图中可以看到，在太赫兹波没有完全反射的 4 个方向上，主瓣方向的能量减少，但仍然存在。

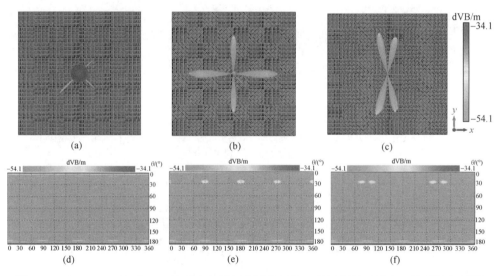

图 4-40　在 1.275THz 下，LP 波垂直入射超表面编码的三维远场散射图和二维远场电场图

(a)～(c)分别为 1bit、2bit、3bit 超表面编码的三维远场散射图；(d)～(f)分别为 1bit、2bit、3bit

超表面编码的二维远场电场图

4.5.4　随机超表面编码

　　为了进一步描述可调谐超表面编码的 RCS 减少现象，本节利用 MATLAB 生成随机编码序列，构造超表面编码，证明了其具有宽带后向散射抑制的能力。

1. 1bit 随机超表面编码

图 4-41(a) 和 (b) 分别是在 1.1THz 下,LP 波垂直入射到 VO_2 电导率为 180000S/m 和 100S/m 的 1bit 随机超表面编码的三维远场散射图。由于随机超表面编码的随机相位分布,会将入射能量反射到多个方向,产生多个能量小的旁瓣,极大地抑制了后向散射波,减小了 RCS。为了进一步描述可调谐超表面编码的 RCS 性能,图 4-41(c) 和 (d) 表示在 0.4~1.6THz 内,LP 波垂直入射到电导率分别为 100S/m 和 180000S/m 的随机超表面编码和相同尺寸裸金属板上产生的 RCS。从图 4-41 中可以看出所设计的超表面结构能有效地抑制 RCS,与相同尺寸裸金属板产生的 RCS 相比最大降幅超过 15dB。

(a) $\sigma = 180000$S/m的1bit随机超表面编码的三维远场散射图

(b) $\sigma = 100$S/m的1bit随机超表面编码的三维远场散射图

dVB/m
−23.2
−63.2

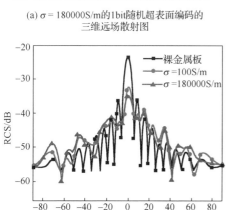

(c) 在1.1THz下,LP波垂直入射到不同电导率的1bit随机超表面编码和相同尺寸的裸金属板的RCS分布

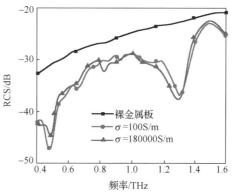

(d) 在LP波垂直入射的情况下,不同电导率1bit随机超表面编码和相同尺寸的裸金属板在0.4~1.6THz内的RCS值

图 4-41　在 1.1THz 下,LP 波垂直入射 E 形超表面编码结构上产生的远场散射图和 RCS

2. 2bit 随机超表面编码

在 1.225THz 下，LP 波垂直入射到 2bit 随机超表面编码，图 4-42(a) 和 (b) 为 VO₂ 在电导率 $\sigma = 180000$S/m 和 $\sigma = 100$S/m 下的三维远场散射图。在图 4-42(c) 和 (d) 中，在 0.4~1.6THz 内，LP 波垂直入射到 2bit 具有不同电导率的随机超表面编码和相同尺寸的裸露金属板的 RCS 幅度，其中红色曲线和蓝色曲线分别对应电导率为 100S/m 和 180000S/m。从图 4-42 中可以看出，超表面编码能在宽带范围内抑制 RCS 幅度，并且 RCS 缩减接近 15dB。

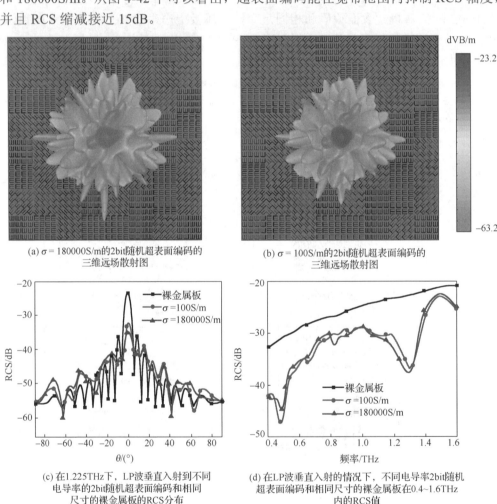

(a) $\sigma = 180000$S/m的2bit随机超表面编码的三维远场散射图

(b) $\sigma = 100$S/m的2bit随机超表面编码的三维远场散射图

(c) 在1.225THz下，LP波垂直入射到不同电导率的2bit随机超表面编码和相同尺寸的裸金属板的RCS分布

(d) 在LP波垂直入射的情况下，不同电导率2bit随机超表面编码和相同尺寸的裸金属板在0.4~1.6THz内的RCS值

图 4-42　在 1.225THz 下，LP 波垂直入射 E 形超表面编码结构上产生的远场散射图和 RCS（见彩图）

3. 3bit 随机超表面编码

图 4-43(a) 和 (b) 分别给出了在 1.275THz 下，LP 波垂直入射电导率分别为

100S/m 和 180000S/m 的 3bit 超表面编码的三维远场散射图。在不同电导率下相对频率范围为 0.4~1.6THz 的随机超表面编码和相同尺寸的裸金属板的 RCS 如图 4-43(c) 和 (d) 所示，图中红色曲线和蓝色曲线的电导率分别为 100S/m 和 180000S/m。从图 4-43 中可以看出，可以在宽带上实现 RCS 的幅值抑制。对于超表面编码，最大 RCS 缩减大于 15dB。

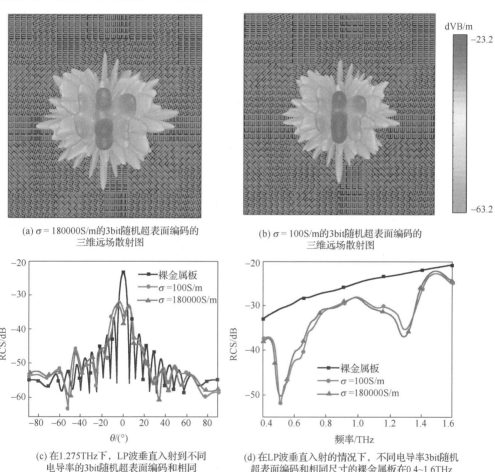

(a) $\sigma = 180000S/m$ 的3bit随机超表面编码的
三维远场散射图

(b) $\sigma = 100S/m$ 的3bit随机超表面编码的
三维远场散射图

(c) 在1.275THz下，LP波垂直入射到不同
电导率的3bit随机超表面编码和相同
尺寸的裸金属板的RCS分布

(d) 在LP波垂直入射的情况下，不同电导率3bit随机
超表面编码和相同尺寸的裸金属板在0.4~1.6THz
内的RCS值

图 4-43　在 1.275THz 下，LP 波垂直入射 E 形超表面编码结构
上产生的远场散射图和 RCS(见彩图)

综上所述，本节提出的具有混合 VO₂ 的可调谐超表面编码可以动态地控制太赫兹波。首先，利用周期性编码序列设计了一个 1bit、2bit 和 3bit 的超表面编码，可以使垂直入射的太赫兹波沿预先设计的方向反射。另外，通过使用随机编码序列设计具有不同电导率的随机超表面编码，由于随机超表面编码的表面上存在无序的相

位分布，垂直入射太赫兹波可以重新分配到多个方向上，带宽范围为 0.4～1.6THz，RCS 降至−15dB。同时，VO_2 的相变使编码粒子的结构发生变化，使超表面编码变得可调谐。

4.6　双缺口矩形结构太赫兹超表面编码

由于 VO_2 在太赫兹频段中独特的相变特性及 VO_2 嵌入位置直接影响编码单元性能，通过在编码单元结构中嵌入 VO_2 使得原本只具备单一功能的被动式超表面编码实现功能切换。本节通过在金属方框结构中不同位置上嵌入 VO_2，利用双缺口矩形结构超表面编码单元在超表面中不同位置进行排布，构建了几种常见的 1bit 超表面编码，实现了可调功能。如图 4-44(a) 所示，当 VO_2 处于绝缘态(电导率为 200S/m)时，两种双缺口矩形结构超表面编码单元反射相位为 0° 和 180°，分别定义为 "0"和 "1"。将 "0" 和 "1" 按照棋盘式排列形成超表面，图中橙色区域代表超级单元"0"，黄色区域代表超级单元 "1"。棋盘式双缺口矩形结构超表面编码由 8×8 个超级单元构成，每个超级单元又由 4×4 个编码单元组成。太赫兹波垂直入射到棋盘式超表面编码，产生了 4 束不同方位的反射波束。当外界条件发生改变时，VO_2 由绝缘态相变为金属态(电导率为 $2×10^5$S/m)，编码单元性能发生改变，"0" 和 "1" 的反射相位几乎相同，此时超表面失去了原有功能，反射波沿入射波方向返回，如图 4-44(b) 所示。在 VO_2 相变前后太赫兹超表面编码所展现的调控效果可以进行切换。

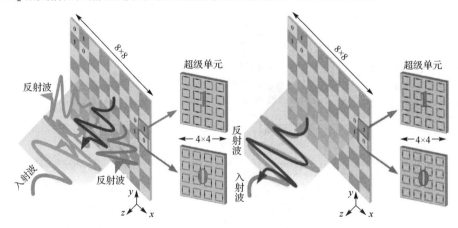

(a) VO_2 为绝缘态太赫兹超表面调控示意图　　　　　(b) VO_2 为金属态太赫兹超表面调控示意图

图 4-44　棋盘式可调 1bit 太赫兹超表面编码及超级单元结构(见彩图)

4.6.1　双缺口矩形结构太赫兹超表面编码设计

在模拟分析中，本节分别采用了以下两种构建超表面编码模式的方法。一种是

双缺口矩形结构超表面编码单元沿单个轴向(x 轴或 y 轴)或者双轴方向按照编码序列周期分布的编码模式，简称周期编码模式；另一种是双缺口矩形结构超表面编码单元在双轴上进行无序随机分布的编码模式，简称随机编码模式。以 1bit 超表面编码为例，在周期编码模式中，把只在 x 轴或 y 轴方向进行编码排列的编码模式记为 $X \rightarrow (0 \quad 1) \big| Y \rightarrow \infty$（或 $Y \rightarrow (0 \quad 1) \big| X \rightarrow \infty$）；把在 x 轴和 y 轴方向上进行编码排列的编码模式记为 $X \rightarrow (0 \quad 1) \big| Y \rightarrow (0 \quad 1)$ 等。其中，编码模式中字母表示编码方向轴，若箭头右边为 (0 1)，表示所在字母轴向上按照"0 1 0 1"依次排列并循环反复；若箭头右边为 ∞，则表示所在字母轴向与另一轴向上出现的编码状态一一对应并重复出现，也就是说在另一轴向上为"0 0 0 0"或"1 1 1 1"。值得注意的是，编码模式中所使用的"0"或"1"均代表超级单元。为进一步理解，以 $X \rightarrow (0 \quad 1) \big| Y \rightarrow \infty$ 和 $X \rightarrow (0 \quad 1) \big| Y \rightarrow (0 \quad 1)$ 为例，编码模式中的 0 和 1 分别代表 1bit 编码中两个编码状态。编码模式 $X \rightarrow (0 \quad 1) \big| Y \rightarrow \infty$ 表示在 x 轴方向上以"0 1 0 1"循环排列，在 y 轴方向上则是重复 x 轴方向上出现的"0"或"1"。编码模式 $[X \rightarrow (0 \quad 1) \big| Y \rightarrow (0 \quad 1)]$ 表示在 x 轴和 y 轴方向上均以"0 1 0 1"循环出现，如式(4-7)和式(4-8)所示。

$$X \rightarrow (0 \quad 1) \big| Y \rightarrow \infty = \begin{bmatrix} 0 & 1 & 0 & 1 & \cdots & 0 & 1 & 0 & 1 \\ 0 & 1 & 0 & 1 & \cdots & 0 & 1 & 0 & 1 \\ \vdots & & \vdots & & & \vdots & & \vdots \\ 0 & 1 & 0 & 1 & \cdots & 0 & 1 & 0 & 1 \\ 0 & 1 & 0 & 1 & \cdots & 0 & 1 & 0 & 1 \end{bmatrix} \tag{4-7}$$

$$X \rightarrow (0 \quad 1) \big| Y \rightarrow (0 \quad 1) = \begin{bmatrix} 0 & 1 & 0 & 1 & \cdots & 0 & 1 & 0 & 1 \\ 1 & 0 & 1 & 0 & \cdots & 1 & 0 & 1 & 0 \\ \vdots & & \vdots & & & \vdots & & \vdots \\ 0 & 1 & 0 & 1 & \cdots & 0 & 1 & 0 & 1 \\ 1 & 0 & 1 & 1 & \cdots & 1 & 0 & 1 & 0 \end{bmatrix} \tag{4-8}$$

与周期编码模式不同，随机编码模式不存在周期，"0""1"随机排列分布在超表面编码中。这种随机编码模式记为 $X \rightarrow R[0 \quad 1] \big| Y \rightarrow R[0 \quad 1]$，其中，$R[0 \quad 1]$ 表示所在轴向上"0""1"具有随机性。

4.6.2　仿真分析

在双开口矩形金属结构中嵌入 VO$_2$，使原本开口金属矩形变为完全闭合方框结构。将双缺口矩形结构超表面编码单元开口方向沿 x 轴方向和 y 轴方向的编码状态分别定义为 0 和 1。从开口方向看，双缺口矩形结构超表面编码单元结构由铜(Cu)与 VO$_2$ 复合层、聚酰亚胺介质层和铜衬底组成，如图 4-45(a)所示。整个方框长度为 60μm，宽度为 4μm；结构中每个 VO$_2$ 条都是一样的，宽度与方框宽度相同，VO$_2$ 条状结构的长度为 22μm，$t_1 = 0.2$μm。聚酰亚胺膜作为整个双缺口矩形结构超表面编码单元基体介质，用于增加相位曲线非线性，其介电常数 $\varepsilon = 3.0$，损耗角正切值为 0.03，厚度 $t_2 = 30$μm。采用金属铜作为保护层，防止入射波透射，确保反射达到最大化。整个双缺口矩形结构超表面编码单元周期为 90μm。为了减少单元间耦合作用引起的不必要偏差，采用相同状态的 4×4 编码单元作为超级单元。每个双缺口矩形结构超表面超级单元周期长度为 $P_1 = 4 \times P = 360$μm，每个超级单元的编码状态由所组成单元编码状态决定，如双缺口矩形结构超表面超级单元由 4×4 个编码状态为 "0" 的单元组成，其编码状态为 "0"。为了更好地表示双缺口矩形结构超表面编码单元中 VO_2 所处相态，如图 4-45(b) 所示，VO_2 在室温为 25℃时表现为绝缘态(电导率为 200S/m)，在双缺口矩形结构超表面编码单元中用紫色表示；而在 68℃热环境中完全过渡到金属态(电导率为 2×10^5S/m)，在双缺口矩形结构超表面编码单元中用橙色表示。

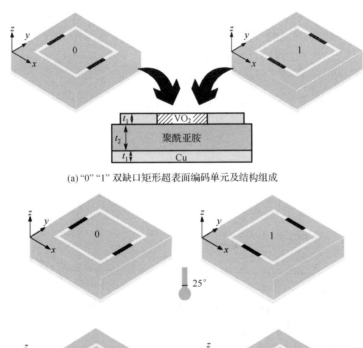

(a) "0" "1" 双缺口矩形超表面编码单元及结构组成

(b) VO_2 相变前后双缺口矩形结构超表面编码单元示意图

图 4-45　双缺口矩形结构超表面编码单元状态及 VO_2 在结构中相变前后示意图(见彩图)

在模拟仿真中，x 和 y 方向上采用周期边界条件，z 轴正方向设置为 Floquet 端口，入射波从 z 轴正方向入射。图 4-46 为 VO_2 在不同相态下对双缺口矩形结构超表面编码单元性能曲线的影响。如图 4-46(a) 所示，当 VO_2 处于绝缘态时，编码单元"0"和"1"在 1.0～1.8THz 内，反射幅度位于 0.8 以上，对应反射相位差为 163°～199°，符合编码条件中反射相位差为 180°（±30°）的范围。当温度发生改变时，VO_2 从绝缘态相变为金属态，双缺口矩形结构超表面编码单元"0"和双缺口矩形结构超表面编码单元"1"的反射幅度和反射相位随之发生改变。如图 4-46(b) 所示，双缺口矩形结构超表面编码单元"0"的反射幅度没有发生多大变化，但在 1.0～1.8THz 内，双缺口矩形结构超表面编码单元"1"的反射幅度整体降至 0.8 以下。此时，两者的反射相位相近，反射相位差接近 0°。这是由于 VO_2 处于绝缘态时相当于介质，超表面单元结构由闭合金属方框变成了双开口金属框，两种单元谐振点不同产生了

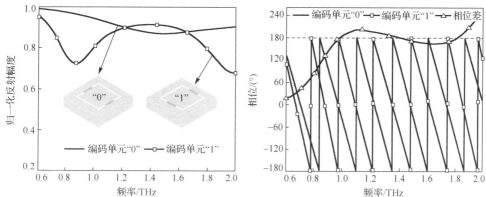

(a) 当 VO_2 为绝缘态时，双缺口矩形结构超表面编码单元反射幅度、反射相位及相位差

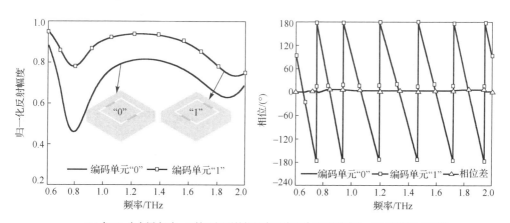

(b) 当 VO_2 为金属态时，双缺口矩形结构超表面编码单元反射幅度、反射相位及相位差

图 4-46 在 VO_2 不同相态下，双缺口矩形结构超表面编码单元的特性曲线

较大相位差。当 VO_2 相变成金属态后，等同于金属材料，两种双缺口矩形结构超表面单元等同为一种结构，谐振点几乎一致，因此仅在反射幅度上发生变化。

为了验证双缺口矩形结构超表面编码对太赫兹波具有可调功能，以 1.0THz 为例，对不同 1bit 太赫兹超表面编码进行分析。双缺口矩形结构超表面编码单元"0"和"1"在 1.0THz 处反射相位与反射相位差如表 4-1 所示。当 VO_2 处于绝缘态时，双缺口矩形结构超表面编码单元"0"和"1"反射相位差为 192°，随着 VO_2 相变成金属态后，反射相位差由原来的 192°变为 5°，此时两者相位几乎相同。这说明在结构中嵌入 VO_2 可以影响其性能，最终也将影响该结构的超表面编码，通过改变 VO_2 相态可实现超表面编码可调谐效果。对于 1bit 太赫兹超表面编码将分为两种情况进行分析：一种是 VO_2 处于绝缘态时，超表面编码对太赫兹反射波束的调控及在不同入射角度下的性能；另一种是 VO_2 处于金属态时，超表面编码对太赫兹波具有反射作用。

表 4-1   在 1.0THz 处编码单元"0"和"1"反射相位与反射相位差

	单元"0"	单元"1"	反射相位差
反射相位(绝缘态)/(°)	154	−38	192
反射相位(金属态)/(°)	87	82	5

4.6.3   1bit 太赫兹超表面编码

利用双缺口矩形结构超表面编码设计方法，运用 3 种不同周期编码模式和随机编码模式分别构建了 1bit 太赫兹超表面编码。当 VO_2 处于绝缘态时，1bit 可调太赫兹超表面编码对太赫兹波在不同角度入射下的调控效果进行分析。第一种 1bit 可调太赫兹超表面编码采用周期编码模式 $X \rightarrow (0\ 1)|Y \rightarrow \infty$。由这种编码模式排列而成的超表面编码记为 M1，对应物理周期长度为 2 倍超级单元周期，记为 $\Gamma_1 = 2P_1 = 720\mu m$。由周期编码模式方法可知，M1 在 x 轴方向上以"0 1"为周期排列，在 y 轴方向上则以同一编码状态"0"或"1"重复循环，不存在固定周期。超表面编码在 x 轴方向上为"0""1"相间排列，存在固定 180°的相位差。相反，由于 y 轴上不是"0"循环就是"1"循环，前后位置单元结构一样，不存在相位差。因此，当太赫兹波入射时，M1 在 x 轴方向会出现相位突变，产生两束太赫兹反射波。由于 y 轴方向上没有发生相位突变，故没有发生任何变化。

超表面编码 M1 在不同入射角度下，反射波的远场散射如图 4-47 所示。当太赫兹波垂直入射到 M1 时，在 x 轴方向上产生了两束对称的反射波，如图 4-47(a)所示。由反射角计算理论可知，反射波俯仰角 $\theta = \arcsin(\lambda/\Gamma_1)$，大小等于 24.6°。与模拟仿真中二维远场散射的俯仰角相吻合，对应的反射角方位分别为 $(\theta, \varphi)_{M1} = (24.6°, 0°)$，$(\theta, \varphi)_{M1} = (24.6°, 180°)$。此外，如图 4-47(b)所示，当太赫兹波以 30°斜入射到 M1 时，入射波被反射成一束主瓣，结合二维远场分布图可知，主瓣的俯仰角 θ 为 3.0°。同理，当太赫兹波以入射角度为 45° 和 60° 斜入射时，反射波主瓣分别以俯仰角 θ 为 16.7° 和 25.6° 出现，对应的三维远场散射图和二维远场电场图如图 4-47(c) 和 (d) 所示。通过对比分析可知，随着斜入射角度逐渐变大，在 M1 作用下，反射波的俯仰角逐渐变大，方位角仍是 0°。

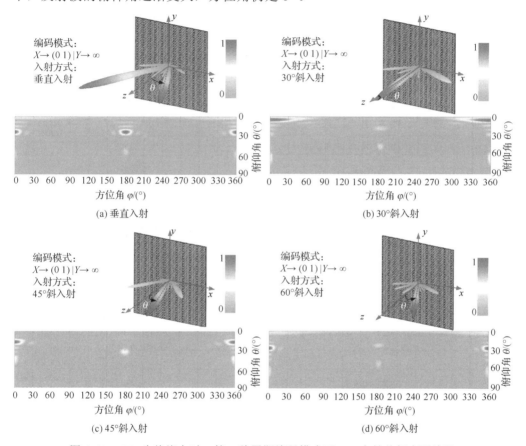

图 4-47　VO$_2$ 为绝缘态时，第一种周期编码模式下 1bit 太赫兹超表面编码在不同入射角度下的性能

第二种 1bit 太赫兹超表面编码按照周期编码模式 $X \rightarrow (0\ 1)|Y \rightarrow (0\ 1)$ 进行设计，将这种 1bit 可调太赫兹超表面编码命名为 M2。超表面编码 M2 在 x 轴方向和 y 轴方向上以 "0 1" 序列为周期排列。相比超表面编码 M1，在 x 轴和 y 轴方向上均存在 180° 突变相位差，太赫兹波垂直入射 M2 后，在 x 轴和 y 轴方向上会分别形成两束对称反射波，如图 4-48(a) 所示。可以计算出反射波俯仰角 $\theta = 36.1°$，反射角方位分别为 $(\theta,\ \varphi)_{M2} = (36.1°,\ 45°)$，$(\theta,\ \varphi)_{M2} = (36.1°,\ 135°)$，$(\theta,\ \varphi)_{M2} = (36.1°,\ 225°)$，$(\theta,\varphi)_{M2} = (36.1°,\ 315°)$。与 M1 相似，随着斜入射角度的增加，反射波俯仰角

也随之变大，但不同之处在于，斜入射角达到 60° 后，反射波束由 30° 和 45° 的两束变为 3 束，分别如图 4-48(b)～(d)所示。第三种超表面编码按照周期编码模式 $X \rightarrow (0\ 0\ 1\ 1)|Y \rightarrow (0\ 0\ 1\ 1)$ 进行设计。这种编码模式下排列而成的超表面编码记为 M3。超表面编码 M3 与超表面编码 M2 区别在于，x 轴方向上和 y 轴方向上均以"0 0 1 1"为周期循环排列，周期为 M2 的 2 倍。虽然 M2 和 M3 具有类似排列，在性能上具有一定相似性，但也存在一些差异。在入射波垂直照射到 M3 后，产生了 4 束反射波，其三维远场散射图和二维远场电场图如图 4-49(a)所示。但由于 M3 周期为 M2 周期的 2 倍，反射波俯仰角 θ 由 36.1° 变为 24.6°。入射波斜入射 M2 和 M3 时，不同斜入射角度得到的三维远场散射图和二维远场电场图分别如图 4-48(b)～(d)和图 4-49(b)～(d)所示。当太赫兹波斜入射 M3 时，入射角的改变同样也会使反射波俯仰角随之发生改变，并且超表面编码 M3 在每一个斜入射角度中都会产生不同数量的反射波束。

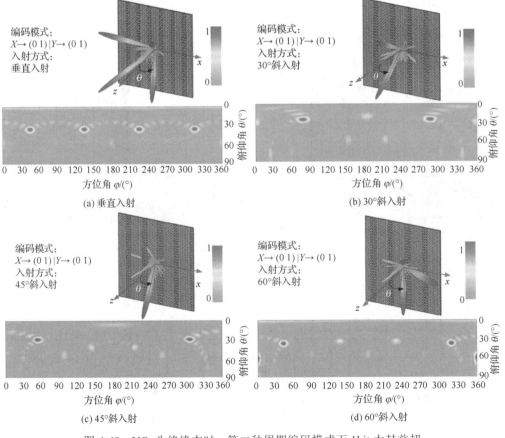

图 4-48　VO$_2$ 为绝缘态时，第二种周期编码模式下 1bit 太赫兹超
表面编码在不同入射角度下的性能

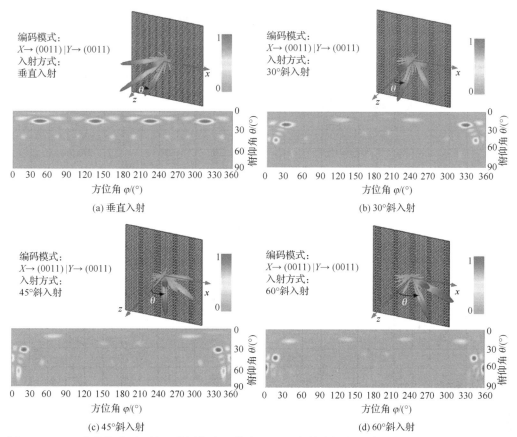

图 4-49　VO$_2$ 为绝缘态时，第三种周期编码模式下 1bit 太赫兹超表面编码在不同入射角下的性能

除了周期编码模式，1bit 随机太赫兹超表面编码按照编码模式 $X \rightarrow \mathrm{R}[0 \quad 1] |$ $Y \rightarrow \mathrm{R}[0 \ 1]$ 进行设计。这种编码模式下排列而成的超表面编码记为 MR。不管在 x 轴方向还是 y 轴方向，编码状态 "0" 和 "1" 都是随机分布的，不存在固定周期。正是这样的随机分布，使 x 轴方向和 y 轴方向上存在不确定的随机相位分布，太赫兹波无论以何种方式入射到 MR 上，反射波都会出现在多个方向上，如图 4-50 所示。当太赫兹波垂直入射到 MR 时，反射波以入射点为圆心向四周各个方位发散，形成许多波束，可以有效地缩减 RCS。如图 4-50(a) 所示，波束主要集中在俯仰角 θ 为 0°～45° 内，方位角覆盖了 0°～360°，并且入射波携带的能量分散到了周边每一束反射波上。随着斜入射角逐渐增大，反射波束集中范围发生了改变，如图 4-50(b)～(d) 所示。当太赫兹波以 30° 斜入射时，波束主要集中在俯仰角 θ 为 0°～60° 内，但方位角覆盖范围明显缩小(图 4-50(b))；当太赫兹波以 45° 斜入射时，波束主要集中在俯仰角 θ 为 10°～60° 内，方位角覆盖范围相较于 30° 斜入射有所变大(图 4-50(c))；而当太赫兹波以 60° 斜入射时，波束主要集中在俯仰角 θ 为 24°～75° 内，此时方位

角覆盖角度较广（图 4-50(d)）。综上可知，随着入射角变大，反射角覆盖范围逐渐变大。

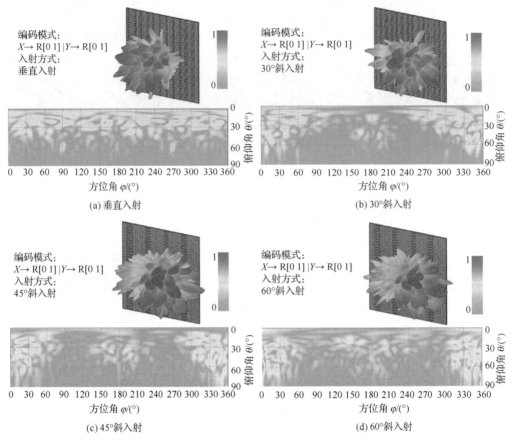

图 4-50　VO₂ 为绝缘态时，随机编码模式下 1bit 太赫兹超表面编码远场图

　　当外界温度改变时，VO₂ 由绝缘态相变为金属态，四种超表面编码 M1、M2、M3、MR 对太赫兹反射波束的调控功能发生改变。在 1.0THz 处，当 VO₂ 处于绝缘态时，太赫兹波垂直入射超表面编码 M1、M2 和 M3，分别实现了两束（图 4-47(a)）、4 束（图 4-48(a)）和 4 束（图 4-49(a)）反射波的调制；利用超表面编码 MR 将入射太赫兹波反射到各个方向上，并且每束反射波都携带了能量，不仅实现了入射波的发散，还可以有效地缩减 RCS（图 4-50(a)）。但是，当 VO₂ 完全相变成金属态时，编码单元"0"和"1"两者相位差接近于 0，不满足编码相位条件。超表面编码 M1、M2、M3 和 MR 无论在 x 轴还是 y 轴上，"0"和"1"单元结构都等同于金属方框结构，超表面编码上不再有突变相位，两者等价于同一种介质，垂直入射的太赫兹波沿着入射方向反射回来，如图 4-51 所示。

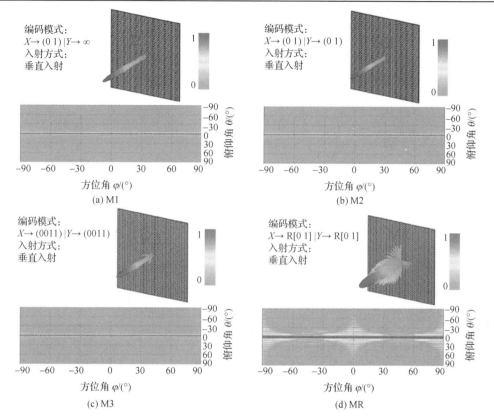

图 4-51　VO₂ 为金属态时，垂直入射太赫兹波在 4 种 1bit 超表面编码的远场分布图

为更进一步了解超表面编码在降低 RCS 方面的性能，在原有随机超表面 MR 的基础上，将入射波以不同入射角度照射到 MR 上，得到了随机超表面 MR 在不同入射角下 RCS 分布曲线，如图 4-52(a)所示。伴随着入射角度的改变，随机超表面 MR 对降低 RCS 性能整体呈现恶化趋势。当太赫兹波入射角超过 30° 后，缩减 RCS 的能力下降。与此同时，为了验证 VO₂ 在相变前后对缩减 RCS 性能的影响，在垂直入射下，计算了随机超表面 MR 在 VO₂ 发生相变前后与相同尺寸的裸金属板产生的 RCS，其结果如图 4-52(b)所示。其中 VO₂ 相变前电导率为 200S/m，相变后电导率为 2×10^5S/m。相变前，随机超表面 MR 表现出较好的缩减性能，与等尺寸裸金属板对比，其 RCS 缩减量达到−10dB 的宽带保持在 0.9～1.9THz 内；相变后，随机超表面 MR 缩减性能与裸金属板缩减性能几乎一样。VO₂ 相变前处于绝缘态，在超表面中存在两种不同相位的单元结构，这使得超表面存在相位变化，入射波照射到超表面上被重新定向到各个方向上，产生漫反射，从而大大缩减了 RCS。相变后 VO₂ 由绝缘态转变成金属态，两种单元结构相位几乎一致，使整个超表面相位保持一致，没有突变相位的超表面如同裸金属板，大大降低了缩减性能。

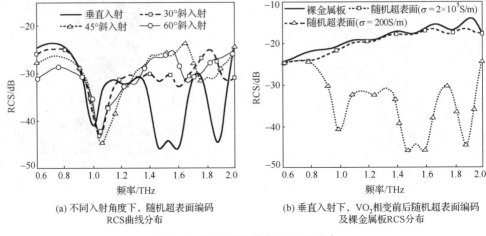

(a) 不同入射角度下，随机超表面编码　　　(b) 垂直入射下，VO$_2$相变前后随机超表面编码
　　　RCS曲线分布　　　　　　　　　　　及裸金属板RCS分布

图 4-52　随机编码模式下 RCS 分布

4.7　对称 L 形结构太赫兹超表面编码

4.6 节将 VO$_2$ 材料嵌入到单元结构中，设计了开口方向不一样的两种单元，利用两种单元构建了多种不同 1bit 超表面进行编码，结合 VO$_2$ 相变特性，验证了不同 1bit 超表面的性能，实现了 1bit 超表面可调谐功能。为了能够更好地验证 VO$_2$ 材料在可调谐超表面中的应用性能，本节将在 4.6 节基础上对 VO$_2$ 在可调谐超表面中做进一步研究，由原来 1bit 超表面编码延伸至 2bit、3bit 超表面编码。不同于前面 1bit 超表面设计理念，本节设计一种全新结构，将 VO$_2$ 与金属图案复合，利用 Pancharatnam-Berry 相位理论，对金属图案结构进行逆时针旋转，得到 8 个拥有不同相位的编码单元。根据各个比特编码要求，本节设计多种超表面，覆盖 1bit～3bit 编码。本节分析 VO$_2$ 在不同相态下，各个比特超表面编码对入射波的调控效果。

4.7.1　对称 L 形结构超表面编码单元

如图 4-53 所示，本节设计一种对称 L 形结构超表面编码基本单元来实现 1bit、2bit 和 3bit 编码。如图 4-53(a) 所示，整个对称 L 形结构超表面单元由衬底、介质层和图案层组成，衬底和图案层中金属采用电导率为 $5.96×10^7$S/m 的铜材料，厚度 $t = 200$nm。介质层选择介电常数为 3.0，损耗角正切值为 0.03 的聚酰亚胺薄膜，厚度 $h = 30$μm。在介质层上方蚀刻着对称 L 形金属图案，在金属图案中嵌有十字形 VO$_2$ 条，四端分别与 L 形结构相连。整个单元结构周期 $P = 92$μm。将金属图案逆时针旋转，旋转角度 $α$ 以 22.5° 为步长依次递进(图 4-53)，用于获得 8 个基本单元结构。

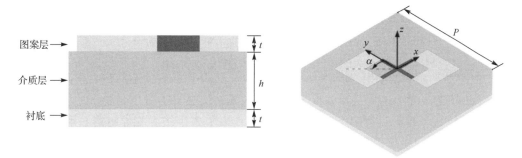

(a) 对称L形结构超表面编码基本单元组成　　　(b) 对称L形结构超表面编码单元旋转角α示意图

图 4-53　对称 L 形结构超表面编码单元和旋转示意图

图 4-54 中箭头指向为金属图案旋转方向，每一个对称 L 形结构超表面编码单元都是在前一个单元结构上旋转 22.5° 得到的。当旋转角 $\alpha = 0°$ 时，该对称 L 形结构超表面编码单元命名为 "000"；当旋转角 $\alpha = 22.5°$ 时，该对称 L 形结构超表面编码单元命名为 "001"；以此类推，当旋转角 $\alpha = 157.5°$ 时，该对称 L 形结构超表面编码单元命名为 "111"。根据前面提及的编码要求，比特编码位数不同，需要单元结构个数也不同。在这里，选取 "000"（$\alpha = 0°$）和 "100"（$\alpha = 90°$）作为 1bit 编码中使用的两个对称 L 形结构超表面编码单元；"000"（$\alpha = 0°$）、"010"（$\alpha = 45°$）、"100"（$\alpha = 90°$）和 "110"（$\alpha = 135°$）用于 2bit 编码；8 个对称 L 形结构超表面编码单元都用于 3bit 编码。

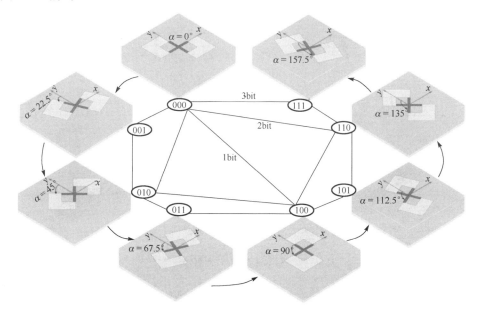

图 4-54　8 个对称 L 形结构超表面编码单元与 1bit、2bit 和 3bit 超表面编码单元结构选取（见彩图）

VO₂ 是一种相变材料，会随着温度改变在金属态和绝缘态之间进行可逆相变。当温度升高到 68° 时，单元结构中 VO₂ 会从绝缘态相变成金属态；反之，将温度降至 25° 后，VO₂ 从金属态相变成绝缘态，如图 4-55 所示。图 4-55 中深褐色表示 VO₂ 处于绝缘态，红色表示相变后的 VO₂。复合单元结构中 VO₂ 的不同相态会直接影响整个复合单元结构的特性，如图 4-56 所示。当单元结构中 VO₂ 处于金属态时，对称 L 形结构超表面编码单元反射幅度在 $0.8 \sim 1.6$THz 内大于 0.7，并且相邻对称 L 形结构超表面编码单元之间相位差恒为 45°，满足编码两个基本条件要求；随着温度改变，VO₂ 从金属态相变成绝缘态，对称 L 形结构超表面编码单元之间依旧保持着恒为 45° 的相位差，但反射幅度从 0.8 以上降至 0.3 以下，单元结构丧失了它处于金属态时的编码功能。为了更好地说明 VO₂ 在可调谐超表面编码中的作用，选取 $0.9 \sim 1.4$THz 这一频段，对本节所设计超表面编码分别在 VO₂ 金属态下和绝缘态下的调控效果进行分析。由图 4-56(c) 和 (d) 可知，在 $0.9 \sim 1.4$THz 内，VO₂ 处于金属态下 8 个对称 L 形结构超表面编码单元反射幅度均大于 0.8；在绝缘态下，最高反射幅度仅为金属态下的 1/3。因此，由对称 L 形结构超表面编码单元设计的超表面编码就会在 VO₂ 不同相态下呈现出不同的调控效果，既实现了对太赫兹波束控制，同时也避免了超表面单一功能的尴尬。

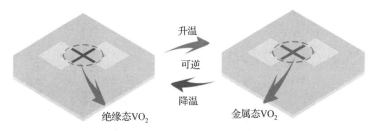

图 4-55　对称 L 形结构超表面编码单元中 VO₂ 相变过程（见彩图）

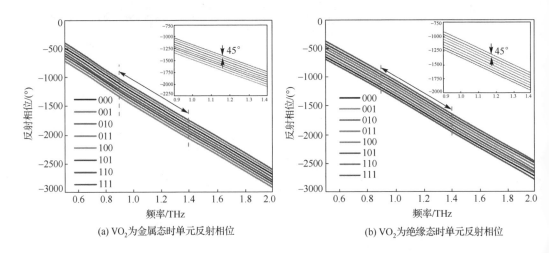

(a) VO₂为金属态时单元反射相位　　　　(b) VO₂为绝缘态时单元反射相位

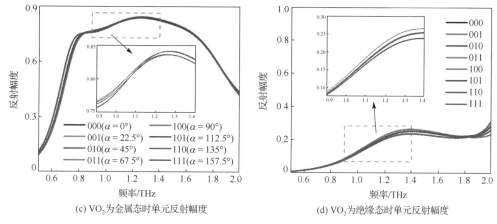

(c) VO₂ 为金属态时单元反射幅度　　　　(d) VO₂ 为绝缘态时单元反射幅度

图 4-56　VO₂ 不同相态对对称 L 形结构超表面编码单元反射幅度和相位的影响（见彩图）

利用 8 种对称 L 形结构超表面编码单元组成 8 种超级单元，每种超级单元都由 4×4 个相同状态的对称 L 形结构超表面编码单元构成，分别设计了 1bit、2bit 和 3bit 超表面编码，采用了两种不同排列方式，每种比特超表面编码在 VO₂ 金属态下分别实现了两束和 4 束反射波的调控。但在 VO₂ 绝缘态下，所有超表面编码都失去了原来波束调控功能，只能形成一束原路返回的反射波束。

4.7.2　1bit 太赫兹超表面编码

第一种 1bit 太赫兹超表面编码沿 x 轴正方向呈现“000 100 000 100⋯”周期排列，在 y 轴每列上的单元结构与 x 轴保持一致，图 4-57(a) 为结构单元周期排列方式局部示意图。当 VO₂ 为金属态时，太赫兹波垂直入射到超表面编码结构后形成两束大小相等、左右对称的反射波，如图 4-57(b)～(d) 所示。在不同工作频率下，反射波俯仰角 θ 会发生变化，理论计算可得到。当工作频率为 0.9THz 时，入射波被超表面编码反射形成两束波束，对应的三维远场散射图和二维电场图如图 4-57(b) 所示，从图中可知，反射波束位于 z 轴两侧，俯仰角 θ 为 27.0°，两束波束方位角 φ 分别位于 0° 和 180° 上。当工作频率为 1.1THz 时，入射波经由超表面编码形成两束左右对称波束，对应的三维远场散射图和二维电场图如图 4-57(c) 所示，从图中二维电场分布可知，俯仰角 θ 为 21.7°，两束波束方位角 φ 依旧分别位于 0° 和 180° 上。当工作频率为 1.4THz 时，入射波被超表面编码反射形成两束波束，对应的三维远场散射图和二维电场图如图 4-57(d) 所示，由图可知，反射波束除了位于 z 轴左右两侧俯仰角 θ 为 16.9° 的两束，超表面编码正中心出现了一束较小的波束，说明超表面编码对太赫兹反射波束调控效果在慢慢减弱。对于第一种 1bit 超表面编码，编码序列周期 $\varGamma = 8P$，由理论公式计算得到在不同频率下的俯仰角 θ 分别为 26.9°、21.7° 和 16.9°，与仿真结果十分吻合。

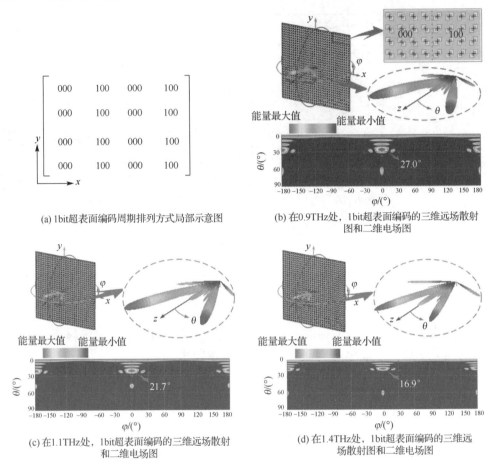

(a) 1bit超表面编码周期排列方式局部示意图

(b) 在0.9THz处，1bit超表面编码的三维远场散射图和二维电场图

(c) 在1.1THz处，1bit超表面编码的三维远场散射和二维电场图

(d) 在1.4THz处，1bit超表面编码的三维远场散射图和二维电场图

图 4-57　VO$_2$ 为金属态时，第一种 1bit 超表面编码在不同工作频率下的三维远场散射图和二维电场图

　　第二种 1bit 太赫兹超表面编码以"000 100···/100 000···"为周期呈棋盘式分布排列，图 4-58(a) 为 1bit 超表面编码周期排列方式局部示意图。当 VO$_2$ 为金属态时，太赫兹波垂直入射到超表面编码后形成 4 束反射波，如图 4-58(b)～(d) 所示。当工作频率为 0.9THz 时，入射波被超表面编码反射形成 4 束波束，对应的三维远场散射图和二维电场图如图 4-58(b) 所示，从图中可知，反射波束俯仰角 θ 为 39.8°，4 束波束方位角 φ 分别为-135°、-45°、45° 和 135°；当工作频率为 1.1THz 时，入射波经由超表面编码形成 4 束对称波束，对应的三维远场散射图和二维电场图如图 4-58(c) 所示，俯仰角 θ 为 31.6°，4 束波束方位角 φ 依旧分别为-135°、-45°、45° 和 135°；当工作频率为 1.4THz 时，入射波同样被超表面编码反射形成 4 束波束，对应的三维远场散射图和二维电场图如图 4-58(d) 所示，由图可知，4 束反射波束除原有方位角不变外，俯仰角由 31.6° 变为 24.3°。另外，超表面编码正中心出现

了一束较小的波束，说明超表面编码结构对入射波波束的调控逐渐恶化。同样，第二种 1bit 超表面编码俯仰角可由理论公式计算得到，在 0.9THz、1.1THz 和 1.4THz 处，反射波俯仰角 θ 分别为 39.8°、31.6° 和 24.3°，与仿真结果完全吻合。

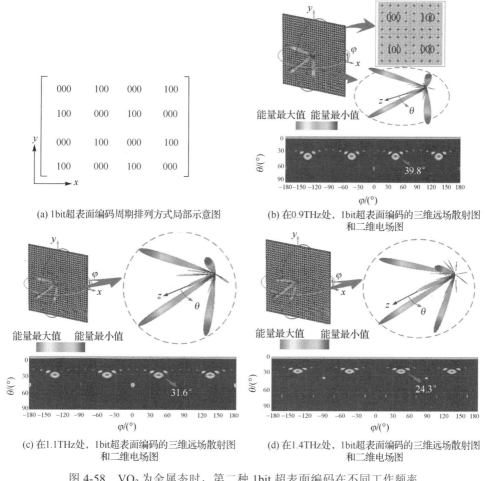

(a) 1bit超表面编码周期排列方式局部示意图

(b) 在0.9THz处，1bit超表面编码的三维远场散射图和二维电场图

(c) 在1.1THz处，1bit超表面编码的三维远场散射图和二维电场图

(d) 在1.4THz处，1bit超表面编码的三维远场散射图和二维电场图

图 4-58　VO$_2$ 为金属态时，第二种 1bit 超表面编码在不同工作频率下的三维远场散射图和二维电场图

4.7.3　2bit 太赫兹超表面编码

图 4-59 和图 4-60 分别为 VO$_2$ 为金属态时，两种 2bit 太赫兹超表面编码在不同工作频率下的三维远场散射图和二维电场图。图 4-59 (a) 为第一种 2bit 太赫兹超表面编码单元结构周期排列方式的局部示意图。超表面编码结构以 "000 010 100 110…" 为周期序列沿 x 轴排列，y 轴每列上单元结构与 x 轴保持一致。当工作频率为 0.9THz 时，入射波被超表面编码反射形成两束波束，对应的三维远场散射图和

二维电场图如图 4-59(b)所示，从图中可知，反射波束位于 z 轴两侧，俯仰角 θ 为 13.1°，两束波束方位角 φ 分别为 0° 和 180°，同时中心位置($\theta = 0°$，$\varphi = 0°$)上出现一束反射波束；当工作频率在 1.1THz 时，入射波经由超表面编码形成两束左右对称波束，对应的三维远场散射图和二维电场图如图 4-59(c)所示，从图中二维电场图可知，俯仰角 θ 为 10.7°，两束波束方位角 φ 依旧为 0° 和 180°，此时原本位于中心位置的反射波束消失了；当工作频率为 1.4THz 时，超表面编码上产生两束波束，对应的三维远场散射图和二维电场图如图 4-59(d)所示。由图 4-59 可知，反射波束除了俯仰角 θ 为 8.4° 的两束，超表面编码正中位置又出现了另一反射波束，并且比在 0.9THz 处更明显，说明超表面编码对反射波束调控效果慢慢减弱。

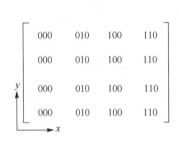

(a) 2bit超表面编码单元结构周期排列方式的局部示意图

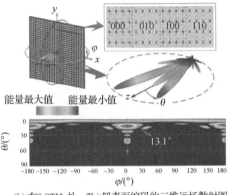

(b) 在0.9THz处，2bit超表面编码的三维远场散射图和二维电场图

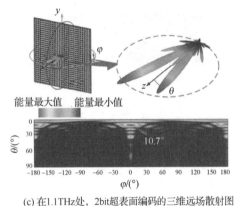

(c) 在1.1THz处，2bit超表面编码的三维远场散射图和二维电场图

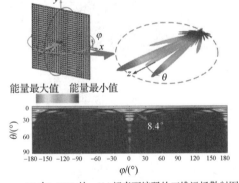

(d) 在1.4THz处，2bit超表面编码的三维远场散射图和二维电场图

图 4-59　VO$_2$ 为金属态时，第一种 2bit 超表面编码在不同工作频率下的三维远场散射图和二维电场图

图 4-60(a) 为第二种 2bit 太赫兹超表面编码单元结构周期排列方式的局部示意图。超表面编码"000 010 000 010···/110 100 110 100···"为周期序列沿 x 轴排列。

在超表面编码作用下，垂直入射太赫兹波被反射形成 4 束波束，对应的三维远场散射图和二维电场图如图 4-60(b)～(d) 所示。不同工作频率下，产生反射波束会有所变化，反射波束俯仰角也会发生改变。在 0.9THz 和 1.4THz 工作频率处，反射波束为 5 束，其中 4 束对应俯仰角 θ 分别为 26.9° 和 16.9°，如图 4-60(b) 和 (d) 所示。当工作频率在 1.1THz 时，入射波经由超表面编码形成 4 束对称波束，对应的三维远场散射图和二维电场图如图 4-60(c) 所示，从图中二维电场图可知，俯仰角 θ 为 21.7°，此时原本位于正中位置的反射波束完全消失。说明超表面编码在 1.1THz 处对太赫兹反射波束调控效果最佳。

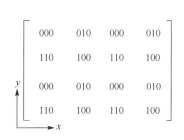

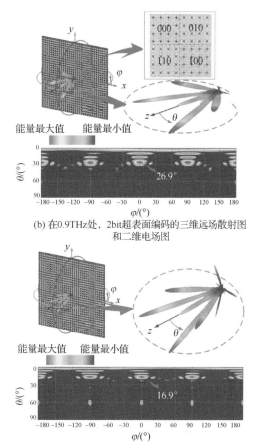

(a) 2bit超表面编码单元结构周期排列方式的局部示意图

(b) 在0.9THz处，2bit超表面编码的三维远场散射图和二维电场图

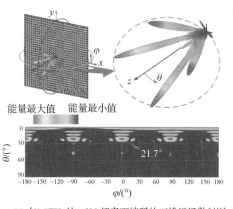

(c) 在1.1THz处，2bit超表面编码的三维远场散射图和二维电场图

(d) 在1.4THz处，2bit超表面编码的三维远场散射图和二维电场图

图 4-60　VO$_2$ 为金属态时，第二种 2bit 超表面编码不同工作频率下的三维远场散射和二维电场分布图

对于两种不同排列方式构成的 2bit 超表面编码，由公式计算得到在不同频率下第一种和第二种超表面编码对应反射波束俯仰角 θ 分别为 13.1°(0.9THz)、

10.7°（1.1THz）和 8.4°（1.4THz）与 26.9°（0.9THz）、21.7°（1.1THz）和 16.9°（1.4THz），
与仿真结果完全吻合。

4.7.4　3bit 太赫兹超表面编码

当 VO_2 为金属态时，本节设计两种不同编码序列排布的 3bit 超表面编码结构。
第一种 3bit 太赫兹超表面编码以"000 001 010 011 100 101 110 111…"为周期序列
沿 x 轴排列，在 y 轴每列上的单元结构与 x 轴保持一致，图 4-61（a）为 3bit 超表面编
码周期排列方式局部示意图。太赫兹波垂直入射到超表面编码后形成两束左右对称
的反射波，对应的三维远场散射图和二维电场图如图 4-61（b）～（d）所示。当工作频
率为 0.9THz 时，入射太赫兹波经过超表面编码形成两束大小相等的反射波束，如
图 4-61（b）所示，反射波束位于 z 轴两侧，俯仰角 θ 为 6.5°，两束波束方位角 φ 分

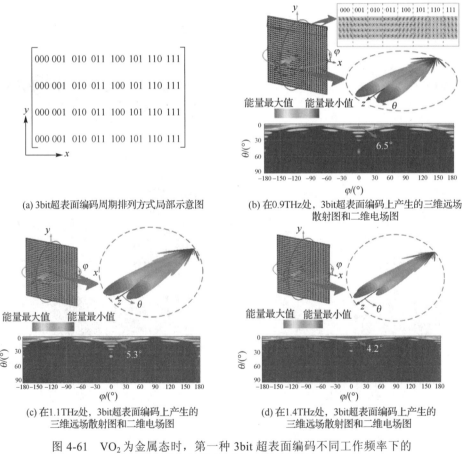

(a) 3bit超表面编码周期排列方式局部示意图

(b) 在0.9THz处，3bit超表面编码上产生的三维远场
散射图和二维电场图

(c) 在1.1THz处，3bit超表面编码上产生的
三维远场散射图和二维电场图

(d) 在1.4THz处，3bit超表面编码上产生的
三维远场散射图和二维电场图

图 4-61　VO_2 为金属态时，第一种 3bit 超表面编码不同工作频率下的
三维远场散射图和二维电场图

别为 0°和 180°；当工作频率为 1.1THz 时，太赫兹波经由超表面编码形成两束左右
对称、大小相等的反射波束，如图 4-61(c)所示，俯仰角 θ 为 5.3°，两束波束方位
角 φ 依旧分别为 0°和 180°；当工作频率为 1.4THz 时，如图 4-61(d)所示，反射波
束由原来大小相等变为一大一小分布在 z 轴两侧，俯仰角 θ 为 4.2°。对于第一种 3bit
超表面编码，编码序列周期 $\varGamma = 32 \times P$，由公式计算得到在上述三种不同频率下俯仰
角 θ 分别为 6.5°、5.3°和 4.2°，与仿真结果完全吻合。

同理，第二种 3bit 超表面编码以"000 001 010 011 100 101 110 111…/100 101 110
111 000 001 010 011…"为周期序列沿 x 轴排列形成。图 4-62(a)为第二种 3bit 超表
面编码周期排列方式局部示意图。太赫兹波垂直入射到超表面编码后形成 4 束反射
波束，对应的三维远场散射图和二维电场如图 4-62(b)~(d)所示。当工作频率为
0.9THz 时，入射波被超表面编码反射形成 4 束反射波，如图 4-62(b)所示，反射波
俯仰角 θ 为 26.9°，方位角 φ 分别为–115°、–75°、75°和 115°；当工作频率为 1.1THz
时，如图 4-62(c)所示，俯仰角 θ 为 21.7°，反射波束方位角 φ 不变；当工作频率为
1.4THz 时，如图 4-62(d)所示，反射波束能量主要集中到中心波束上，原来 4 束波

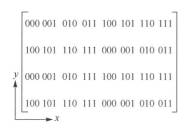

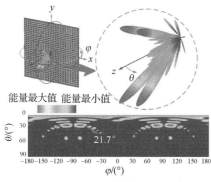

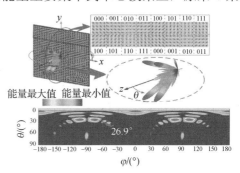

(a) 3bit超表面编码周期排列方式的局部示意图

(b) 在0.9THz处，3bit超表面编码上产生的
三维远场散射图和二维电场图

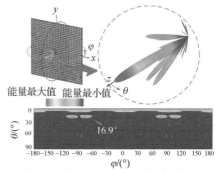

(c) 在1.1THz处，3bit超表面编码上产生的
三维远场散射图和二维电场图

(d) 在1.4THz处，3bit超表面编码上产生的三维远场
散射图和二维电场图

图 4-62　VO₂ 为金属态时，第二种 3bit 超表面编码不同工作频率下的
三维远场散射图和二维电场图

束出现大幅度衰减，俯仰角 θ 为 16.9°。对于第二种 3bit 超表面编码，由公式计算得到在上述 3 种不同频率下俯仰角 θ 分别为 26.9°、21.7° 和 16.9°，与仿真结果完全吻合。

当 VO₂ 为金属态时，本节所设计的 1bit、2bit 和 3bit 超表面编码都表现出了较好的波束控制能力，特别是分别沿 x 轴以"000 100…"、"000 010 100 110…"和"000 001 010 011 100 101 110 111…"为周期编码序列排列的 1bit、2bit 和 3bit 超表面编码在 1.1TH 工作频率上实现了两束太赫兹反射波的调控，反射波束俯仰角 θ 分别为 21.7°、10.7° 和 5.3°。为了说明本节所设计的超表面编码有可调谐功能，在工作频率为 1.1THz 处进行分析，如图 4-63 所示。当 VO₂ 从金属态相变成绝缘态后，超表

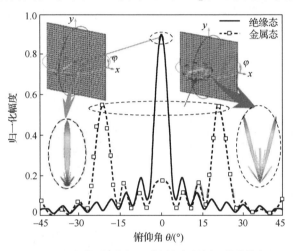

(a) 1bit超表面编码在VO₂金属态或绝缘态下的性能表现

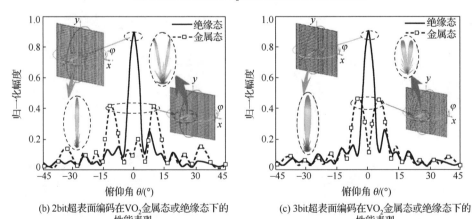

(b) 2bit超表面编码在VO₂金属态或绝缘态下的
性能表现

(c) 3bit超表面编码在VO₂金属态或绝缘态下的
性能表现

图 4-63　工作频率为 1.1THz 时，在 VO₂ 不同相态下，1bit、2bit 和
3bit 超表面编码在 xoz 平面中的二维远场散射图

面编码不再拥有对反射波束的调控效果，反射波束俯仰角 θ 由 21.7°、10.7° 和 5.3° 全都变为 0°，仅在 $(\theta = 0°, \varphi = 0°)$ 处出现一束反射波束。在 1bit、2bit 和 3bit 超表面编码中，对超表面编码中 VO_2 在不同相态下进行仿真，分别得到在 xoz 平面上的二维远场散射图，如图 4-63(a)~(c) 所示。对于垂直入射的太赫兹波，在 VO_2 金属态下形成两束对称相等的反射波束，分别指向 xoz 平面中俯仰角 $\theta = \pm 27.0°$、$\pm 13.1°$ 和 $\pm 6.5°$ 位置上；在 VO_2 绝缘态下只形成一束指向 xoz 平面中俯仰角 $\theta = 0°$ 的太赫兹反射波束。从图 4-63 中可以看到，在 VO_2 不同相态下，同一超表面编码可以灵活地实现对太赫兹反射波束的调控。

4.8　凹形结构太赫兹超表面编码

4.8.1　凹形结构超表面编码单元

凹形结构超表面编码单元结构如图 4-64(a) 所示，它由凹形谐振框（橙色部分）和 VO_2（蓝色部分）组成（厚度为 0.2μm），底层为金属板，用于实现全反射；顶层结构和底层金属板之间为聚酰亚胺薄膜，介电常数 $\varepsilon = 3.5$，厚度 $h = 40\mu m$，其他几何参数 $a = 64\mu m$，$b = 60\mu m$，$c = 20\mu m$，$d = 16\mu m$，$P = 110\mu m$。从图 4-64(b) 可以看出，单元结构旋转角 α 旋转方向为逆时针。在经过多次旋转后，获得多个相位不同但具有固定相位差的编码单元来实现不同编码。

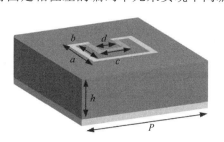
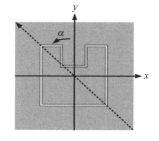

(a) 凹形结构超表面编码单元的三维结构　　　(b) 凹形结构超表面编码单元旋转α的示意图

图 4-64　凹形结构超表面编码单元结构示意图（见彩图）

当 VO_2 为绝缘态时，凹形编码单元 "000"、"001"、"010"、"011"、"100"、"101"、"110" 和 "111" 的反射幅度和反射相位如图 4-65 所示，图中 8 种凹形超表面编码单元对应的旋转角 α 分别为 0°、22.5°、45°、67.5°、90°、112.5°、135° 和 157.5°。在 0.6~1.3THz 内，8 种凹形结构超表面编码单元的交叉极化反射幅度接近 0.7。凹形结构超表面编码单元对应的交叉极化反射相位如图 4-65(b) 所示。在 0.6~1.2THz 内，相邻凹形结构超表面编码单元的相位差约为 45°。为了减少凹形结构超表面编码单元的耦合效应，采用 4×4 开口框形结构超表面编码单元作为一个超级编码单元。

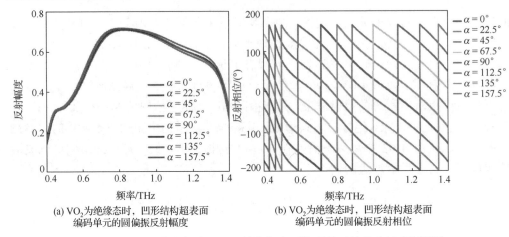

(a) VO₂为绝缘态时,凹形结构超表面
编码单元的圆偏振反射幅度

(b) VO₂为绝缘态时,凹形结构超表面
编码单元的圆偏振反射相位

图 4-65　VO$_2$ 为绝缘态时,凹形结构超表面编码单元性能曲线(见彩图)

当 VO$_2$ 由绝缘态转变为金属态时,顶层谐振器结构由各向异性凹形谐振器转变为各向同性封闭谐振器。在 0.6～1.2THz 内,交叉极化反射幅度急剧降至 0.1,如图 4-66(a) 所示。但凹形结构超表面编码单元之间依旧保持着恒为 45° 相位差(图 4-66(b)),单元结构丧失了它处于绝缘态时的编码功能。

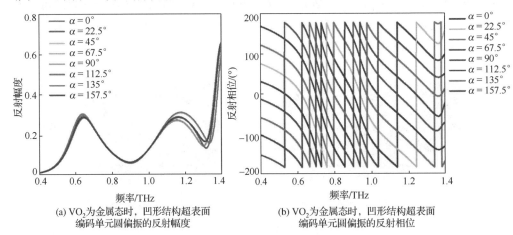

(a) VO₂为金属态时,凹形结构超表面
编码单元圆偏振的反射幅度

(b) VO₂为金属态时,凹形结构超表面
编码单元圆偏振的反射相位

图 4-66　VO$_2$ 为金属态时,凹形结构超表面编码单元性能曲线(见彩图)

为了了解凹形结构超表面单元反射幅度和反射相位的变化,在 0.65THz 处分析了不同相态的 VO$_2$ 对凹形结构超表面编码单元顶部结构电场分布的影响(图 4-67)。当 VO$_2$ 为绝缘态时,电场主要分布在金属凹形谐振框上,如图 4-67(a) 所示。当 VO$_2$ 为金属态时,编码单元谐振结构是各向同性且对称的,电场分布在整个图案结构上,如图 4-67(b) 所示。

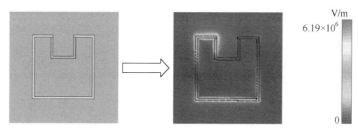

(a) VO₂ 为绝缘态时，凹形结构超表面编码单元的电场分布

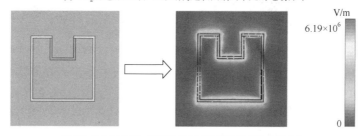

(b) VO₂ 为金属态时，凹形结构超表面编码单元的电场分布

图 4-67　凹形结构超表面编码单元电场分布图

表 4-2 为凹形结构超表面编码单元结构示意图。为了使本节设计的太赫兹超表面编码耦合影响最小化，采用由相同基本单元组成的 4×4 阵列作为超级单元来代替基本单元。通过研究太赫兹超表面编码的基本原理可知，不同的编码序列将产生不同散射场的物理现象，并且可以通过使用预先设计好的编码序列来得到想要的散射场图。在 0.65THz 频率下，分别设计了以周期序列编码的 1bit 太赫兹超表面编码、2bit 太赫兹超表面编码和 3bit 太赫兹超表面编码，仿真结果与计算结果相吻合。

表 4-2　凹形结构超表面编码单元结构示意图

单元结构								
超级单元								
α	0°	22.5°	45°	67.5°	90°	112.5°	135°	157.5°
1bit		0				1		
2bit		2		3		0		1
3bit	4	5	6	7	0	1	2	3

4.8.2　1bit 太赫兹超表面编码

第一种 1bit 太赫兹超表面编码沿 x 轴呈"010101…"周期排列，在 y 轴每列上的单元结构与 x 轴保持一致，图 4-68(a)为结构单元周期排布方式局部示意图。第二种 1bit 太赫兹超表面编码以"0101010…/101010…"为周期呈棋盘式分布排列，图 4-68(b)为结构单元周期排布方式局部示意图。

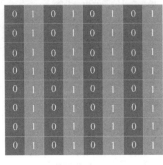　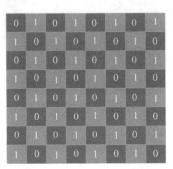

(a) 第一种(010101…)　　　　　　　(b) 第二种(0101010…/101010…)

图 4-68　1bit 两种编码方式局部示意图

分析第一种 1bit 太赫兹超表面编码情况。当 VO_2 为绝缘态时，在工作频率 0.65THz 处，太赫兹波垂直入射到超表面编码结构后，形成两束大小相等、左右对称的反射波，其对应的三维远场散射图如图 4-69(a)所示。对于第一种 1bit 超表面编码，由理论公式计算得到在 0.65THz 处的反射波俯仰角 θ 为 31.1°，图 4-69(b)是其对应的二维平面图，由图可以看出，理论公式计算的结果与仿真结果十分吻合。当 VO_2 为金属态时，在工作频率 0.65THz 处，太赫兹波垂直入射到超表面编码结构后，形成 1 束反射波，其对应的三维远场散射图如图 4-69(c)所示。图 4-69(d)是其对应的二维平面图，由图可以看出，当 VO_2 处于金属态时，超表面编码类似于金属板，失去了操控太赫兹波的功能，入射的太赫兹波只能被原路反射回去，故只形成一束反射波。由此可以看出，不同状态下的 VO_2 可以实现对太赫兹波的调控。

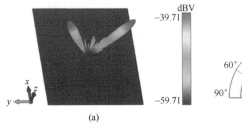　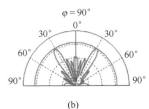

(a)　　　　　　　　　　　　(b)

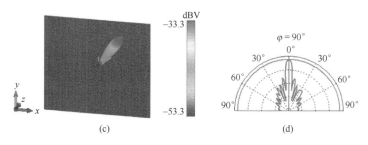

图 4-69 太赫兹波垂直入射到第一种 1bit 超表面时三维远场散射图和二维平面图

(a)与(b)分别为当 VO₂ 为绝缘态时，在 0.65THz 处，太赫兹波垂直入射到第一种 1bit 超表面编码三维远场散射图和二维平面图；(c)与(d)分别为当 VO₂ 为金属态时，在 0.65THz 处，太赫兹波垂直入射到第一种 1bit 超表面编码三维远场散射图和二维平面图

分析第二种 1bit 太赫兹超表面编码情况。当 VO₂ 为绝缘态时，在工作频率 0.65THz 处，太赫兹波垂直入射到超表面编码结构后，形成 4 束大小相等、左右对称的反射波，其对应的三维远场散射图如图 4-70(a)所示。对于第二种 1bit 超表面编码，由理论公式计算得到在 0.65THz 处的 4 束反射波方位角 φ 分别为 45°、135°、225° 和 315°。图 4-70(b)是其对应的二维平面图，由图可以看出，理论公式计算的

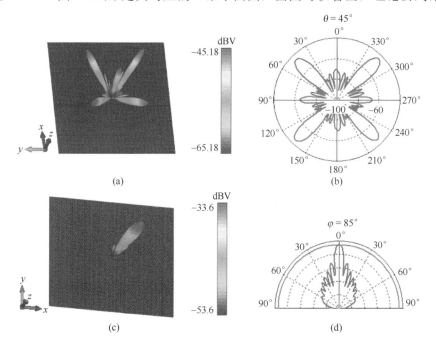

图 4-70 太赫兹波垂直入射到第二种 1bit 超表面时三维远场散射图和二维平面图

(a)与(b)分别为当 VO₂ 为绝缘态时，在 0.65THz 处，太赫兹波垂直入射到第二种 1bit 超表面编码三维远场散射图和二维平面图；(c)与(d)分别为当 VO₂ 为金属态时，在 0.65THz 处，太赫兹波垂直入射到第二种 1bit 超表面编码三维远场散射图和二维平面图

结果与仿真结果十分吻合。当 VO$_2$ 为金属态时，在工作频率 0.65THz 处，太赫兹波垂直入射到超表面编码结构后，形成 1 束反射波，其对应的三维远场散射图如图 4-70(c) 所示，图 4-70(d) 是其对应的二维平面图。由图 4-70(c) 可以看出，当 VO$_2$ 处于金属态时，超表面编码类似于金属板，失去了操控太赫兹波的功能，入射的太赫兹波只能被原路反射回去，故只形成一束反射波。另外，超表面编码正中心出现了一束较小的波束，说明超表面编码随着频率改变，对入射波波束的控制能力逐渐减弱。

当 VO$_2$ 为绝缘态时，本节设计的两种 1bit 超表面编码都表现出了较好的波束控制能力，第一种 1bit 超表面编码在 0.65THz 工作频率上实现了两束太赫兹反射波的调控，对称的反射波束的俯仰角 θ 为 31.1°。第二种 1bit 超表面编码在 0.65THz 工作频率上实现了 4 束太赫兹反射波的调控，4 束反射波束的方位角 φ 分别为 45°、135°、225° 和 315°。为了说明本节设计的超表面编码拥有可调谐功能，在工作频率 0.65THz 处进行分析。对于第一种 1bit 超表面编码，当 VO$_2$ 从绝缘态变成金属态后，超表面编码不再拥有对反射波束的调控效果，反射波束俯仰角 θ 由 31.1° 变为 0°，仅出现一束反射波束。对于第二种 1bit 超表面编码，当 VO$_2$ 从绝缘态变成金属态后，同样超表面编码不再拥有对反射波束的调控效果，4 束反射波束的方位角 φ 分别由 45°、135°、225° 和 315° 全部都变为 0°，仅出现一束反射波束。在这两种 1bit 超表面编码中，对超表面编码中 VO$_2$ 在不同相态下进行仿真，分别得到对应的归一化二维远场散射图，如图 4-71(a) 和 (b) 所示。对于垂直入射的太赫兹波，在 VO$_2$ 不同相态下，同一超表面编码可以灵活地实现对太赫兹反射波束的调控。

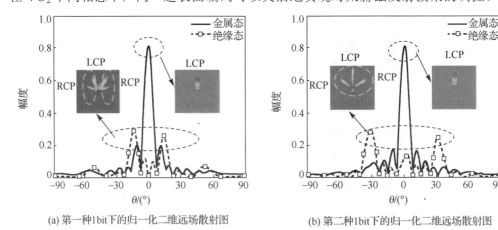

(a) 第一种1bit下的归一化二维远场散射图   (b) 第二种1bit下的归一化二维远场散射图

图 4-71　1bit 超表面编码归一化远场散射图

4.8.3　2bit 太赫兹超表面编码

第一种 2bit 太赫兹超表面编码沿 x 轴呈 "01230123…" 周期排列，在 y 轴每列

上的单元结构与 x 轴保持一致，图 4-72(a)为结构单元周期排列方式局部示意图。第二种 2bit 太赫兹超表面编码以"0101010…/323232…"为周期呈棋盘式排列，图 4-72(b)为结构单元周期排列方式局部示意图。

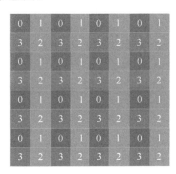

(a) 第一种(01230123…)　　　　(b) 第二种(0101010…/323232…)

图 4-72　2bit 两种编码方式局部示意图

分析第一种 2bit 太赫兹超表面编码情况。当 VO₂ 为绝缘态时，在工作频率 0.65THz 处，太赫兹波垂直入射到超表面编码结构后，形成两束大小相等、左右对称的反射波，其对应的三维远场散射图如图 4-73(a)所示。对于第一种 2bit 超表面

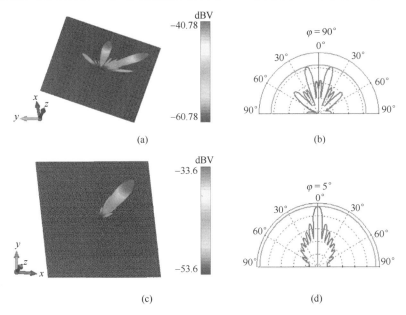

图 4-73　太赫兹波垂直入射到第一种 2bit 超表面时三维远场散射图和二维平面图

(a) 与(b)分别为当 VO₂ 为绝缘态时，在 0.65THz 处，太赫兹波垂直入射到第一种 2bit 超表面编码三维远场散射图和二维平面图；(c) 与(d)分别为当 VO₂ 为金属态时，在 0.65THz 处，太赫兹波垂直入射到第一种 2bit 超表面编码三维远场散射图和二维平面图

编码，由理论公式计算得到在 0.65THz 处的反射波俯仰角 θ 为 15.5°，图 4-73(b) 是其对应的二维平面图，由图可以看出，理论公式计算的结果与仿真结果十分吻合。当 VO_2 为金属态时，在工作频率 0.65THz 处，太赫兹波垂直入射到超表面编码结构后，形成 1 束反射波，其对应的三维远场散射图如图 4-73(c) 所示。图 4-73(d) 是其对应的二维平面图。由图 4-73(c) 可以看出，当 VO_2 处于金属态时，超表面编码类似于金属板，失去了操控太赫兹波的功能，入射的太赫兹波只能被原路反射回去，故只形成一束反射波。由此可以看出，不同状态下的 VO_2 可以实现对太赫兹波的调控。

分析第二种 2bit 太赫兹超表面编码情况。当 VO_2 为绝缘态时，在工作频率 0.65THz 处，太赫兹波垂直入射到超表面编码结构后，形成 4 束大小相等、左右对称的反射波，其对应的三维远场散射图如图 4-74(a) 所示。对于第二种 2bit 超表面编码，由理论公式计算得到在 0.65THz 处的 4 束反射波方位角 φ 分别为 0°、90°、180° 和 270°。图 4-74(b) 是其对应的二维平面图，由图 4-74(b) 二维平面图可以看出，理论公式计算的结果与仿真结果十分吻合。当 VO_2 为金属态时，在工作频率 0.65THz 处，太赫兹波垂直入射到超表面编码结构后，形成 1 束反射波，其对应的

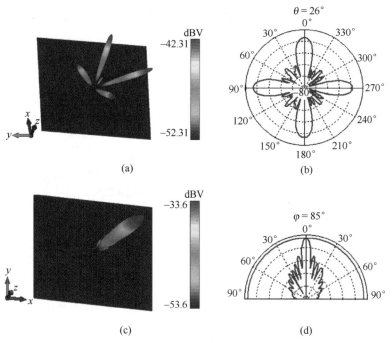

图 4-74　太赫兹波垂直入射到第二种 2bit 超表面时三维远场散射图和二维平面图

(a) 与 (b) 分别为当 VO_2 为绝缘态时，在 0.65THz 处，太赫兹波垂直入射到第二种 2bit 超表面编码三维远场散射图和二维平面图；(c) 与 (d) 分别为当 VO_2 为金属态时，在 0.65THz 处，太赫兹波垂直入射到第二种 2bit 超表面编码三维远场散射图和二维平面图

三维远场散射图如图 4-74(c) 所示,图 4-74(d) 是其对应的二维平面图。由图 4-74(c) 可以看出,当 VO$_2$ 处于金属态时,超表面编码类似于金属板,失去了操控太赫兹波的功能,入射的太赫兹波只能被原路反射回去,故只形成一束反射波。另外,超表面编码正中心出现了较小的波束,说明超表面编码随着频率改变,对入射波波束的控制能力逐渐减弱。

　　当 VO$_2$ 为绝缘态时,本节设计的两种 2bit 超表面编码都表现出了较好的波束控制能力,第一种 2bit 超表面编码在 0.65THz 工作频率上实现了两束太赫兹反射波的调控,对称的反射波束的俯仰角 θ 为 15.5°。第二种 2bit 超表面编码在 0.65THz 工作频率上实现了 4 束太赫兹反射波的调控,4 束反射波束的方位角 φ 分别为 0°、90°、180° 和 270°。为了说明本节设计的超表面编码拥有可调谐功能,在工作频率 0.65THz 处进行分析。对于第一种 2bit 超表面编码,当 VO$_2$ 从绝缘态变成金属态后,超表面编码不再拥有对反射波束的调控效果,反射波束俯仰角 θ 由 15.5° 变为 0°,仅出现一束反射波束。对于第二种 2bit 超表面编码,当 VO$_2$ 从绝缘态变成金属态后,同样超表面编码不再拥有对反射波束的调控效果,4 束反射波束的方位角 φ 分别由 0°、90°、180° 和 270° 全部都变为 0°,仅出现一束反射波束。在这两种 2bit 超表面编码中,对超表面编码中 VO$_2$ 在不同相态下进行仿真,分别得到对应的归一化二维远场图,如图 4-75(a) 和 (b) 所示。对于垂直入射的太赫兹波,在 VO$_2$ 不同相态下,同一超表面编码可以灵活地实现对太赫兹反射波束的调控。

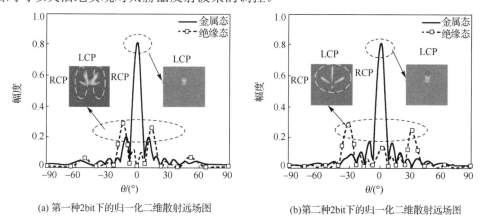

(a) 第一种2bit下的归一化二维散射远场图　　　　　(b)第二种2bit下的归一化二维散射远场图

图 4-75　2bit 超表面编码归一化远场散射图

4.8.4　3bit 太赫兹超表面编码

　　第一种 3bit 太赫兹超表面编码沿 x 轴呈现"01234567…"周期排列,在 y 轴每列上的单元结构与 x 轴保持一致,图 4-76(a) 为结构单元周期排列方式局部示意图。

第二种 3bit 太赫兹超表面编码以 "01234567…/45670123…" 为周期呈棋盘式分布排列，图 4-76(b) 为结构单元周期排列方式局部示意图。

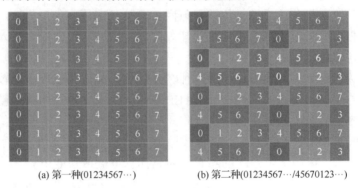

(a) 第一种(01234567…)　　　　(b) 第二种(01234567…/45670123…)

图 4-76　3bit 两种编码排列方式局部示意图

分析第一种 3bit 太赫兹超表面编码情况。当 VO_2 为绝缘态时，在工作频率 0.65THz 处，太赫兹波垂直入射到超表面编码结构后，形成两束大小相等、左右对称的反射波，其对应的三维远场散射图如图 4-77(a) 所示。对于第一种 3bit 超表面

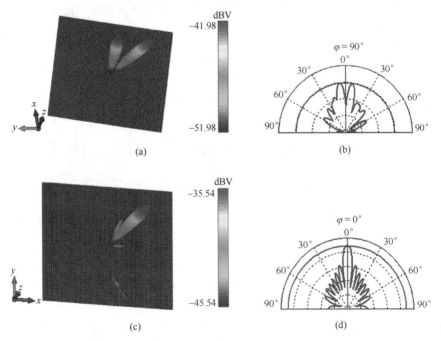

图 4-77　太赫兹波垂直入射到第一种 3bit 超表面时三维远场散射图和二维平面图

(a) 与 (b) 分别为当 VO_2 为绝缘态时，在 0.65THz 处，太赫兹波垂直入射到第一种 3bit 超表面编码三维远场散射图和二维平面图；(c) 与 (d) 分别为当 VO_2 为金属态时，在 0.65THz 处，太赫兹波垂直入射到第一种 3bit 超表面编码三维远场散射图和二维平面图

编码，由理论公式计算得到在 0.65THz 处的反射波俯仰角 θ 为 10.3°，图 4-77(b) 是其对应的二维平面图，由图可以看出，理论公式计算的结果与仿真结果十分吻合。当 VO$_2$ 为金属态时，在工作频率 0.65THz 处，太赫兹波垂直入射到超表面编码结构后，形成 1 束反射波，其对应的三维远场散射图如图 4-77(c) 所示，图 4-77(d) 是其对应的二维平面图。由图 4-77(c) 可以看出，当 VO$_2$ 处于金属态时，超表面编码类似于金属板，失去了操控太赫兹波的功能，入射的太赫兹波只能被原路反射回去，故只形成一束反射波。由此可以看出，不同状态下的 VO$_2$ 可以实现对太赫兹波的调控。

　　分析第二种 3bit 太赫兹超表面编码情况。当 VO$_2$ 为绝缘态时，在工作频率 0.65THz 处，太赫兹波垂直入射到超表面编码结构后，形成 4 束大小相等、左右对称的反射波，其对应的三维远场散射图如图 4-78(a) 所示。对于第二种 3bit 超表面编码，由理论公式计算得到在 0.65THz 处的 4 束反射波方位角 φ 分别为 0°、90°、180° 和 270°。图 4-78(b) 是其对应的二维平面图，由可以看出，理论公式计算的结果与仿真结果十分吻合。当 VO$_2$ 为金属态时，在工作频率 0.65THz 处，太赫兹波垂直

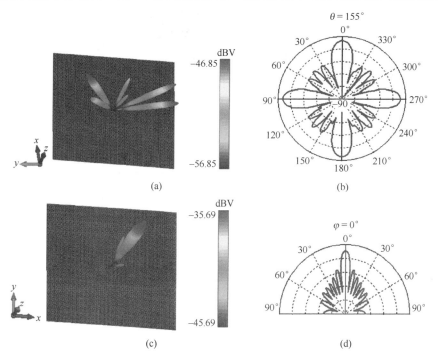

图 4-78　太赫兹波垂直入射到第二种 3bit 超表面时三维远场散射图和二维平面图

(a) 与 (b) 分别为当 VO$_2$ 为绝缘态时，在 0.65THz 处，太赫兹波垂直入射到第二种 3bit 超表面编码三维远场散射图和二维平面图；(c) 与 (d) 分别为当 VO$_2$ 为金属态时，在 0.65THz 处，太赫兹波垂直入射到第二种 3bit 超表面编码三维远场散射图和二维平面图

入射到超表面编码结构后，形成 1 束反射波，其对应的三维远场散射图如图 4-78(c)所示，图 4-78(d)是其对应的二维平面图。由图 4-78(c)可以看出，当 VO$_2$ 处于金属态时，超表面编码类似于金属板，失去了操控太赫兹波的功能，入射的太赫兹波只能被原路反射回去，故只形成一束反射波。另外，超表面编码正中心出现了较小的波束，说明超表面编码随着频率改变，对入射太赫兹波调控能力减弱。

当 VO$_2$ 为绝缘态时，本节设计的两种 3bit 超表面编码都表现出了较好的波束控制能力，第一种 3bit 超表面编码在 0.65THz 工作频率上实现了两束太赫兹反射波的调控，对称的反射波束的俯仰角 θ 为 10.3°。第二种 3bit 超表面编码在 0.65THz 工作频率上实现了 4 束太赫兹反射波的调控，4 束反射波束的方位角 φ 分别为 0°、90°、180° 和 270°。为了说明本节设计的超表面编码拥有可调谐功能，对工作频率 0.65THz 处的超表面编码进行分析。对于第一种 3bit 超表面编码，当 VO$_2$ 从绝缘态变成金属态后，超表面编码不再拥有对反射波束的调控效果，反射波束俯仰角 θ 由 10.3° 变为 0°，仅出现一束反射波束。对于第二种 3bit 超表面编码，当 VO$_2$ 从绝缘态变成金属态后，同样超表面编码不再拥有对反射波束的调控效果，4 束反射波束的方位角 φ 分别为 0°、90°、180° 和 270°，全部都变为 0°，仅出现一束反射波束。在这两种 3bit 超表面编码中，对超表面编码中 VO$_2$ 在不同相态下进行仿真，分别得到对应的归一化二维远场散射图，如图 4-79(a)和(b)所示。对于垂直入射的太赫兹波，在 VO$_2$ 不同相态下，同一超表面编码可以灵活地实现对太赫兹反射波束的调控。

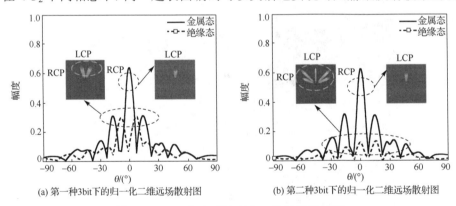

(a) 第一种3bit下的归一化二维远场散射图　　(b) 第二种3bit下的归一化二维远场散射图

图 4-79　3bit 超表面编码归一化远场散射图

4.9　骨头形结构太赫兹超表面编码

4.9.1　骨头形结构可调谐超表面编码单元

本节设计十字交叉骨头形结构，通过旋转后将中间的十字部分用根据温度变化的 VO$_2$ 代替, 超表面基本单元结构是由三层结构组成的。底层结构的材料是铜, 这一层金属板的作用是尽量减小超表面结构单元的透射率, 使垂直入射的太赫兹波反射率较高; 超表面单元结构的中间一层为介质层, 作用是隔离底层金属板和顶层金属; 超表面单元结构的顶层采用编码的形式使得垂直入射的太赫兹波达到分束或者全反射的效果, 顶层金属结构是由两个交叉骨头形状相互垂直构成的。超表面单元结构的底层和顶层的金属结构由铜构成, 且厚度均为 200nm。超表面单元结构的中间介质层的材料为聚酰亚胺, 其厚度 $h = 30\mu m$, 介电常数为 3.0, 损耗角正切值为 0.03, 基本单元的周期长度 $P = 110\mu m$。为实现 1bit 太赫兹超表面编码的要求, 需要获得两个超表面基本单元, 并且这两个基本单元之间的相位差要接近于 180°。在设计过程中发现, 将中间的部分十字结构替换成温控材料 VO$_2$ 可满足 1bit 编码要求, 经过反复调试得到最终优化的结构数据: $P = 110\mu m, m = 54\mu m, n = 82\mu m, c = 20\mu m, w = 6\mu m$, 其中 c 为超表面基本单元的顶层金属结构替换为可由温度控制相变的 VO$_2$ 材料的十字长度。

图 4-80(a) 为将长度为 c 的十字结构替换为金属态的 VO$_2$, 对应 1bit 编码中的 "1" 单元; 图 4-80(b) 为将长度为 c 的十字结构替换为绝缘态 VO$_2$, 对应着 1bit 编码中的 "0" 单元。为了验证本节设计的超表面编码单元是否满足 1bit 编码的反射率及相位差的要求, 使用 CST 仿真软件对两个超表面编码基本单元进行了仿真。

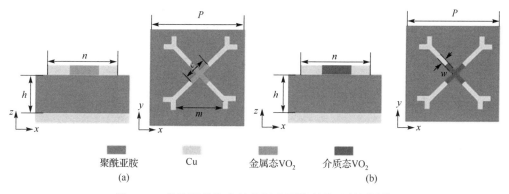

图 4-80 骨头形结构太赫兹超表面编码单元(见彩图)

图 4-81(a) 为骨头形结构超表面编码单元反射幅度曲线图, 从图中可以看出, 在 0.8~1.5THz 内这两个超表面编码单元反射幅度均大于 0.9, 反射率较高, 符合全反射条件; 图 4-81(b) 为骨头形结构编码单元的反射相位图, 在 0.8~1.5THz 内, 两个超表面编码单元的反射相位差较为接近 180°, 两个超表面编码单元在反射相位和反射幅度上均满足编码条件, 因此, 可选用这两个超表面编码单元来作为 1bit 太赫兹超表面编码的基本元素。

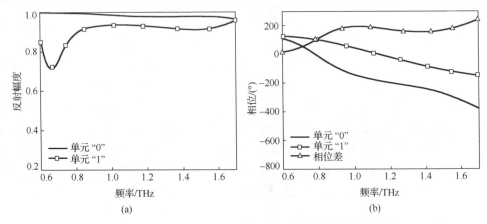

(a)　　　　　　　　　　　　　　　　　(b)

图 4-81　骨头形结构超表面编码单元幅频响应及相频响应

由图 4-81 可知，两个超表面编码单元结构在频率为 0.86THz 处反射幅度均大于 0.9，且两者相位差接近 180°，并且在该频率下的超表面分束效果最好。因此，在接下来的工作中，工作频率选在 0.86THz 处。对于两个不同超表面单元结构，通过仿真得到在工作频率为 0.86THz 时超表面基本单元"0"和基本单元"1"的顶层金属结构表面电场强度分布（图 4-82 和图 4-83）。

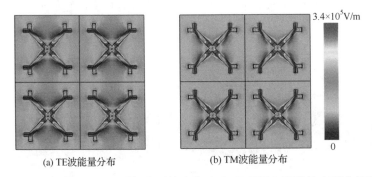

(a) TE波能量分布　　　　　　　　　(b) TM波能量分布

图 4-82　工作频率为 0.86THz 时超表面基本单元"0"顶层金属结构表面电场强度分布

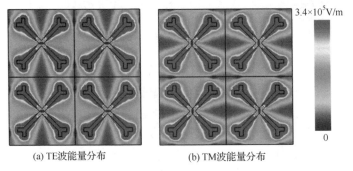

(a) TE波能量分布　　　　　　　　　(b) TM波能量分布

图 4-83　工作频率为 0.86THz 时超表面基本单元"1"顶层金属结构表面电场强度分布

4.9.2　仿真分析

　　为验证本节设计的 1bit 太赫兹超表面编码效果，设计 3 种不同排列方式的常规 1bit 太赫兹超表面编码结构，并且利用 CST 仿真软件对 3 种不同 1bit 太赫兹超表面编码进行建模计算，工作频率设定在 0.86THz。为降低相邻超表面单元之间的耦合影响，使其达到最小化，采用由相同超表面基本单元组成的 4×4 阵列作为超级单元来替代基本单元，如图 4-84 所示。同样地，将由相同的 "0" 基本超表面编码单元组成的超级单元标记为 "00"，将由相同的 "1" 基本超表面编码单元组成的超级单元标记为 "01"。

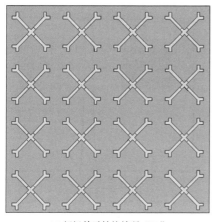 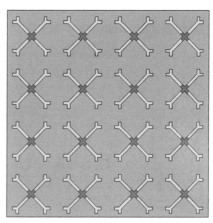

(a) 超级单元结构编码 "00"　　　　　　　　　　　(b) 超级单元结构编码 "01"

图 4-84　超表面编码单元结构

　　第一种排列方式将两个超级单元沿 x 轴 "01-00-01-00…" 进行周期排列，形成 1bit 太赫兹超表面编码，超表面编码单元周期结构的电场能量分布图如图 4-85 所示。线偏振平面波沿 z 轴正方向垂直入射，其仿真结果的三维远场散射图和反射幅度曲线分别如图 4-86(a) 所示。此时可以看出，垂直入射的线偏振平面波被太赫兹超表面编码反射形成两束对称的主瓣，两个主瓣的俯仰角 $\theta = \arcsin(\lambda/\varGamma) = 23.4°$，对应方向分别为 $(\theta = 23.4°, \varphi = 0°)$ 和 $(\theta = 23.4°, \varphi = 180°)$，其中 λ 为 0.86THz 的波长，$\varGamma = 8×110\mu m$。当超表面单元结构 "0" 发生相变后，整个超表面相当于一个金属板，此时垂直入射的线偏振平面波将直接反射，如图 4-86(b) 所示。

　　第二种排布方式将两个超级单元沿 x 轴以 "00-01-00-01/01-00-01-00…" 棋盘式依次排列，形成第二种 1bit 太赫兹超表面编码，超表面编码单元结构的电场能量分布如图 4-87 所示。当线偏振平面波垂直入射到太赫兹超表面编码时，当工作频率为

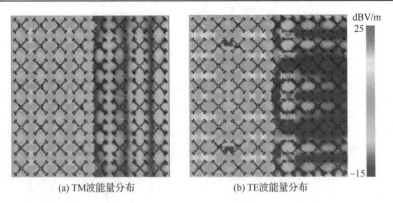

(a) TM波能量分布 (b) TE波能量分布

图 4-85 当工作频率为 $f=0.86\mathrm{THz}$ 时，第一种 1bit 太赫兹超表面编码单元结构电场能量分布图

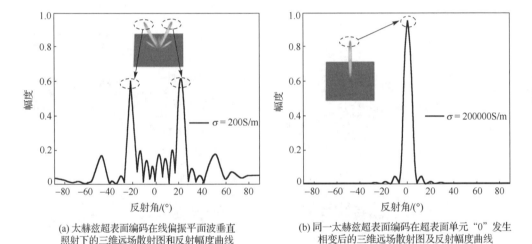

(a) 太赫兹超表面编码在线偏振平面波垂直
照射下的三维远场散射图和反射幅度曲线

(b) 同一太赫兹超表面编码在超表面单元"0"发生
相变后的三维远场散射图及反射幅度曲线

图 4-86 当工作频率 $f=0.86\mathrm{THz}$ 时，第一种 1bit 太赫兹超表面编码在
线偏振平面波垂直照射下的计算结果

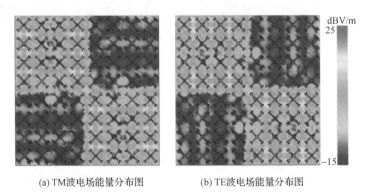

(a) TM波电场能量分布图 (b) TE波电场能量分布图

图 4-87 工作频率为 $0.86\mathrm{THz}$ 时，第二种 1bit 太赫兹超表面编码单元结构电场能量分布图

0.83THz 与 0.86THz 时其仿真结果的三维远场散射图与二维远场平面图分别如图 4-88(a) 和 (b) 所示。此时可以看出，垂直入射的线偏振平面波被太赫兹超表面编码表面反射形成 4 个主瓣，由式 (4-3) 和式 (4-5) 计算出工作频率为 0.86THz 的俯仰角和方位角分别为 $(\theta,\varphi)=(34.1°,45°)$、$(\theta,\varphi)=(34.1°,135°)$、$(\theta,\varphi)=(34.1°,225°)$ 和 $(\theta,\varphi)=(34.1°,315°)$。当工作频率为 0.83THz 时，计算得到俯仰角和方位角分别为 $(\theta,\varphi)=(34°,45°)$、$(\theta,\varphi)=(34°,135°)$、$(\theta,\varphi)=(34°,225°)$ 和 $(\theta,\varphi)=(34°,315°)$。

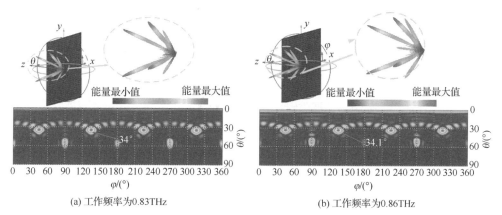

(a) 工作频率为0.83THz　　　　　　　　　　　(b) 工作频率为0.86THz

图 4-88　第二种 1bit 太赫兹超表面编码在线偏振平面波垂直照射下的仿真结果

第三种排布方式将两个超级单元在第二种排布方式的基础上，以梯度周期为 "00-00-01-01-00-00-01-01…/01-01-00-00-01-01-00-00…" 排列，形成第三种 1bit 太赫兹超表面编码，其超表面编码单元结构图如图 4-89 所示。当线偏振平面波垂直入射到太赫兹超表面编码时，其仿真结果的三维远场散射图和二维远场电场图分别如图 4-90(a) 和 (b) 所示。由图 4-90 可以看出，平面波垂直入射到太赫兹超表面编码时，与第二种太赫兹超表面编码类似，同样地反射形成 4 个主瓣，但由于栅格尺寸较前者大，所以其俯仰角相应变小。此时，当工作频率为 0.86THz 时，4 个主瓣的俯仰

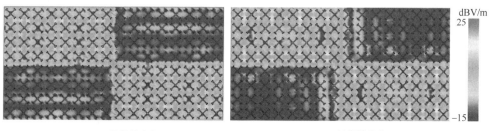

(a) TM波能量分布　　　　　　　　　　　　(b) TE波能量分布

图 4-89　第三种 1bit 太赫兹超表面编码单元结构电场能量分布图

角和方位角为 $(\theta,\varphi)=(26.4°,63.4°)$、$(\theta,\varphi)=(26.4°,116.6°)$、$(\theta,\varphi)=(26.4°,243.4°)$ 和 $(\theta,\varphi)=(26.4°,296.6°)$，经过式(4-3)和式(4-5)计算的结果与二维远场图中的角度一致。当工作频率为 0.95THz 时，俯仰角和方位角为 $(\theta,\varphi)=(23.69°,63.4°)$、$(\theta,\varphi)=(23.69°,116.6°)$、$(\theta,\varphi)=(23.69°,243.4°)$ 和 $(\theta,\varphi)=(23.69°,296.6°)$，如图 4-90(b)所示。

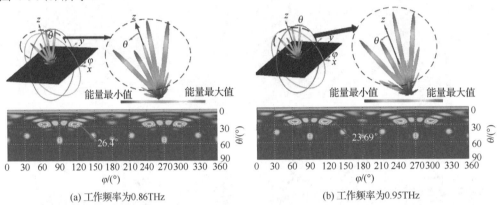

(a) 工作频率为0.86THz　　　　　　　　　　　(b) 工作频率为0.95THz

图 4-90　第三种 1bit 太赫兹超表面编码在线偏振平面波垂直照射下的仿真结果

通过以上分析可知，本节设计的太赫兹超表面编码在 0.86THz 下可以很好地实现太赫兹超表面编码功能，为太赫兹的应用提供了一种可调节超表面，在仿真的过程中发现，此超表面对于频率为 0.8~1.5THz 的太赫兹波都具有很好的远场散射功能。其中的可调效果是由 VO$_2$ 实现的，当温度低于 68° 时，VO$_2$ 为绝缘态，当温度高于 68° 时 VO$_2$ 变为金属态，由于 VO$_2$ 的相变特性，使该结构能够满足 1bit 编码的要求。通过加电或者激光的方式来控制超表面单元结构 "0" 和超表面单元结构 "1" 的温度，使得单元结构上的 VO$_2$ 发生相变。当超表面单元结构 "0" 中的 VO$_2$ 为绝缘态时，超表面单元结构 "1" 中的 VO$_2$ 为金属态时，可达到相位差为 180° 左右，符合 1bit 太赫兹超表面编码的要求，可达到较好的远场散射的效果，有效地缩减了 RCS；当通过加电等方式使得超表面单元 "0" 中的 VO$_2$ 变为金属态时，此时与顶层金属形成一个整体结构，同时认为太赫兹超表面编码上顶层金属结构几乎一样，即相当于超表面基本单元结构 "0" 和 "1" 为同一种结构，两者相位差接近于 0°。当太赫兹波垂直入射时，此时的太赫兹超表面编码相当于一整块金属板，按入射方向完全反射信号，无法实现编码，如图 4-91 所示。可以看出，VO$_2$ 变为金属态后，太赫兹超表面编码顶层与金属结构完全一样，当太赫兹波垂直入射太赫兹超表面编码时，太赫兹波被原路反射回来，不再有前面的结果。

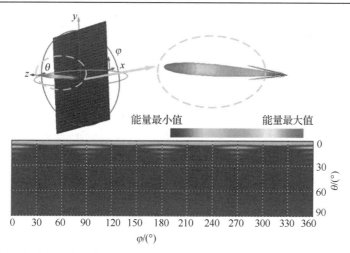

图 4-91　改变温度后太赫兹超表面编码工作在 0.86THz 的三维远场散射图及二维远场电场图

参 考 文 献

[1]　Chen K, Feng Z, Yang L, et al. Geometric phase coded metasurface: From polarization dependent directive electromagnetic wave scattering to diffusion-like scattering. Scientific Report, 2016, 6: 35968.

[2]　Jacobsen R, Nielsen J, Lavrinenko A, et al. Tunable water-based metasurface for anomalous wave reflection. Applied Physics, 2020, 50: 505104.

[3]　Kiani M, Momeni A, Tayarani M, et al. Spatial wave control using a self-biased nonlinear metasurface at microwave frequencies. Optics Express, 2020, 28(23): 35128-35142.

[4]　Liu Y, Che Y, Qi K, et al. Design and demonstration of a wide-angle and high-efficient planar metasurface lens. Optics Communications, 2020, 474: 126061.

[5]　Meng Z, Tian C, Xu C, et al. Multi-spectral functional metasurface simultaneously with visible transparency, low infrared emissivity and wideband microwave absorption. Infrared Physics and Technology, 2020, 110: 103469.

[6]　Sun Z, Huang F, Fu Y, et al. Graphene-based spatial light modulator using optical checkerboard AMC metasurface. Optics Communications, 2020, 474: 126115.

[7]　Wang M, Zhai Z. Wide-angle circular polarization converter based on a metasurface of z-shaped unit cells. Frontiers in Physics, 2020, 8: 527394.

[8]　Gao X, Han X, Gao W, et al. Ultrawideband and high-efficiency linear polarization converter based on double v-shaped metasurface. IEEE Transactions on Antennas and Propagation, 2015, 63(8): 3522-3530.

[9]　Li F, Fang W, Chen P, et al. Transmission and radar cross-section reduction by combining binary

coding metasurface and frequency selective surface. Optics Express, 2018, 26(26): 33878-33887.

[10] Guo W, Wang G, Hou H, et al. Multi-functional coding metasurface for dual-band independent electromagnetic wave control. Optics Express, 2019, 27(14): 19196-19211.

[11] Hakobyan D, Magallanes H, Seniutinas G, et al. Tailoring orbital angular momentum of light in the visible domain with metallic meta-surfaces. Advanced Optical Materials, 2016, 4: 306-312.

[12] Karimiand E, Schulz S, Leon I, et al. Generating optical orbital angular momentum at visible wavelengths using a plasmonic metasurface. Light: Science and Applications, 2014, 3: e167.

[13] Pfeiffer C, Zhang C, Ray V, et al. High performance bianisotropic metasurfaces: Asymmetric transmission of light. Physical Review Letters, 2014, 113: 023902.

[14] Chen W, Yang K, Wang C, et al. High-efficiency broadband meta-hologram with polarization-controlled dual images. Nano Letters, 2014, 14: 225-230.

[15] Grady N, Heyes J, Chowdhury D, et al. Terahertz metamaterials for linear polarization conversion and anomalous refraction. Science, 2013, 340: 1304-1307.

[16] Liang L, Qi M, Yang J, et al. Anomalous terahertz reflection and scattering by flexible and conformal coding metamaterials. Advanced Optical Materials, 2015, 3(10): 1374-1380.

[17] Dong D, Yang J, Cheng Q, et al. Terahertz broadband low reflection metasurface by controlling phase distributions. Advanced Optical Materials, 2015, 3(10):1405-1410.

[18] Wang X, Ding J, Zheng B, et al. Simultaneous realization of anomalous reflection and transmission at two frequencies using bi-functional metasurfaces. Scientific Report, 2018, 8: 1876.

[19] Li J, Yao J. Manipulation of terahertz wave using coding Pancharatnam-Berry phase metasurface. IEEE Photon, 2018, 10: 1-12.

[20] Lei L, Li S, Huang H, et al. Ultra-broadband absorber from visible to near-infrared using plasmonic metamaterial. Optics Express, 2018, 26: 5686-5693.

[21] Ke R, Liu W, Tian J, et al. Dual-band tunable perfect absorber based on monolayer graphene pattern. Results in Physics, 2020, 18: 103306.

[22] Wu J. A polarization insensitive dual-band tunable graphene absorber at the THz frequency. Physics Letters A, 2020, 384(35): 126890.

[23] Liu Y, Liu H, Jin Y, et al. Ultra-broadband perfect absorber utilizing a multi-size rectangular structure in the UV-MIR range. Results in Physics, 2020, 18: 103306.

[24] Li Y, Zhang J, Qu S, et al. Wideband radar cross section reduction using two-dimensional phase gradient meta-surfaces. Applied Physics Letters, 2014, 104: 221110.

[25] Li J, Zhao Z, Yao J, et al. Terahertz wave manipulation based on multi-bit coding artificial electromagnetic surfaces. Applied Physics, 2018, 51: 185105.

[26] Gao L, Cheng Q, Yang J, et al. Broadband diffusion of terahertz waves by multi-bit coding

metasurfaces. Light: Science and Application, 2015, 4: e324.

[27] Cui T, Qi M, Wan X, et al. Coding metamaterials, digital metamaterials and programmable metamaterials. Light: Science and Applications, 2014, 3(10): e218.

[28] Zhang L, Liu S, Cui T. Theory and application of coding metamaterials. Chinese Optics, 2017, 1: 1-12.

[29] Zhang Q, Li Y, Zhang J, et al. Wideband, wide-angle coding phase gradient metasurfaces based on Pancharatnam-Berry phase. Scientific Reports, 2017, 7: 43545.

[30] Reza M, Hashemi M, Yang S, et al. Electronically-controlled beam steering through vanadium dioxide metasurfaces. Scientific Reports, 2016, 6: 35439.

[31] Ding F, Zhong S, Bozhevolnyi S. Vanadium dioxide integrated metasurfaces with switchable functionalities at terahertz frequencies. Advanced Optical Materials, 2018, 6: 1701204.

[32] Dicken M, Aydin K, Pryce I, et al. Frequency tunable near-infrared metamaterials based on VO_2 phase transition. Optics Express, 2009, 17: 18330.

[33] Walther M, Cooke D, Sherstan C, et al. Terahertz conductivity of thin gold films at the metal-insulator percolation transition. Physical Review B, 2007, 76: 125408.

[34] Li J, Li S, Yao J. Actively tunable terahertz coding metasurfaces. Optics Communications, 2020, 461: 1251186.

[35] Pan M W, Li J S, Zhou C. Switchable digital metasurface based on phase change material in the terahertz region. Optical Materials Express, 2021, 11(4): 1070-1079.

第 5 章　可调谐太赫兹超表面编码

近些年来，随着太赫兹技术广泛应用，对太赫兹波进行有效调控面临诸多挑战。超表面结构由于结构简单，便于加工与集成，被世界各国研究人员广泛地应用于设计太赫兹器件，一旦器件结构确定，太赫兹器件性能也随之固定，不可调节，使得这些器件应用受到限制。另外，超表面太赫兹器件也面临诸多问题如设计的单元结构复杂、难以动态调控等，因此设计一种性能可调、结构不需要更改的太赫兹超表面编码器件已成为当前太赫兹研究领域的重点和难点[1-12]。通常在器件的设计过程中引入可调控介质来实现器件在外部条件改变情况下的可调控。这些可调控介质材料的折射率可以通过外部热、电或光学条件改变而改变。它与超表面的设计相结合就可以获得可调节超表面。本章主要集中讨论利用可调谐材料(石墨烯、液晶)与超表面结构相结合实现太赫兹波编码超表面可调谐。石墨烯新型材料具有加电可调谐的独特特性，所以利用石墨材料与超表面结构相结合为动态调控太赫兹波提供了新的思路。2016 年，Orazbayev 等[13]利用多层石墨烯与超材料相结合实现对透射太赫兹波束方向的调控。2017 年，张银等[14]提出采用不同形状的石墨烯图案产生 2π 相移，实现太赫兹波段分束功能。上述研究结果表明，基于石墨烯超表面结构可以对太赫兹波进行动态调控，但是存在结构复杂、工作频带窄等问题。设计结构简单、宽频带、可调谐的编码超表面来控制太赫兹波束成为迫切需要。另外，研究发现利用液晶的双折射效应改变外加电场，可以影响液晶分布，从而实现对液晶折射率的调控。设计以液晶盒为基体的超表面编码，通过改变外部电场可以有效地调控太赫兹编码超表面，可以实现对太赫兹波的动态可调。

5.1　石墨烯嵌入可调谐超表面编码

5.1.1　石墨烯调控特性

石墨烯是由单层碳原子组成的六角形晶格材料，其厚度大约为 0.34nm，其导电性良好，通过施加外部电压来调节其电学特性，石墨烯中电子等效为无质量的费米子，运动不会受到杂质原子和晶格缺陷的影响。石墨烯具有无带隙的锥形能带结构，空穴拥有和电子几乎相同的迁移率，使其拥有较高电导率。因为石墨烯的光学特性与电导率有关，根据久保(Kubo)公式，单层石墨烯表面电导率模型可表示为

$$\sigma_s = \sigma_{\text{intra}} + \sigma_{\text{inter}} \tag{5-1}$$

式中，石墨烯的电导率由带内跃迁 σ_{intra} 和带间跃迁 σ_{inter} 两部分组成，它们的计算式分别如下：

$$\sigma_{\text{intra}} = i\frac{e^2 K_B T}{\pi^2(\omega + i\varGamma)}\left[\frac{E_F}{K_B T} + 2\ln\left(e^{\left(\frac{-E_F}{K_B T}\right)} + 1\right)\right] \tag{5-2}$$

$$\sigma_{\text{inter}} = i\frac{e^2}{4\pi}\ln\left[\frac{2E_F - (\omega + i\varGamma)}{2E_F + (\omega + i\varGamma)}\right] \tag{5-3}$$

式中，ω 为角频率；E_F 为石墨烯的费米能级；$\varGamma$ 为碰撞角频率，由电子弛豫时间决定；环境温度 $T = 300\text{K}$；e 和 K_B 分别表示电子电荷和玻尔兹曼常量。石墨烯的电导率带间部分相对带内部分可忽略不计，所以石墨烯电导率可以改为 Drude 模型来描述：

$$\sigma_g(\omega) = \frac{e^2 E_F}{\pi^2} \times \frac{i}{\omega + i\tau^{-1}} \tag{5-4}$$

式中，τ 为载流子弛豫时间，石墨烯的相对介电常数可表示为

$$\varepsilon_g = 1 + i\frac{\sigma_g(\omega)}{\omega\varepsilon_0\varDelta} \tag{5-5}$$

本书计算中所采用石墨烯厚度 $\varDelta$ 通常设为 0.34nm，ε_0 为真空中介电常数。由上述公式可知，石墨烯的电导率可以通过化学势来控制。通常情况下，通过施加偏置电压可以改变石墨烯化学势，根据式(5-5)发现石墨烯的介电常数随着电导率的改变而改变，因此可以通过改变外部偏置电压达到调控石墨烯特性的目的。

5.1.2 石墨烯嵌入可调谐超表面编码结构

文献[15]提出的石墨烯嵌入可调谐超表面编码单元的三维结构如图 5-1(a)所示。超表面编码单元结构从上到下依次为金属与石墨烯复合结构层、硅层、聚酰亚胺层和底部金属板。超表面编码单元结构由一个矩形金属框架和三个凹口组成，其中两个凹口填充石墨烯，超表面编码结构中硅和聚酰亚胺的相对介电常数分别为 $\varepsilon_{\text{Si}} = 11.9$ 和 $\varepsilon_{\text{PI}} = 3.5$。顶层金属图案和底部金属板的厚度均为 200nm。太赫兹超表面编码单元经过软件优化后最终确定的结构尺寸为 $p = 48\mu\text{m}$，$a = 34\mu\text{m}$，$b = 28\mu\text{m}$，$d = 8\mu\text{m}$，$g = 5\mu\text{m}$。进行编码时，对图 5-1(b)中单元结构旋转 α 可以实现不同超表面编码单元。对于 1bit 超表面编码结构，它的基本编码单元为两个即"0"和"1"，要求编码结构单元之间具有 180° 反射相位差。当进行 2bit 超表面编码时，要求相邻编码单元(基本单元编码为"00"、"01"、"10"和"11")的相位差固定为 45°。整个超表面编码单元顶层结构的旋转角 α 在 0°～135° 变化，步长为 45°。

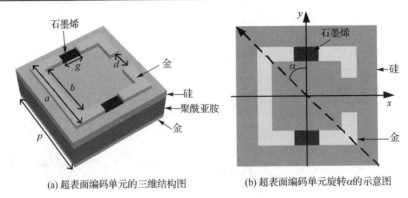

(a) 超表面编码单元的三维结构图　　　　(b) 超表面编码单元旋转α的示意图

图 5-1　石墨烯嵌入可调谐超表面编码单元示意图

5.1.3　石墨烯嵌入可调谐超表面编码性能分析

本章设计的超表面编码调控太赫兹波的原理可以用传统相控阵天线理论来解释：以 $N \times N$ 个相同尺寸为 D 的方形栅格构成的超表面编码结构为例，每个栅格填充由"0"和"1"单元构成的子阵列，其散射相位设为 $\varphi = (m, n)$。在平面波垂直入射的情况下，该超表面的远场函数可表示为

$$f(\theta, \varphi) = f_e(\theta, \varphi) \sum_{m=1}^{N} \sum_{n=1}^{N} \exp\left\{-\mathrm{i}\left\{\varphi(m, n) + KD\sin\theta\left[\left(m - \frac{1}{2}\right)\cos\varphi + \left(n - \frac{1}{2}\right)\sin\varphi\right]\right\}\right\}$$

$$(5\text{-}6)$$

式中，θ、φ 为任意方向上的俯仰角和方位角；$f_e(\theta, \varphi)$ 为栅格的方向函数。本节设计超表面的方向性系数可表示为

$$\mathrm{Dir}(\theta, \varphi) = \frac{4\pi|f(\theta, \varphi)|^2}{\int_0^{2\pi} \int_0^{\pi/2} |f(\theta, \varphi)|^2 \sin\theta \mathrm{d}\theta \mathrm{d}\varphi} \quad (5\text{-}7)$$

利用式(5-7)可计算出任意编码序列下超表面对太赫兹波的散射方向图，通过设计不同的超表面编码序列可以实现对入射太赫兹波反射信号的调控。

通过 CST 仿真软件对本节设计的超表面编码结构进行数值仿真，得到反射太赫兹波振幅与相位如图 5-2 所示。其中图 5-2(a)和(c)分析了 1bit 超表面编码单元"0"和"1"在不同化学势下当圆偏振和交叉偏振太赫兹波垂直入射时产生的太赫兹波反射振幅。当化学势 $E = 0.2\mathrm{eV}$ 时，超表面编码单元在 1.4～2.2THz 宽频带内的交叉偏振反射振幅接近 0.9。随着石墨烯化学势的增大，交叉偏振反射振幅减小，而圆偏振的反射振幅增大。为了减少相邻编码单元的耦合效应，研究中采用 4×4 个相同的基本编码单元作为一个超级编码单元。图 5-2(b)和(d)显示了在不同化学势下本节设计的 1bit 超表面编码单元在 1.65THz 时的交叉偏振反射相位，可以明显观察到两个超表面编码单元的相位差大约为 180°。

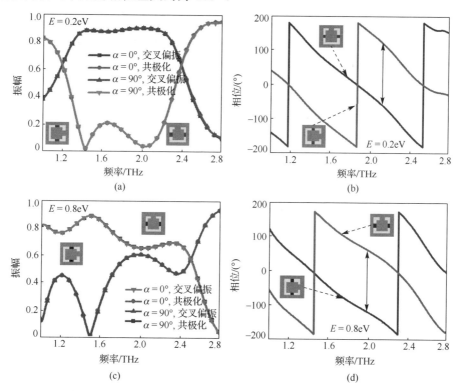

图 5-2　不同化学势下，圆偏振、交叉偏振太赫兹波入射到 1bit 超表面编码单元的响应曲线（见彩图）　$E = 0.2\text{eV}$ 时，太赫兹波反射振幅(a)和相位(b)；$E = 0.8\text{eV}$ 时，太赫兹波反射振幅(c)和相位(d)

石墨烯化学势分别为 $E = 0.2\text{eV}$ 和 $E = 0.8\text{eV}$ 情况下，圆偏振和交叉偏振太赫兹波垂直入射到 2bit 超表面编码单元"00"、"01"、"10"和"11"时，在 1～2.8THz 内产生反射太赫兹波振幅如图 5-3(a)和(c)所示。相应产生的 2bit 超表面编码单元的相位如图 5-3(b)和(d)所示。从图 5-3 可以看出，2bit 超表面编码单元的相邻编码单元在频率为 1.65THz 时，反射相位差接近 90°，满足 2bit 超表面编码周期排列的设计要求。图 5-4 所示为利用所设计的超表面编码单元构建的 1bit 和 2bit 周期超表面编码图案。根据广义折射定律，反射太赫兹波的方位角和俯仰角可以通过公式 $\varphi = \pm\arctan(D_x/D_y)$ 和 $\theta = \arcsin(\lambda/\Gamma)$ 计算得到，其中 λ 为太赫兹自由空间波长，Γ 表示相位梯度周期。计算线性偏振太赫兹波垂直入射到周期/随机超表面编码结构上产生的三维远场图和二维远场散射图，发现不同的编码序列会产生不同的散射场，通过预先设计的编码序列可以得到期望的散射场分布。另外，通过施加不同外电压值调节嵌入石墨烯的费米能级，可以实现编码超表面的可调谐 RCS 缩减。

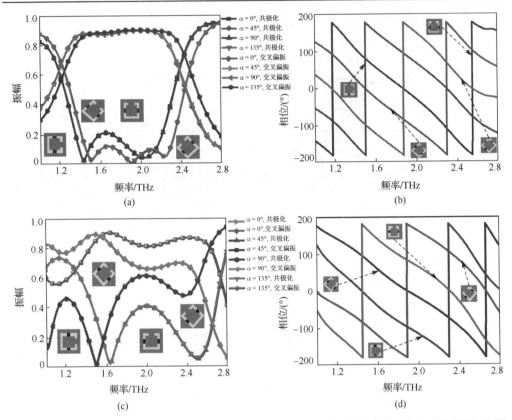

图 5-3　不同化学势下，圆偏振、交叉偏振太赫兹波入射到 2bit 超表面编码单元的响应曲线（见彩图）
$E = 0.2\text{eV}$ 时，太赫兹波反射振幅（a）和相位（b）；$E = 0.8\text{eV}$ 时，太赫兹波反射振幅（c）和相位（d）

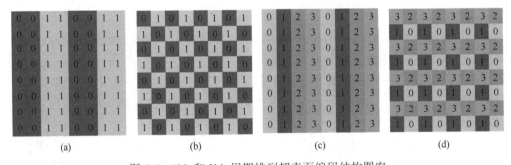

图 5-4　1bit 和 2bit 周期排列超表面编码结构图案
（a）和（b）为两种不同排列的 1bit 超表面编码图案；（c）和（d）为两种不同排列的 2bit 超表面编码图案

　　图 5-5（a）、图 5-5（c）和图 5-5（e）表示超表面编码序列为"00110011…"时，1bit
超表面编码结构在不同化学势下沿 y 轴正方向的三维远场散射图和二维电场图。当
频率为 1.65THz 的线偏振太赫兹波垂直入射到所提出超表面编码结构时，被分成了
两个对称的反射太赫兹波束，其俯仰角 $\theta = \arcsin(\lambda/\varGamma) = 13.7°$，方位角分别为 $\varphi = 0°$

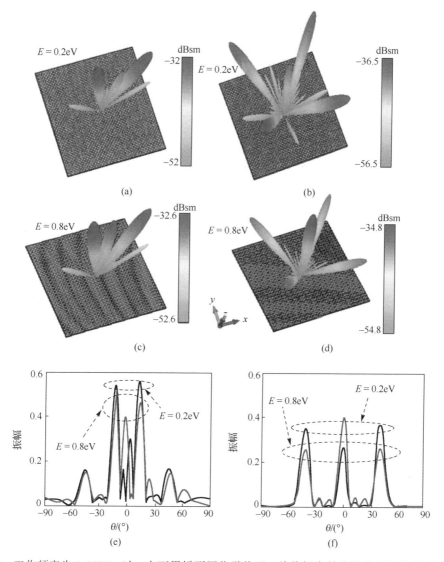

图 5-5　工作频率为 1.65THz 时，在石墨烯不同化学势下，线偏振太赫兹波垂直入射到不同编码
序列的 1bit 编码超表面编码结构上产生的电磁响应特性

石墨烯化学势分别为 0.2eV(a) 和 0.8eV(c) 时，编码序列为 "00110011…" 沿 y 轴方向周期排列的
1bit 超表面编码结构三维远场散射图和笛卡儿坐标系中的二维电场图(e)；石墨烯化学势
分别为 0.2eV(b) 和 0.8eV(d) 时，编码序列为 "01010101/10101010…" 沿 x 轴正方向周期排列
的 1bit 超表面编码三维远场散射图和笛卡儿坐标系中的二维电场图(f)

或 $\varphi = 180°$（$\Gamma = 16×48\mu m$）。当 1bit 超表面编码序列为 "01010101/10101010…" 时，
该超表面编码结构在 $E = 0.2eV$ 和 $E = 0.8eV$ 的化学势下获得沿 x 轴正方向的三维远
场散射图和二维电场如图 5-5(b)、图 5-5(d) 和图 5-5(f) 所示。垂直入射的线偏振太

赫兹波被均匀分为 4 个对称的反射波束，它们的俯仰角 $\theta = \arcsin(\lambda/\Gamma) = 41°$，方位角 $\varphi = 45°$，$\varphi = 135°$，$\varphi = 225°$，$\varphi = 315°$，其中 $\Gamma = 4 \times 48 \times \sqrt{2}$ μm。类似地，图 5-6(a)、图 5-6(c) 和图 5-6(e) 为 1.65THz 线偏振太赫兹波垂直入射到编码序列为 "000101100011011…" 的 2bit 太赫兹超表面编码结构上，不同化学势下反射太赫兹波沿 y 轴正方向的三维远场散射图和二维电场图。从图 5-6 中可以看出，入射太赫

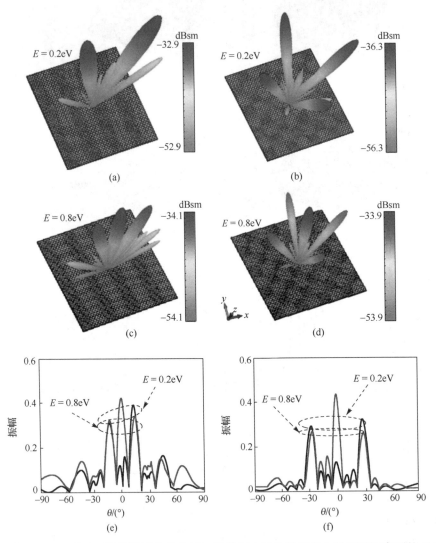

图 5-6　在 1.65THz 处，石墨烯不同化学势下，线偏振太赫兹波垂直入射到不同序列的 2bit 超表面编码结构上太赫兹反射性能

石墨烯化学势分别为 0.2eV(a) 和 0.8eV(c) 时，编码序列为 "0001101100011011…" 沿 y 轴正方向周期排列的 2bit 超表面编码结构的三维远场散射图和笛卡儿坐标系中二维电场图(e)；石墨烯化学势分别为 0.2eV(b) 和 0.8eV(d) 时，编码序列为 "1110111011101110/0001000100010001…" 沿 x 轴正方向周期排列的 2bit 超表面编码结构的三维远场散射图和笛卡儿坐标系中二维电场图(f)

兹波被转换成具有俯仰角和方位角的两个对称反射波束，反射角度分别为$(\theta_1, \varphi) = (13.7°, 0°)$ 和 $(\theta_1, \varphi) = (13.7°, 180°)$，其中 $\theta_1 = \arcsin(\lambda/\Gamma_1)$，$\Gamma_1 = 16×48\mu m$。图 5-6(b)、图 5-6(d) 和图 5-6(f) 描述了编码序列为 "1110111011101110/0001000100010001…" 的 2bit 超表面编码结构在不同化学势下，反射太赫兹波沿 x 轴正方向的三维远场散射图和二维电场图。垂直入射的 1.65THz 线偏振太赫兹波被分成 4 个轴对称的波束，它们的俯仰角与方位角分别为$(\theta_2, \varphi) = (28.3°, 0°)$、$(\theta_2, \varphi) = (28.3°, 90°)$、$(\theta_2, \varphi) = (28.3°, 180°)$ 和 $(\theta_2, \varphi) = (28.3°, 270°)$，其中 $\theta_2 = \arcsin(\lambda/\Gamma_2)$，$\Gamma_2 = 8×48\mu m$。

图 5-5(e) 和 (f) 与图 5-6(e) 和 (f) 对比发现，当石墨烯化学势发生改变时，反射太赫兹波的旁瓣振幅减小，中间反射太赫兹波束的能量增加。可见调节石墨烯化学势，可以有效地控制太赫兹波的反射波束振幅和反射方位。利用 MATLAB 生成由 8×8 超表面编码单元组成的多位随机超表面编码结构，获得如图 5-7 所示的 1bit 和 2bit 随机超表面偏振结构排列示意图。

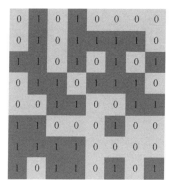 

(a) 1bit随机超表面编码结构   (b) 2bit随机超表面编码结构

图 5-7 1bit 和 2bit 随机超表面偏振结构排列示意图

图 5-8(a)～(c) 表示石墨烯在化学势分别为 0.2eV、0.5eV 和 0.8eV 的情况下，频率为 1.65THz 时线极化太赫兹波垂直入射到本节设计的随机排列超表面编码结构上产生的反射太赫兹波的三维远场散射图。当太赫兹波垂直入射到 1bit 随机超表面编码结构时，随着石墨烯化学势增大，反射太赫兹波主波束能量也随之增大，相应的 RCS 的缩减程度减小。为了进一步分析该超表面编码结构的 RCS 缩减性能，计算了在太赫兹波垂直入射下，相同尺寸裸金属板和随机超表面编码结构分别在 1.65THz 和 1.2～2.3THz 内不同石墨烯化学势下的 RCS 振幅(图 5-8(d) 和 (e))，从图中可以看出，本节设计的超表面编码结构最大 RCS 缩减大于–20dB。

对于 2bit 随机超表面编码结构，在线偏振太赫兹波垂直入射下，产生的三维散射远场图如图 5-9(a)～(c) 所示。图 5-9(d) 和 (e) 展示了相同尺寸的裸金属板和 2bit

随机超表面编码结构的 RCS 缩减振幅。从图 5-9 可以看出，在 1.2～2.3THz 内，随着石墨烯化学势从 0.2eV 变化到 0.8eV，该超表面编码结构的 RCS 也随之变化，但是最大 RCS 缩减大于−20dB。因此，可以说明石墨烯嵌入可调谐超表面结构能有效地降低 RCS，同时随着石墨烯化学势的变化，RCS 缩减数值可以进行调节。

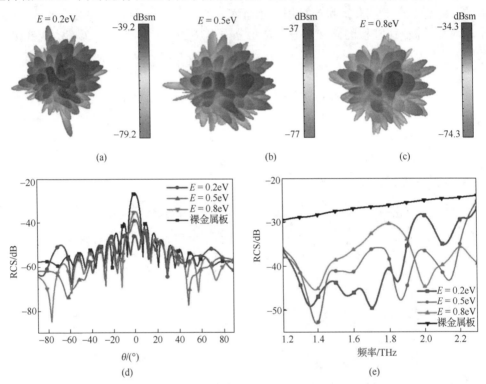

图 5-8　线极化太赫兹波垂直入射到不同化学势的 1bit 随机超表面编码时的电磁响应曲线

化学势分别为 $E = 0.2$eV (a)，$E = 0.5$eV (b)，$E = 0.8$eV (c) 下 1bit 超表面结构三维远场散射图；(d) 在 1.65THz 下，相同尺寸裸金属板的 1bit 随机超表面编码结构的双静态雷达散射截面曲线；(e) 1.2～2.3THz 频段内相同尺寸的裸金属板和 1bit 随机超表面编码结构的雷达散射截面曲线

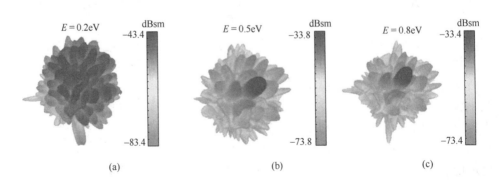

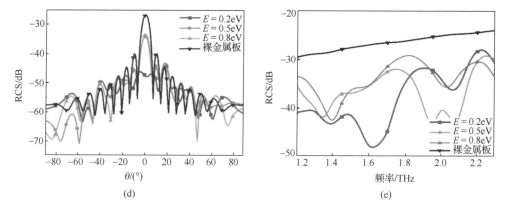

图 5-9 线偏振太赫兹波垂直入射到石墨烯不同化学势下 2bit 随机超表面编码时的电磁响应特性

石墨烯化学势分别为 $E = 0.2\text{eV}$(a)、$E = 0.5\text{eV}$(b)和 $E = 0.8\text{eV}$(c)的 2bit 超表面编码结构三维远场散射图；(d)在频率 1.65THz 下，相同尺寸的裸金属板和 2bit 随机超表面编码结构在不同化学势下的双静态 RCS 分布；(e)石墨烯不同化学势下，在 1.2~2.3THz 内，相同尺寸裸金属板和 2bit 随机超表面编码结构的 RCS 分布

5.2 液晶基体可调谐超表面编码

5.2.1 液晶调控机理

液晶是一种有机化合物，它不仅具有液体的流动性，也具有晶体的各向异性。通过对它施加合适的外部电场，液晶内部的排列会发生变化，从而影响液晶电磁特性。根据液晶分子的排列状态不同，可分为近晶相、向列相和胆甾相液晶。近晶相液晶是分子排列非常整齐的层状结构，由棒状或条状分子互相平行排列而成，层内液晶分子的长轴互相平行，其长轴方向可垂直于层面，也可与层面呈倾斜排列，这时液晶的规整性接近晶体，如图 5-10(a)所示。液晶材料中最常见的是向列相液晶，该液晶的棒状分子与长轴基本平行，具有长程取向有序性，但其重心排列却是无序的，在受到外部电压影响下，液晶分子排列方向易发生改变，如图 5-10(b)所示。胆甾相液晶分子是分层排列的，层与层之间相互平行，分子长轴在层内排列时互相平行，在相邻层间呈螺旋状改变，如图 5-10(c)所示。

向列相液晶分子呈棒状结构，且取向有序。当液晶处于这种状态时，通过施加外部电场或磁场，会改变液晶分子的取向，在平行和垂直于光轴方向上存在两个不同的介电常数 $\varepsilon_{\parallel}$ 和 $\varepsilon_{\perp}$，介电各向异性表示为 $\Delta\varepsilon = \varepsilon_{\parallel} - \varepsilon_{\perp}$，分子的长轴方向偏向于平行或垂直于电场方向。液晶的折射率是各向异性的，当入射电磁波的电场方向垂直于液晶指向时，体现为寻常光折射率 n_{o}；当入射电磁波的电场方向沿着液晶的指向时，液晶材料体现为异常光折射率 n_{e}，双折射系数为 $\Delta n = n_{\text{e}} - n_{\text{o}}$。基于液晶这种特性，其在电磁学领域主要用于设计可调谐器件，实现对电磁波信号的调控，主要通过施加电场等外部条件变化来改变液晶分子的转向，达到对电磁波的强度、相位等进行有效控制的目的。

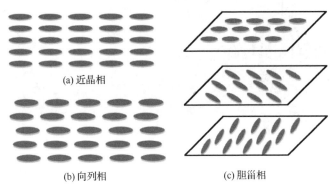

(a) 近晶相

(b) 向列相

(c) 胆甾相

图 5-10　液晶分子类型

5.2.2　十字架-圆环液晶复合结构可调谐超表面编码

本节设计的十字架-圆环液晶复合结构的可调谐超表面编码如图 5-11 所示。该可调谐超表面编码结构的基体材料是 $SiO_2(\varepsilon = 3.75,\ \tan\delta = 0.0004)$，厚度为 200μm。基体之上放置了一个液晶盒，其被金属板与金属十字架与圆环图案夹在中间构成三明治结构。其中超表面编码单元的周期 $P = 200$μm，液晶厚度为 50μm，金属材料为铜 $(\sigma = 5.96\times10^7 S/m)$，厚度均为 0.2μm，金属十字架与圆环图案结构其他参数为 $L = 100$μm，$r = 80$μm，$w = 20$μm。图 5-11(b) 为可调控超表面编码结构对太赫兹波调控的三维示意图，考虑太赫兹波垂直入射与斜入射两种情况，超表面编码单元以线性阵列排布，通过施加电压单独控制每个单元的相位而改变超表面编码的序列，最终引起太赫兹波反射角度的偏转。

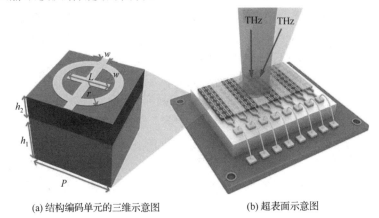

(a) 结构编码单元的三维示意图

(b) 超表面示意图

图 5-11　十字架-圆环液晶复合结构可调谐超表面编码

为了进一步分析十字架-圆环液晶复合结构可调谐超表面编码动态调控太赫兹波的机理，利用 CST 仿真软件对本节设计的超表面编码进行数值模拟，得到如图 5-12 所示反射太赫兹波的幅度与相位曲线。从图 5-12(a)中可以看出，在 0.5~1.1THz 内，当线偏振太赫兹波垂直入射到超表面编码单元，在外部电压作用下(液晶折射率从 $n = 1.57$ 变为 $n = 1.87$)，超表面编码单元中的所有液晶分子将从水平方向转到垂直方向，导致超表面编码单元的谐振频率从 0.69THz 移动到 0.81THz。0.7THz 处液晶两种不同折射率下超表面编码单元相位差约为 180°(图 5-12(b))，满足 1bit 超表面编码构建要求。为了使本节设计的超表面编码单元间的耦合影响降到最小，设计过程中采用相同的超表面单元，组成 2×2 超级单元进行计算分析。

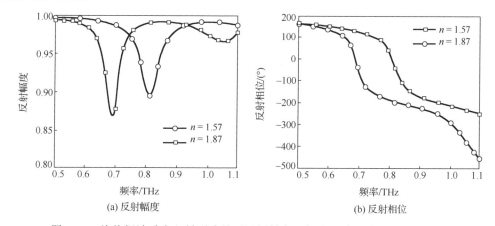

(a) 反射幅度　　　　　　　　　　　　(b) 反射相位

图 5-12　线偏振波垂直入射到液晶不同折射率下超表面编码单元的电磁响应

5.2.3　十字架-圆环液晶复合结构可调谐超表面编码性能分析

为了验证十字架-圆环液晶复合结构可调超表面编码具有操控太赫兹波分束角度的功能，本节利用同一超表面单元结构设计了三种不同序列排布的 1bit 超表面编码结构并仿真其性能，计算结果如图 5-13 所示。图 5-13(a)~(c)表示频率为 0.7THz 处的线偏振波垂直入射到超表面编码结构上产生的三维散射远场图。从图 5-13 中可以看出，三种不同排列的 1bit 超表面编码结构都能将入射太赫兹波分为对称的两束。根据广义折射定律 $\theta = \arcsin(\lambda/\Gamma)$，可以计算出超表面编码结构反射太赫兹波的俯仰角度。图 5-13(a)所示液晶复合结构超表面编码是以序列"01010101…"沿着 y 轴周期排列的，此时对应"0"、"2"、"4"和"6"接口处有外加电压，"1"、"3"、"5"和"7"接口处不施加电压，超表面的相位梯度周期 $\Gamma = 800\mu m$，得到太赫兹波俯仰角为 32.4°。同样地，图 5-13(b)表示液晶复合结构超表面编码在数字"0"、"1"、"4"和"5"接口处施加电压，"2"、"3"、"6"和

"7"接口处不施加电压,对应编码序列为"00110011…",相位梯度周期 $\Gamma = 1600\mu m$。图 5-13(c)表示以编码序列为"00001111…"沿 y 轴周期排列的超表面,在数字"0"、"1"、"2"和"3"接口施加 10V 电压,在数字"4"、"5"、"6"和"7"接口处不施加电压,相位梯度周期 $\Gamma = 3200\mu m$,得到太赫兹波俯仰角为 15.5°和 7.7°。为了更加清晰地观察本节设计的液晶复合结构超表面编码对入射太赫兹波产生反射分束效果,计算得到三种编码超表面的归一化电场强度如图 5-13(d)~(f)所示,随着编码梯度周期的增加,太赫兹波分束的角度逐渐减小。图 5-13(g)~(i)为三种超表面编码结构的二维远场散射图,从图中也可以看出波束之间的距离逐渐缩小,意味着反射太赫兹波束的角度也在缩小。仿真结果与计算结果吻合,验证了在线偏振太赫兹波垂直入射下,复合可编程超表面对入射太赫兹波具有反射波束角度可调控功能。

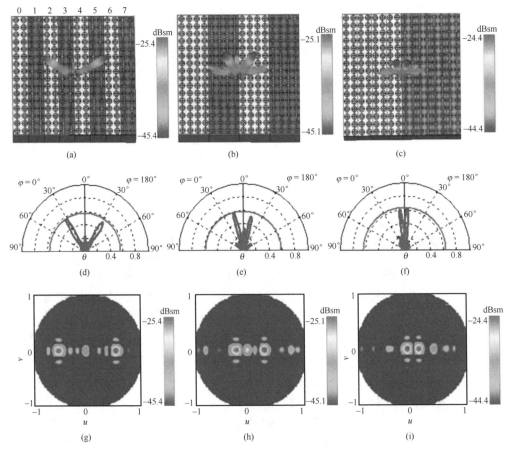

图 5-13　0.7THz 处,在 LP 波垂直入射下,3 种不同排列的超表面编码结构远场图

(a)~(c)为三维远场散射图;(d)~(f)为归一化二维电场;(g)~(i)为二维远场散射图

研究分析所有单元都不施加电压或都施加电压两种极端情况下的入射太赫兹波反射现象。当所有超表面编码单元都施加电压时,超表面编码的序列为"00000000…",沿着 y 轴周期排列。当不施加电压时,超表面编码的序列变化为"11111111…",也是沿着 y 轴周期排列。从图 5-14 中可以看出在这两种情况下的超表面编码类似于金属板,垂直入射的太赫兹波沿 z 轴正方向反射,此时产生镜面反射。

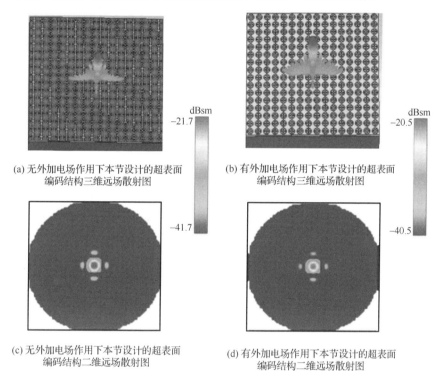

(a) 无外加电场作用下本节设计的超表面
编码结构三维远场散射图

(b) 有外加电场作用下本节设计的超表面
编码结构三维远场散射图

(c) 无外加电场作用下本节设计的超表面
编码结构二维远场散射图

(d) 有外加电场作用下本节设计的超表面
编码结构二维远场散射图

图 5-14　无外加电场和有外加电场作用下本节设计的超表面编码结构
三维远场散射图和二维远场散射图

研究分析太赫兹波斜入射到超表面编码结构上产生的调控效应。以 40°斜入射到 24×24 个超级单元组成的 1bit 超表面编码结构上,根据广义折射定律和相控阵理论,反射角度会发生变化,这取决于超表面编码结构的相位梯度。反射角 θ_r 可以由 $|\sin\theta_r - \sin\theta_i| = \lambda/\Gamma$ 进行计算,其中 θ_i 为入射角度,λ 为工作波长,Γ 是相位梯度周期。为了验证本节提出的十字架-圆环液晶复合结构超表面编码调控太赫兹波反射角度,计算模拟了 3 种不同编码梯度周期排列的超表面编码结构在俯仰角为 0°～35°情况下反射波束归一化振幅分布。在频率为 0.7THz 的条件下,当线偏振太赫兹波以 40°斜入射到"0101…"超表面编码结构上时,根据公式,可以计算得到太赫兹波反射角度为 6.1°。当施加外部电压的时候,超表面编码结构变为"0011…"时,反射太赫兹波的偏折角度变成 22°。当超表面编码结构变为"00001111…"时,反射太赫

兹波的偏转角度为 30.6°。利用软件对上述超表面编码结构进行仿真计算，得到 3 种超表面编码中太赫兹编码反射波的偏转角度与归一化曲线，如图 5-15 所示，很清楚地看出反射太赫兹波的偏转角度约为 6°、22° 与 31°，与理论公式计算结果相吻合，而且可以看出太赫兹波的反射效率分别为 0.45、0.41 和 0.43。

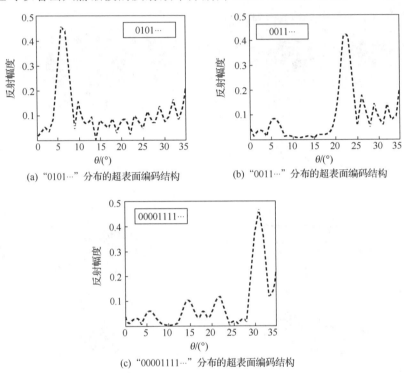

(a) "0101···"分布的超表面编码结构　　　　(b) "0011···"分布的超表面编码结构

(c) "00001111···"分布的超表面编码结构

图 5-15　当频率为 0.7THz 时，太赫兹波以 40° 斜入射到 3 种不同的超表面编码结构上产生反射波的归一化反射幅度

5.2.4　米形金属结构液晶可调谐超表面编码结构

米形金属结构液晶可调谐超表面编码及单元结构如图 5-16 所示。该可调谐超表面编码结构的基体是 SiO_2（$\varepsilon = 3.75$，$\tan\delta = 0.0004$），$h_4 = 500\mu m$。单元结构从上到下依次为金属米形图案层、液晶盒、金属板和 SiO_2 基体层。其中超表面编码单元的周期为 200μm，液晶厚度 $h_3 = 50\mu m$，金属材料为铜（$\sigma = 5.96×10^7 S/m$），厚度均为 0.2μm，米形金属图案的其他结构尺寸参数为 $S = 200\mu m$，$t = 170\mu m$，$g = 10\mu m$。由图 5-16 中的米形金属结构液晶可调超表面编码示意图可以看出，该超表面可以实现反射太赫兹波角度的动态调控。

分析米形液晶可调谐超表面编码动态调控的机理，利用 CST 仿真软件对本节设计的超表面编码进行数值模拟，得到如图 5-17 所示的反射太赫兹波幅度与相位曲

线。由图 5-17(a) 可知，在 0.6~1.2THz 内，当线偏振波垂直入射到不同液晶折射率
条件下液晶单元结构的反射幅度都大于 0.8，在外部电压作用下（液晶折射率从
$n = 1.515$ 变为 $n = 1.82$），超表面编码单元中的所有液晶分子将从水平方向转到垂直
方向。如图 5-17(b) 所示，在频率 1.01THz 处液晶在两种不同折射率下的超表面编
码单元相位差大约为 180°，并且反射率都高于 0.95，满足 1bit 超表面编码构建要求。
为了使本节设计的超表面编码单元间的耦合影响降到最小，设计过程中采用相同的
超表面单元组成 3×3 超级单元进行计算。

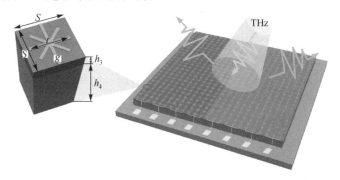

图 5-16　米形结构液晶可调谐超表面编码及单元结构

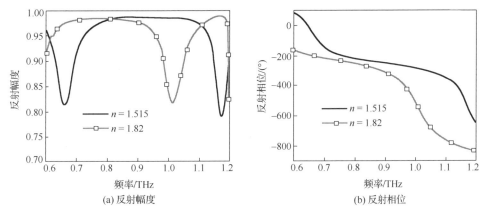

(a) 反射幅度

(b) 反射相位

图 5-17　线偏振波垂直入射到液晶不同折射率下编码单元的电磁响应

5.2.5　米形金属结构液晶可调谐超表面编码性能分析

为了验证米形结构液晶可调谐超表面编码具有实时动态操控太赫兹波分束角度功
能，本节利用同一超表面单元结构设计 3 种不同序列排布的 1bit 超表面编码结构并仿
真其性能，其中编码序列可以通过 FPGA 实时输入，结果如图 5-18 所示。图 5-18(a)~
(c) 表示在频率 1.01THz 处，线偏振波垂直入射到超表面编码结构上产生的三维散射远
场图。从图 5-18 中可以看出，3 种不同排列的 1bit 超表面编码结构都能将入射太赫兹

波分为对称的两束。根据广义折射定律 $\theta = \arcsin(\lambda/\Gamma)$，可以计算出超表面编码结构反射太赫兹波的俯仰角。图 5-18(a)所示超表面编码是以序列"0101…"沿着 y 轴周期排列的，由超表面的相位梯度周期 $\Gamma = 1200\mu m$，得到太赫兹波反射角度为 14.5°；类似地，图 5-18(b)对应编码序列为"0011…"，$\Gamma = 2400\mu m$。图 5-18(c)是编码序列为"00001111…"沿 y 轴周期排列的编码超表面，$\Gamma = 4800\mu m$，计算得到俯仰角为 7.1°和3.6°。为了更加清晰地观察本节设计的超表面结构对入射太赫兹波产生的反射分束效果，计算得到 3 种编码超表面的归一化电场强度图如图 5-18(d)～(f)所示，随着编码梯度周期的增加，分束的角度逐渐减小，分束的角度分别为 15°、7°和4°。图 5-18(g)～(i)为三种超表面编码结构的二维远场散射图，从图中也可以看出波束之间的距离逐渐缩小，意味着太赫兹反射波束的角度在缩小。仿真结果与计算结果完全相吻合，验证了在线偏振太赫兹波垂直入射下，可编程超表面对入射太赫兹波具有反射波束角度可调控的功能。

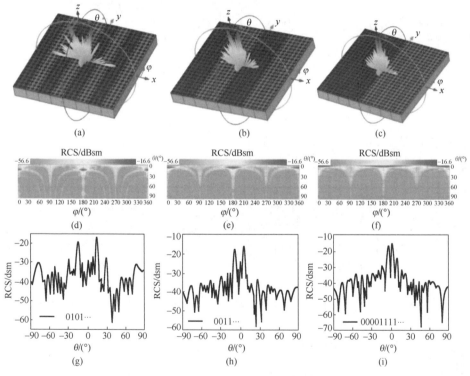

图 5-18　在 1.01THz 处，线偏振波垂直入射三种不同序列的编码超表面的仿真远场图

5.2.6　中空十字形液晶复合结构可调谐超表面编码

本节设计的中空十字形液晶复合结构可调谐超表面及单元结构如图 5-19 所示。该

可调谐超表面编码结构的底层是 $SiO_2(\varepsilon = 3.75，\tan\delta = 0.0004)$，厚度 $h_1 = 500\mu m$。金属层为铜$(\sigma = 5.96\times10^7 S/m)$，厚度 $h_2 = 200nm$，液晶层的厚度为 $25\mu m$。超表面编码单元的周期 $P = 200\mu m$，顶层金属谐振结构的其他参数 $w = 20\mu m$，$g = 5\mu m$，$a = 40\mu m$，$b = 80\mu m$。由图 5-19 中的十字形液晶复合结构超表面编码示意图可以看出，该超表面可以实现反射角度的动态调控。

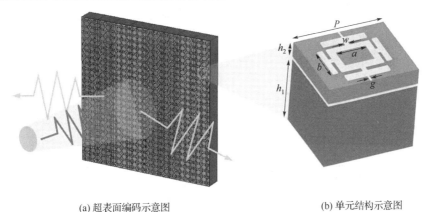

(a) 超表面编码示意图　　　　　　　　　(b) 单元结构示意图

图 5-19　中空十字形液晶复合结构可调谐超表面及单元结构

　　为了分析中空十字形液晶复合结构可调谐超表面编码动态调控太赫兹波的机理，利用 CST 仿真软件对本节设计的超表面编码进行数值模拟，得到如图 5-20 所示的太赫兹波反射幅度与相位曲线。从图 5-20(a) 中可以看到，在 0.6～1THz 内，当线偏振太赫兹波垂直入射到超表面编码单元时，在外部电压作用下(液晶折射率从 $n = 1.57$ 变为 $n = 1.87$)，超表面编码单元中的所有液晶分子将从水平方向转为垂直方向。图 5-20(b) 中 0.95THz 处液晶在两种不同折射率下超表面编码单元相位差大约为 $180°$，满足 1bit 超表面编码构建要求。为了使本节设计的超表面编码单元间的

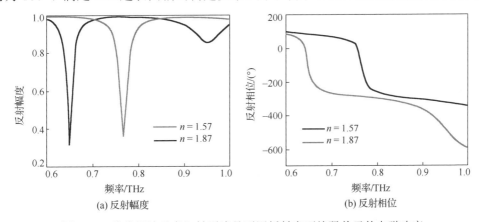

(a) 反射幅度　　　　　　　　　　　　(b) 反射相位

图 5-20　线偏振波垂直入射到液晶不同折射率下编码单元的电磁响应

耦合影响降到最小，设计过程中采用相同的中空十字形液晶复合结构超表面单元，组成 3×3 超级单元进行计算。

5.2.7　中空十字形液晶复合结构可调谐超表面编码性能分析

为了验证中空十字形液晶复合结构可调谐超表面编码具有实时动态操控太赫兹波分束角度的功能，本节利用同一超表面单元结构设计 3 种不同预设排列的 1bit 超表面编码结构并仿真其性能，仿真结果如图 5-21 所示。图 5-21(a)～(c)表示频率 0.95THz 处，线偏振波垂直入射到超表面编码结构上产生的三维散射远场图。从图 5-21 中可以看出，3 种不同排列的 1bit 超表面编码结构都能将入射太赫兹波分为对称的两束。根据广义折射定律 $\theta = \arcsin(\lambda/\Gamma)$，可以计算出编码超表面反射太赫兹波的俯仰角。图 5-21(a)所示中空十字形液晶复合结构可调超表面编码是以序列"00001111…"沿着 y 轴周期排列得到的超表面图案，由超表面的相位梯度周期 $\Gamma = 1200\mu m$，得到太赫兹波俯仰角为 15.3°。同样地，图 5-21(b)对应中空十字形液晶复合结构可调超表面编码序列为"0011…"，沿 y 轴周期排列得到的超表面图案相位梯度周期 $\Gamma = 2400\mu m$。图 5-21(c)是中空十字形液晶复合结构可调超表面编码序列为"0101…"沿 y 轴周期排列的编码超表面图案，相位梯度周期 $\Gamma = 4800\mu m$，计算得到反射太赫兹波束俯仰角为 7.6°和 3.8°。为了更加清晰地观察本节设计的中空十字形液晶复合结构可调超表面结构对入射太赫兹波产生反射分束的效果，计算得

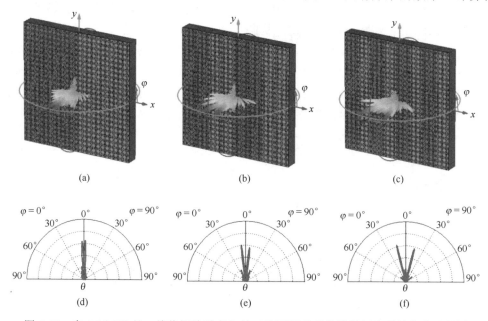

图 5-21　在 0.95THz 处，线偏振波垂直入射三种不同序列的编码超表面的仿真远场图

(a)～(c)为三维远场散射图；(d)～(f)为雷达坐标系中二维远场图

到 3 种不同排列编码超表面的归一化电场强度图(图 5-21(d)～(f))，随着梯度周期的增加，反射太赫兹分束的角度逐渐减小，对应的分束角度分别为 15°、7° 和 3°。仿真结果与计算结果吻合，验证了在线偏振太赫兹波垂直入射下，可编程超表面对入射太赫兹波具有反射波束角度可调控的功能。

研究所有超表面单元都不施加电压或都施加电压情况下的入射太赫兹波反射情况。当所有超表面编码单元都不施加电压时，超表面编码的序列为"00000000…"沿着 y 轴周期排列。当施加电压时，超表面编码的序列变化为"11111111…"，也是沿着 y 轴周期排列。从图 5-22 中可以看出在这两种情况下的超表面编码类似于裸金属板，垂直入射的太赫兹波沿 z 轴正方向反射，此时产生镜面反射。

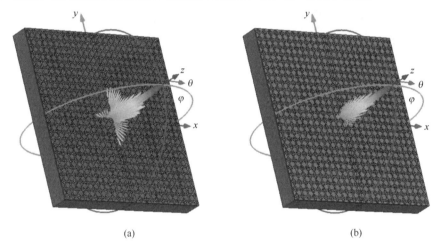

(a)　　　　　　　　　　　　　　　　　(b)

图 5-22　全"0"或全"1"超表面编码全反射三维远场散射图

5.2.8　十字形液晶复合结构超表面编码

本节设计一种十字形液晶复合结构超表面编码，将液晶作为单元结构介质层，通过仔细选择偏置电压，得到几乎具有相同反射幅度和相对相位差为 180° 的两种状态，被定义为用于超表面编码的"0"和"1"状态。在"0"和"1"上施加偏置电压，分别为 0V 和 10V，实现了太赫兹波在液晶超表面上反射波束角度的不同控制。为了实现液晶超表面的太赫兹波反射波束角度控制，可以使用 FPGA 板生成编码序列，输出编码序列信号，通过放大电路通道进行放大，并将每个通道连接由 2×2 个相同单元组成的阵列，通过独立地对每个阵列赋予不同编码序列，表面的相位剖面发生改变，太赫兹波将被相应地反射到不同角度，这将为主动智能波束的形成提供一个新思路。

如图 5-23(a)所示，十字形液晶复合结构超表面编码单元结构由衬底、液晶介质层和图案层组成，在单元结构上下两端采用石英(介电常数 $\varepsilon = 3.75$，厚度为 500μm)

固定，起到保护作用。其中，衬底与图案层均为金属铜，其电导率为 $5.96×10^7$S/m，厚度为 200nm；液晶介质层采用 HTD028200-200 液晶，厚度为 25μm。整个单元结构周期 $P = 200$μm，十字形液晶复合结构超表面单元结构的其他参数分别为 $a = 50$μm，$b = 150$μm，$w = 15$μm，$d = 5$μm。在仿真模拟中，根据在太赫兹频率下测量的液晶的结果，将液晶的介电常数分别设置为未加电状态下介电常数 $\varepsilon_{r,\perp} = 2.25$，加电状态下介电常数 $\varepsilon_{r,//} = 3.26$。

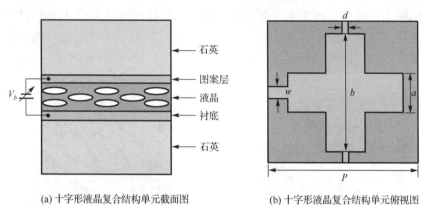

(a) 十字形液晶复合结构单元截面图　　　　　(b) 十字形液晶复合结构单元俯视图

图 5-23　十字形液晶复合结构单元超表面编码示意图

　　为了便于区分在不同状态下的结构单元，如图 5-24(a) 和 (b) 所示，将未加电状态下单元中液晶用蓝色表示，加电状态下单元中液晶用棕色表示。在 0.4～0.6THz 内，不同状态下的单元结构所获得的相位延迟及相应的反射幅度，如图 5-24(c) 所示。在未加电和加电两种不同状态下，结构单元的幅值相近，并且接近 0.95，且两者在 0.51THz(图 5-24 中虚线)处获得了 181° 的相位延迟，满足了 1bit 编码超表面 "0" 和 "1" 编码状态要求。

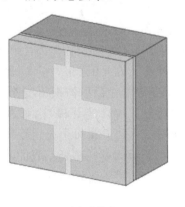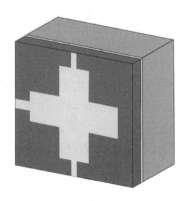

(a) 未加电状态　　　　　　　　　　　　　(b) 加电状态

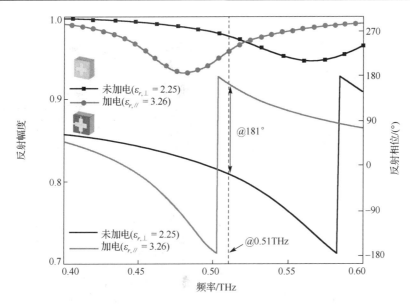

(c) 单元结构在未加电和加电时的反射太赫兹波相位、幅频特性

图 5-24　十字形液晶复合结构超表面在是否加电状态下的太赫兹特性(见彩图)

5.2.9　十字形液晶复合结构超表面编码性能分析

本节设计的 1bit 可调谐液晶反射型编码超表面，其由 12 阵列组成，每个阵列由 24 行和 2 列单元组成，每个阵列状态可单独通过施加偏置电压实现自由切换。为了模拟液晶在超表面中不同状态，采用如图 5-24 中两种状态的表示方法进行标识，液晶在不同状态下对应的颜色不同，其中未加电时用蓝色表示，加电后用棕色表示。同时，编码超表面中每个阵列颜色的改变用于模拟由 FPGA 板输出的实时编码序列信号状态。

图 5-25(a) 为输出编码序列为"010101010101"时，太赫兹波沿 z 轴正方向入射后形成两束对称的反射波束，位于 xoz 平面左右两侧；当输出编码序列发生改变，变化为"011011011011"时，太赫兹波沿 z 轴正方向入射后仍形成两束位于 xoz 平面左右两侧的反射波束，相比在编码序列为"010101010101"时产生反射波束的方位，此时反射波束逐渐向 z 轴靠近；随着输出编码序列的实时变化，"001100110011"的出现取代了"011011011011"，编码序列周期变大，反射波束夹角慢慢减小，距离 z 轴越来越近。图 5-25(b) 为三种不同周期编码序列下编码超表面中反射波束形成的二维电场图。由图 5-25 可知，编码序列为"0101…"时，反射波束的俯仰角 θ 为 30°～60°；随着编码序列改变，反射波束的俯仰角 θ 逐渐减小，在"011011…"序列时对应俯仰角 θ 缩小至 30° 附近。最终在"00110011…"序列时俯仰角 θ 变得更小。

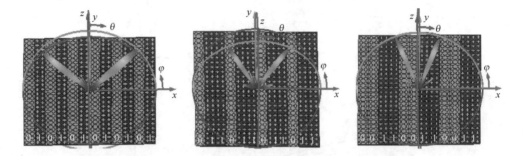

(a) 不同编码序列下，1bit可调谐液晶复合结构超表面编码反射波三维远场散射图

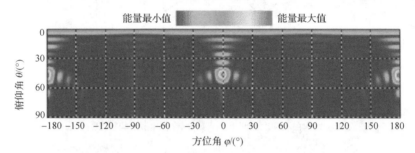

(b) "0101…"编码序列下，1bit可调谐液晶复合结构超表面编码产生的二维电场图

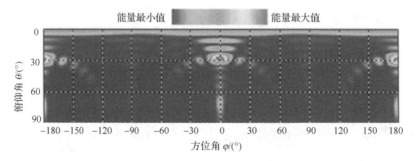

(c) "011011…"编码序列下，1bit可调谐液晶复合结构超表面编码产生的二维电场图

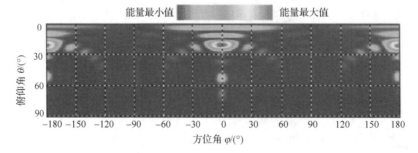

(d) "00110011…"编码序列下，1bit可调谐液晶复合结构超表面编码产生的二维电场图

图 5-25　在 0.51THz，1bit 可调谐液晶编码超表面在不同编码序列下三维远场散射图和二维电场图

深入分析 1bit 可调谐液晶编码超表面对反射波束角度控制的灵活性，反射波束的电场分布、三维远场散射图及反射波角度数值变化如图 5-26 所示。从电场分布图可以看出，在"010101010101"、"011011011011"和"001100110011"不同序列下，反射波束电场由中心向左右两侧扩散，从最开始较为规整的分布逐渐变为乱序分布，如图 5-26(a) 所示。从不同模式下的三维远场散射图来看，无论编码序列怎么变，编码超表面都将垂直入射的太赫兹波重定向到一个确定的角度上，并且随着序列周

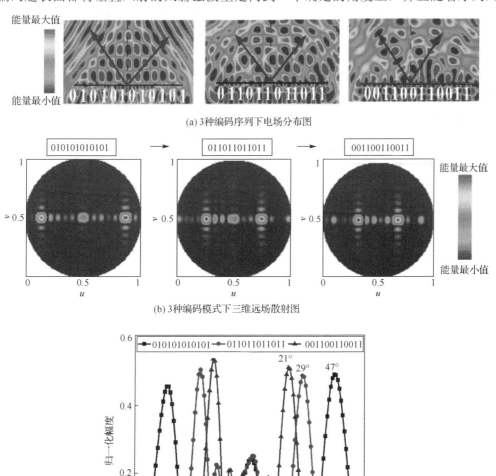

(a) 3种编码序列下电场分布图

(b) 3种编码模式下三维远场散射图

(c) 不同编码序列产生反射太赫兹波的角度大小

图 5-26　反射波角度在不同编码序列下的变化

期增加，小光斑在分布图中逐渐向中心靠拢，如图 5-26(b) 所示。为了确定 1bit 可调谐液晶编码超表面对太赫兹反射波束具有反射角度动态可调特性，在 0.51THz 处，对 1bit 可调谐液晶编码超表面在 x-z 平面上的二维远场散射进行分析。如图 5-26(c) 所示，不同编码序列下产生的反射波束都是 2 束，其中"0101…"对应反射波束俯仰角 θ 为 47°，"011011…"对应反射波束俯仰角 θ 为 29°，"00110011…"对应反射波束俯仰角 θ 为 21°。根据广义折射定律 $\theta = \arcsin(\lambda/\Gamma)$ 可知，"0101…"对应反射波束俯仰角 $\theta = 47.3°$（$\Gamma = 800\mu m$），"011011…"对应反射波束俯仰角 $\theta = 29.4°$（$\Gamma = 1200\mu m$），"00110011…"对应反射波束俯仰角 $\theta = 21.6°$（$\Gamma = 1600\mu m$），与仿真结果基本吻合。

　　本节研究分析了十字形液晶复合结构超表面编码对入射太赫兹波的反射调控情况。通过改变编码序列控制液晶的介电常数在超表面中的改变，实现了对反射太赫兹波束角度的实时控制。当编码设为"0101…"时，对应反射太赫兹波束角度为 47°。当编码序列变为"011011…"后，反射太赫兹波束角度变为 29°。当反射太赫兹波束俯仰角为 21°时，对应的超表面编码序列已变为"00110011…"。也就是说，随着外部电压改变，超表面编码序列也改变，反射太赫兹波角度从 47°变为 21°。这为利用外部电压调控液晶的折射率，从而改变超表面编码序列排布，最终实现太赫兹波反射波束的动态调控提供了一种解决方案，同时提供了一种实现反射太赫兹波束控制的新方法，可用于太赫兹成像、传感、宽带通信等领域。

参 考 文 献

[1]　Cui T, Qi M, Wan X, et al. Coding metamaterials, digital metamaterials and programmable metamaterials. Light: Science and Applications, 2014, 3(10): e218.

[2]　Li J, Zhao Z, Yao J. Flexible manipulation of terahertz wave reflection using polarization insensitive coding metasurfaces. Optical Express, 2017, 25(24): 29983-29992.

[3]　Gao L, Cheng Q, Yang J, et al. Broadband diffusion of terahertz waves by multi-bit coding metasurfaces. Light: Science and Application, 2015, 4(9): e324.

[4]　Xu H, Zhang L, Kim Y, et al. Wave number-splitting metasurfaces achieve multichannel diffusive invisibility. Advanced Optical Materials, 2018, 6(10): 1800010.

[5]　Xu H, Ma S, Ling X, et al. Deterministic approach to achieve broadband polarization-independent diffusive scatterings based on metasurfaces. ACS Photonics, 2018, 5: 1691-1702.

[6]　Lei L, Li S, Huang H, et al. Ultra-broadband absorber from visible to near-infrared using plasmonic metamaterial. Optical Express, 2018, 26(5): 5686-5693.

[7]　Li Y, Zhang J, Qu S, et al, Wideband radar cross section reduction using two-dimensional phase gradient metasurfaces. Applied Physical Letters, 2014, 104(22): 221110.

[8]　Berry M. The adiabatic phase and Pancharatnam's phase for polarized light. Journal of Modern Optics, 1987, 34(11): 1401-1407.

[9]　Xu H, Wang G, Cai T, et al. Tunable Pancharatnam-Berry metasurface for dynamical and high-efficiency anomalous reflection. Optical Express, 2016, 24(24): 27836-27848.

[10]　Liu C, Bai Y, Zhao Q, et al. Fully controllable Pancharatnam-Berry metasurface array with high conversion efficiency and broad bandwidth. Scientific Reports, 2016, 6: 34819.

[11]　Xu H, Liu H, Ling X, et al. Broadband vortex beam generation using multimode Pancharatnam-Berry metasurface. IEEE Transactions on Antennas and Propagation, 2017, 65: 7378-7382.

[12]　Liu S, Zhang L, Yang Q, et al. Frequency dependent dual-functional coding metasurfaces at terahertz frequencies. Advanced Optical Materials, 2016, 4: 1965-1973.

[13]　Orazbayev B, Beruete M, Khromova I. Tunable beam steering enabled by graphene metamaterials. Optics Express, 2016, 24(8): 8848-8861.

[14]　张银, 冯一军, 姜田, 等. 基于石墨烯的太赫兹波散射可调谐超表面. 物理学报, 2017, 66(20): 48-55.

[15]　Zhou C, Peng X, Li J. Graphene-embedded coding metasurface for dynamic terahertz manipulation. Optik, 2020, 216: 164937.

第 6 章　全介质超表面编码

太赫兹波是一种电磁波，在通信、成像、生物医学和安全检测等领域显现出广阔的应用前景[1-4]，因此对太赫兹波进行灵活的调控变得十分有意义。超表面是一种二维人工电磁超材料，可以实现对电磁波偏振、振幅和相位等特性的有效调控，产生新奇的物理现象，且超表面相对于超材料具有低损耗、低剖面、易设计与实现等优点，它的提出受到了研究者的广泛关注。2014 年，Cui 等[5]提出了超表面编码的概念，提供了一种调节电磁波的新方法。近年来，超表面编码对微波到可见光区域的有效操纵性能，已经引起了研究者的广泛关注[6-10]。为了更有效、方便地控制太赫兹波，人们探索了各种超表面编码，如电磁隐身[11,12]、全息成像[13-15]、异常反射[16,17]、平板透镜[18-20]等。控制电磁波的传输在光学领域是一个研究热点[21,22]，以往研究的数字超表面编码主要集中在电磁波的反射模式，其特点是底层为金属板可以达到全反射的效果，最近也有一些双层和多层金属结构透射的超表面编码被提出[23,24]。最近，有研究人员提出了各向异性超表面编码，可以分别控制两个正交极化电磁波，并展示了具有双重功能的设备[25-29]。然而，由于利用多层金属结构或金属谐振器，大多数已经报道的超表面编码会受到金属的高欧姆损耗的影响，严重地影响了它们的实用性[30]。据我们所知，高介电常数的电介质由于没有金属固有的非辐射损耗，非常适合基于 Mie 共振的数字超表面编码[31-33]，所以电介质超表面具有以相对较高的效率调控电磁波的能力。已有一些文献报道了用于控制电磁波的电介质超表面编码装置的最新发展[34-37]，但是很少报道利用电介质 Mie 共振实现高效率调控太赫兹波的各向异性超表面。对于实际应用而言，设计电介质超表面编码用来实现太赫兹波的灵活调控是很有必要的。

6.1　反射型全介质超表面编码

6.1.1　反射型全介质超表面编码结构

全介质超表面编码是为实现太赫兹波分束而设计的，图 6-1 为超表面编码和编码单元的三维图，整个编码单元由两层组成[38]。单个编码单元的周期 $P = 100\mu m$，顶层为厚度 $h = 90\mu m$ 的硅（$\varepsilon = 11.9$），编码单元为介质硅方块中挖去不同半径的圆孔组成，底部金属板的厚度为 $0.2\mu m$，使垂直入射的太赫兹波尽可能完全反射。

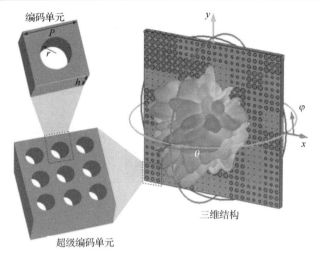

图 6-1　全介质反射型超表面编码和编码单元的三维示意图

利用 CST 仿真软件,在频域求解器中对编码单元进行了仿真。在 y 偏振波的垂直入射下,4 个编码单元的反射幅度大于 0.98,结果如图 6-2(a)所示。图 6-2(b)描述了 4 个编码单元的反射相位。改变编码单元的气孔半径 r 将引起共振点的移动,从而在相邻编码单元之间产生相位梯度。

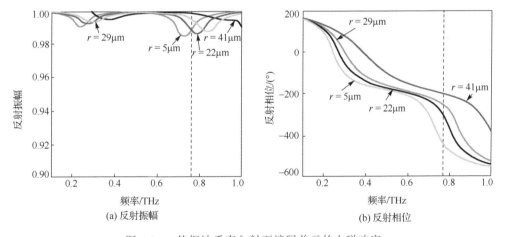

图 6-2　y 偏振波垂直入射下编码单元的电磁响应

通过优化得到了不同空气圆孔半径 r 的编码单元,利用 4 种不同的二进制编码单元设计了一个 2bit 超表面编码。对于 1bit 超表面编码,需要设置两个具有 180° 反射相位差的基本编码单元。2bit 超表面编码具有 4 种编码状态,相位分别为 0°、90°、180° 和 270°。如表 6-1 所示,最终设计的圆孔半径分别为 $r = 5\mu m$、$r = 22\mu m$、$r = 29\mu m$ 和 $r = 41\mu m$。

表 6-1　超表面编码中编码单元的设计

编码单元	00	01	10	11
$r/\mu m$	5	22	29	41
相位/(°)	0	90	180	270
俯视图				

6.1.2　仿真分析

根据上面设计的编码单元，可以操纵太赫兹反射波。图 6-4 描述了全介质超表面编码在完美异常反射中的应用。编码单元沿 x 轴周期性地排列，排列顺序为"0000010110101111…"和"0001101100011011…"。基于广义折射定律，超表面利用相位突变的梯度进行波束调控，实现异常折射和反射，入射光以角度 θ_i 经过相位梯度超表面，反射角为 θ_r，θ_t 为折射波的角度，如图 6-3 所示。

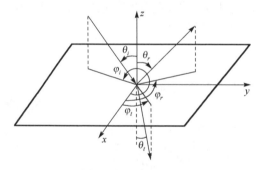

图 6-3　广义折射定律的折射与反射示意图

推导得出广义反射定律和折射定律：

$$\begin{cases} \sin\theta_r - \sin\theta_i = \dfrac{\lambda}{2\pi n_i}\dfrac{\mathrm{d}\varphi}{\mathrm{d}x} \\[3mm] n_t\sin\theta_t - n_i\sin\theta_i = \dfrac{\lambda_0}{2\pi}\dfrac{\mathrm{d}\varphi}{\mathrm{d}x} \end{cases} \tag{6-1}$$

式中，n_i 和 n_t 分别为两种媒介的折射率；λ_0 为入射电磁波的波长。根据式 (6-1) 引入一个新的自由度相位梯度分布 $\mathrm{d}\varphi/\mathrm{d}x$，通过控制 $\mathrm{d}\varphi/\mathrm{d}x$ 的值即可实现对电磁波反射或者折射方向的操控。根据广义折射定律，我们可以计算出俯仰角 θ：

$$\theta = \arcsin(\lambda/\Gamma) \tag{6-2}$$

式中，λ 是入射波的波长；Γ 是相位梯度的周期。根据式 (6-2)，可以计算出 0.78THz

时两种排列顺序的超表面编码的太赫兹波俯仰角分别为 9.22° 和 18.72°。因此，太赫兹波的俯仰角可以通过改变特定入射波长和相位梯度周期来调节。对于完美异常反射，所有入射能量应尽可能地转向所需方向。高效的异常反射可以通过使用特定相位梯度排列的超表面来实现，图 6-4(a) 和 (e) 是超表面编码的示意图，由 8 个沿 x 轴方向的超级编码单元组成，我们采用 3×3 个基本编码单元作为超级编码单元。为了验证异常反射效应，在 0.78THz 处模拟了 y 偏振波垂直入射本节设计的超表面的三维远场散射图 (图 6-4(b) 和 (f))。可见，反射波与 z 轴之间存在一个夹角，表明 y 偏振波被超表面异常反射。从图 6-4(c) 和 (g) 中可以看出超表面编码的归一化电场散射强度，进一步证实本节提出的介质超表面编码实现了完美的异常反射。从图 6-4(c) 和 (g) 中的反射幅度，我们可以判断在 0.78THz 时俯仰角分别为 9° 和 19° 左右，这与上面式(6-2)计算的结果一致。同时，我们还提供了在 0.78THz 处 y 偏振波垂直入射时，介质超表面编码 xoz 平面上的电场分布(图 6-4(d) 和 (h))。与传统的

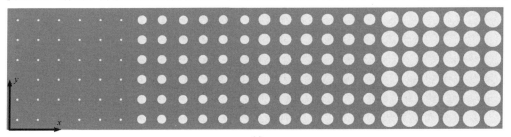

(a)

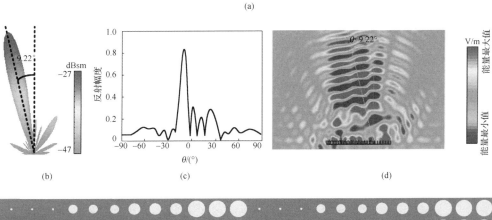

(b)　　　　　　(c)　　　　　　(d)

(e)

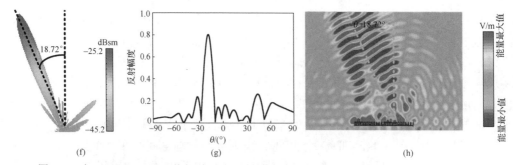

图 6-4　在 0.78THz 下，y 偏振波垂直入射编码序列分别为"0000010110101111…"和"0001101100011011…"的全介质超表面编码的性能分析

(a)、(e)为超表面排列示意图；(b)、(f)为三维远场散射图；(c)、(g)为反射幅度；(d)、(h)为近场电场强度分布

金属结构超表面编码相比，本节提出的全介质超表面编码的效率得到了提高，从图 6-4(c)和(g)中可以观察到归一化反射幅度也得到了改善，接近 0.8。

接下来，通过排列编码单元，可以调控入射太赫兹波分束的功能。本节设计两种超表面编码，在 0.78THz 下实现将入射波分裂为两个反射光束和 4 个反射光束，如图 6-5(a)和(d)所示。在具有 180° 相位差的基本编码单元中选择"00, 10"构建超表面编码。在 0.78THz 下 y 偏振波垂直入射到以"00100010…"的顺序沿 y 轴方向呈周期性分布的超表面编码上，入射波被超表面编码分成两束波反射出来，此时 $\Gamma = 3 \times 2 \times 100\mu m = 600\mu m$，按式(6-2)可以计算出俯仰角 $\theta = 39.87°$。当工作频率移动到 0.6THz 时，图 6-5(b)为此时的三维远场散射图，从图中可以观察到入射的太赫兹波沿 z 轴垂直反射，且没有波束分裂，其原因是两个编码单元之间的相位差不再是 180°。此外，我们在图 6-5(c)中计算了超表面编码在不同频率下的归一化电场强度，这可以清楚地看到反射光束的数量变化。由图 6-5(d)，我们发现，在 0.78THz 处，太赫兹波垂直入射到以"0010…/1000…"棋盘排布的超表面编码上时，入射波被分成 4 个对称的波束，使用式(6-2)计算出俯仰角 $\theta = 65.10°$。类似地，当频率移动到 0.6THz 时，反射波集中在垂直于与入射方向相反的超表面的位置，并且光束数量从 4 个减少到 1 个，三维远场散射图案如图 6-5(e)所示。为了验证模拟结果与

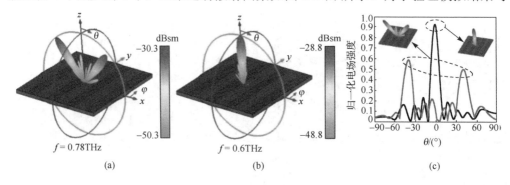

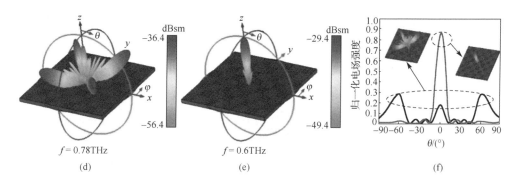

图 6-5　在不同频率，y 偏振波垂直入射到序列为 "00100010⋯"
沿 y 轴周期性分布的超表面编码和棋盘超表面编码的远场散射图

(a)、(d) 为 0.78THz 处的三维远场散射图；(b)、(e) 为 0.6THz 处的三维远场散射图；(c)、(f) 为归一化电场强度

计算结果的一致性，计算了归一化电场强度，并且可以从图 6-5(f) 观察俯仰角和强度。因此，上述全介质超表面编码可以通过频率的移动来控制工作状态。

在 f=0.78THz 处，改变相位梯度的周期以获得不同的俯仰角 (图 6-6)。与图 6-5(a) 和 (d) 相比，它们也被分为 2 束和 4 束，但偏转角度减小，因为相位梯度周期从先前的 $\Gamma_1 = 600\mu m$ 与 $\Gamma_2 = 200\sqrt{2}\ \mu m$ 增加到 $\Gamma_3 = 2400\mu m$ 和 $\Gamma_4 = 1200\sqrt{2}\ \mu m$。根据式 (6-2)，俯仰角分别为 9.21° 和 18.72°。

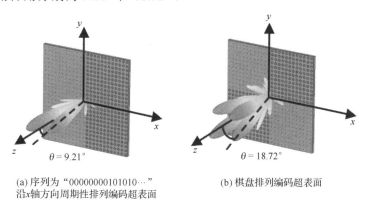

(a) 序列为 "00000000101010⋯"
沿 x 轴方向周期性排列编码超表面

(b) 棋盘排列编码超表面

图 6-6　在 0.78THz 处，y 偏振波垂直入射到超表面编码的三维远场散射图

为了降低 RCS 的性能，利用 MATLAB 生成随机编码序列，设计了由 24×24 个编码单元组成的两个 1bit 和 2bit 超表面编码。随机排列有助于将入射波分散到各个方向，减少镜面反射。本节用 3×3 个基本编码单元作为超级编码单元，减少了相邻编码单元之间的耦合效应，保持了编码单元的周期性，模拟了 0.78THz 下 1bit 和 2bit 超表面编码的 RCS，图 6-7(a)～(c) 分别是 y 偏振波垂直入射下的三维远场散射图和 –90°～90° 俯仰角的双基地 RCS 分布。从图 6-7(d) 中可以看出，两个随机超表面

编码都可以达到减少 RCS 的目的。如图 6-7(e) 所示，当 y 偏振波垂直入射时，超表面编码可以将金属板 RCS 的幅度控制在 0.7～0.9THz 内。

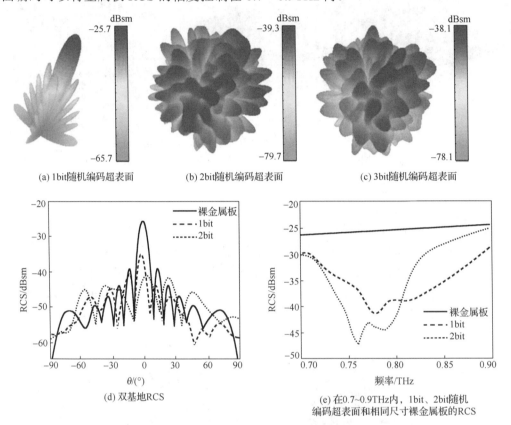

(a) 1bit随机编码超表面　　(b) 2bit随机编码超表面　　(c) 3bit随机编码超表面

(d) 双基地RCS

(e) 在0.7～0.9THz内，1bit、2bit随机
编码超表面和相同尺寸裸金属板的RCS

图 6-7　在 0.78THz 处，y 偏振波垂直入射金属板、1bit 和 2bit 随机
超表面编码的远场散射图和 RCS 值

最后，还设计了两种超表面实现了涡旋波的产生。涡旋波通常是由螺旋相板或者圆形光栅产生的，近年来，研究者利用相位梯度超表面产生涡旋波，为调控电磁波的振幅、相位提供了新的方法。为了产生整数拓扑电荷 $l = 1, 2$ 的电磁涡旋，需要产生一个以相位因子 $\exp(\mathrm{i}l\varphi)$ 为特征的螺旋波前。为了达到这个目的，我们将 2bit 超表面编码划分为 n 个相等角度的 $2\pi/n$ 个区域，相邻区域的反射相位差固定为 $\Delta\Phi$，其中 n、l 和 $\Delta\Phi$ 之间的关系为 $n\Delta\Phi = 2\pi l$。图 6-8(a) 和 (b) 给出了能产生两种涡旋波的超表面编码的原理图，且两种涡旋波的三维远场散射图如图 6-8(c) 和 (d) 所示，分别对应拓扑电荷 $l = 1$(从 0～2π 分为 4 个相移区域的超表面) 和拓扑电荷 $l = 2$(从 0～4π 分为 8 个相移区域的超表面)。

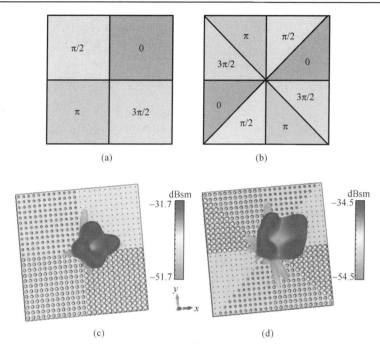

图 6-8　OAM 的产生原理图和三维远场散射图

(a)与(b)分别为涡旋波产生的相位分布图；(c)为 $l=1$ 涡旋波的三维远场图；(d) $l=2$ 为涡旋波的三维远场图

6.2　透射型全介质超表面编码

6.2.1　透射型全介质超表面编码结构

本节设计的透射型全介质超表面编码及单元结构示意图如图 6-9 所示，该结构基底与柱状结构均为硅($\varepsilon=11.9$)。如图 6-9(a)所示，本节提出的透射型全介质超表

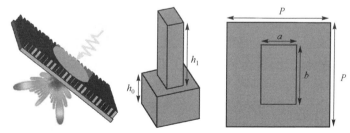

(a) 本节设计的超表面编码示意图　　(b) 全介质超表面编码　(c) 超表面单元结构的俯视图
　　　　　　　　　　　　　　　　　单元结构示意图

图 6-9　透射型全介质超表面编码及单元结构示意图

面编码能实现分束功能,单元结构的基底厚度 $h_0 = 80\mu m$,柱体高度 $h_1 = 170\mu m$。图 6-9(b)
为全介质超表面编码单元结构示意图。图 6-9(c)为超表面单元结构的俯视图,其中周
期 $P = 100\mu m$,参数 a、b 分别为柱体的长和宽,决定每个单元结构的幅度和相位。

为了进一步分析全介质超表面编码结构将入射太赫兹波高效率偏折及分束的功
能,利用 CST 仿真软件进行超表面的全波数值仿真,在数值计算中,激励源是以平
面波的形式,对单元结构进行仿真,边界条件设置为 unitcell,端口设置为 Floquet。
图 6-10 分析了在 0.2～1.2THz 内编码单元的透射幅度和相位。利用参数 a 和 b 的改变,
实现对单元结构幅度和相位的控制。从图 6-10(a)可以看出在 1.1THz 处,本节设计的
编码单元的透射幅度都接近 1;由图 6-10(b)可知,相邻单元结构之间的相位差大约为
90°,且相位分布覆盖 360°。4 个编码单元结构的具体参数如表 6-2 所示。

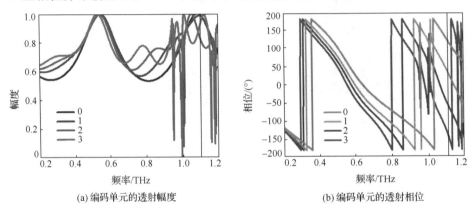

(a) 编码单元的透射幅度　　　　　　　　　　　(b) 编码单元的透射相位

图 6-10　在 0.2～1.2THz 内,太赫兹波垂直入射到编码单元的幅度和相位响应(见彩图)

表 6-2　单元结构具体参数值

单元	0	1	2	3
$a/\mu m$	60	23	37	60
$b/\mu m$	5	57	60	60
幅度	0.99	0.98	0.82	0.93
相位/(°)	123.32	36.82	−55.34	−137.68

6.2.2　仿真分析

为了验证本节设计的超表面编码对太赫兹波的调控特性,将 4 个编码单元沿着
x 方向进行编码,形成 2bit 超表面编码,如图 6-11 所示。本节提出的两个超表面编
码均由 24×24 个编码单元组成,其中图 6-11(a)和(c)分别表示相位梯度周期为
800μm 的超表面编码的俯视图和三维示意图,图 6-11(b)和(d)表示相位梯度周期为
1200μm 的超表面编码的俯视图和三维示意图。

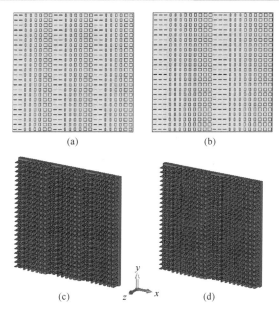

(a)　　　　　　　　　　(b)

(c)　　　　　　　　　　(d)

图 6-11　两种不同周期排列的 2bit 超表面编码俯视图与三维示意图

太赫兹波垂直入射到超表面编码，在方位角 $\varphi = 90°$ 处，三维远场散射图如图 6-12(a) 和(b)所示，入射波经过超表面编码以一定角度偏转，对应不同的相位梯度超表面，透射角度也不同。通过数值模拟结果，可以观察到在 1.1THz 处，方位角 $\varphi = 90°$ 时，归一化透射强度如图 6-12(c) 和(d)所示，验证了本节设计的两个超表面编码的二维散射峰相对于 z 轴夹角分别为 160° 和 167°，且透射效率很高，接近 1，利用式(6-2)计算出俯仰角分别为 19.9° 和 13.3°，散射峰相对于 z 轴正方向的散射角度为 $\pi-\theta$，因此最终求得透射波束俯仰角分别为 160.1° 和 166.7°，综合来看，仿真结果与计算结果基本吻合。为了更加清晰地看出超表面对太赫兹波的操控性能，提供了在 1.1THz 处，太赫兹波垂直入射超表面的二维雷达坐标系中的散射远场模式(图 6-12(e) 和(f))，明显看出能量主要集中在角度分别为 160° 和 167° 的方向上，

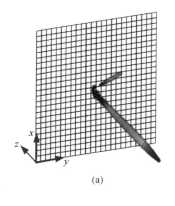

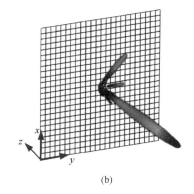

(a)　　　　　　　　　　　　　　　　　　(b)

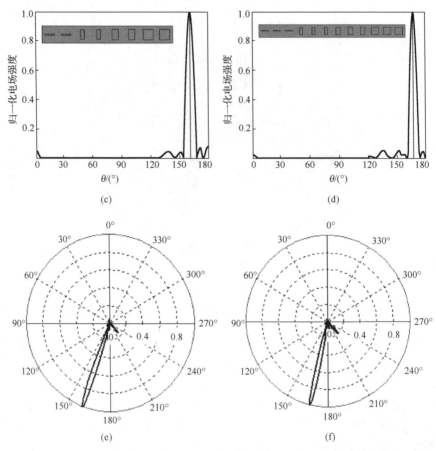

图 6-12　两种不同周期排列的 2bit 超表面编码三维远场散射图和归一化电场分布

(a)、(c) 和 (e) 中 $\varGamma_1 = 800\mu m$；(b)、(d) 和 (f) 中 $\varGamma_2 = 1200\mu m$

且透射波束的归一化电场强度约为 1，一般我们把折射效率为 100% 的情况称为完美折射，由此可见，利用设计的全介质超表面编码可以实现完美异常折射。

接下来，设计了两种 1bit 全介质超表面编码，实现了双波束透射波。图 6-13(a) 和 (b) 为我们提出的超表面编码的俯视图，两种超表面编码均由 24×24 个编码单元组成，选取基本编码单元中的 "1" 和 "3" 单元构建了 1bit 全介质超表面编码，图 6-13(a) 是将 "1" 和 "3" 单元沿 x 轴方向进行周期排列的超表面编码俯视图，在 1.1THz 处，在太赫兹波垂直入射的情况下，三维远场散射图如图 6-13(c) 所示，观察到入射波被分为两束对称的透射波。图 6-13(b) 为 "1" 和 "3" 单元沿着 y 轴正方向进行周期排列的超表面编码的俯视图，同样地，在 1.1THz 处，太赫兹波垂直入射到超表面编码，其三维远场散射图如图 6-13(d) 所示，当方位角 $\varphi = 90°$ 时，入射波经过超表面被分成两束。

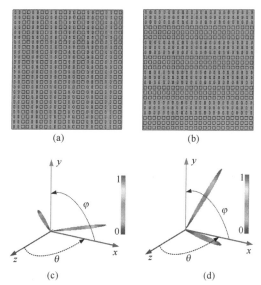

图 6-13　两种不同周期排列的 1bit 超表面编码示意图和三维远场散射图

(a) 和 (c) 中 $\Gamma_1 = 400\mu m$；(b) 和 (d) 中 $\Gamma_2 = 600\mu m$

从图 6-14 (a) 和 (b) 中更加清楚地看出透射波的能量分布，其中超表面的二维远场散射图如图 6-14 (a) 所示，可以看出透射角分别为 $(\theta_1,\ \varphi_1) = (135°,\ 0°)$，$(\theta_2,\ \varphi_2) = (135°,\ 180°)$，超表面的二维远场散射图如图 6-14 (b) 所示，观察到透射角分别为 $(\theta_1,\ \varphi_1) = (150°,\ 90°)$，$(\theta_2,\ \varphi_2) = (150°,\ 270°)$。图 6-14 (c) 和 (d) 为在 1.1THz 处，两个超表面编码在线性波垂直入射下，透射波的归一化电场强度分布图，存在一些较小的旁瓣，是因为在计算中使用的编码单元个数不足，若应用更多的编码单元，预计这些旁瓣可以减少。从图 6-14 (c) 中观察到，两个散射峰分别处于角度为 135° 和 225° 处，透射幅度约为 0.95；同样地，在图 6-14 (d) 中可以看出，两个散射主瓣分别处于角度为 150° 和 210° 处，相应的透射幅度接近 1。根据式 (6-2)，计算出这两个超表面编码的透射波俯仰角分别为 42.8° 和 27°，推算出透射波束与 z 轴正方向夹角分别为 137.2° 和 222.8° 与 153° 和 207°，与仿真结果进行比较，较为吻合。

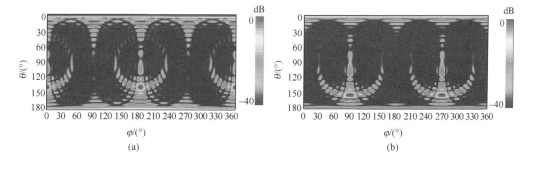

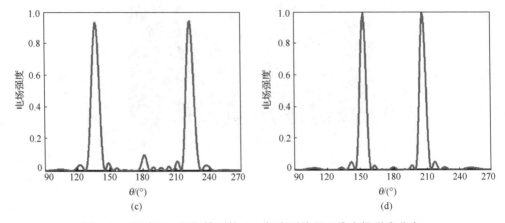

图 6-14　两种不同周期排列的 1bit 超表面编码二维电场强度分布

(a) 和 (c) 中 $\varGamma_1 = 400\mu m$；(b) 和 (d) 中 $\varGamma_2 = 600\mu m$

　　将编码单元"1"和"3"按照棋盘排列，图 6-15 (a) 和 (b) 为三维超表面编码示意图，观察到本节设计的两种超表面编码的相位梯度周期不同，图 6-15 (a) 所示超表面对应的超级子单元由 3×3 个基本编码单元组成，而图 6-15 (b) 的超表面超级子单元由 4×4 个基本编码单元构成。

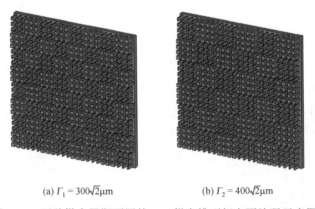

(a) $\varGamma_1 = 300\sqrt{2}\mu m$　　　　　　(b) $\varGamma_2 = 400\sqrt{2}\mu m$

图 6-15　两种梯度周期不同的 1bit 棋盘排列超表面编码示意图

　　在 1.1THz 时，垂直入射到上述两种超表面编码的太赫兹波被分为 4 个对称透射波，二维电场强度分布图和三维远场散射图如图 6-16 (a) ～ (d) 所示。根据式 (6-2) 计算出俯仰角分别为 $\theta_1 = 40°$ ($\varGamma_1 = 300\sqrt{2}\ \mu m$)，$\theta_2 = 28.8°$ ($\varGamma_2 = 400\sqrt{2}\ \mu m$)。为了清晰地看到超表面编码的分束效果，给出了雷达坐标系下的二维电场强度分布图，如图 6-16 (a) 和 (b) 所示。接下来给出了相对应的三维远场散射图，从图 6-16 (c) 和 (d) 中，观察到垂直入射的太赫兹波经过超表面被分为 4 束波透射出来。

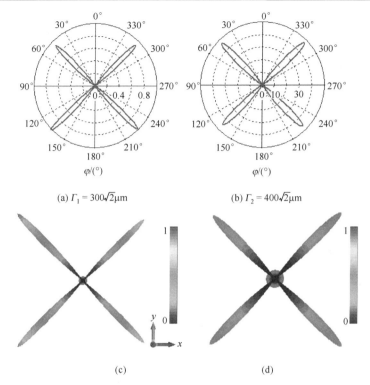

(a) $\Gamma_1 = 300\sqrt{2}\mu m$　　　　　　(b) $\Gamma_2 = 400\sqrt{2}\mu m$

(c)　　　　　　　　　　　(d)

图 6-16　两种不同梯度周期的 1bit 棋盘排列超表面编码雷达坐标系中
二维电场分布图和三维远场散射图

6.3　多功能全介质超表面编码

6.3.1　多功能全介质超表面编码结构

图 6-17 展示了多功能全介质超表面编码单元结构示意图,其是由在金属板上放置 T 字形介质立体块构成的[39]。介质材料选择了介电常数 $\varepsilon = 11.9$ 的硅,介质的厚度 $h = 50\mu m$,长边为 a,宽度为 w。金属板相当于完美电导体,周期 $P = 100\mu m$。单元结构的相位特性可以通过改变 w 来控制。与金属超表面编码相比,介质谐振器不受金属中固有的非辐射损耗影响,从而具有较高的效率。

本节提出的介质超表面编码,可以实现 5 种功能,本节重点讨论一种反射型介质超表面,它可以在编码单元不同的排列下实现异常反射、波束分裂、

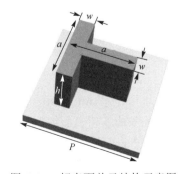

图 6-17　超表面单元结构示意图

漫反射、线聚焦和涡旋光束的产生(图 6-18)。接下来,利用 CST 仿真软件进行全波数值模拟,在太赫兹波垂直入射的情况下,本节设计的介质编码超平面单元的电磁特性如图 6-19 所示。

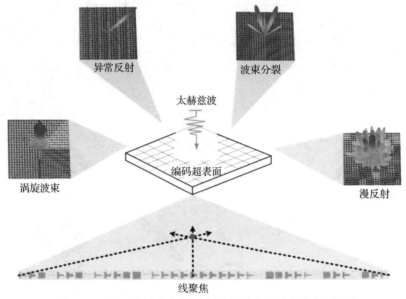

图 6-18　本节设计的介质超表面编码功能示意图(见彩图)

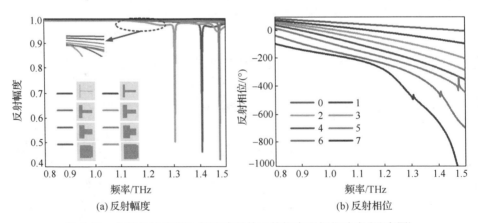

(a) 反射幅度　　　　　　　　　　(b) 反射相位

图 6-19　太赫兹波垂直入射到编码单元的幅度和相位响应(见彩图)

　　为了构造 1bit 多功能超表面编码,需要 2 个相位差为 180° 的基本编码单元。对于 2bit 多功能超表面编码,要求 4 个相邻编码单元的相位差为 90°。以此类推,3bit 多功能超表面编码需要 8 个编码单元且相位差为 45°。通过改变几何参数 w,得到不同相位的编码单元,表 6-3 给出了 8 个单元的参数 w 及每个单元的俯视图。

表 6-3　8 个单元的参数 w 及每个单元的俯视图

单元	0	1	2	3	4	5	6	7
$w/\mu m$	1	10.5	16.5	21.5	27.5	36	60	80
俯视图								

编码单元的电磁特性通过 CST 仿真软件进行全波模拟，图 6-19(a) 和 (b) 描述了 8 个编码单元在线性波垂直入射时的幅度和相位。将工作频率固定在 1.1THz，在 x 和 y 方向设置周期条件，在 z 方向设置开放边界条件。仿真结果表明，编码单元在 1.1THz 下具有较高的反射幅度，大约为 0.98，这清楚地表明，介质超表面编码具有较高的效率，并且相邻编码单元的相位差约为 $\pi/4$，满足了多功能介质编码超表面的设计要求。为了最大限度地减小耦合效应，假设超表面编码的每个晶格由相同的 $M\times M$ 编码单元组成，因此，晶格长度为 $D = M\times P$。

6.3.2　仿真分析

首先，本节设计编码序列分别为 "000, 010, 100, 110…/000, 010, 100, 110…" 沿着 y 轴和 "000, 001, 010, 011, 100, 101, 110, 111, …" 沿着 y 轴的超表面编码。图 6-20 为设计的两种超表面编码的三维远场散射图、编码序列图和反射幅度曲线，其中图 6-20(a) 所对应的是图 6-20(c) 显示的 2bit 超表面编码的三维远场散射图，此时的梯度周期 $\Gamma = 4D$，根据式 (6-2)，计算得到俯仰角 $\theta = 13.14°$。相似地，图 6-20(b) 为图 6-20(d) 所示的 3bit 超表面编码的三维远场散射图，周期为 $\Gamma = 8D$，利用公式求得俯仰角 $\theta = 6.52°$。为了更显著地观察到超表面编码实现异常反射的功能，提供了二维归一化反射幅度，如图 6-20(e) 和 (f) 所示。全介质超表面编码的反射效率定义为反射功率与入射功率的比值，对于 $\Gamma = 8D$ 的情况，反射效率达到 0.93。这些例子验证了设计的超表面编码可以产生完美异常反射，通过改变相位梯度周期可以控制反射角度。

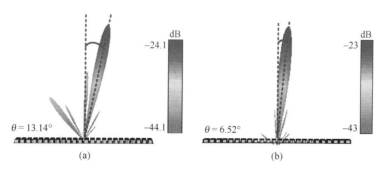

(a)　　　　　　　　　　(b)

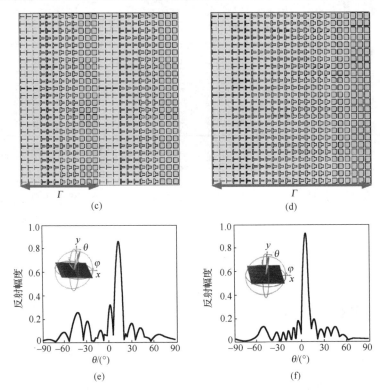

图 6-20　周期分别为 Γ = 1200μm 和 Γ = 2400μm 的超表面编码示意图和远场方向图

(a)、(b)为三维远场散射图；(c)、(d)为超表面编码示意图；(e)、(f)为归一化反射幅度

　　根据广义折射定律和超表面的卷积定理，可以用式(6-2)和式(6-3)计算出反射光束的俯仰角 θ 和方位角 φ：

$$\varphi = \pm\arctan\left(D_x/D_y\right), \quad \varphi = \pi\pm\arctan\left(D_x/D_y\right) \tag{6-3}$$

式中，D_x 和 D_y 分别表示编码单元组成的晶格的长度和宽度。首先设计两个 1bit 全介质超表面编码，在 1.1THz 时，垂直入射到超表面的线性波主要被分成对称的两个方向上的波束，当 Γ = $600\sqrt{2}$μm 时，利用式(6-2)和式(6-3)计算得到的俯仰角和方位角分别为 (θ, φ)=(18.66°, 135°)和 (θ, φ)=(18.66°, 315°)(图 6-21(a))；当 Γ = 1200μm 时，利用式(6-2)和式(6-3)得到的俯仰角和方位角分别为 (θ, φ)=(13.14°, 0°)和 (θ, φ)=(13.14°, 180°)(图 6-21(c))，反射波束的二维电场强度如图 6-21(b)和(d)所示。除此之外，还设计了一种将垂直入射的线性波分成对称 4 个波束的 Γ = 600μm 的超表面编码，图 6-21(e)为反射波的三维远场散射图，经过计算得到的俯仰角和方位角分别为 (θ, φ)=(27.06°, 0°)、(θ, φ)=(27.06°, 180°)、(θ, φ)=(27.06°, 90°)和 (θ, φ)=(27.06°, 270°)，从图 6-21(f)和(g)的二维电场图中可以更加清晰地看出反射情况，与前面计算的结果一致。

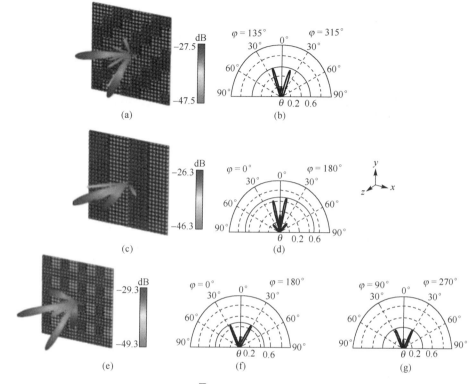

图 6-21　周期分别为 $\Gamma = 600\sqrt{2}\mu m$、$\Gamma = 1200\mu m$ 和 $\Gamma = 600\mu m$ 的超表面编码
三维远场散射图和二维电场图

(a)、(c)和(e)为三维远场散射图;(b)、(d)、(f)和(g)为二维电场图

　　将编码单元随机分布时,本节设计的三种随机超表面编码能大大降低 RCS。图 6-22(b)~(d)分别为在 1.1THz 下线性波垂直入射 1bit、2bit 和 3bit 随机超表面编码的三维远场散射图,图 6-22(a)为相同尺寸裸金属板的三维远场散射图。图 6-22(e)表示频率 1.1THz 时线偏振太赫兹波垂直入射到裸金属板,1bit、2bit 和 3bit 随机超表面编码产生的 RCS 在俯仰角-90°~90°的分布图,从图中可知,在线性波垂直入射下,金属板上出现强烈的后向散射峰值,对于三种随机超表面编码存在强烈的抑

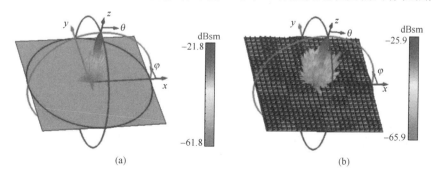

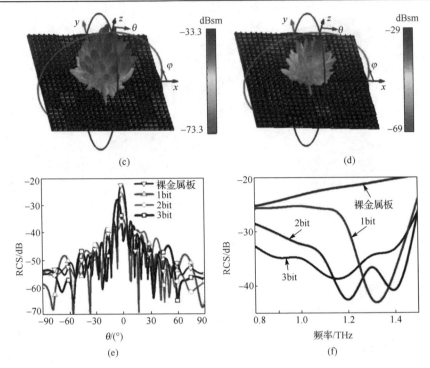

图 6-22 超表面编码的三维远场散射图和 RCS 值

(a)~(d)分别为裸金属板、1bit 随机超表面编码、2bit 随机超表面编码、

3bit 随机超表面编码的三维远场散射图；(e)在 1.1THz 下，裸金属板与

随机超表面编码的 RCS；(f)在 0.8~1.4THz 内，裸金属板与随机超表面编码的 RCS

制后向散射峰。单站 RCS 的仿真结果如图 6-22(f)所示，进一步证实了随机超表面编码具有减小 RCS 的性能，仿真了 1bit、2bit、3bit 随机超表面编码在 0.8~1.5THz 内的 RCS，并与该频段的相同尺寸的裸金属板的 RCS 进行比较。由图 6-22 可知，1bit 随机超表面编码可以在 1.2~1.4THz 内将 RCS 降低近−10dB，最大缩减达到−20dB；2bit 和 3bit 随机超表面编码在 1~1.4THz 内将 RCS 降低近−10dB，最大缩减分别达到−21dB、−16dB。

根据聚焦理论，由于焦点到编码单元的距离和焦距之间的光路差异，每个单元的反射相位应该补偿空间相位延迟。为了将反射波聚焦在点(x_F, y_F, f)，第(m, n)个晶格应该满足相移：

$$\Delta\varphi_{mn} = \frac{2\pi(\sqrt{f^2 + (x_m - x_F)^2 + (y_n - y_F)^2} - f)}{\lambda} \tag{6-4}$$

式中，f是焦距。

由于本节所提出的超表面有 8 个相态，因此给出了反射相移在超表面上的分布：

$$
\delta_{mn} = \begin{cases}
0, & \Delta\varphi_{mn} - 2\pi n \in [0, \pi/4) \\
\pi/4, & \Delta\varphi_{mn} - 2\pi n \in [\pi/4, \pi/2) \\
\pi/2, & \Delta\varphi_{mn} - 2\pi n \in [\pi/2, 3\pi/4) \\
3\pi/4, & \Delta\varphi_{mn} - 2\pi n \in [3\pi/4, \pi) \\
\pi, & \Delta\varphi_{mn} - 2\pi n \in [\pi, 5\pi/4) \\
5\pi/4, & \Delta\varphi_{mn} - 2\pi n \in [5\pi/4, 3\pi/2) \\
3\pi/2, & \Delta\varphi_{mn} - 2\pi n \in [3\pi/2, 7\pi/4) \\
7\pi/4, & \Delta\varphi_{mn} - 2\pi n \in [7\pi/4, 2\pi)
\end{cases}
\tag{6-5}
$$

式中，$n = 0, 1, 2, \cdots$。

本节提出一个平面超表面实现线性波垂直入射下的线聚焦，如图 6-23(a)所示。这里利用 FDTD 仿真软件对整个超表面进行数值研究，在 1.1THz 处线性波垂直入射下，从图 6-23(b)清晰地观察到在 $z = 2000\mu m$ 处，xoz 剖面的电场强度分布主要集中在超表面 x 方向中心处。与此同时，图 6-23(c)中 yoz 剖面在 $x = 0\mu m$ 时呈现一条良好的聚焦线。电场强度分布的结果为超表面的聚焦能力提供了决定性依据。

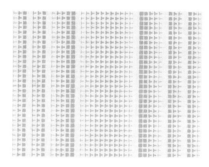

(a) 光束聚焦超表面编码阵列

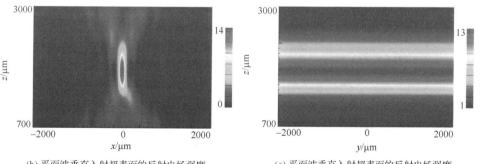

(b) 平面波垂直入射超表面的反射电场强度
分布xoz剖面

(c) 平面波垂直入射超表面的反射电场强度
分布yoz剖面

图 6-23　聚焦超表面和电场分布图

　　涡旋波束通常由螺旋相板或圆形光栅产生。近年来利用相位梯度超表面产生涡旋波，因此为了实现这个功能，超表面需要具有一个螺旋相位分布：

$$2^n \Delta\varphi = 2\pi l \tag{6-6}$$

式中，l 为拓扑电荷，这里只考虑了 $l = 1$ 的情况。对于 $n$bit 超表面编码需划分 2^n 个相等的角度为 $2\pi/2^n$ 的区域，相邻区域的相位差固定为 $\Delta\varphi$。

　　根据这个原理，本节设计了一个 3bit 介质梯度超表面，在线性波入射下其可以产生轨道角动量（OAM）。图 6-24（a）为产生涡旋波的超表面原理图，分为 8 个相位差为 π/4 的区域。为了更加有力地证明可以产生涡旋效果，图 6-24（b）为模拟的线性波垂直入射到由 24×24 个编码单元组成的介质超表面的三维远场散射图。图 6-25（a）为仿真出的相位分布图，可以清楚地看出 $l = 1$ 方向上的 2π 相位旋转。从三维远场散射图可以观察到，反射波束中间为空心，与二维电场图结果相一致（图 6-25（b））。此外，为了更精确地说明涡旋波的产生，模拟了在雷达坐标系和笛卡儿坐标系中的二维电场强度，分别对应图 6-25（c）和（d）。所有的远场和近场结果都验证了超表面能产生涡旋波束。

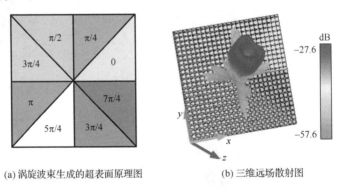

(a) 涡旋波束生成的超表面原理图　　　　　　(b) 三维远场散射图

图 6-24　OAM 波产生的原理与三维远场散射图

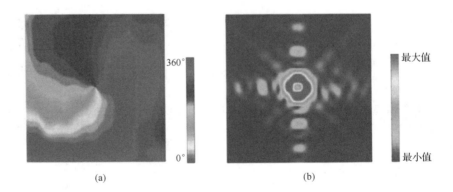

(a)　　　　　　　　　　　　　　　(b)

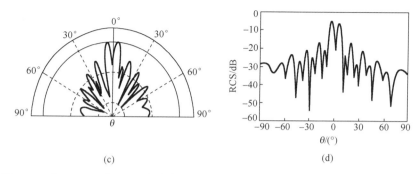

(c)　　　　　　　　　　　　　　(d)

图 6-25　在 1.1THz 处，LP 波垂直入射产生 OAM 波的超表面编码相位分布和电场分布

(a)相位分布图；(b)二维电场强度分布图；(c)、(d)为在雷达坐标系和笛卡儿坐标系中的二维电场强度

6.4　椭圆形全介质超表面编码

本节设计了一个 2bit 的椭圆形全介质超表面编码，在太赫兹波垂直入射下实现了透射波束的偏移和分束功能(图 6-26(a))。它的单元结构如图 6-26(b)所示，长轴为 r_1，短轴为 r_2，高为 h_1，周期为 $P = 100\mu m$ 的椭圆柱放置在高为 h_0 的长方体上。编码单元的电磁特性在 CST 仿真软件中进行全波模拟，通过调节长轴与短轴的数值，达到灵活调节透射相位的目的。图 6-27 显示了在线性太赫兹波垂直入射到编码单元时，4 个编码单元的透射率在 0.98THz 处均高于 0.6，且分别满足 0°、90°、180°、270°的相位分布。本节中的 4 个编码单元分别命名为 0、1、2 和 3，它们的结构俯视图和长、短轴具体数值在表 6-4 中给出。

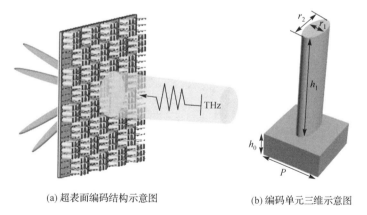

(a) 超表面编码结构示意图　　　　　(b) 编码单元三维示意图

图 6-26　椭圆形全介质超表面编码结构

首先，本节设计 2 个不同单元编码序列的超表面编码实现透射光束的偏移，图 6-28 显示了两种 2bit 超表面编码结构示意图，其中图 6-28(a)为"0123…"沿着

x 轴正方向周期排列的超表面编码，图 6-28(b) 为"00112233…"沿着 x 轴方向周期排列的超表面编码。在线性太赫兹波分别垂直入射到图 6-28 中的两个超表面时，其远场散射图和归一化电场强度图如图 6-29 所示。根据超表面的广义折射定律，俯仰角 θ 可由式(6-2)计算得出。图 6-28(a) 的 $\Gamma = 4D$，其中 D 包含 1 个编码单元，根据上述公式，计算得到透射角 $\theta = 49.934°$。相似地，图 6-28(b) 的周期 $\Gamma = 4D$，其中 D 包含 2 个编码单元，利用公式求得俯仰角 $\theta = 22.498°$，与图 6-29(a) 和 (b) 中三维远场散射结果与计算结果一致。为了更显著地观察到超表面编码实现波束偏转功能，图 6-29(c) 和 (d) 提供了二维归一化电场强度。可以清楚地看出，图 6-29(c) 显示电场的最大强度在 130° 方向处，偏移量为 50°，而图 6-29(d) 显示电场的最大强度在 157° 方向处，偏移量为 23°，与公式计算一致。研究结果表明改变单元数量可以实现透射波束的偏移。

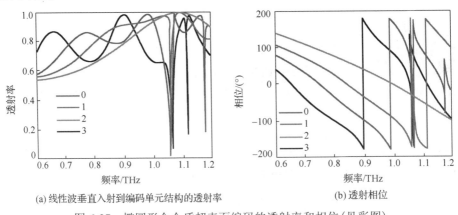

(a) 线性波垂直入射到编码单元结构的透射率　　　　(b) 透射相位

图 6-27　椭圆形全介质超表面编码的透射率和相位(见彩图)

表 6-4　超表面中编码单元结构与对应的尺寸参数

编码单元	0	1	2	3
长轴 $r_1/\mu m$	40	60	40	44
短轴 $r_2/\mu m$	80	50	6	96
俯视图				

接着，设计了一个编码序列为"00002222/00002222, …"并且在 0.98THz 处实现了两束透射波的超表面，超表面编码的阵列结构如图 6-30(a) 所示，其中晶格 D 包含 4 个编码粒子，梯度周期 $\Gamma = 2D$，根据式(6-2)得到俯仰角为 22.498°。图 6-30(b) 是超表面编码的三维散射图，两束透射波束关于 y 轴对称，分别沿着 x 的正轴和负

轴偏转相同的角度。在图 6-30(c)中显示了雷达坐标系中两束透射波俯仰角分别为 163° 和 202°，即透射偏移角为 22°，与公式计算结果大致相同。

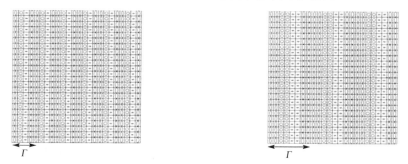

(a) 编码序列为"0123…"的超表面编码示意图　　　　(b) 编码序列为"00112233…"的超表面编码示意图

图 6-28　不同编码序列全介质超表面编码结构示意图

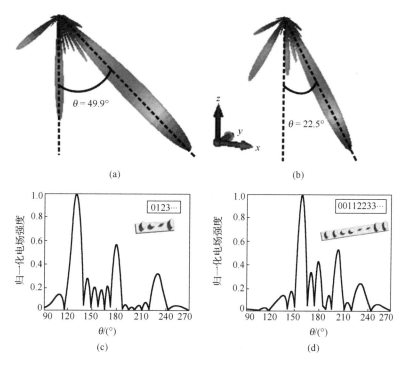

图 6-29　在 0.98THz 下，线偏振波垂直入射到不同超表面编码结构的
三维远场散射图和归一化电场强度分布图

(a)、(c) 分别为编码序列为"0123…"超表面三维远场散射图和二维归一化电场强度；

(b)、(d) 分别为编码序列为"00112233…"超表面三维远场散射图和二维归一化电场强度

最后，设计了一个编码序列为"000222/222000，…"并且在 0.98THz 处实现了 4 束透射波的超表面，它的超表面和远场散射图如图 6-31 所示，晶格 D 包含 3 个超

表面编码粒子，梯度周期 $\Gamma = \sqrt{2}\,D$。根据式(6-2)和式(6-3)，经过计算后，4 束透射波的俯仰角和方位角分别为 $(\theta, \varphi) = (46.14°, 45°)$、$(\theta, \varphi) = (46.14°, 135°)$、$(\theta, \varphi) = (46.14°, 225°)$ 和 $(\theta, \varphi) = (46.14°, 315°)$，图 6-31(b)是二维远场散射图，纵坐标为俯仰角，横坐标为方位角，可以看出，能量较强的 4 个点分布位置与计算结果较为吻合。图 6-31(c)中的透射波束的方位角分别为 45°、135°、225°、315°，与之前结果相同。

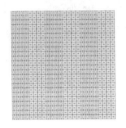

(a) 超表面编码结构俯视图

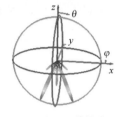

(b) 三维远场散射图

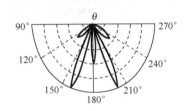

(c) 雷达坐标系中电场强度分布

图 6-30　在 0.98THz 下，线偏振波垂直照射到编码序列为"00002222/00002222，…"的超表面编码结构的三维远场散射图及其电场强度分布图

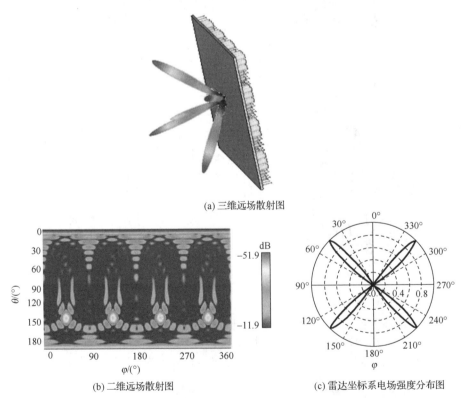

(a) 三维远场散射图

(b) 二维远场散射图

(c) 雷达坐标系电场强度分布图

图 6-31　在 0.98THz 下，线偏振波垂直照射到棋盘排列超表面编码的远场散射图

6.5　各向异性超表面编码

本节提出一种基于硅电介质 Mie 共振的各向异性超表面[40]，可以实现在太赫兹波段中不同偏振波入射时的不同功能。编码单元由金属底层和放置在金属底层上的矩形硅柱组成。本节提出的各向异性超表面编码先由 $N×N$ 个相同编码单元周期阵列组成超级编码单元，再由 $M×M$ 个超级编码单元组成。本节构造具有针对 x 偏振和 y 偏振太赫兹波入射的不同编码矩阵的 1bit 和 2bit 各向异性超表面编码。本节设计的各向异性超表面编码可以为正交偏振太赫兹波产生两个单独的响应。此外，当太赫兹波相对于 x 轴呈 45° 垂直入射时，可以同时实现 x 和 y 偏振太赫兹波入射的效果。仿真结果进一步证实了本节设计的各向异性超表面编码的功能，这与理论预测的结果是一致的。

6.5.1　各向异性超表面编码单元结构设计

为了清楚地说明各向异性超表面编码结构在 x 和 y 偏振太赫兹波入射下，产生的各种功能，本节设计具有不同编码矩阵的 1bit 和 2bit 各向异性超表面编码来分析其各向异性的工作机制。对于 1bit 的情况，"0" 和 "1" 编码元素代表 0 和 π 相位响应。对于 2bit 情况，"00"、"01"、"10" 和 "11" 编码元素分别对应于 0、π/2、π 和 3π/2 相位响应。对于编码矩阵 M11 的各向异性超表面编码[0/0、1/1、0/1、1/0]，沿 x 轴正方向将 x 偏振太赫兹入射波分为两个对称波（图 6-32(a)）。斜线符号 "/" 之前和之后的二进制数字分别表示 x 偏振和 y 偏振下的相位状态。类似地，相同的各向异性超表面编码结构可以将入射的 y 偏振太赫兹波沿 x 轴和 y 轴呈 45° 方向产生 4 个相等的反射波（图 6-32(b)）。同样，当相对于 x 轴呈 45° 的太赫兹波垂直入射到各向异性超表面 M11 上时，太赫兹波会被同时偏转到具有不同偏转角的 6 个方向，如图 6-32(c) 所示。相对于 x 轴呈 45° 太赫兹波垂直入射到具有编码矩阵 M12 [0/0、0/1、1/0、1/1] 的各向异性超表面上时会被分成 4 个对称的反射波，如图 6-32(d) 所示。图 6-32(e) 给出了 M12 编码单元的三维立体图，该编码单元由金属板和放置在金属板上的矩形硅柱组成。通过使用 CST 仿真软件，优化编码单元的几何尺寸。在 x 和 y 方向上设置周期性边界条件，并沿 z 方向设置完美匹配层条件。矩形硅柱的折射率和高度分别为 3.42 和 90μm，编码单元的周期 $P = 100$μm。为了详细地分析编码单元的特性，分别在表 6-5 和表 6-6 中给出了 1bit 和 2bit 编码单元的特定尺寸参数值。在 x 偏振太赫兹波垂直入射时，组成 1bit 各向异性超表面编码的 4 个编码单元的反射幅度和反射相位如图 6-33(a) 和 (b) 所示。可以看到，在频率为 1.6THz 处时，反射幅度大于 0.9，"0/0" 和 "0/1" 单元的反射相位曲线在 1.6THz 处重叠，同样，"1/0" 和 "1/1" 的反射相位曲线在 1.6THz 处也重叠。反射相位为 $\Phi_{0/0} = \Phi_{0/1} = -822.97°$ 和 $\Phi_{1/0} = \Phi_{1/1} =$

–1001.2°，它们的相位差约为 180°，可以视为"1"和"0"的二进制数字状态，如图 6-33(b)所示。图 6-33(c)和(d)分别显示了组成 1bit 各向异性超表面编码的 4 个基本编码单元和组成 2bit 各向异性超表面编码的 16 个基本编码单元。

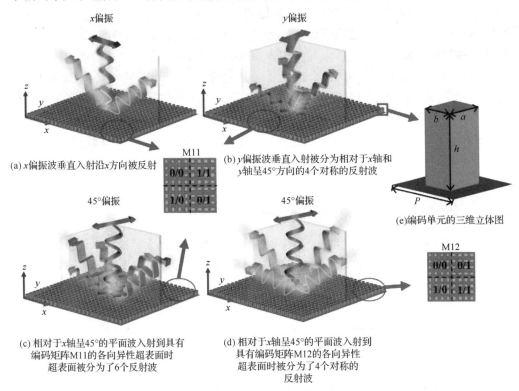

(a) x偏振波垂直入射沿x方向被反射

(b) y偏振波垂直入射被分为相对于x轴和y轴呈45°方向的4个对称的反射波

(c) 相对于x轴呈45°的平面波入射到具有编码矩阵M11的各向异性超表面时超表面被分为了6个反射波

(d) 相对于x轴呈45°的平面波入射到具有编码矩阵M12的各向异性超表面时被分为了4个对称的反射波

(e) 编码单元的三维立体图

图 6-32　各种偏振方式的太赫兹波入射到本节提出的各向异性超表面编码时的示意图(见彩图)

表 6-5　1bit 编码单元参数表

编码单元	0/0	0/1	1/0	1/1
$a/\mu m$	40	36.3	58.8	49.3
$b/\mu m$	40	58.8	36.3	49.3

表 6-6　2bit 编码单元参数表

编码单元	00/00	00/01	00/10	00/11	01/00	01/01	01/10	01/11
$a/\mu m$	40	38.1	36.3	35.36	47.7	44.6	42	40.9
$b/\mu m$	40	47.7	58.8	66.88	38.1	44.6	53.51	59.07
编码单元	10/00	10/01	10/10	10/11	11/00	11/01	11/10	11/11
$a/\mu m$	58.8	53.51	49.3	47.54	66.88	59.07	53.67	51.5
$b/\mu m$	36.3	42	49.3	53.67	35.36	40.9	47.54	51.5

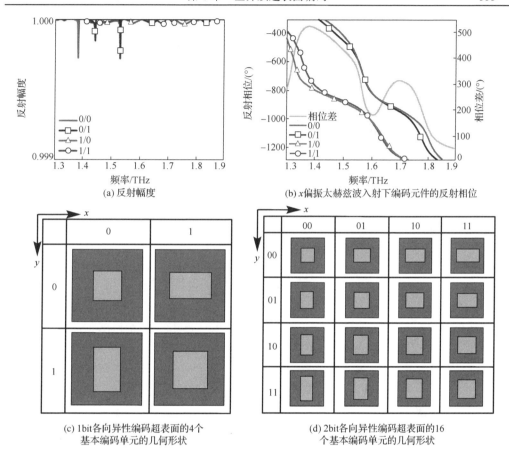

(a) 反射幅度　　　　　　　　　(b) x偏振太赫兹波入射下编码元件的反射相位

(c) 1bit各向异性编码超表面的4个　　　(d) 2bit各向异性编码超表面的16
　　基本编码单元的几何形状　　　　　　　个基本编码单元的几何形状

图 6-33　编码单元的反射幅度、反射相位及几何形状

6.5.2　仿真分析

1. 1bit 超表面编码结构设计

提出分别由周期性编码矩阵 M11 和 M12 组成的 1bit 各向异性超表面编码来表示其在不同偏振的太赫兹波入射时对太赫兹波特殊的调控能力。超级编码单元由大小完全相同的 4×4 个编码单元组成。超表面编码由超级编码单元周期性地沿 x 和 y 方向排列。具有编码矩阵 M11 和 M12 的各向异性超表面编码的俯视图分别如图 6-34(a) 和 (b) 所示。

$$M11=\begin{pmatrix} 0/0 & 1/1 \\ 0/1 & 1/0 \end{pmatrix} \quad 和 \quad M12=\begin{pmatrix} 0/0 & 1/0 \\ 0/1 & 1/1 \end{pmatrix}$$

图 6-35(a) 和 (c) 分别表示在频率为 1.6THz 处，x 偏振太赫兹波入射到具有编码矩阵 M11 的各向异性超表面编码时的三维远场散射图和归一化电场散射图。可以发

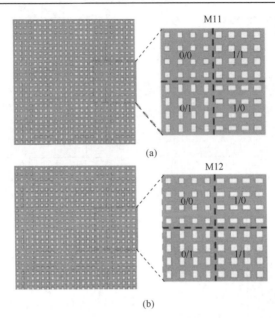

图 6-34　编码矩阵 M11 与编码矩阵 M12 的各向异性超表面编码的俯视图和放大图

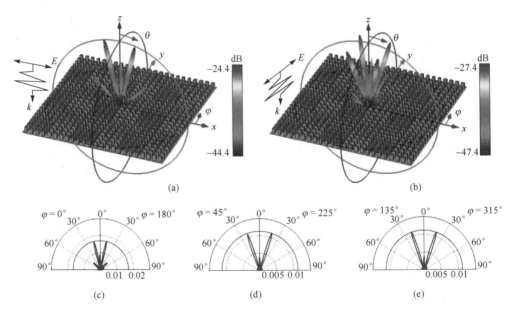

图 6-35　具有编码矩阵 M11 的 1bit 各向异性超表面编码在不同偏振方式的太赫兹波
垂直入射时的三维远场散射图和归一化电场散射图

(a) 与 (b) 分别是表示 x 偏振和 y 偏振太赫兹波垂直入射时的三维远场散射图；(c) 是 (a) 的归一化电场散射图；
(d) 和 (e) 是 (b) 在不同方位角的归一化电场散射图

现入射的 x 偏振太赫兹波沿着 $(\theta, \varphi) = (13.5°, 0°)$ 和 $(\theta, \varphi) = (13.5°, 180°)$ 的方向反射

为两个对称波。但是，在 y 偏振太赫兹波入射时，太赫兹波被分成 4 个对称波，方向为 $(\theta, \varphi)=(19°, 45°)$、$(\theta, \varphi)=(19°, 135°)$、$(\theta, \varphi)=(19°, 225°)$ 和 $(\theta, \varphi)=(19°, 315°)$，如图 6-35(b)、(d) 和 (e) 所示。根据式 (6-2)，可以计算出 x 偏振太赫兹波入射时的俯仰角和方位角分别为 $(\theta, \varphi)=(13.55°, 0°)$ 和 $(\theta, \varphi)=(13.55°, 180°)$，$y$ 偏振太赫兹波入射角时的理论计算偏差角分别为 $(\theta, \varphi)=(19.36°, 45°)$、$(\theta, \varphi)=(19.36°, 135°)$、$(\theta, \varphi)=(19.36°, 225°)$ 和 $(\theta, \varphi)=(19.36°, 315°)$（此处 $\Gamma_x=800\mu m$，$\Gamma_y=400\sqrt{2}\ \mu m$）。从图 6-35 中可以看出，理论计算与仿真结果之间存在细微的差异。在相对于 x 轴呈 45° 偏振的太赫兹波入射的情况下，反射的太赫兹波以 $(\theta, \varphi)=(13°, 0°)$、$(\theta, \varphi)=(13°, 180°)$、$(\theta, \varphi)=(19°, 45°)$、$(\theta, \varphi)=(19°, 135°)$、$(\theta, \varphi)=(19°, 225°)$ 和 $(\theta, \varphi)=(19°, 315°)$ 的偏转角向 6 个方向偏转，如图 6-36(a)～(d) 所示。仿真结果与理论上的预期结果相符。

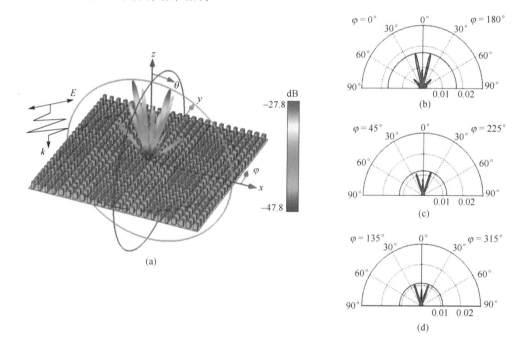

图 6-36　三维远场散射图和归一化电场散射图

(a) 为在相对于 x 轴呈 45° 偏振入射角的情况下，具有编码矩阵 M11 的各向异性超表面编码的 3 维远场散射图；

(b)～(d) 为不同方位角处的归一化电场散射图

类似地，对于具有编码矩阵 M12 的各向异性超表面编码，仿真了在 x 偏振太赫兹波入射（此处 $f=1.6\text{THz}$，$\Gamma=800\mu m$）下的三维远场散射图和归一化电场散射图（图 6-37(a) 和 (c)）。可以看到，入射太赫兹波沿 x 轴被分成两个对称的反射光束，方向为 $(\theta=13°, \varphi=0°, 180°)$。对于 y 偏振的情况，同一个各向异性超表面编码可以将入射的太赫兹波沿 y 轴在 $(\theta=13°, \varphi=90°, 270°)$ 方向上偏转为两个对称反射波(图6-37(b)和(d))。当太赫兹波相对于 x 轴呈45°偏振入射时，它被反射为4个对称光束，俯仰角和方位角分别为 $(\theta, \varphi)=(13°, 0°)$、$(\theta, \varphi)=(13°, 90°)$、$(\theta, \varphi)=(13°, 180°)$、$(\theta, \varphi)=(13°, 270°)$，如图6-38(a)~(c)所示。仿真结果与理论计算结果吻合。

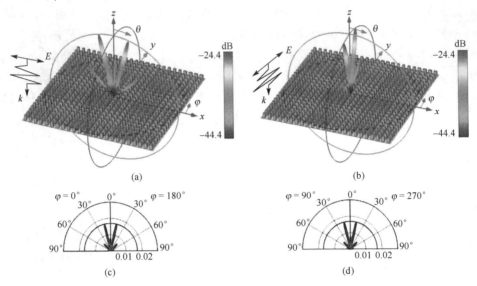

图 6-37　具有编码矩阵 M12 的 1bit 各向异性超表面编码在不同偏振太赫兹波垂直入射下的三维远场散射图和归一化电场散射图

(a)和(b)分别是 x 偏振波和 y 偏振波垂直入射的三维远场散射图；(c)和(d)分别是(a)和(b)的归一化电场散射图

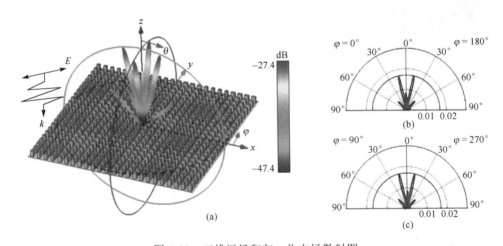

图 6-38　三维远场和归一化电场散射图

(a)为在相对于 x 轴呈 45° 偏振波入射情况下，带有编码矩阵 M12 的各向异性超表面编码的 3 维远场散射图；(b)和(c)为在不同方位角的归一化电场散射图

2. 2bit 超表面编码结构设计

下面设计一个具有周期编码矩阵 M21 的 2bit 各向异性超表面编码,以分析在各种偏振的太赫兹波入射时的调控功能。编码矩阵 M21 如下:

$$M21 = \begin{pmatrix} 00/00 & 01/00 & 10/00 & 11/00 \\ 00/01 & 01/01 & 10/01 & 11/01 \\ 00/10 & 01/10 & 10/10 & 11/10 \\ 00/11 & 01/11 & 10/11 & 11/11 \end{pmatrix}$$

图 6-39(a)～(c)分别表示具有编码矩阵 M21 的各向异性超表面编码在 x 偏振、y 偏振和相对于 x 轴 45°偏振入射下的三维远场散射图。对于 x 偏振波入射,可以注意到入射的太赫兹波沿 x 轴($\theta = 13°$,$\varphi = 0°$)方向产生单个反射光束(图 6-39(a))。对于 y 偏振波入射的情况,从图 6-39(b)可以看出,能量主要集中在方向为($\theta=13°$,$\varphi=270°$)的 y 轴反射光束中。当相对于 x 轴呈 45°偏振的太赫兹波入射时,入射的太赫兹波成为沿 x 轴和 y 轴的两个反射光束,方向为$(\theta, \varphi)=(13°, 0°)$,$(\theta, \varphi)=(13°, 270°)$,如图 6-39(c)所示。

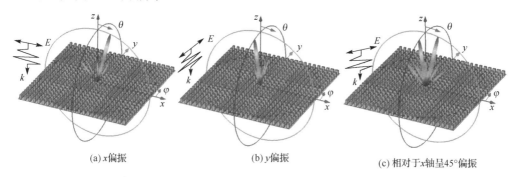

(a) x 偏振　　　　　　(b) y 偏振　　　　　　(c) 相对于 x 轴呈 45°偏振

图 6-39　编码矩阵为 M21 的各向异性超表面编码在不同偏振的太赫兹波
垂直入射下的三维远场散射图

利用不同周期($\Gamma = 800\mu m$、$\Gamma = 1200\mu m$、$\Gamma = 2400\mu m$)的编码矩阵 M21 的 2bit 各向异性超表面编码来验证异常反射的功能。图 6-40(a)、(c)和(e)为在不同周期下编码矩阵 M21 的各向异性超表面编码图案。图 6-40(b)、(d)和(f)给出了由各向异性超表面编码产生的模拟三维远场分布,由 x 偏振太赫兹波入射在不同周期的超表面下产生。可以看到,入射的太赫兹波以 13°、9°和 5°的偏转角反射,与式(6-2)中给出的预测角度 13.55°、8.99°和 4.48°高度吻合。实例表明,本节提出的各向异性超表面编码可以通过改变梯度周期方便地控制异常反射。另外,本节给出了周期性编码矩阵 M22 和 M23 的 2bit 各向异性编码超表面:

$$M22 = \begin{pmatrix} 00/01 & 01/00 & 10/11 & 11/10 \\ 00/01 & 01/00 & 10/11 & 11/10 \\ 00/01 & 01/00 & 10/11 & 11/10 \\ 00/01 & 01/00 & 10/11 & 11/10 \end{pmatrix}$$

$$M23 = \begin{pmatrix} 00/01 & 01/01 & 10/00 & 11/00 & 00/11 & 01/11 & 10/10 & 11/10 \\ 00/01 & 01/01 & 10/00 & 11/00 & 00/11 & 01/11 & 10/10 & 11/10 \\ 00/01 & 01/01 & 10/00 & 11/00 & 00/11 & 01/11 & 10/10 & 11/10 \\ 00/01 & 01/01 & 10/00 & 11/00 & 00/11 & 01/11 & 10/10 & 11/10 \end{pmatrix}$$

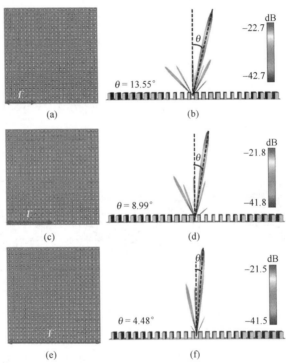

图 6-40　具有编码矩阵 M21 的 2bit 各向异性编码超表面和在 x 偏振太赫兹波入射下
不同周期时的反射光束偏转角的三维远场散射图

(a)、(c) 和 (e) 分别在周期为 $\Gamma = 800\mu m$、$\Gamma = 1200\mu m$、$\Gamma = 2400\mu m$ 时的各向异性编码超表面图案；
(b)、(d) 和 (f) 分别在周期为 $\Gamma = 800\mu m$、$\Gamma = 1200\mu m$、$\Gamma = 2400\mu m$ 时不同反射光束偏转角的三维远场散射图

本节设计了一个超级编码单元，它由大小相同的 2×2 个编码单元组成。
图 6-41 描述了具有不同编码矩阵的各向异性超表面编码的三维远场散射图和归
一化电场幅度。图 6-41(a) 和 (d) 分别显示了具有编码矩阵 M22 和 M23 的各向异

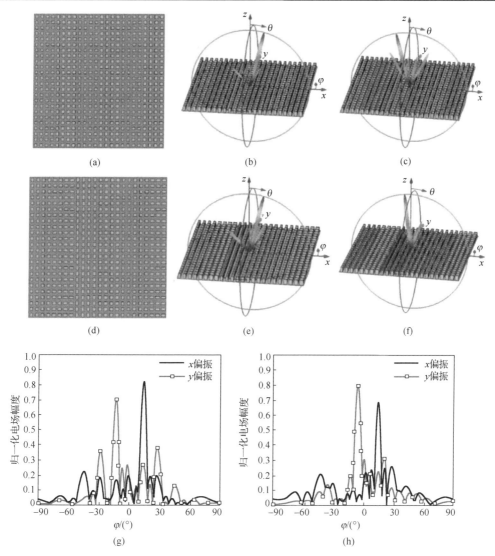

图 6-41　具有不同编码矩阵的各向异性超表面编码示意图、三维远场散射图和归一化电场幅度
(a) 和 (d) 为具有编码矩阵 M22 和 M23 的各向异性超表面编码的俯视图；(b) 和 (c) 分别为在 x 和 y 偏振波入射下编码矩阵
M22 的超表面编码的三维远场散射图；(e) 和 (f) 分别为在 x 和 y 偏振波入射下编码矩阵 M23 的超表面编码的三维远场散
射图；(g) 和 (h) 分别为在 x 和 y 偏振波入射下的编码矩阵 M22 和 M23 的超表面编码的归一化电场幅度

性编码超表面的俯视图。图 6-41(b) 和 (c) 分别描绘了在 x 和 y 偏振波入射下的编码
矩阵为 M22 的超表面编码的三维远场散射图。可以看出，带有编码矩阵 M22 的各
向异性超表面编码使入射的太赫兹波以一定(x 偏振时沿 x 轴为 13.5°，y 偏振时沿 x
轴为–13.5°)的偏转角反射。图 6-41(e) 和 (f) 分别为在 x 和 y 偏振波照射下的编码矩
阵 M23 的超表面编码的三维远场散射图。从图 6-41 中可以明显地发现，带有编码

矩阵 M23 的各向异性超表面编码使入射的太赫兹波以一定(x偏振时沿x轴为 13.5°，y 偏振时沿 x 轴为–6.7°）的偏转角反射。分别在图 6-41(g)和(h)中给出了在 x 和 y 偏振波照射下编码矩阵 M22 和 M23 的各向异性超表面编码的归一化电场幅度。这些结果与式(6-2)计算预测的偏转角高度吻合。

6.6　米形结构全介质超表面编码

6.6.1　米形结构全介质超表面编码单元结构设计

图 6-42 为米形结构单元示意图，由放在金属板上的米字形介质柱构成，介质材料为介电常数 $\varepsilon = 11.9$ 的硅，高度 $h = 90\mu m$，米形结构由 4 个相同的长方体经过旋转 0°、45°、90° 和 135° 组成，宽度为 a，长度 $b = 70\mu m$。金属板的材料为金，厚度为 1μm。米形单元结构的周期 $P = 100\mu m$。使用介质材料能避免出现使用金属材料对太赫兹波产生的损耗，底部的金属板能使太赫兹波进行全反射，能够得到较高的反射效率。

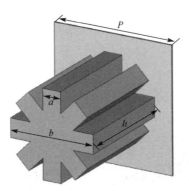

图 6-42　米形结构三维图

为了构成相位梯度超表面编码，需要找出有相位差的单元结构。通过改变米形单元结构中的宽度 a，就能使米形单元结构具有不同的相位。我们使用了 CST 仿真软件，对米形单元结构进行仿真操作，在 x、y 方向上为周期条件，在 z 方向上为开放边界条件，通过参数扫描得到的 8 个米形介质单元结构的具体参数和各单元的俯视图如表 6-7 所示。图 6-43 为 8 个米形单元结构的反射幅度和反射相位，仿真结果表明，在 1.1THz 处的反射幅度基本都在 0.98 以上，相位差也都为 45° 左右。为了减小单元之间的耦合作用，我们将 $N×N$ 个单元结构组成一个超级单元，再使用超级单元进行超表面编码的组成。

表 6-7　单元结构参数尺寸表

单元结构	0	1	2	3	4	5	6	7
顶视图								
相位/(°)	−79.07	−124.3	−169.3	−214.0	−259.06	−300.33	−349.05	−394.08
a/μm	1	4.1	8.5	12.7	15.74	17.9	20.34	23.04

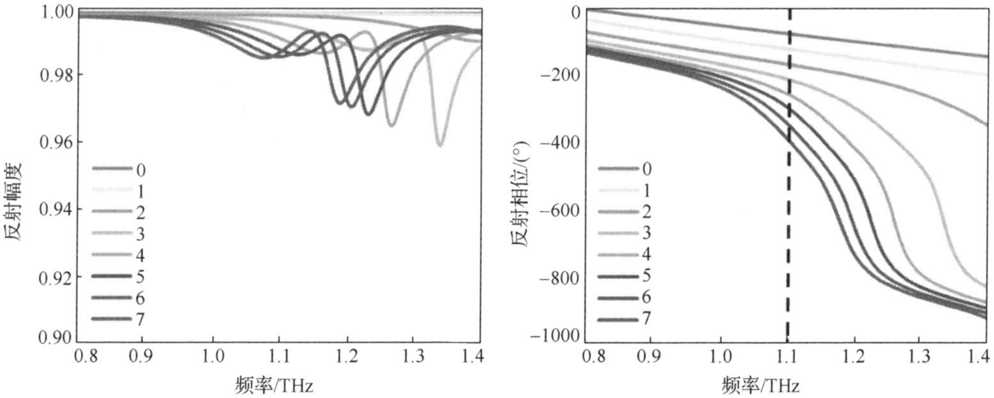

(a) 反射幅度　　　　　　　　　　　　　　(b) 反射相位

图 6-43　各编码单元的反射幅度和反射相位(见彩图)

6.6.2　米形超表面编码结构设计

1. 波束分束

首先本节设计了 1bit 超表面编码,能够实现将垂直入射的太赫兹波反射成两束波或者 4 束波。在 1bit 超表面编码中,主要使用了相位差为 180° 的编号为 "0" 和 "4" 的两个单元。沿 x 轴以 "0 4 0 4/0 4 0 4···" 编码序列排布的超表面编码结构可将入射太赫兹波分为两个反射的波束;沿 x 轴以 "0 4 0 4/4 0 4 0···" 编码序列排布的超表面编码结构可将入射太赫兹波分为 4 个反射的波束,分别如图 6-44(a) 和 (b) 所示。分为两束的编码序列超表面的周期 $\varGamma = 800$μm,通过式(6-2)计算,此时的两束反射波的偏转角 $\theta = 19.93°$,图 6-44(c) 为图 6-44(a) 的二维归一化电场散射图,可以从仿真结果中看出两束反射波在 x 轴上相对于 z 轴偏转了 19°,与计算结果一致。图 6-44(b) 为棋盘式分布的超表面编码,可以将入射的太赫兹波分为四束。棋盘式的编码序列排布可以认为其由 x 和 y 方向上的条纹式编码序列排布正交组成,所以此时的俯仰角 θ' 和方位角 φ' 为

$$\theta' = \arcsin\sqrt{\sin^2\theta_1 + \sin^2\theta_2}, \quad \varphi' = \arcsin(\sin\theta_1 / \sin\theta_2) \qquad (6\text{-}7)$$

式中，θ_1 和 θ_2 分别为沿 x 轴和 y 轴方向的偏转角度。此时 $\theta_1 = \theta_2 = 19.93°$，通过式(6-7)计算，4 束反射波的俯仰角 $\theta' = 28.82°$，方位角 $\varphi' = 45°$，由图 6-44(d) 可以看到 4 束波的角度为 $(\theta, \varphi) = (28°, 45°)$、$(\theta, \varphi) = (28°, 135°)$、$(\theta, \varphi) = (28°, 225°)$ 和 $(\theta, \varphi) = (28°, 315°)$，与前面的计算结果一致。

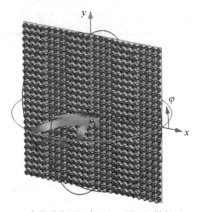

(a) 条纹式编码超表面和三维远场散射图　　　(b) 棋盘式编码超表面和三维远场散射图

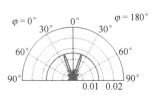 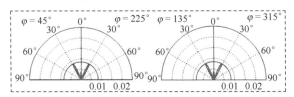

(c) 条纹式编码超表面的二维归一化电场散射图　　　(d) 棋盘式编码超表面的二维归一化电场散射图

图 6-44　1bit 超表面编码波束分束效果图

除此之外，还设计了一种使用 2bit 超表面编码对波束进行分束的编码序列，可将垂直入射的平面波对称地分为在坐标轴方向上的 4 束反射波。与 1bit 编码相比，4 束反射波的俯仰角与方位角不同。本节设计的不同周期的编码序列均为 "0 2 0 2／6 4 6 4…"，如图 6-45(a) 和 (b) 所示，周期分别为 $\varGamma = 600\mu m$ 和 $\varGamma = 800\mu m$，通过式(6-2)计算可分别得偏转角 $\theta = 27.04°$ 和 $\theta = 19.93°$。为了验证反射波束的偏转角度，图 6-45(c) 和 (d) 为二维归一化电场散射图，从图中可以看出，偏转角分别为 27° 和 19°，与计算结果一致。

2. 异常反射

在 2bit 超表面编码中，需要 4 种不同的单元结构，每个单元的相位差为 90°，把这 4 种单元结构分别按照相位梯度排列，编码序列为 "0 2 4 6／0 2 4 6…"，则会

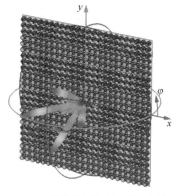

(a) $\Gamma = 600\mu m$ 的编码超表面和三维远场散射图

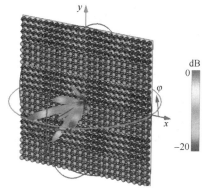

(b) $\Gamma = 800\mu m$ 的编码超表面和三维远场散射图

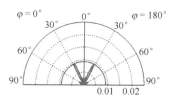

(c) $\Gamma = 600\mu m$ 的编码超表面的
二维归一化电场散射图

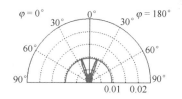

(d) $\Gamma = 800\mu m$ 的编码超表面的
二维归一化电场散射图

图 6-45 2bit 超表面编码波束分束效果图

使得反射太赫兹波以一定角度偏转。本节中以 $N×N$ 个单元结构组成一个超级单元，以改变 N 的大小来改变相位梯度周期的大小，图 6-46(a) 所示的超表面编码 $N=2$，周期 $\Gamma = 800\mu m$；图 6-46(b) 所示的超表面编码 $N=3$，周期 $\Gamma = 1200\mu m$；图 6-46(c) 所示的超表面编码 $N=4$，周期 $\Gamma = 1600\mu m$，根据式(6-2)计算可得，偏转角分别为 $19.93°$ $(N=2)$、$13.14°$ $(N=3)$ 和 $9.81°$ $(N=4)$。图 6-46(d) 为三维远场散射图，图 6-46(e) 为二维归一化电场散射图，可以看出，偏转角分别为 $19°$ $(N=2)$、$13°$ $(N=3)$ 和 $9°$ $(N=4)$，随着 N 的变大，反射幅度从 0.8 提高到了 0.87，与计算结果一致，且可以通过改变编码序列的相位梯度周期来改变反射波束的偏转角度。

3. 单波束偏转角度控制

利用卷积原理设计两个 2bit 超表面编码来得到不同角度的偏转波束(图 6-47)。这两个编码序列的相位相乘正好是它们编码位数的模，大大地减小了计算的复杂度。$N=2$ 和 $N=3$ 超表面编码进行加法卷积运算，得到最终的编码序列如图 6-47(c) 所示，计算得到最终编码序列的三维远场散射图如图 6-47(h) 所示，从图中可以看出该混合编码序列具有更快的变化率，得到的偏转角度更大，根据公式 $\beta = \arcsin(\sin\theta_1 \pm \sin\theta_2)$，$\beta$ 为卷积运算后的单波束偏转角度，θ_1 和 θ_2 为进行卷积运算前的两个超表面编码对波束的偏转角度，计算得到加法卷积运算后的单波束偏转角 $\beta = 34.62°$。相同地，将

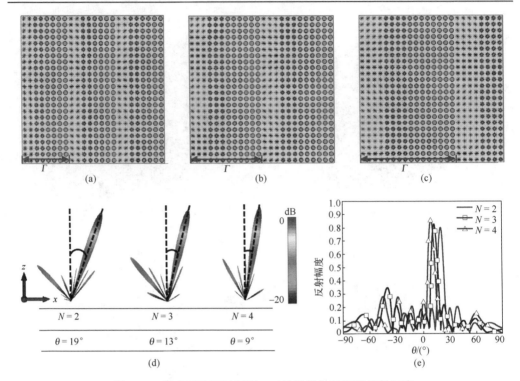

图 6-46　超表面编码示意图、三维远场散射图和反射幅度

(a)～(c)分别为周期为 $\Gamma=800\mu m\,(N=2)$、$\Gamma=1200\mu m\,(N=3)$、$\Gamma=1600\mu m\,(N=4)$ 的超表面编码示意图；(d)为各周期超表面编码的三维远场散射图；(e)为各周期超表面编码的反射幅度

这两个超表面编码序列进行减法的卷积运算也可得到一个新的编码序列，如图 6-47(f)所示，图 6-47(i)为该编码序列的三维远场散射图。与加法运算相反，进行减法运算之后，编码序列的变化率变慢，偏转角度也会变小，经过计算，此时的偏转角 $\beta=6.52°$。图 6-47(g)为卷积运算后的二维归一化电场散射图，从图中可以看出仿真加法卷积运算后的偏转角 $\beta=34°$，减法卷积运算后的偏转角 $\beta=6°$。由此可以通过把两个不同编码序列进行卷积的方式对单个反射波束的角度进行更加灵活的调控。

4. 多波束偏转角度控制

将沿垂直方向变化的梯度编码序列"0 2 4 6…"$(N=3)$（图 6-48(b)），与如图 6-48(a)所示的产生分束效果的编码序列通过加法卷积运算混合后，得到如图 6-48(c)所示的混合编码序列。在这个混合序列中可以看出水平方向上的编码序列是"0 4 0 4…"$(N=4)$，垂直方向上还是"0 2 4 6…"的梯度编码序列。通过仿真得到如图 6-48(d)所示的三维远场散射图和如图 6-48(e)所示的归一化电场散射图。可以明显地看出沿着 x 轴对称分为两束的反射波束在 y 轴负方向上与 z 轴之间

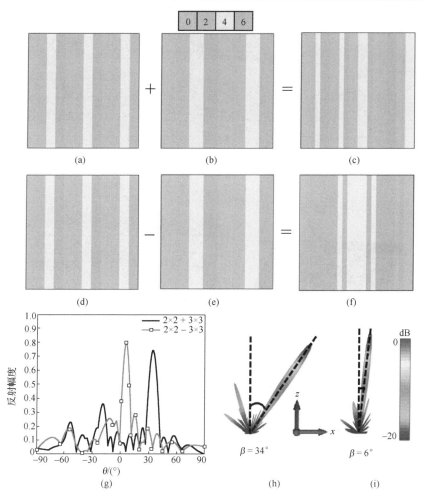

图 6-47　梯度编码序列超表面的编码序列进行运算后的编码序列、
归一化电场散射图和三维远场散射图

(a)和(d)为 $N=2$ 的梯度编码超表面；(b)和(e)为 $N=3$ 的梯度编码超表面；(c)为(a)与(b)加法运算后的混合超表面编码结构；(f)为(d)和(e)减法运算后的混合超表面编码结构；(g)为二维归一化电场散射图；(h)、(i)分别为(c)、(f)的三维远场散射图

产生了一定角度的偏转，角度与"0 2 4 6…"梯度编码序列($N=3$)的反射角度相同，偏转角度为 13°。图 6-48(a)和(b)是在 x 轴和 y 轴方向上进行正交排列组成的，因此通过式(6-2)的计算可以得到波束在 x 轴方向上偏转角 $\theta_1=13.14°$，在 y 轴方向上偏转角 $\theta_2=19.93°$，再根据式(6-7)可以计算得到这两束反射波的俯仰角 $\theta'=24.19°$，方位角 $\varphi'=56.3°$，从图 6-48(f)可以清楚地看出两束反射波的角度$(\theta,\varphi)=(24°,214°)$和$(\theta,\varphi)=(24°,326°)$，两束反射波分别在与距离 y 轴负方向 $(\varphi=270°)56°$ 处呈对称分布，与计算结果一致。

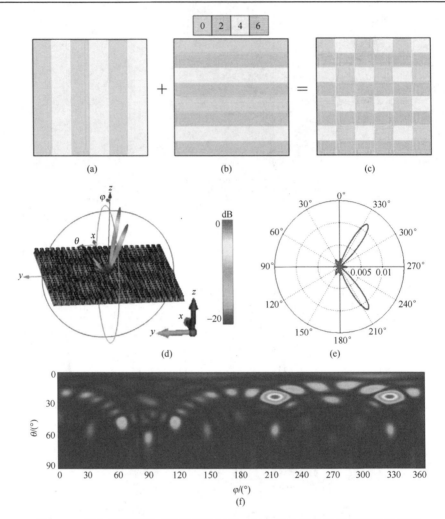

图 6-48　混合编码序列三维远场散射图、归一化电场散射图和远场散射图

(a)"0 4 0 4…"编码序列与(b)"0 2 4 6…"($N=3$)编码序列做加法卷积运算得到(c)混合编码序列；(d)为混合编码序列三维远场散射图；(e)为混合编码序列的二维归一化电场散射图；(f)为混合超表面编码的二维远场散射图

　　图 6-49(a)表示超表面编码单元在 y 轴方向以梯度编码序列"0 4 0 4…"($N=3$)排布的超表面编码结构，图 6-49(b)表示超表面编码单元沿 x 轴方向以梯度编码序列"0 1 2 3 4 5 6 7…"($N=3$)排布的超表面编码结构，图 6-49(c)为图 6-49(a)和图 6-49(b)进行加法卷积运算后产生的混合超表面编码结构。对图 6-49(c)所设计的超表面编码结构进行仿真计算后得到的三维远场散射图和归一化电场散射图如图 6-49(d)和(e)所示。可以看出，在 y 轴上分为两束的反射波在 x 轴正方向上与 z 轴形成了一定的偏转角度，偏转角度与编码序列为"0 1 2 3 4 5 6 7…"($N=3$)的超表面编码的偏转角度相同，都为 6°。图 6-49(a)和图 6-49(b)也是在 x 轴和 y

轴方向上进行正交排列组成的，因此通过式 (6-2) 的计算可以得到波束在 x 轴方向上偏转角 $\theta_1 = 6.52°$，在 y 轴方向上偏转角 $\theta_2 = 27.04°$，再根据式 (6-7) 可以计算得到这两束反射波的俯仰角 $\theta' = 27.94°$，方位角 $\varphi' = 14.02°$，从图 6-49 (f) 可以清楚地看出两束反射波的角度 $(\theta, \varphi) = (28°, 76°)$ 和 $(\theta, \varphi) = (28°, 284°)$，两束反射波与 x 轴 $(\varphi = 0°)$ 以 $\pi - 14° = 76°$ 处呈对称分布，与计算结果一致。由上述例子可知，可以通过改变 N 的值来改变梯度编码序列的周期或者通过改变分束编码序列的方向和周期来改变多波束的偏转方向，实现对多波束更加灵活的调控。

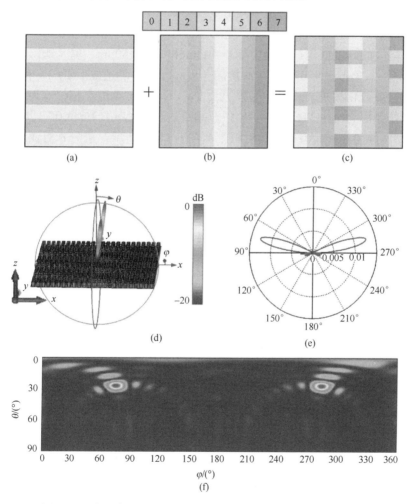

图 6-49　编码序列运算后的混合编码序列的三维远场散射图、
归一化电场散射图和二维远场散射图

(a) "0 4 0 4…" 编码序列与 (b) "0 1 2 3 4 5 6 7…" ($N=3$) 编码序列做加法卷积运算得到 (c) 混合编码序列；
(d) 为混合编码序列的三维远场散射图；(e) 为混合编码序列的二维归一化电场散射图；
(f) 为混合超表面编码的二维远场散射图

6.7　星形全介质超表面编码

6.7.1　透射型全介质超表面编码结构

本节提出一种星形全介质超表面编码结构[41]，可以实现异常折射、光束分裂和涡旋光束的产生。图 6-50 是一个全介质编码单元的三维图和俯视图。基底为硅，介电常数为 11.9，顶部为八角形星形介电块。与金属材料相比，所有的介电结构都可以有效地降低欧姆损耗。图 6-50(a) 显示了编码单元的三维结构，其中基底的高度和柱状介电块的高度固定，分别为 $h_0 = 40\mu m$ 和 $h_1 = 150\mu m$。单元结构的俯视图见图 6-50(b)，八角形星形由两个中心旋转角度相差 45° 的正方形组成。利用 CST 仿真软件进行参数化扫描，通过改变方边长度 a，得到 4 个固定相位差为 90° 的编码单元。工作频率为 0.94THz，当 x 偏振波垂直入射到单元结构"00"、"01"、"10"和"11"上时，0.6～1.2THz 的透射振幅如图 6-51(a) 所示。从图 6-51(b) 可以看出，

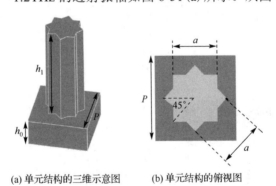

(a) 单元结构的三维示意图　　　(b) 单元结构的俯视图

图 6-50　编码单元结构的三维示意图和俯视图

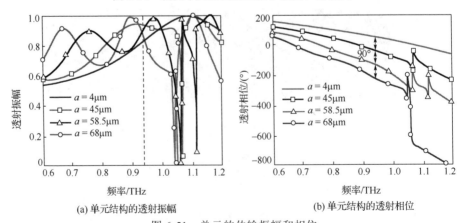

(a) 单元结构的透射振幅　　　　　(b) 单元结构的透射相位

图 6-51　单元的传输振幅和相位

在 0.94THz 时，编码单元之间的传输相位差约为 90°。为了清楚地了解编码单元的特点，表 6-8 给出了编码单元的具体参数值。

表 6-8 超表面编码单元结构的相应参数

单元	00	01	10	11
$a/\mu m$	4	45	58.5	68
相位/(°)	50.5	−41.4	−135.1	−225.6
振幅	0.84	0.93	0.90	0.84
单元结构				

6.7.2 完美的异常折射

首先，本节设计一个 2bit 编码的超表面。编码单元"00"、"01"、"10"、"11"都沿着 x 轴方向周期性地排列。图 6-52(a)显示了在 0.94THz 时，以序列"00、01、10、11、…"排列的超表面编码，当 x 偏振波垂直于超表面编码入射时，透射波以一定的角度偏转。三维远场图如图 6-52(b)所示。根据广义折射定律，$\theta_t = \arcsin(\lambda_0/2\pi \cdot \mathrm{d}\varphi/\mathrm{d}x)$，计算折射角 $\theta_t = 53.1°$，即传输角与 z 轴负方向之间的角度为 53°。在图 6-52(c)中，超表面按编码序列"00、00、01、01、10、10、11、11、…"沿 x 轴排列，计算的折射角 $\theta_t = 23.6°$，三维远场散射图如图 6-52(d)所示。

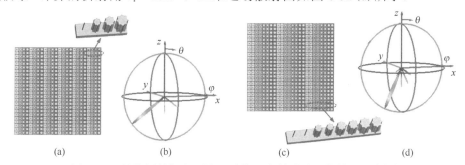

图 6-52 异常折射超表面编码结构及太赫兹波调控效果示意图

(a)、(b)为编码序列"00、01、10、11、…"的超表面编码的示意图和三维远场散射图；(c)、(d)为编码序列"00、00、01、01、10、10、11、11、…"的超表面编码的示意图和三维远场散射图

对于高效的完美异常折射，所有的能量都应折射到要求的方向而没有任何损失。两种具有特定相位梯度排列的超表面编码可以实现高效异常折射，当 0.94THz x 偏振波垂直入射到两种不同编码序列超表面编码上时，图 6-53(a)中的散射峰值出现在 $\theta = 233°$，折射角为 $\theta - \pi = 53°$。同样，在图 6-53(b)中可以看到，散射峰出现在 $\theta = 203°$，因此折射角为 $\theta - \pi = 23°$。仿真结果与计算结果较为吻合。

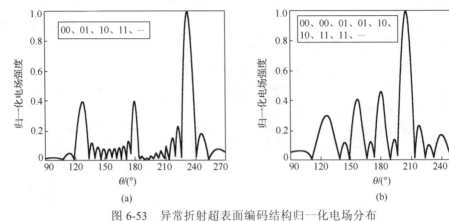

(a)

(b)

图 6-53　异常折射超表面编码结构归一化电场分布

(a)为沿 x 轴排列的编码元表面编码序列为"00、01、10、11、…"的标准化电场分布；(b)为沿 x 轴排列的编码元表面编码序列为"00、00、01、01、10、10、11、11、…"的标准化电场分布

6.7.3　多波束产生

接着选择两个相位差为 180° 的编码单元，形成 1bit 超表面编码，以实现太赫兹波分束的效果。如图 6-54(a)所示，编码单元"00"和"10"沿 x 轴方向周期排列，图 6-54(b)显示 TE 波垂直入射到超表面时，两个对称散射主瓣 0.94THz 的远场散射，也可以看到一些小旁瓣，这是由编码单元数量不足造成的。通过适当应用更多的编码单元，可以减少这些旁瓣。相应的二维远场散射图如图 6-54(c)所示。从图 6-54 中可以看出，能量主要集中在 $(\theta, \varphi)=(127°, 0°)$、$(\theta, \varphi)=(127°, 180°)$ 中，根据式(6-2)，可计算出俯仰角为 53.1°，即传输的两个对称光束与 z 轴负方向之间的角度为 53.1°。结果表明，计算结果与仿真结果一致，验证了超表面编码具有波束分束效果。

此外，编码单元"00"和"10"构成 1bit 超表面编码棋盘结构。图 6-55(a)是棋盘结构超表面编码的示意图，采用 3×3 个相同的编码单元作为超级编码单元，以减少

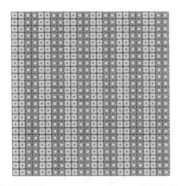

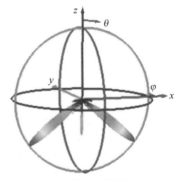

(a)沿 x 轴排列编码序列为"00、00、10、10、…"的编码超表面示意图　　(b)三维远场散射图

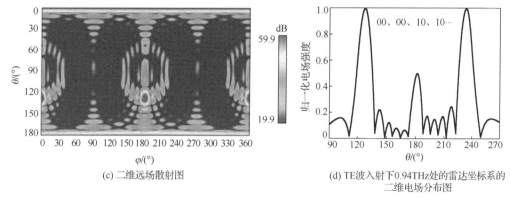

(c) 二维远场散射图

(d) TE波入射下0.94THz处的雷达坐标系的
二维电场分布图

图 6-54　异常折射超表面编码结构产生双波束效果示意图

耦合效果。在 0.94THz 时，垂直入射的 TE 波被超表面分为 4 个对称的透射波。三维远场散射图如图 6-55(b) 所示。根据式(6-2)，可以计算折射角，其中 $\Gamma = 300\sqrt{2}$ μm，折射角 $\theta = 48.7°$。为了清楚地看到超表面编码的波束分束效果，提供了雷达坐标系中的二维电场强度分布图。如图 6-55(c) 所示，入射波被分为 4 个方向对称波。

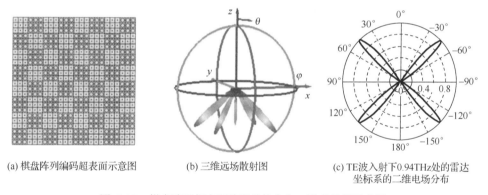

(a) 棋盘阵列编码超表面示意图

(b) 三维远场散射图

(c) TE波入射下0.94THz处的雷达
坐标系的二维电场分布

图 6-55　棋盘阵列超表面编码结构产生 4 波束效果示意图

6.7.4　涡旋光束的产生

为了产生一个具有整数拓扑电荷 $l = 0, \pm 1, \pm 2$ 的电磁涡旋，需要产生一个以相位因子 $\exp(\mathrm{i}l\varphi)$ 为特征的螺旋波前。将超表面编码分为 n 个相等的区域，相位差 $\Delta\varphi$、拓扑电荷 l 与超表面编码的区域数 n 之间的关系为 $n \cdot \Delta\varphi = 2\pi l$，为了用 $l = 1$ 和 $l = 2$ 生成 OAM 波束，超表面编码分别分为 4 个和 8 个相等区域。当 $l = 1$ 时相位覆盖范围是 $0 \sim 2\pi$；当 $l = 2$ 时相位覆盖范围是 $0 \sim 4\pi$（图 6-56(a) 和 (b)），可产生两种涡流束。为了验证这些结果，模拟了垂直于 2400×2400μm^2 的透射超表面编码的太赫兹波入射情况，图 6-56(c) 和 (d) 显示了每种情况下所需的二维螺旋相位图。

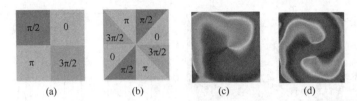

图 6-56　拓扑电荷 $l=1$ 和 $l=2$ 的涡旋超表面相位排布图和仿真相位图

(a) 和 (b) 为具有 $l=1$ 和 $l=2$ 的涡流束产生超表面的示意图；(c) 和 (d) 为相应光束的模拟相位分布

参 考 文 献

[1]　Federici J, Moeller L. Review of terahertz and subterahertz wireless communications. Journal of Applied Physics, 2010, 107（11）: 313-323.

[2]　Pawar A, Sonawane D, Erande K, et al. Terahertz technology and its applications. Drug Invent Today, 2013, 5: 157.

[3]　Yang X, Zhao X, Yang K, et al. Biomedical applications of terahertz spectroscopy and imaging. Trends Biotechnol, 2016, 34（10）: 810-824.

[4]　Nagatsuma T, Ducournau G, Renaud C. Advances in terahertz communications accelerated by photonics. Nature Photonics, 2016, 10（6）:371-379.

[5]　Cui T, Qi M, Wan X, et al. Coding metamaterials, digital metamaterials and programmable metamaterials. Light: Science and Applications, 2014, 3（10）: e218.

[6]　Yang H, Cao X, Yang F, et al. A programmable metasurface with dynamic polarization, scattering and focusing control. Scientific Reports, 2016, 6: 35692.

[7]　Zheng Q, Li Y, Zhang J, et al. Wideband, wide-angle coding phase gradient metasurfaces based on Pancharatnam-Berry phase. Scientific Reports, 2017, 7: 43543.

[8]　Wu H, Liu S, Wan X, et al. Controlling energy radiations of electromagnetic waves via frequency coding metamaterials. Advanced Science, 2017, 4: 1700098.

[9]　Feng M, Li Y, Zhang J, et al. Wide-angle flat metasurface corner reflector. Applied Physics Letters, 2018, 113: 143504.

[10]　Zhao J, Cheng Q, Wang T, et al. Fast design of broadband terahertz diffusion metasurfaces. Optics Express, 2017, 25: 1050-1061.

[11]　Yang J, Li Y, Cheng Y, et al. Design and analysis of 2-bit matrix-type coding metasurface for stealth application. Journal of Applied Physics, 2020, 127: 235304.

[12]　Liang L, Qi M, Yang J, et al. Anomalous terahertz reflection and scattering by flexible and conformal coding metamaterials. Advanced Optical Materials, 2015, 3: 1374-1380.

[13]　Li L, Cui T, Ji W, et al. Electromagnetic reprogrammable coding-metasurface holograms. Nature Communications, 2017, 8: 197.

[14] Li Z, Kim I, Zhang L, et al. Dielectric meta-holograms enabled with dual magnetic resonances in visible light. ACS Nano, 2017, 11: 9382-9389 .

[15] Guan C, Liu J, Ding X, et al. Dual-polarized multiplexed meta-holograms utilizing coding metasurface. Nanophotonics, 2020, 9(11): 3605-3613.

[16] Shen J, Li Y, Li H, et al. Arbitrarily polarized retro-reflections by anisotropic digital coding metasurface. Journal of Physics D: Applied Physics, 2019, 52: 505401.

[17] Wong A, Eleftheriades G. Perfect anomalous reflection with a bipartite huygens' metasurface. Physical Review X, 2018, 8: 011036.

[18] Xie J, Liang S, Liu J, et al. Near-zero-sidelobe optical subwavelength asymmetric focusing lens with dual-layer metasurfaces. Annalen Der Physik, 2020, 532: 2000035.

[19] Zhong J, An N, Yi N, et al. Broadband and tunable-focus flat lens with dielectric metasurface. Plasmonics, 2016, 11: 537-541.

[20] Liu S, Cui T, Xu Q, et al. Anisotropic coding metamaterials and their powerful manipulation of differently polarized terahertz waves. Light: Science and Applications, 2016, 5: e16076.

[21] Horiuchi N. Terahertz technology: Endless applications. Nature Photonics, 2010, 4: 140.

[22] Sun S, Zhang C, Zhang H, et al. Enhancing magnetic dipole emission with magnetic metamaterials. Chinese Optics Letters, 2018, 16(5): 050008.

[23] Akram M, Bai X, Jin R, et al. Photon spin hall effect based ultra-thin transmissive metasurface for efficient generation of OAM waves. IEEE Transactions on Antennas and Propagation, 2019, 67(7): 4650-4658.

[24] Akram M, Mehmood M, Bai X, et al. High efficiency ultra-thin transmissive metasurfaces. Advanced Optical Materials, 2019, 7: 1801628.

[25] Zhuang Y, Wang G, Cai T, et al. Design of bifunctional metasurface based on independent control of transmission and reflection. Optics Express, 2018, 26: 3594-3603.

[26] Zhang L, Wu R, Bai G, et al. Transmission-reflection-integrated multifunctional coding metasurface for full-space controls of electromagnetic waves. Advanced Functional Materials, 2018, 28: 1802205.

[27] Cai T, Wang G, Xu H, et al. Bifunctional Pancharatnam-Berry metasurface with high-efficiency helicity-dependent transmissions and reflections. Annalen Der Physik, 2018, 530: 1700321.

[28] Liu S, Zhang H, Zhang L, et al. Full-state controls of terahertz waves using tensor coding metasurfaces. ACS Applied Materials and Interfaces, 2017, 9: 21503-21514.

[29] Liu S, Cui T. Concepts, working principles, and applications of coding and programmable metamaterials. Advanced Optical Materials, 2017, 5: 1700624.

[30] Gao L, Cheng Q, Yang J, et al. Broadband diffusion of terahertz waves by multi-bit coding metasurfaces. Light: Science and Applications, 2015, 4: e324.

[31] Yang D, Zhang C, Bi K, et al. High-throughput and low-cost terahertz all-dielectric resonators made of polymer/ceramic composite particles. IEEE Photonics Journal, 2019, 11: 5900408.

[32] Ma H, Liu Y, Luan K, et al. Multi-beam reflections with flexible control of polarizations by using anisotropic metasurfaces. Scientific Reports, 2016, 6: 39390.

[33] Jing Y, Li Y, Zhang J, et al. Achieving circular-to-linear polarization conversion and beam deflection simultaneously using anisotropic coding metasurfaces. Scientific Reports, 2019, 9: 12264.

[34] Shao L, Premaratne M, Zhu W. Dual-functional coding metasurfaces made of anisotropic all-dielectric resonators. IEEE Access, 2019, 7: 45716-45722.

[35] Zhu W, Xiao F, Kang M, et al. Coherent perfect absorption in an all-dielectric metasurface. Applied Physics Letters, 2016, 108: 121901.

[36] Zhao Q, Zhou J, Zhang F, et al. Mie resonance-based dielectric metamaterials. Materials Today, 2009, 12: 60-69.

[37] Shao L, Zhu W, Leonov M, et al. Dielectric 2-bit coding metasurface for electromagnetic wave manipulation. Journal of Applied Physics, 2019, 125: 203101.

[38] Li J, Zhou C. Multi-functional terahertz wave regulation based on a silicon medium metasurface. Optical Materials Express, 2021, 11(2): 310-318.

[39] Li J, Zhou C. Multifunctional reflective dielectric metasurface in the terahertz region. Optics Express, 2020, 28: 22679.

[40] Pan W, Li J. Anisotropic digital metasurfaces relying on silicon Mie resonance. Optics Communication, 2021, 493: 127033.

[41] Li J, Zhou C. Transmission-type terahertz beam splitter through all-dielectric metasurface. Journal of Physics D: Applied Physics, 2021, 54: 085105.

彩　　图

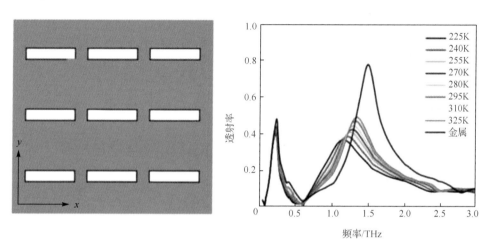

(a) 矩形孔阵列InSb板不同温度下的太赫兹传输频谱

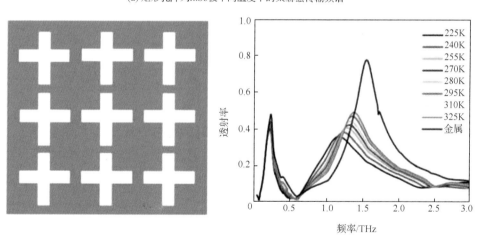

(b) 十字形孔阵列InSb板在不同温度范围下的太赫兹传输频谱

图 1-13　温度可调谐太赫兹滤波器

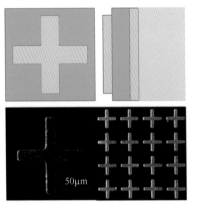

(a) 太赫兹吸收器结构

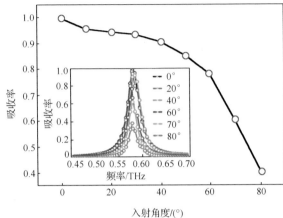

(b) 太赫兹吸收器在不同入射角下的吸收特性

图 1-17　偏振无关太赫兹超材料吸收器

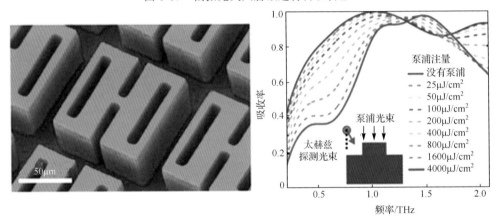

(a) 太赫兹波吸收器结构　　　　　　　　(b) 太赫兹波吸收器性能曲线

图 1-18　H 形硅阵列太赫兹吸收器

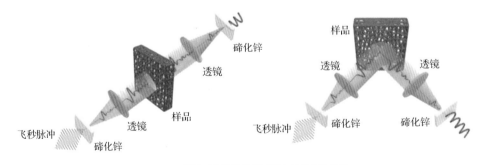

(a) 样品对太赫兹波的透射与反射传输路径

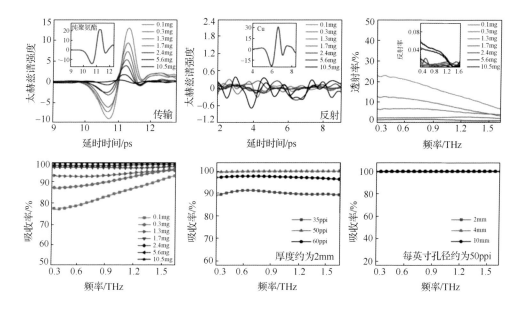

(b) 样品在不同条件下对太赫兹波的吸收性能

图 1-19 太赫兹波宽带超强吸收泡沫

1 英寸=2.54 厘米

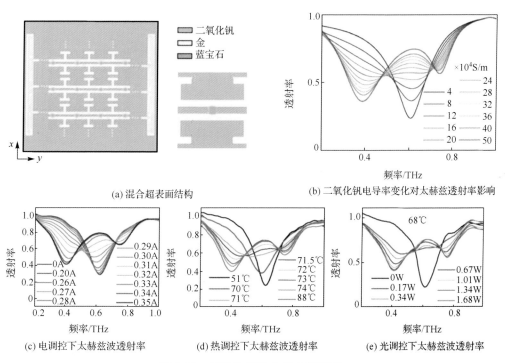

(a) 混合超表面结构

(b) 二氧化钒电导率变化对太赫兹透射率影响

(c) 电调控下太赫兹波透射率

(d) 热调控下太赫兹波透射率

(e) 光调控下太赫兹波透射率

图 1-21 二氧化钒嵌入混合超表面

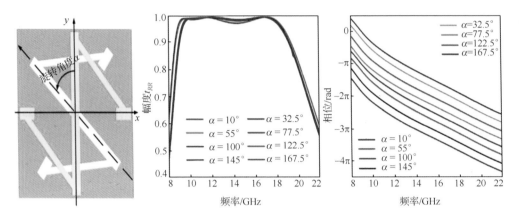

(a) 单元结构及对应频谱图

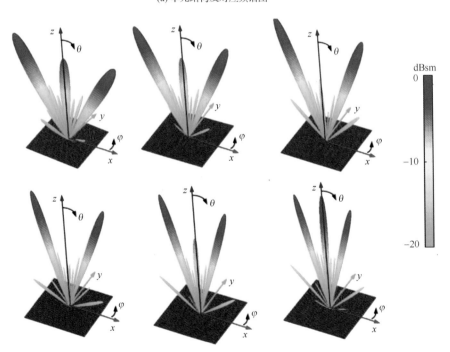

(b) 在不同频率下，编码超表面的三维远场散射模式

图 1-27　微波梯度编码超表面

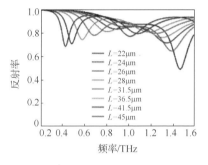
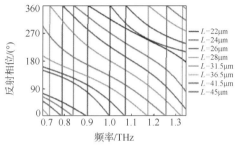

(a) 单元结构及其幅相响应

(b) 不同编码序列下编码超表面三维远场散射图

图 1-41　四箭头形太赫兹编码超表面

(a) 序列"0-0, 0-1"沿x轴正方向周期　(b) 棋盘排列太赫兹
排列太赫兹超表面编码结构　　　超表面编码结构

  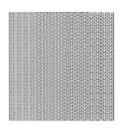

(c) 序列"00-00, 00-01, 00-10, 00-11"
沿x轴正方向周期排列太赫兹超表面编码结构　　(d) 随机太赫兹超表面
编码结构　　(e) 非周期太赫兹超表面
编码结构

图 2-3　5 种不同 T 形频率太赫兹超表面编码结构

(a) 编码序列"00-00, 00-10, …"沿x轴
正方向进行周期排列的1bit太赫兹频率
超表面编码结构　　(b) 编码序列"00-00, 00-10, …/00-10, 00-00, …"
沿x轴正方向进行周期排列的1bit太赫兹频率
超表面编码结构

 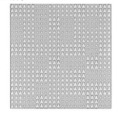 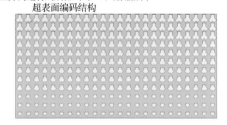

(c) 编码序列"00-00, 00-01,
00-10, 00-11, …"沿x轴
正方向进行周期排列的2bit
太赫兹频率超表面编码结构　　(d) 2bit太赫兹频率超表面
编码结构　　(e) 非周期太赫兹频率超表面编码结构

图 2-11　本节设计的 5 种不同太赫兹频率超表面编码结构的俯视图

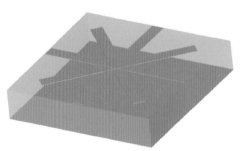 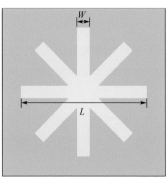

(a) 单元结构的三维图　　(b) 单元结构俯视图

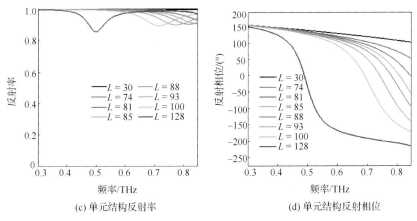

(c) 单元结构反射率

(d) 单元结构反射相位

图 2-17　米形频率超表面编码单元结构和幅相响应

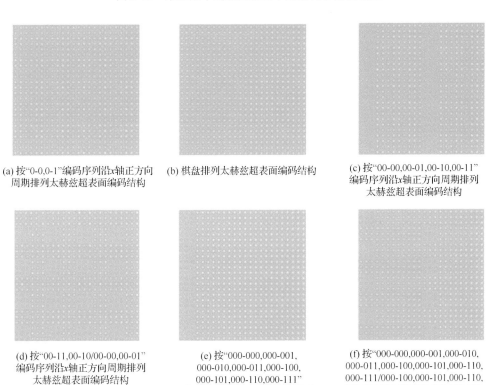

(a) 按"0-0,0-1"编码序列沿x轴正方向周期排列太赫兹超表面编码结构

(b) 棋盘排列太赫兹超表面编码结构

(c) 按"00-00,00-01,00-10,00-11"编码序列沿x轴正方向周期排列太赫兹超表面编码结构

(d) 按"00-11,00-10/00-00,00-01"编码序列沿x轴正方向周期排列太赫兹超表面编码结构

(e) 按"000-000,000-001,000-010,000-011,000-100,000-101,000-110,000-111"编码序列沿x轴正方向周期排列太赫兹超表面编码结构

(f) 按"000-000,000-001,000-010,000-011,000-100,000-101,000-110,000-111/000-100,000-101,000-110,000-111,000-000,000-001,000-010,000-011"编码序列沿x轴正方向周期排列太赫兹超表面编码结构

图 2-19　6 种不同米形频率太赫兹超表面编码结构

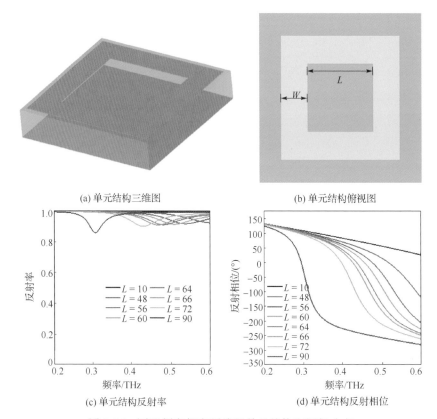

(a) 单元结构三维图　　　　　　　　(b) 单元结构俯视图

(c) 单元结构反射率　　　　　　　　(d) 单元结构反射相位

图 2-26　回形频率超表面编码单元结构和幅相响应

(a) 按"0-0,0-1"编码序列沿x轴正方向
周期排列太赫兹超表面编码结构

(b) 棋盘排列太赫兹超表面编码结构

(c) 按"00-00,00-01,00-10,00-11"
编码序列沿x轴正方向周期排列
太赫兹超表面编码结构

(d) 按"00-11,00-10 / 00-00,
00-01"编码序列沿x轴正方向周期
排列太赫兹超表面编码结构

(e) 按"000-000,000-001,
000-010,000-011,000-100,
000-101,000-110,000-111"
编码序列沿x轴正方向周期排列
太赫兹超表面编码结构

(f) 按"000-000,000-001,000-010,
000-011,000-100,000-101,000-110,
000-111 / 000-100,000-101,000-110,
000-111,000-000,000-001,000-010,
000-011"编码序列沿x轴正方向周期
排列太赫兹超表面编码结构

图 2-28　6 种不同回形频率太赫兹超表面编码结构

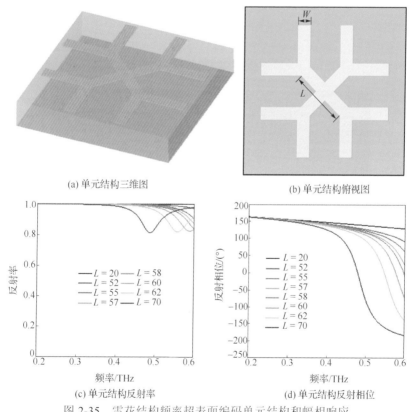

(a) 单元结构三维图

(b) 单元结构俯视图

(c) 单元结构反射率

(d) 单元结构反射相位

图 2-35　雪花结构频率超表面编码单元结构和幅相响应

(a) 按"0-0,0-1/0-0,0-1"编码
序列沿x轴正方向周期排列太赫兹
超表面编码结构

(b) 棋盘排列太赫兹超表面编码结构

(c) 按"00-00,00-01,00-10,00-11"
编码序列沿x轴正方向周期排列
太赫兹超表面编码结构

(d) 按"00-11,00-10 / 00-00,
00-01"编码序列沿x轴正方向周期
排列太赫兹超表面编码结构

(e) 按"000-000,000-001,
000-010,000-011,000-100,
000-101,000-110,000-111"
编码序列沿x轴正方向周期排列
太赫兹超表面编码结构

(f) 按"000-000,000-001,000-010,
000-011,000-100,000-101,000-110,
000-111 / 000-100,000-101,000-110,
000-111,000-000,000-001,000-010,
000-011"编码序列沿x轴正方向周期
排列太赫兹超表面编码结构

图 2-37　6 种不同雪花结构频率太赫兹超表面编码结构

(a) 按"0-0,0-1"编码序列沿x轴正方向
周期排列太赫兹超表面编码结构

(b) 棋盘排列太赫兹超表面编码结构

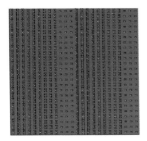

(c) 按"00-00,00-01,00-10,00-11"
编码序列沿x轴正方向周期排列
太赫兹超表面编码结构

(d) 非周期太赫兹超表面编码结构

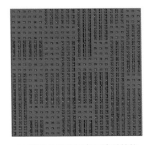

(e) 随机太赫兹超表面编码结构

图 2-46　5 种不同 X 形频率太赫兹超表面编码结构

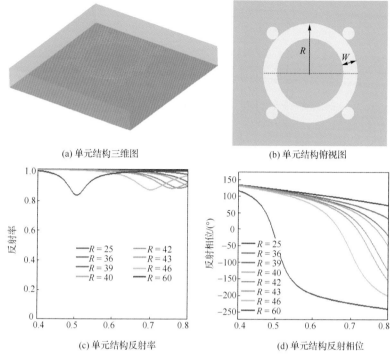

(a) 单元结构三维图

(b) 单元结构俯视图

(c) 单元结构反射率

(d) 单元结构反射相位

图 2-52　圆环结构太赫兹频率超表面编码单元结构和幅相响应

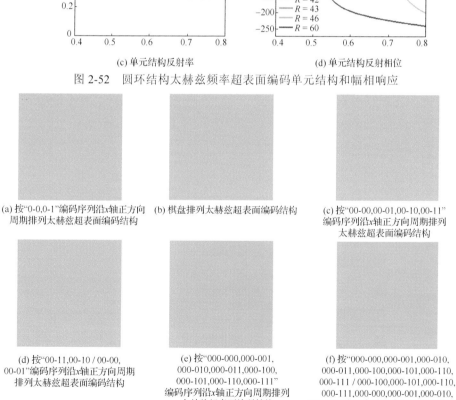

(a) 按"0-0,0-1"编码序列沿x轴正方向周期排列太赫兹超表面编码结构

(b) 棋盘排列太赫兹超表面编码结构

(c) 按"00-00,00-01,00-10,00-11"编码序列沿x轴正方向周期排列太赫兹超表面编码结构

(d) 按"00-11,00-10 / 00-00,00-01"编码序列沿x轴正方向周期排列太赫兹超表面编码结构

(e) 按"000-000,000-001,000-010,000-011,000-100,000-101,000-110,000-111"编码序列沿x轴正方向周期排列太赫兹超表面编码结构

(f) 按"000-000,000-001,000-010,000-011,000-100,000-101,000-110,000-111 / 000-100,000-101,000-110,000-111,000-000,000-001,000-010,000-011"编码序列沿x轴正方向周期排列太赫兹超表面编码结构

图 2-54　6 种不同圆环结构频率太赫兹超表面编码结构

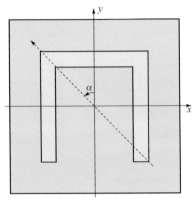

(a) 方格形结构超表面编码单元的俯视图

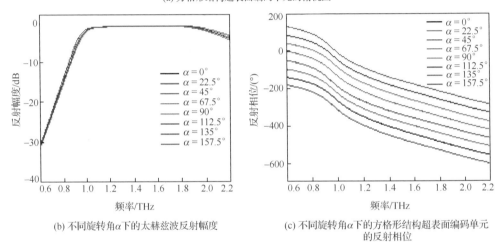

(b) 不同旋转角α下的太赫兹波反射幅度

(c) 不同旋转角α下的方格形结构超表面编码单元的反射相位

图 3-2 方格形结构超表面编码单元的俯视图及其反射幅度与相位

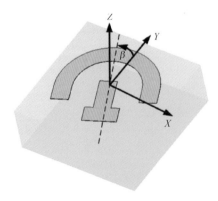

(a) 半圆形结构超表面编码旋转示意图

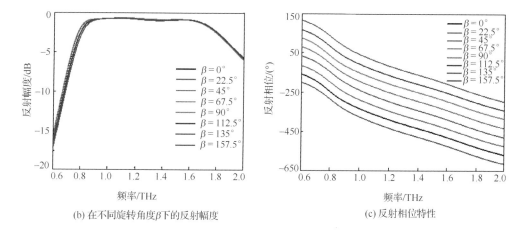

(b) 在不同旋转角度β下的反射幅度

(c) 反射相位特性

图 3-16　半圆形超表面编码单元结构旋转示意图及其相应的反射幅度和相位特性

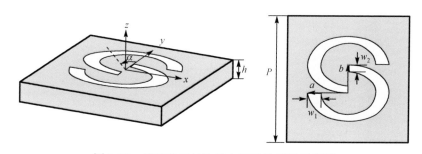

图 3-29　编码单元结构及金属结构旋转示意图

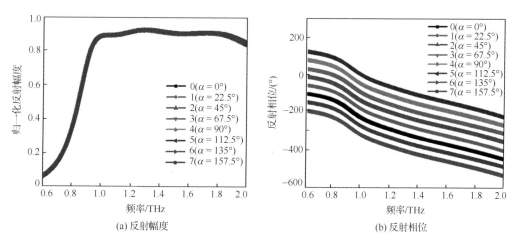

(a) 反射幅度

(b) 反射相位

图 3-30　太赫兹超表面编码单元响应特性

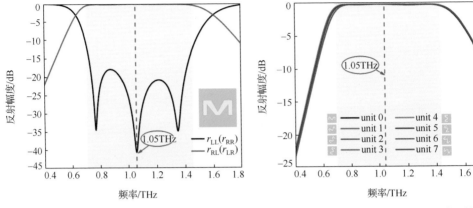

(a) M形结构超表面编码粒子反射特性曲线　　　　(b) 8个M形结构超表面编码粒子交叉极化反射幅度

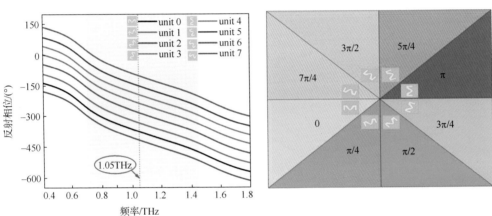

(c) 8个M形结构超表面编码粒子交叉极化反射相位　　　(d) M形结构超表面编码粒子反射相位分布

图 3-41　在 LCP 波或 RCP 波垂直入射下，M 形结构超表面编码粒子特性分析

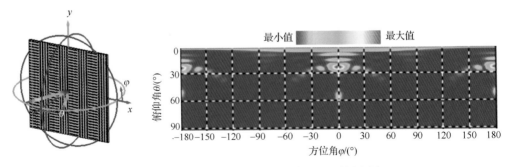

(a) 第一种1bit太赫兹超表面编码三维远场散射图和二维电场图

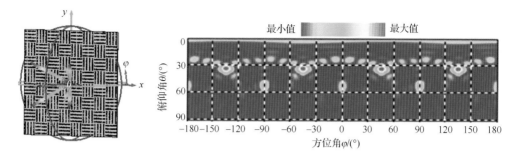

(b) 第二种1bit太赫兹超表面编码三维远场散射图和二维电场图

图 3-42   不同编码序列下 1bit 太赫兹 M 形结构超表面编码的远场图

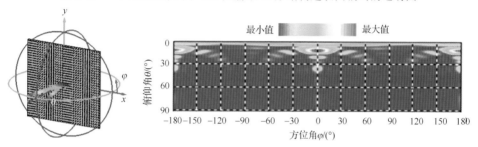

(a) 第一种2bit太赫兹超表面编码三维远场散射图和二维电场图

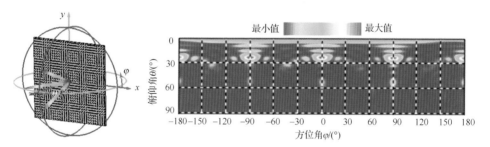

(b) 第二种2bit太赫兹超表面编码三维远场散射图和二维电场图

图 3-43   不同编码序列下，2bit 太赫兹 M 形结构超表面编码的远场图

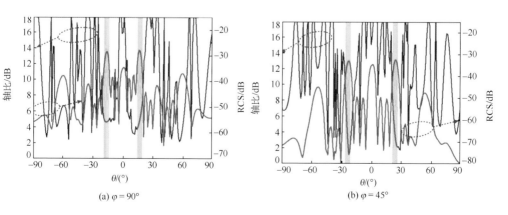

(a) $\varphi = 90°$ (b) $\varphi = 45°$

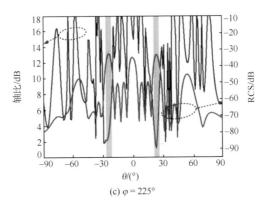

(c) $\varphi = 225°$

图 3-55 在 1.85THz 下 LP 波垂直入射到 S1 超表面编码的反射波的轴比和 RCS

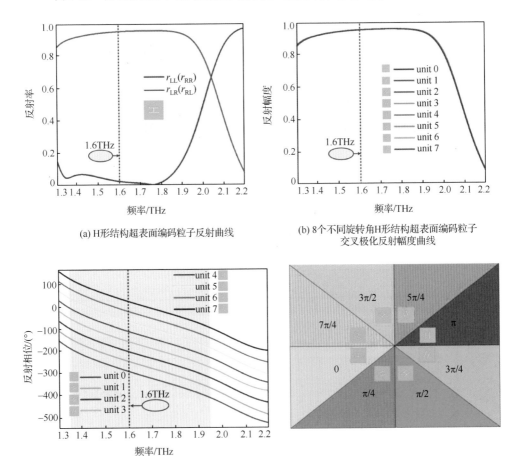

(a) H形结构超表面编码粒子反射曲线

(b) 8个不同旋转角H形结构超表面编码粒子交叉极化反射幅度曲线

(c) 8个H形结构超表面编码粒子交叉极化反射相位曲线

(d) H形结构超表面编码粒子反射相位分布

图 3-58 LCP 波或 RCP 波垂直入射下 H 形结构超表面编码粒子特性分析

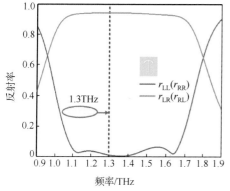

(a) 伞形结构超表面编码粒子的反射曲线

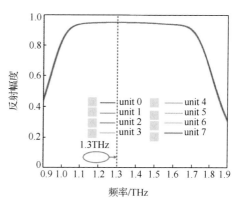

(b) 8个不同旋转角伞形结构超表面编码粒子
交叉极化反射幅度曲线

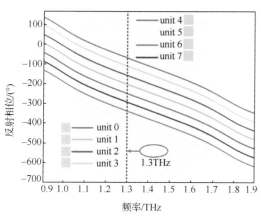

(c) 8个伞形结构超表面编码粒子交叉极化反射相位曲线

(d) 伞形结构超表面编码粒子反射相位分布

图 3-63　LCP 波或 RCP 波垂直入射下，伞形结构超表面编码粒子特性分析

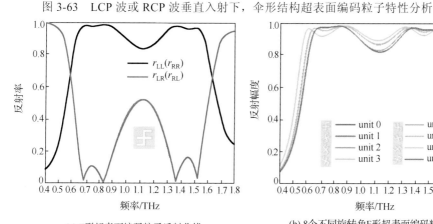

(a) F形超表面编码粒子反射曲线

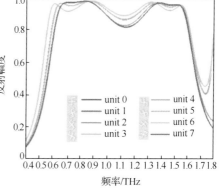

(b) 8个不同旋转角F形超表面编码粒子交叉
极化反射幅度曲线

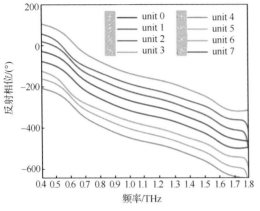
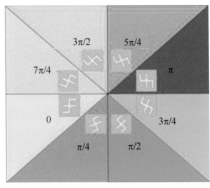

(c) 8 个 F 形超表面编码粒子交叉极化反射相位曲线　　　(d) F 形超表面编码粒子反射相位分布

图 3-68　LCP 波或 RCP 波垂直入射下 F 形超表面编码粒子特性分析

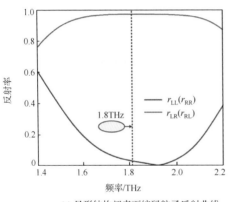
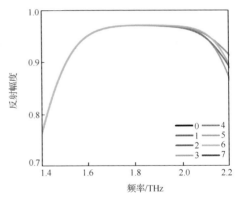

(a) 日形结构超表面编码粒子反射曲线　　　(b) 8 个不同旋转角日形结构超表面编码粒子交叉
　　　　　　　　　　　　　　　　　　　　　　极化反射幅度曲线

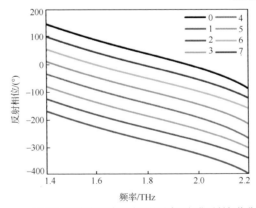

(c) 8 个日形结构超表面编码粒子交叉极化反射相位曲线

unit	0	1	2	3	4	5	6	7
α	0°	22.5°	45°	67.5°	90°	112.5°	135°	157.5°
基本单元								
1bit	0	—	—	—	1	—	—	—
2bit	00	—	01	—	10	—	11	—
3bit	000	001	010	011	100	101	110	111

(d) 8个不同日形结构超表面编码粒子结构

图 3-73　LCP 波或 RCP 波垂直入射下，日形结构超表面编码粒子特性分析

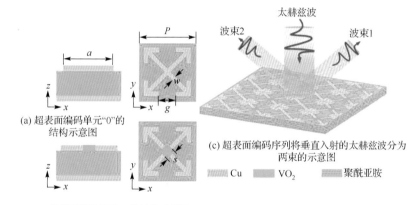

(a) 超表面编码单元"0"的结构示意图

(b) 超表面编码单元"1"的结构示意图

(c) 超表面编码序列将垂直入射的太赫兹波分为两束的示意图

图 4-1　方格形结构太赫兹超表面编码单元

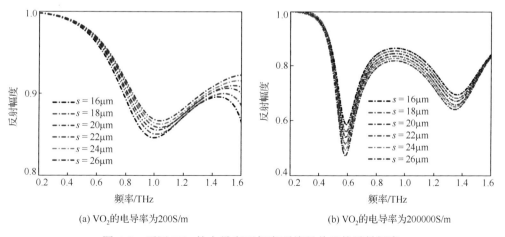

(a) VO_2 的电导率为200S/m

(b) VO_2 的电导率为200000S/m

图 4-2　不同 VO_2 的电导率下超表面编码单元的反射幅度

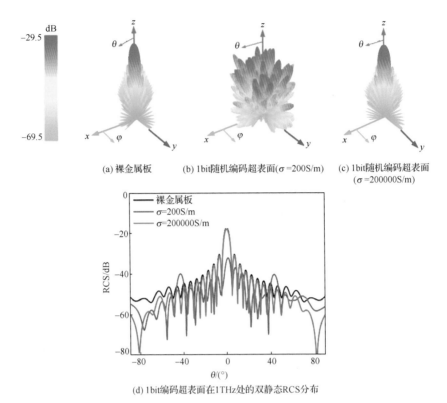

(a) 裸金属板   (b) 1bit随机编码超表面(σ=200S/m)   (c) 1bit随机编码超表面
(σ=200000S/m)

(d) 1bit编码超表面在1THz处的双静态RCS分布

图 4-7　工作频率为 1THz 时线性偏振平面波垂直入射超表面编码单元
的太赫兹波反射特性

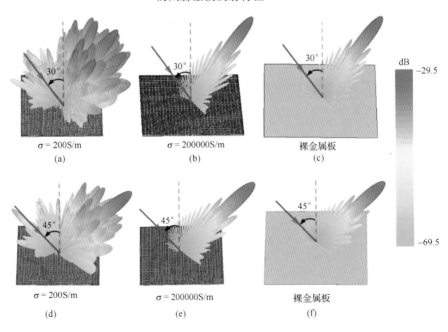

σ=200S/m   σ=200000S/m   裸金属板
(a)   (b)   (c)

σ=200S/m   σ=200000S/m   裸金属板
(d)   (e)   (f)

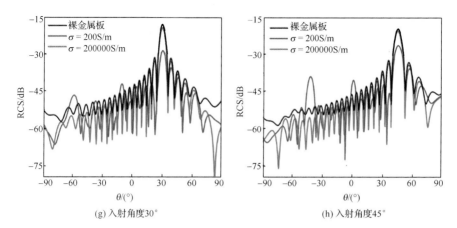

(g) 入射角度30° (h) 入射角度45°

图 4-9 工作频率 1THz 下不同入射角编码超表面太赫兹波传输特性

当入射角为 30°和 45°时，(a) 与 (d) 为 1bit 随机编码超表面的远场散射图（σ=200S/m）；
(b) 与 (e) 为 1bit 随机编码超表面的远场散射图（σ=200000S/m）；
(c) 与 (f) 为金属板的远场散射模式；(g) 与 (h) 为 1bit 随机编码超表面（σ=200S/m）、
1bit 随机编码超表面（σ=200000/m）和金属板的双静态散射化

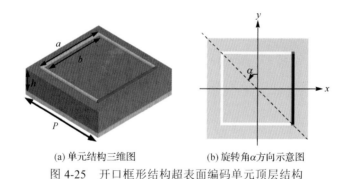

(a) 单元结构三维图 (b) 旋转角α方向示意图

图 4-25 开口框形结构超表面编码单元顶层结构

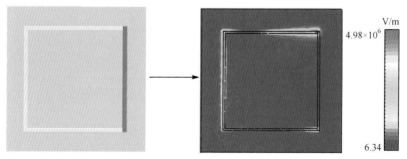

(a) 当VO₂绝缘态时，开口框形结构超表面编码单元中的电场分布

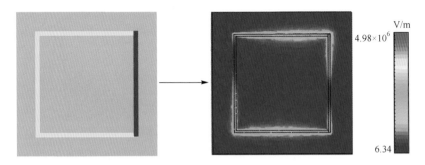

(b) 当VO₂金属态时，开口框形结构超表面编码单元中的电场分布

图 4-27　在频率 1.2THz 处，开口框形结构太赫兹超表面编码单元顶部结构中
VO₂ 不同相态对电场分布的影响

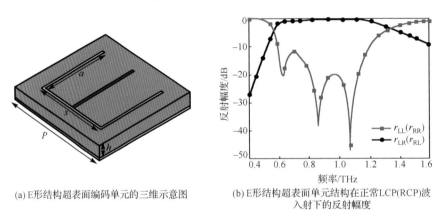

(a) E形结构超表面编码单元的三维示意图

(b) E形结构超表面单元结构在正常LCP(RCP)波
入射下的反射幅度

图 4-34　E 形结构超表面编码单元及其性能曲线

(a) σ = 180000S/m的2bit随机超表面编码的
三维远场散射图

(b) σ = 100S/m的2bit随机超表面编码的
三维远场散射图

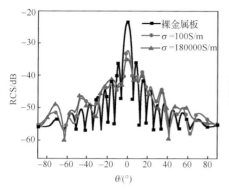
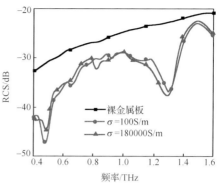

(c) 在1.225THz下，LP波垂直入射到不同
电导率的2bit随机超表面编码和相同
尺寸的裸金属板的RCS分布

(d) 在LP波垂直入射的情况下，不同电导率2bit随机
超表面编码和相同尺寸的裸金属板在0.4~1.6THz
内的RCS值

图 4-42　在 1.225THz 下，LP 波垂直入射 E 形超表面编码结构上产生的远场散射图和 RCS

(a) σ = 180000S/m的3bit随机超表面编码的
三维远场散射图

(b) σ = 100S/m的3bit随机超表面编码的
三维远场散射图

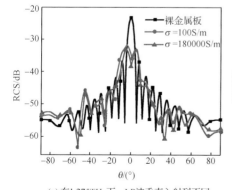
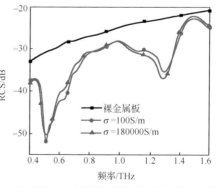

(c) 在1.275THz下，LP波垂直入射到不同
电导率的3bit随机超表面编码和相同
尺寸的裸金属板的RCS分布

(d) 在LP波垂直入射的情况下，不同电导率3bit随机
超表面编码和相同尺寸的裸金属板在0.4~1.6THz
内的RCS值

图 4-43　在 1.275THz 下，LP 波垂直入射 E 形超表面编码结构上产生的远场散射图和 RCS

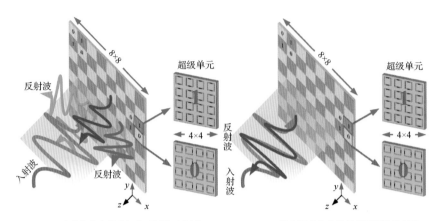

(a) VO$_2$为绝缘态太赫兹超表面调控示意图   (b) VO$_2$为金属态太赫兹超表面调控示意图

图 4-44   棋盘式可调 1bit 太赫兹超表面编码及超级单元结构

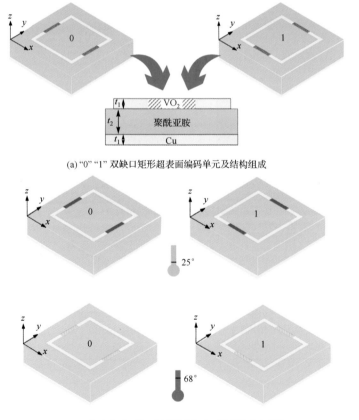

(a) "0" "1" 双缺口矩形超表面编码单元及结构组成

(b) VO$_2$相变前后双缺口矩形结构超表面编码单元示意图

图 4-45   双缺口矩形结构超表面编码单元状态及 VO$_2$ 在结构中相变前后示意图

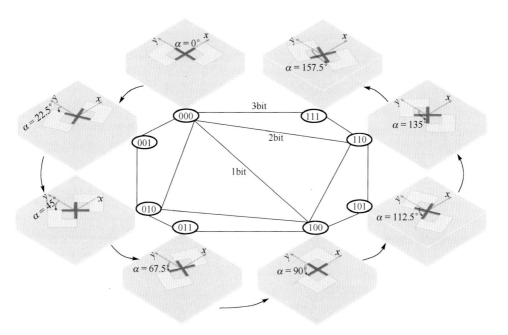

图 4-54　8 个对称 L 形结构超表面编码单元与 1bit、2bit 和 3bit 超表面编码单元结构选取

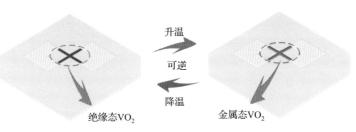

图 4-55　对称 L 形结构超表面编码单元中 VO$_2$ 相变过程

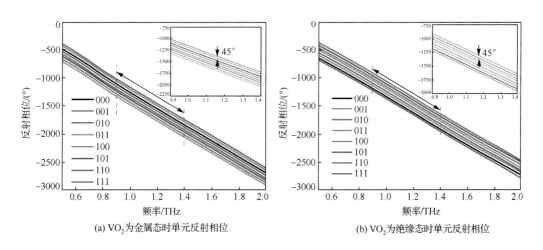

(a) VO$_2$为金属态时单元反射相位　　　(b) VO$_2$为绝缘态时单元反射相位

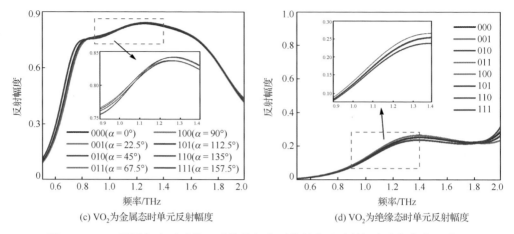

(c) VO$_2$为金属态时单元反射幅度

(d) VO$_2$为绝缘态时单元反射幅度

图 4-56 VO$_2$ 不同相态对对称 L 形结构超表面编码单元反射幅度和相位的影响

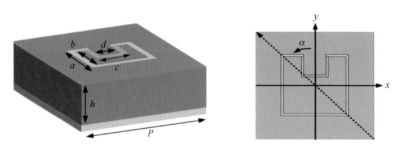

(a) 凹形结构超表面编码单元的三维结构   (b) 凹形结构超表面编码单元旋转α的示意图

图 4-64 凹形结构超表面编码单元结构示意图

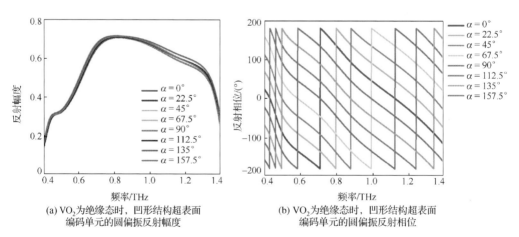

(a) VO$_2$为绝缘态时，凹形结构超表面
编码单元的圆偏振反射幅度

(b) VO$_2$为绝缘态时，凹形结构超表面
编码单元的圆偏振反射相位

图 4-65 VO$_2$为绝缘态时，凹形结构超表面编码单元性能曲线

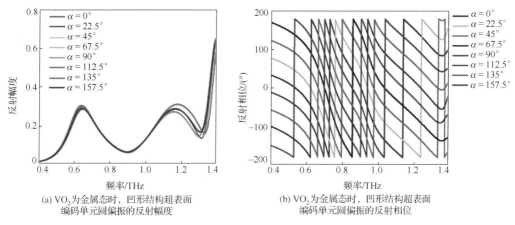

(a) VO₂为金属态时，凹形结构超表面
编码单元圆偏振的反射幅度

(b) VO₂为金属态时，凹形结构超表面
编码单元圆偏振的反射相位

图 4-66　VO₂为金属态时，凹形结构超表面编码单元性能曲线

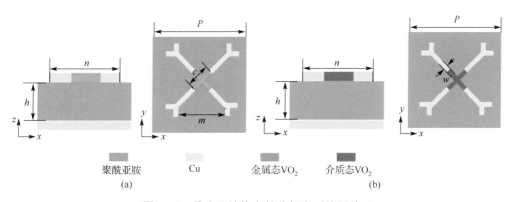

聚酰亚胺　　　Cu　　　金属态VO₂　　　介质态VO₂

(a)　　　　　　　　　　　　　　(b)

图 4-80　骨头形结构太赫兹超表面编码单元

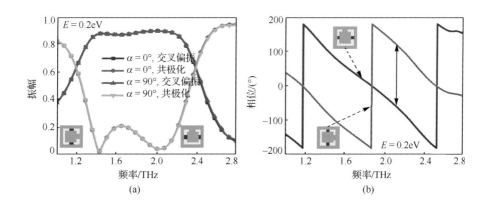

(a)　　　　　　　　　　　　　　(b)

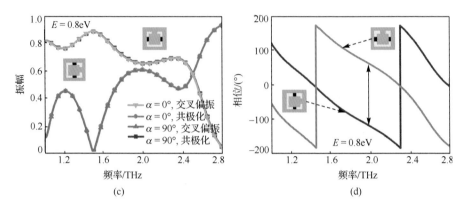

图 5-2　不同化学势下，圆偏振、交叉偏振太赫兹波入射到 1bit 超表面编码单元的响应曲线

E=0.2eV 时，太赫兹波反射振幅(a)和相位(b)；E=0.8eV 时，太赫兹波反射振幅(c)和相位(d)

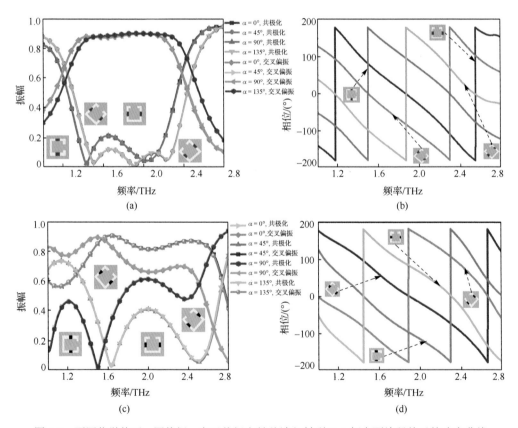

图 5-3　不同化学势下，圆偏振、交叉偏振太赫兹波入射到 2bit 超表面编码单元的响应曲线

E=0.2eV 时，太赫兹波反射振幅(a)和相位(b)；E=0.8eV 时，太赫兹波反射振幅(c)和相位(d)

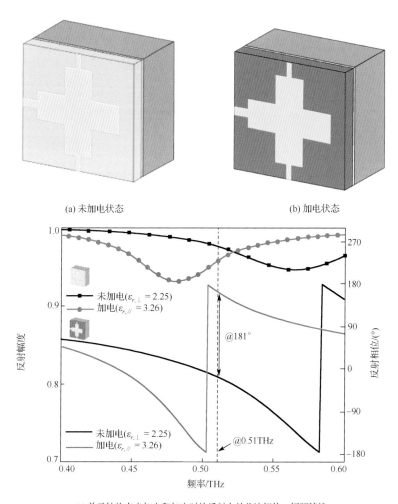

(a) 未加电状态   (b) 加电状态

(c) 单元结构在未加电和加电时的反射太赫兹波相位、幅频特性

图 5-24 十字形液晶复合结构超表面在是否加电状态下的太赫兹特性

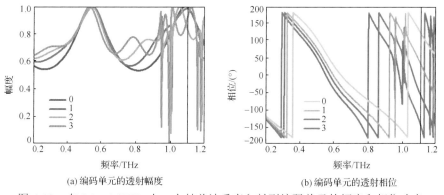

(a) 编码单元的透射幅度   (b) 编码单元的透射相位

图 6-10 在 0.2～1.2THz 内，太赫兹波垂直入射到编码单元的幅度和相位响应

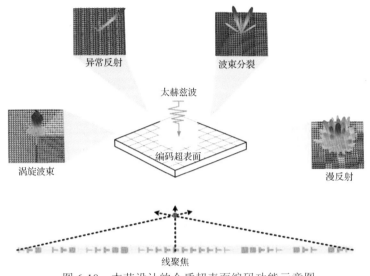

图 6-18　本节设计的介质超表面编码功能示意图

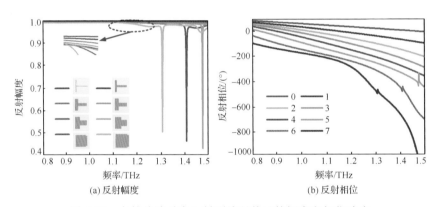

(a) 反射幅度

(b) 反射相位

图 6-19　太赫兹波垂直入射到编码单元的幅度和相位响应

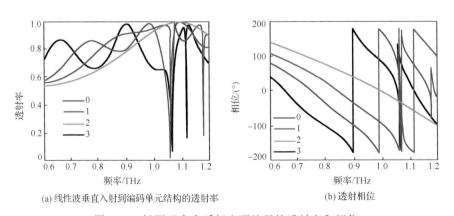

(a) 线性波垂直入射到编码单元结构的透射率

(b) 透射相位

图 6-27　椭圆形全介质超表面编码的透射率和相位

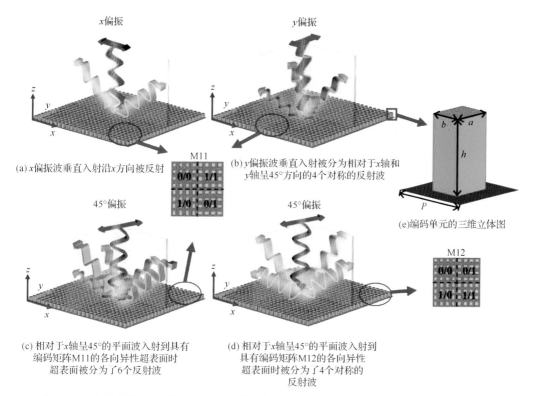

(a) x偏振波垂直入射沿x方向被反射

(b) y偏振波垂直入射被分为相对于x轴和y轴呈45°方向的4个对称的反射波

(c) 相对于x轴呈45°的平面波入射到具有编码矩阵M11的各向异性超表面时超表面被分为了6个反射波

(d) 相对于x轴呈45°的平面波入射到具有编码矩阵M12的各向异性超表面时被分为了4个对称的反射波

(e)编码单元的三维立体图

图 6-32　各种偏振方式的太赫兹波入射到本节提出的各向异性超表面编码时的示意图

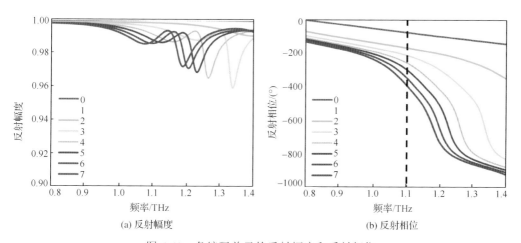

(a) 反射幅度

(b) 反射相位

图 6-43　各编码单元的反射幅度和反射相位